2024

数字生物技术研究发展报告

中国生物技术发展中心／编著

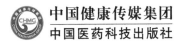

中国健康传媒集团

中国医药科技出版社

内 容 提 要

本书共分为九章，系统梳理了数字生物技术国内外研究现状及发展趋势，介绍了生物分子信息存储、生物信号感知技术、生物信号处理技术、生物信息交互技术、生物功能调控与操纵技术、数字生命系统、AI 药物设计和数字健康等重点领域的重要技术研究进展及发展前景。本书可为国内外数字生物技术领域的政策制定者、研发人员、管理工作者及关注和支持该领域科技与产业发展的社会各界人士提供参考和帮助。

图书在版编目（CIP）数据

2024 数字生物技术研究发展报告 / 中国生物技术发展中心编著 . — 北京：中国医药科技出版社 , 2024. 9. — ISBN 978-7-5214-4831-3

Ⅰ . Q81-39

中国国家版本馆 CIP 数据核字第 20242HL855 号

美术编辑	陈君杞
版式设计	也 在
出版	**中国健康传媒集团** ｜ 中国医药科技出版社
地址	北京市海淀区文慧园北路甲 22 号
邮编	100082
电话	发行：010-62227427　邮购：010-62236938
网址	www.cmstp.com
规格	$787 \times 1092\,\mathrm{mm}\ \frac{1}{16}$
印张	$23\frac{3}{4}$
字数	547 千字
版次	2024 年 9 月第 1 版
印次	2024 年 9 月第 1 次印刷
印刷	河北环京美印刷有限公司
经销	全国各地新华书店
书号	ISBN 978-7-5214-4831-3
定价	**198.00 元**

获取新书信息、投稿、为图书纠错，请扫码联系我们。

《2024 数字生物技术研究发展报告》
编写人员名单

编委会主任 　张新民

编委会副主任 　沈建忠　范　玲　郑玉果

主　　　编 　郑玉果

副　主　编 　苏　月　李玮琦

编写组成员 （按姓氏笔画排序）

于善江	王　雯	王　晶	王莉莎	王黎琦	方子寒
杨　阳	杨禹丞	李　陟	李冬雪	李雪媛	吴函蓉
旷　苗	何　蕊	应晓敏	闵　栋	沈　玥	张　鑫*
张　鑫**	张大璐	张学博	陈　业	陈　阳	陈　琪
陈正一	陈敏江	林建海	武瑞君	赵　莎	赵兴明
胡家琪	钟　超	高东平	郭　伟	黄　鑫	黄英明
曹　芹	崔伟男	葛　瑶	阚童童	谭　昳	熊　燕
潘　纲	魏　巍				

---

* 作者单位为中国生物技术发展中心国际合作与基地平台处

** 作者单位为中国生物技术发展中心生命科学与前沿技术处

前　言

在数字化浪潮的推动下，生物技术领域正经历着前所未有的变革。数字生物技术作为生物科学与信息技术交叉融合的产物，不仅极大地扩展了我们对生命现象的认识，也为生物医学、药学、环境科学等多个领域带来了革命性的创新。近年来，我国数字生物技术快速发展，市场规模逐渐扩大，整体创新能力与科技水平得到显著提高。生物技术与信息技术的跨界融合，正催生一系列重要颠覆性突破，引领新一轮科技革命和产业变革的态势日趋明显。

中国生物技术发展中心坚持科技项目管理专业机构和生物技术领域高端智库建设双轮驱动，紧跟领域研究热点，关注领域发展动态，研判领域未来趋势。为梳理数字生物技术研发及产业发展态势，推动生物与信息技术融合及成果转化，中国生物技术发展中心组织开展《2024 数字生物技术研究发展报告》（以下简称《报告》）的编写工作，旨在全面梳理这一领域的最新进展，分析其发展趋势，并展望未来的应用前景。《报告》共分为九章：第一章介绍了数字生物技术发展现状及趋势；第二章至第九章分别对生物分子信息存储、生物信号感知技术、生物信号处理技术、生物信息交互技术、生物功能调控与操纵技术、数字生命系统、AI 药物设计和数字健康的市场现状、重要技术、未来发展趋势等进行了详细介绍。需要特别说明的是，由于数据库的统计口径不同，《报告》中的数据可能会存在一定差异。

希望本书能为国内外数字生物技术领域的政策制定者、研发人员、管理工作者，以及所有关注和支持该领域科技与产业发展的社会各界人士提供重要参考，帮助大家更加系统全面地理解这一领域的最新动态、技术突破和未来趋势。

在《报告》的编写过程中，我们尽最大努力确保信息的全面性和准确性。但在数据收集和分析的过程中，难免存在疏漏或不足之处，欢迎提出批评、指正和宝贵建议。我们相信，通过集思广益和持续改进，这份《报告》将更加完善，更好地服务于数字生物技术领域的学术研究、政策制定和产业发展。让我们共同努力，推动这一充满潜力的领域向前发展。

编　者

2024 年 6 月

目　录

第五章
生物信息交互技术

第六章
生物功能调控与操纵技术

第七章
数字生命系统

第八章
AI 药物设计

第九章
数字健康

第一章

数字生物技术发展现状及趋势

第一节　研究发展现状

一、数字生物技术及其核心技术

随着信息技术的飞速发展，数字生物技术应运而生，成为生物医药领域的一大创新。数字生物技术是指利用数字技术对生物系统进行模拟、分析和设计，实现生物信息的高效存储、处理和应用的一系列技术。这一领域的核心在于将生物过程数字化，通过精确控制生物分子和信号，推动生物医药、健康监测、个性化医疗等领域的革命性进步。下面是其中一些关键核心技术的概述。

1. 生物分子信息存储

生物分子信息存储技术是一种创新的数据存储方法，利用 DNA 等生物分子作为信息载体。DNA 因其出色的稳定性和极高的信息密度（理论上每克 DNA 可存储高达数百艾字节的数据）而成为理想的存储介质。这项技术通过合成特定的 DNA 序列来编码数据，并通过测序技术读取信息。与传统的硅基存储相比，生物分子存储具有长期稳定性、低能耗和对环境友好等优势。随着合成和测序技术的进步，生物分子存储技术有望在未来数据存储领域扮演重要角色。

2. 生物信号感知技术

生物信号感知技术是捕捉和分析生物体内信号的关键技术，涉及电生理信号、光学信号、声学信号等的检测。这些信号反映了生物体的健康状况和功能状态，对于疾病诊断、健康监测和科学研究至关重要。随着柔性电子和纳米技术的发展，生物信号感知设备正变得更加便携、舒适和用户友好，促进了可穿戴监测设备和植入式传感器的发展。

3. 生物信号处理技术

生物信号处理技术专注于从感知到的生物信号中提取有用信息，包括使用各种算法对信号进行滤波、去噪、特征提取和模式识别。其目标是提高信号的质量和可靠性，以便更准确地进行疾病诊断和生理状态评估。随着计算能力的增强和机器学习算法的发展，生物信号处理技术正变得越来越高效和智能。

4. 生物信息交互技术

生物信息交互技术结合了生物学、计算机科学和工程学，通过人机交互界面，研究人员能够与复杂的生物系统进行交互。这种技术利用数据可视化、建模和仿真工具，帮助科学家理解生物过程，并设计新的生物系统或治疗方案。生物信息交互技术在个性化医疗、药物开发和合成生物学设计中应用广泛。

5. 生物功能调控技术

生物功能调控技术是指对生物体内特定功能或过程进行精确控制的方法，包括使用基因编辑技术精确修改基因序列，或利用合成生物学设计具有特定功能的生物回路和系统。这些技术在治疗遗传性疾病、提高作物产量和开发新型生物材料方面具有巨大潜力。

6. 数字生命系统

数字生命系统是生物学与数字技术融合的产物。它通过数字化手段模拟和理解生命过程，包括创建数字化的生物模型，进行虚拟实验，以及开发能够模拟生物行为的算法等。数字生命系统有助于在药物设计、生态系统管理和生物进化研究中进行预测和优化。

7. 人工智能（AI）药物设计

AI 药物设计利用人工智能技术来加速新药的发现和开发。AI 算法能够分析大量的化合物和生物靶标数据，预测它们之间的相互作用，并筛选出潜在的有效药物分子。这种方法大大缩短了药物研发的时间，降低了成本，并提高了成功率。AI 在药物设计中的应用包括药物发现、药物重定位、药物不良反应预测等多个方面。

数字生物技术正在通过这些核心技术不断推动科学的边界，为医疗健康、农业和环境保护等领域带来全方位的变革。这些技术集成了先进的计算方法和深刻的生物学理解，使得我们能够以前所未有的方式干预和利用生物系统。

二、国际研究现状

（一）研究现状概述

Web of Science 数据库核心合集检索的数据显示，在 2014—2023 年的十年间，全球总共发表了 118576 篇相关文献。这些研究覆盖了临床决策支持系统（Clinical Decision Support System，CDSS）、电子健康（eHealth）、生物信号处理技术、生物功能调控技术与合成生物学、生物信号感知技术、数字健康、生物信息学、AI 药物设计、人工智能和深度学习在生物医学领域的应用等多个主题。

根据检索结果，中国在数字生物技术领域的研究发文量显著增加，由 2014 年的 1328 篇迅速增加到 2023 年的 9127 篇，显示出了强劲的增长趋势。美国的发文量虽在数量上紧随中国之后，但增长趋势相对平缓，从 2014 年的 1946 篇增加到 2021 年的 3285 篇，随后略有下降至 2023 年的 2814 篇。英国、德国、印度、意大利、加拿大、澳大利亚、法国和西班牙等国家的研究发文量也呈现出总体上升的趋势（图 1-1-1）。

从时间序列折线图（图 1-1-2）可以观察到，中国的研究发文量增长速度最快，美国和英国也有明显的增长，其他几个国家增长速度较为温和。特别是在 2019—2020 年期间，中国和美国的发文量有显著的跳跃，这可能与当年全球公共卫生及疾病的挑战和相应的科技发展加速有关。到 2022 年，中国的发文量接近 1 万篇，这一数字约是英国和德国发文量的 13 倍和 4 倍，分别是印度和意大利发文量的两倍多，显示了中国在该领域的研究重视和科研产出。

国家 年份	中国	美国	英国	德国	印度	意大利	加拿大	澳大利亚	法国	西班牙
2014	1328	1946	426	430	188	285	265	234	231	218
2015	1666	2040	497	468	235	284	306	251	277	254
2016	2132	2192	575	485	244	321	335	293	330	258
2017	2646	2348	551	542	284	319	380	320	301	253
2018	3624	2516	625	566	314	377	396	347	355	321
2019	5282	2802	784	703	402	440	465	458	408	354
2020	6717	3043	808	768	562	573	510	536	420	412
2021	8348	3285	927	927	713	608	564	590	476	495
2022	9921	2998	879	850	842	586	530	572	433	464
2023	9127	2814	809	791	800	616	512	503	391	485

图 1-1-1 2014—2023 年各国发文量（单位：篇）

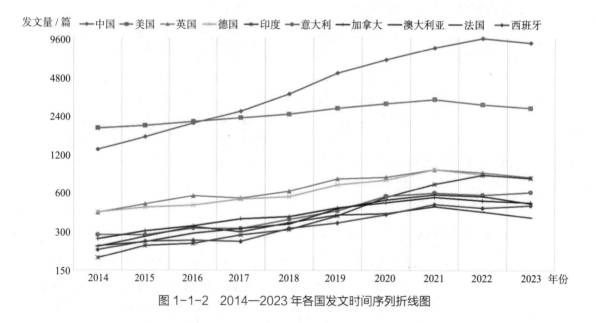

图 1-1-2 2014—2023 年各国发文时间序列折线图

（二）数字生物技术领域关键词分析

根据 VOSviewer 关键词聚类图（图 1-1-3）可以看到，2014—2023 年间发文量前十的国家在数字生物技术研究领域的关键研究主题和关键词的分布情况。该图以不同颜色区分了各个研究主题的聚类，可以清楚地辨认出研究的热点和趋势。

红色区域主要集中在基础生物学研究，包括基因表达、细胞增殖、癌症、细胞凋亡、转录组学等方面的研究。各关键词之间的紧密连接显示了在癌症研究中，这些基础生物学概念的交叉和互动，如癌症治疗、乳腺癌、细胞增殖、基因表达和药物靶向等方面的研究。

蓝色区域代表了合成生物学领域，强调了代谢工程、系统生物学、蛋白质及鉴定等方面的关键词。这表明合成生物学正在成为生物医学研究中的一个重要领域，其研究涵盖了从分子水平到系统水平的多个方面。

黄色区域涉及生物医学工程和计算生物学，其中包括深度学习、人工智能、图像分析、数据设计等方面。这些关键词显示了数字技术在生物医学研究中的应用，以及人工智能和机器学习技术在药物发现、疾病诊断和临床决策支持系统中的重要作用。

绿色区域关注了电子健康领域，包括数字健康、电子病历、健康信息、预防、自我管理等。这些关键词表明，健康技术的进步正在推动医疗保健向数字化和个性化的方向发展。

关键词聚类图揭示了当前在数字生物技术领域的多个研究热点及其在全球范围内各自发展的态势和相互关系。通过对这些关键词的聚类分析，研究人员和政策制定者可以更好地了解数字生物技术领域的前沿领域和潜在的跨学科合作机会。

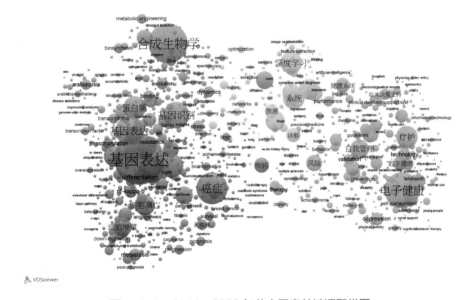

图 1-1-3　2014—2023 年前十国家关键词聚类图

（三）数字生物技术领域活跃机构分析

通过前十国家活跃机构合作网络图（图 1-1-4），可以看出 2014—2023 年间数字生物技术研究领域的活跃机构及其之间的合作关系。图中连线的不同颜色代表连线两点之间的合作活跃时间。

从图中可以看出，2014—2023 年间数字生物技术研究领域的活跃机构主要分布在美国、中国和英国，这与该时间段内全球发文量的分析结果一致。美国的一些研究机构（如哈佛大学、加利福尼亚大学、德克萨斯大学、华盛顿大学等）是数字生物技术研究领域的领导者。这些研究机构在数字生物技术领域投入了大量资源和人力，并取得了许多重要的研究成果。美国的这些研究机构在数字生物技术领域的领先地位不仅体现了其在科技创新和人才培养方面的优势，也为全球数字生物技术的发展提供了重要的动力和支撑。中国的上海交通大学、浙江大学、中国科学院和中国科学院大学，英国的牛津大学、伦敦大学、伦敦帝国学院等也在数字生物技术领域发挥着重要的作用。另外，自2020 年以来，中美之间在数字生物技术领域的合作逐渐加深，中美科研机构和企业积极开展合作项目，共同推动数字生物技术的创新与发展。英国与西班牙、法国、德国、荷兰等欧洲国家的交流合作也逐步深化，可见未来数字生物技术研究的国际化和合作化是不可避免的趋势。

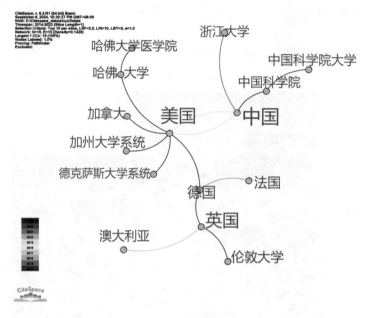

图 1-1-4 前十国家活跃机构合作网络图

三、国内研究现状

（一）研究现状概述

CNKI 和 Web of Science 的数据显示，在检索时间 2014—2023 年间，总共检索出60399 篇与数字生物技术相关的学术期刊论文，其中涉及的研究主题包括生物医学信号处理、数字医疗、生物传感器、临床决策支持系统、智慧医疗和生物医学工程等。结合人工智能与生物医学的交叉研究，可以推测在算法、数据处理和技术创新方面取得了显著进展。如图 1-1-5 所示，国内在数字生物技术领域的学术期刊发文量在 2014—2023年的十年间整体呈现出显著的上升趋势。2014 年时，发文数量为 1832 篇，随后这一数字稳步增长且增长速度加快，特别是在 2016—2022 年间，年均新增发文量在 1400 篇上下浮动，由此看出这一阶段内的研究活动非常活跃。

到了 2022 年，国内研究发文量达到了顶峰，共有 11024 篇学术论文发表。这一突增可能与该年度科研投入的增加、研究人员的积极性提高或数字生物技术领域内关键技术的发展有关。在 2022 年之后发文量略有回落，2023 年的发文量为 10202 篇。表明尽管发文数量有所下降，但研究活动仍然保持在相对较高的水平。在这些研究中，表现尤为突出的前十个机构对于国内数字生物技术研究的推动作用不可忽视。中国科学院、上海交通大学、中国科学院大学、浙江大学、复旦大学、中山大学、北京大学、中南大学、中国农业科学院和南京医科大学是这一领域的领军者，它们的累计发文量突显了这些机构在国内外学术界的重要地位和影响力。

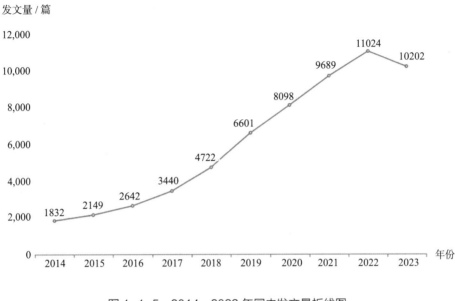

图 1-1-5   2014—2023 年国内发文量折线图

（二）数字生物技术领域关键词分析

从 2014—2023 年国内研究关键词的 VOSviewer 聚类图中（图 1-1-6），可以明显地看到，数字生物技术研究领域的关键词被分为 13 个不同的小类，这显示出数字生物技术领域研究主题的多样性和研究领域的深度。

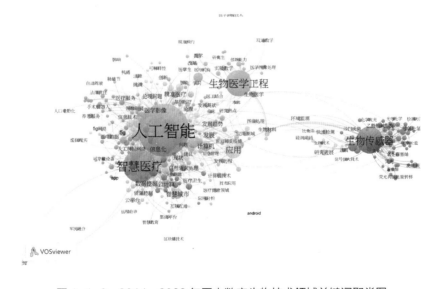

图 1-1-6   2014—2023 年国内数字生物技术领域关键词聚类图

人工智能（AI）作为图中最大的节点，其与多种技术的深度融合凸显了 AI 在数字生物技术领域中的核心地位。它不仅与其他所有小类的关键词存在联系，还是多个研究领域共同进展的催化剂。这表明在未来，无论是在基础研究还是在应用开发上，AI 都将继续起关键作用，尤其在生物信号处理、智慧医疗和临床决策支持系统等领域。

生物传感器的关键词则与材料学联系紧密，如电化学和石墨烯等。在数字生物技术的研究中，新材料的开发和应用是技术转化和产品实现的关键环节，它们为创新医疗设备的设计和制造提供了基础。这些新材料的使用不仅提高了生物传感器的性能和灵敏度，还拓展了其在医疗诊断、疾病监测和治疗方面的应用领域。此外，这些新材料还使得生物传感器更加稳定耐用，可以在复杂的生物环境中长时间稳定运行，为医疗设备的长期使用提供了可靠保障。因此，随着新材料的不断涌现和应用，生物传感器将在医疗保健领域发挥越来越重要的作用，为人类健康事业带来更多福祉。

在智慧医疗领域，可以看到如健康监测、移动医疗应用（APP）以及远程医疗等关键词的聚集，这表明国内研究者正着重于探索如何利用数字技术优化医疗服务，特别是在提高医疗资源分配效率和增强患者医疗体验。通过机器学习和数据分析等人工智能算法，智能医疗系统可以更准确地诊断疾病、制定个性化的治疗方案，甚至预测疾病的发展趋势。与此同时，虚拟现实和增强现实技术也被应用于医疗培训和手术模拟中，帮助医生提升技能水平和应对复杂的手术挑战。随着第五代移动通信技术（5G）的普及，远程医疗服务将更加高效便捷，医生可以通过高清视频与患者进行实时交流，为偏远地区和行动不便的患者提供及时的医疗帮助。综合利用数字技术的智慧医疗模式正逐步成为未来医疗发展的主流趋势，为人们的健康保障和医疗体验带来全新的可能。

（三）数字生物技术领域活跃机构分析

通过活跃机构合作网络图（图 1-1-7），可以看出 2014—2023 年间国内数字生物技术研究领域的活跃机构及其之间的合作关系。图中连线的不同颜色代表连线两点之间的合作活跃时间。

从图中可以看出，2014—2023 年间国内数字生物技术研究领域的活跃机构主要为中国科学院、上海交通大学、复旦大学、中国农业科学院、北京大学、中山大学，这与该时间段内国内发文量的分析结果一致。国内各机构之间合作较为紧密，中国科学院与中国科学技术大学、上海交通大学、中国科学院大学、深圳先进技术研究院等多家机构均有密切合作，并且在 2014—2023 年间均有合作；北京大学也与首都医科大学、华中科技大学、北京中医药大学等多家机构均有密切合作。这种合作模式的蓬勃发展，彰显了国内数字生物技术领域跨机构、跨领域合作的新趋势。通过共享资源、优势互补，各机构能够更加高效地开展工作，加速数字生物技术创新成果的落地和应用。可见未来，无论在国内还是国际上，数字生物技术研究的合作化是不可避免的趋势。

国内的数字生物技术研究水平在国际上名列前茅，但与国际上的一些尖端科研机构相比仍存在一定差距。以美国为例，中美两国在数字生物技术领域都高度重视研究与创新，强调多学科交叉融合，并均在数字健康、合成生物学和生物制药等方面有广泛应用。中美两国在数字生物技术领域也均有许多活跃的顶尖机构，如中国的清华大学、北京大学、浙江大学、中国科学院和上海交通大学等，美国的哈佛大学、加利福尼亚大学和美国国立卫生研究院（NIH）等。中国的基础研究起步较晚，科研资源和国际影响力相对有限，但产业化进程迅速，政策支持力度大，重视人才培养和国际合作。美国的基础研究起步更早，且拥有雄厚的科研基础和丰富的资源，产业链和市场体系相对完善，重视知识产权保护和市场竞争机制，国际合作相对频繁。两国各自的优势和研究路径不尽相同，但都在不同程度上推动了数字生物技术的发展，为人类健康和社会进步做出重要贡献。

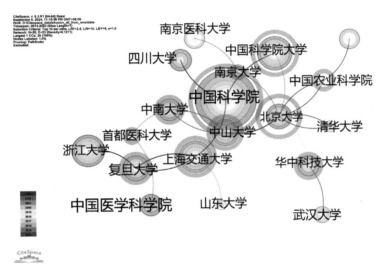

图 1-1-7　2014—2023 年国内数字生物技术活跃机构合作网络图

第二节　科技及产业政策

一、国外科技政策与发展战略

1. 美国的科技及产业政策

2021 年，NIH 将原有的拓展战略规划（NIH-Wide Strategic Plan）进行了迭代，形成了 2021—2025 财年的 NIH 拓展战略规划。该战略规划概述了 NIH 对生物医学研究方向、技术和管理的愿景和 NIH 未来 5 年的最高优先事项，并提出了数字生物技术可能的其他发展方向。2022 年 10 月，美国启动《国家生物防御战略和实施计划：应对生物威胁、加强大流行病防范和实现全球卫生安全》，要求政府 5 年内拨款约 880 亿美元的强制性资金支持生物防御，保护美国免受下一轮大流行病及其他生物威胁的影响。同年12 月，美国政府在发布了《关于推进生物技术和生物制造创新以实现可持续、安全和可靠的美国生物经济的行政命令》，旨在投入更多资金用于美国生物技术研发，以促进安全可靠的生物技术和生物制造研究。2023 年 10 月，美国政府发布了一项涉及人工智能的行政令，旨在进一步推进制定人工智能使用标准，以促进医疗卫生公平、保障患者隐私。

2. 欧洲的科技及产业政策

欧洲联盟（简称欧盟）欧盟很早就开始重视数字生物技术的开发、研究和利用。"地平线欧洲"计划（图 1-2-1）是欧盟的关键研究和创新资助计划，同时也是迄今世界上最大的跨国研究和创新项目。该计划下设的健康主题规划了六大发展目标和相应的资助方向，包括利用数字化赋能、利用数据驱动的决策支持工具、改善针对患者的医疗保健服务水平等。

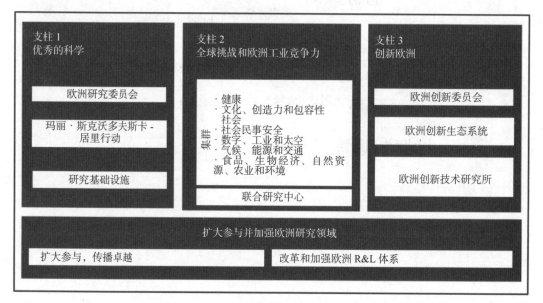

图 1-2-1 "地平线欧洲"计划及其三项支柱计划

2013 年 12 月，欧盟正式启动了欧洲生命科学数据基础设施 ELIXIR（图 1-2-2）。ELIXIR 旨在汇集、管理和共享全欧洲的生物与医疗大数据、分析工具、知识成果等，并为相关研究人员提供易用的数据计算平台、分析工具平台、专业能力培训平台和专业讨论社区。

服务

按平台

- 115 种数据资源
- 195 个软件工具
- 20 种配套服务
- 32 种互操作性资源
- 26 种培训资源

登记处

- 1200 份 TESS 培训材料
- BIO.TOOLS 中有 12000 多种软件

主要服务集合

- 19 种核心数据资源
- 12 个 ELIXIR 数据库
- 10 个推荐的互操作性资源

战略基础设施项目

- 16000 名研究人员正在访问 BEACON API
- BEACON 网络中 1.5 百万个网络查询

- ELIXI AAI 中已启用 1155 个身份提供商
- 91 项服务已连接

训练

- 1180+ 场培训活动
- 28680+ 人接受培训
- 3380+ 天的培训

行业拓展

- 11 创新和中小企业论坛
- 700+ 名参与者
  150+ 公司
- 95% 的参会者满意度

图 1-2-2 ELIXIR 基础设施概览

3. 其他国家和组织的政策与指南

世界卫生组织于 2021 年 6 月发布了《人工智能应用于医疗保健领域的道德原则和管理》的报告，该报告指出人工智能技术能够提高疾病诊断和筛查的效率和准确性，协助改善临床护理质量。

2023 年 3 月，日本政府发布"第六期科学技术与创新基本计划"。该计划提出，未来 10 年，日本将开发用于医疗和制造领域的专用的、可靠的人工智能，并加强量子计算机、量子通信等技术的研发，配合第二个健康医疗战略，促进医疗领域的研究和发展。

数字生物技术在不同国家受到不同程度的支持。一方面，政府通过制定支持数字生物技术发展的政策，提供税收优惠、科研经费拨款以及知识产权保护等措施，为数字生物技术相关行业提供了良好的创新环境和发展条件。另一方面，政府、慈善机构和私营企业等纷纷投入资金用于数字生物技术研发、人才培养和创新项目支持。这些资金的投入不仅帮助企业加速产品研发和市场推广，还促进了相关科学研究的健康发展，推动了数字生物技术的创新和突破。资金投入的增加也吸引了更多的投资者和创业者进入这一领域，为该领域提供源源不断的"新鲜血液"。另外，数字生物技术领域的战略制定提高了政府、产业界和学术界的合作水平。三方合作不仅为医疗健康、环境保护等领域提供了新的解决方案和技术手段，还为人们的生活和健康带来了更多的便利和福祉，也为数字生物技术的全面发展和应用奠定了坚实的基础。

二、国内的政策环境及支持措施

2016 年《"十三五"国家战略性新兴产业发展规划》提出，要深化生物医学工程技术与信息技术融合发展，加快行业规制改革，初步建立信息技术与生物技术深度融合的现代智能医疗服务体系。2017 年，国家发展和改革委员会（简称国家发改委）印发《"十三五"生物产业发展规划》，提出促进生物技术与信息技术、新材料技术等的融合创新，加快形成一批新产品、新服务、新业态。"十四五"时期，生物医药产业数字化发展相关文件纷纷发布。2021 年 12 月，《"十四五"生物经济发展规划》推动生物信息产业发展，建立生物技术与信息技术融合应用工程，着眼于信息技术支持新药研发、人工智能技术辅助诊疗和远程医疗服务。同时，《"十四五"医药工业发展规划》提出医药产业化技术攻关工程，强调生物医药技术和医疗器械技术中信息化、智能化的渗透与应用。2022 年 11 月，《"十四五"全民健康信息化规划》提出，要推动数字健康融合创新发展体系，构建数字健康科技创新体系，集中建设信息化基础设施支持体系。二十届中央财经委员会第一次会议强调：要深入实施国家战略性新兴产业集群发展工程，构建新一代信息技术、人工智能、生物技术等一批新的增长引擎。对前沿技术、颠覆性技术进行多路径探索，推动建立国家未来产业先导区，超前谋划布局一批未来产业。2023 年 12 月，中央经济工作会议明确提出：要以科技创新推动产业创新，特别是以颠覆性技术和前沿技术催生新产业、新模式、新动能，发展新质生产力。

为落实"十四五"期间国家科技创新有关部署安排，国家重点研发计划启动实施"生物与信息融合（BT 与 IT 融合）"重点专项。该重点专项的总体目标是：聚焦未来生命科学、医药健康产业和经济社会发展等重大需求等难点问题。

不同地区对于数字生物技术的研究和转化也均有不同程度的资金支持和补贴优惠。2021 年，国家自然科学基金委员会网站发布"十四五"第一批 9 个科学部拟资助项目，总资助金额超 8 亿元，其中生命科学部拟资助 6 个重大项目，每项的直接费用预算最高为 1500 万元。2023 年上海市科学技术委员会拨款 3235.5 万元，用于"科技创新行动计划"计算生物学重点专项《蛋白质工程通用 AI 设计平台》等 15 个项目的立项。此外，中国医学科学院等单位也通过各类科研基金，为数字生物技术领域的研究项目提供了资金支持。总体来看，虽然我国数字生物技术的体系建设仍处于起步阶段，但政策环境和不同程度的优惠措施为其发展提供了有力支持。

三、产业政策对研究与商业化的推动作用

科技及产业政策在促进数字生物技术的研究进展和产品商业化方面扮演着至关重要的角色。随着科技的不断进步，数字生物技术已成为当今世界的热点领域之一，其在医疗、农业、环保等多个领域具有广泛的应用前景。

科技政策在促进数字生物技术的研究进展方面发挥指导作用。近年来，各国政府逐

步加大对数字生物技术领域的研发投入，鼓励科研机构和高校开展相关研究，并设立专项基金支持创新项目；建立完善的科研合作机制，促进产学研用深度融合，推动科研成果的转化和应用；加强对数字生物技术知识产权的保护，为创新型企业提供法律保障，激发其创新活力。

产业政策在推动数字生物技术产品商业化方面具有保障作用。各国政府通过制定优惠的税收政策、提供财政补贴等方式，降低企业的研发成本和市场风险，鼓励其加大对数字生物技术产品的投入。

此外，各国政府正逐步加强对数字生物技术产业的监管和规范，确保其健康有序发展。如制定严格的行业标准和质量规范，加强对数字生物技术产品的安全性和有效性评估，建立健全的市场准入机制，规范市场秩序以保护消费者权益。2023 年 3 月，国务院办公厅印发《关于加强科技伦理治理的意见》，旨在完善生命科学、医学、人工智能等领域的审查监管机制，划定"红线"和"底线"。

综上所述，科技及产业政策为数字生物技术的研究进展和产品商业化提供综合性、全方位的支持。通过制定和完善相关政策法规、引导资金投入、推动产学研合作、加强国际合作与交流、注重人才培养和引进以及加强伦理和安全监管等措施，政府为数字生物技术的发展提供了有力的支持和保障。在推动数字生物技术的研究进展和产品商业化的过程中，加强国际合作与交流是必不可少的一环。数字生物技术是一个全球性的领域，各国之间的合作与交流对于推动其发展具有重要意义。各国政府正在通过积极建立国际合作平台、举办国际研讨会等方式，加强与国际同行的交流与合作，共同推动数字生物技术的进步。未来，随着科技的不断进步和产业政策的不断优化，数字生物技术领域将迎来更加广阔的发展空间和更加广泛的应用前景。

第三节　技术发展趋势

数字生物技术，作为生物技术与信息技术的交叉领域，正在迅速发展并改变未来的医疗、农业和环境科学。随着关键技术的不断进步，数字生物技术的发展呈现出多种趋势，预计将会在以下几个关键方面实现技术创新和突破。

1. 生物分子信息存储

生物分子信息存储是利用生物分子（如 DNA）进行数据存储的一种前沿技术。这种技术具有高密度、高稳定性和低能耗等优点，特别适用于长时间保存大量数据。生物分子信息存储的关键在于将数字信息编码到 DNA 序列中，并通过合成和测序技术实现信息的读取和写入。有研究展示了一种基于 DNA 的高效数据存储系统，该系统利用新型编码方案和高通量测序技术，实现了高效、可靠的数据存储和读取。这项技术不仅在数据存储领域具有革命性意义，还为生物计算和智能系统的开发提供了新的可能性。

2. 生物信号感知技术

生物信号感知技术包括对生物体内各种信号（如电信号、化学信号和机械信号）的检测和分析。这些技术的发展极大地提升了医学诊断和治疗的精确度。例如，基于光电容积脉搏波（PPG）技术的智能手表，可以实时监测用户的心率、血氧水平等健康指标。有研究表明，利用纳米材料和微型传感器可以显著提高生物信号检测的灵敏度和准确性。这些技术在心血管疾病监测、神经系统疾病诊断和个性化健康管理中展现了广泛的应用前景。

3. 生物信号处理技术

生物信号处理技术通过对生物信号的分析和处理，提取有用的信息以支持医学诊断和治疗。近年来，人工智能和机器学习算法的引入，使生物信号处理技术得到了显著提升。深度学习算法能够自动分析复杂的生物信号数据，如心电图、脑电图和肌电图等，从中提取出关键特征用于疾病的早期检测和预测。一项研究展示了基于深度学习的心电图异常检测系统，该系统通过分析大量心电图数据，实现了高精度的心脏病预测和诊断。

4. 生物信息交互技术

生物信息交互技术旨在实现人与生物系统之间的信息交流和互动，包括脑机接口、可穿戴设备和智能植入物等，能够实时监测和调节生物体内的生理状态。例如，脑机接口技术通过直接读取和解析大脑的电活动，实现了人类与计算机之间的直接交流，广泛应用于神经康复和辅助设备控制。结合虚拟现实和增强现实技术，可以进一步增强生物信息交互的沉浸感和交互性，为医学康复和辅助治疗提供新的手段。

5. 生物功能调控技术

生物功能调控技术通过外部刺激或内部调节，精确控制生物体的生理功能，在疾病治疗、基因调控和生物制造等领域具有重要应用。基因编辑技术如 CRISPR-Cas9，为生物功能调控提供了强大的工具，使科学家能够在分子水平上精确调控基因表达和细胞功能。一项研究展示了一种新型的 CRISPR 系统，该系统通过结合光遗传学技术，实现了对基因表达的时空精确控制。这项技术为神经科学研究和基因治疗提供了新的可能性。

6. 数字生命系统

数字生命系统是将生物体的生理和遗传信息数字化，并通过计算模型进行模拟和分析的技术，可以用于研究生物体的生理过程、疾病机制和药物反应。数字生命系统的关键在于建立高精度的生物模型，并结合大数据和人工智能技术，实现对生物系统的全面解析。利用数字生命系统可以有效模拟疾病的发生和发展过程，预测药物的疗效和不良反应，为个性化医疗提供科学依据。

7. AI 药物设计

人工智能在药物设计中的应用正在迅速发展，极大地加速了新药的发现和开发。AI

技术通过分析海量的生物数据和药物靶标信息，能够预测药物分子的活性和毒性，优化药物结构。一项研究展示了一种基于深度学习的药物设计平台，该平台利用生成对抗网络（GAN）技术，自动生成具有高活性和低毒性的药物分子。这项技术显著提高了药物研发的效率和成功率，为解决当前药物开发中的瓶颈问题提供了新的解决方案。

8. 微生物组研究的深入

微生物组是指一个特定环境或生态系统中全部微生物及其遗传信息的集合，其蕴藏着极为丰富的微生物资源。全面系统地解析微生物组的结构和功能，将为解决人类面临的能源、生态环境、工农业生产和人体健康等重大问题带来新思路。在高通量测序技术出现以前，微生物研究主要基于分离培养和指纹图谱等技术，由于这些技术存在一定的缺陷，所以人们对于微生物的认识十分有限。随着测序技术的进步和成本的降低，微生物组研究将进一步揭示微生物与人类健康、农作物生长和环境保护之间的复杂关系。这将有助于开发新的治疗策略，如利用有益菌对抗病原体。更深入的微生物组研究也预计将解锁微生物在生态系统中的多种功能，助力生态保护和生物多样性的维护。例如，《Nature》刊发的一篇文章显示，通过对大型褐藻 Fucus vesiculosus 的微生物组动态和代谢组学分析，揭示了 Bacteroidota 在褐藻细胞壁降解中的关键作用。这项研究不仅提高了对海洋生态系统中微生物功能的理解，而且还展示了微生物组的如何影响生物多样性和生态保护的。

9. 人工智能与机器学习的集成

医疗健康是我国大力支持人工智能应用落地的四大产业之一。近年来，国家也出台了多项政策文件推动医院病历电子化、数字化以及人工智能的落地，逐步建立分级诊疗制度。人工智能在医学影像和诊断、虚拟患者护理、医学研究和药物发现、术后康复以及其他层面深刻影响着医疗健康领域，覆盖全产业链各应用场景。其影响体现在医疗成像和诊断服务中的临床状况检测、通过早期诊断控制新型冠状病毒感染疫情（简称"新冠疫情"）、使用人工智能驱动的工具提供虚拟患者护理、管理电子健康记录、提高患者参与度和治疗计划的有效性、减少医疗保健专业人员的行政工作量、发现新药和疫苗、发现医疗处方错误、广泛的数据存储和分析以及技术辅助康复等方面。

第四节　展望

一、应用前景

数字生物技术作为一个新兴且迅速发展的领域，已显示出在医疗健康、农业、环境保护等多个领域中应用的巨大潜力。其在这些领域的应用不仅提高了各项工作的效率和精度，还为解决许多全球性问题提供了新方法和新思路。

1. 医疗健康领域

在医疗健康领域，数字生物技术已经成为疾病诊断与治疗、个性化医疗和药物开发中不可或缺的一部分。

（1）疾病诊断与治疗：数字生物技术通过使用高通量基因测序技术、生物标记物分析和计算生物学方法，可以精确诊断疾病。这些技术使医生能够更早地发现疾病迹象，并提供针对个体的治疗方案。例如，基于患者特定基因型的药物反应预测可以减少治疗失败的风险，提高治疗效率。通过早期诊断，患者可以得到更及时的治疗，从而改善预后、减少治疗成本。

（2）个性化医疗：借助人工智能和机器学习技术，数字生物技术能够处理和分析大规模的健康数据，为每位患者定制个性化的治疗和预防措施。这不仅能提高治疗的精确性，还能在很大程度上降低医疗成本和患者负担。个性化医疗包括基因组学数据分析、电子健康记录的整合和实时患者监控，从而提供量身定制的健康解决方案。

（3）药物开发：通过模拟和预测复杂的生物过程，数字生物技术可以加速新药的发现和开发流程。AI 在药物设计中的应用可以预测分子与目标蛋白的结合效率，从而在药物研发初期阶段节省大量的时间和资源。这种技术不仅加快了药物开发进程，还提高了新药研发的成功率，减少了研发成本。

2. 农业领域

在农业领域，数字生物技术在农作物改良、农作物健康监测和精准农业方面已经显示出其重要性。

（1）农作物改良：通过基因编辑技术，科学家可以更精确地修改农作物基因，以提高其抗病性、耐旱性和营养价值。这种技术的应用对于全球食品安全和农业可持续性具有重要意义。基因编辑技术如 CRISPR-Cas9，使科学家能够快速且准确地改良农作物性状，提高农业生产效率和农产品质量。

（2）农作物健康监测：利用传感器和物联网技术，数字生物技术可以实时监控农作物的生长状况和土壤健康。这些数据能帮助农民做出更好的灌溉、施肥和病虫害管理决策，从而提高农作物的产量和质量。精准监控和管理可以显著减少农药和化肥的使用，降低环境污染，实现农业绿色发展。

（3）精准农业：结合遥感技术和地理信息系统（GIS），数字生物技术能够提供农作物生长的详细空间分布图。这使得农业管理更加精确和高效，同时减少资源浪费。精准农业通过数据驱动的决策支持系统优化农业投入，实现农业生产的可持续发展。

3. 环境保护领域

在环境保护领域，数字生物技术在生态监测与保护、环境污染治理和气候变化研究方面发挥着不可替代的作用。

（1）生态监测与保护：数字生物技术可以应用于生态系统的监测和保护，如使用 DNA 条形码技术监测生物多样性。此外，利用基因技术可以帮助恢复受损的生态系统，如通过基因修改的植物促进土壤修复。利用数字生物技术的生态监测使科学家能够实时追踪生态变化，及时采取保护措施。

（2）环境污染治理：利用微生物对环境污染物进行生物降解是数字生物技术的另一应用方向。例如，工程化微生物可以被用来清除水体中的重金属或化学污染物，这对于保护水资源和生态系统健康至关重要。通过生物修复技术，可以有效降低污染物浓度，恢复受损环境。

（3）气候变化研究：数字生物技术可以帮助科学家更好地理解气候变化对生物多样性的影响，并预测未来的环境变化趋势。通过模型和仿真，可以为制定应对气候变化的政策提供科学依据。这为评估和减缓气候变化影响提供了新的工具和方法。

数字生物技术在医疗健康、农业和环境保护等领域展现了广泛的应用前景，这些技术不仅提高了各领域的工作效率和精准性，还为应对人类公共性问题提供了创新的解决方案。随着相关各领域技术的不断发展和完善，数字生物技术将继续在各个领域发挥重要作用，推动社会进步和可持续发展。

二、面临的挑战与策略建议

数字生物技术的发展和应用在面临前所未有的机遇的同时，也遇到一系列复杂的挑战。这些挑战主要源于数字生物技术本身的复杂性、伦理道德问题、技术普及与接受度等方面。下面将详细探讨这些挑战及其相应的策略建议。

1. 伦理和隐私问题

随着基因编辑技术和个人遗传信息使用频次的增加，伦理和隐私问题成为不可忽视的挑战。基因编辑技术可以改变人类胚胎的基因，这引发了关于干预人类进化和扰乱自然规律的担忧。数字生物技术有可能创造出人工生命形式或合成生物体，这挑战了人类对生命和智慧的传统定义，因而必须解决涉及人工智能、责任和控制的伦理问题。数字生物技术还有可能加剧现有的社会不平等，使弱势群体无法获得重要医疗服务或面临歧视。因此，需要明确责任和问责制，确定谁应对数字生物技术的不利后果负责，谁负责确保其安全和负责任的使用。如何平衡科技进步与个人隐私权、遗传信息的安全和公平访问权是当前数字生物技术面临的主要问题之一。为了更规范地引导相关研究符合伦理要求，更好地保护隐私，建议：①制定严格的、国际统一的伦理标准和准则，以指导基因编辑和相关数字生物技术的应用。这些准则应涵盖从研究设计到技术实施的各个环节，确保科技进步不侵犯个人权利。②加强隐私保护，实施更严格的数据保护措施，确保个人遗传信息的安全，防止数据泄露和滥用。③立法确立数据使用的边界和条件，建立严格全面的法规和指南，以保护个人数据、确保基因编辑的责任制使用，为个人信息提供坚固的法律保护。④通过主题教育和公开讨论，提高研究人员对数字生物技术相关研究的全方位生物安全认知，使其对技术的两用性高度重视。⑤促进公众参与和教育，让公众了解数字生物技术的潜力和风险，提高公众对数字生物技术可能带来的伦理和社会影响的认识，并参与有关其伦理影响的讨论，增强群众对数字生物技术的信心，以对数字生物技术的伦理和隐私问题进行长远的社会和道德层面上的监督。⑥成立独立的道德审查委员会，对数字生物技术项目进行审查，评估其伦理影响并提供指导，确保数生物技术的开发和应用促进公平性和多样性，造福所有社会成员。

2. 数据隐私与安全

数字生物技术需要收集和处理大量个人健康数据，而这些数据高度敏感，不当的数据处理可能导致身份盗用、歧视或其他有害后果。存储和传输个人健康数据涉及复杂的 IT 系统，这些系统可能会受到黑客攻击或数据泄露等网络安全威胁。数字生物技术的目标是促进数据共享和二次使用，以推进研究和改善患者护理。然而，未经授权的数据共享可能会违反隐私权和导致数据滥用。为了解决这些问题，建议：①制定强有力的数据治理框架，建立明确的数据收集、存储、使用和共享政策和程序，以保护个人健康数据的隐私和安全性。②实施全面的网络安全措施，采用最新的安全协议和技术，如加密、访问控制和入侵检测，以减轻数据泄露风险。③完善知情同意机制，在收集和使用个人健康数据之前，必须征得患者的知情同意，清楚地解释如何使用和保护数据。④促进负责任的数据共享，建立安全的机制来共享数据，同时保护个人隐私。⑤加强隐私意识，教育数字生物技术行业从业者和患者有关数据隐私和安全的重要性，并提供相应的实施方案。⑥清晰监管框架，政府应建立清晰、全面的监管框架，指导数字生物技术领域的数据隐私和安全实践。⑦支持开发隐私保护技术和负责任的数据使用指南，以平衡创新与隐私保护。⑧定期审查和更新数据，随着数字生物技术的不断发展，定期审查和更新数据隐私和安全措施至关重要，以确保持续的保护。⑨建立信任关系，培养患者和利益相关者对数字生物技术中数据隐私和安全做法的信任。

3. 技术的创新性与可靠性

尽管数字生物技术提供了高精度的工具，但技术的创新性、方法的准确性和可靠性仍存在不少疑问，尤其是在基因编辑和疾病预测方面。因此，加强基础研究显得尤为重要。未来数字生物技术仍需不断优化和验证技术，提高其稳定性和准确性，包括基础机制研究和广泛的实验验证等，以确保技术的有效性和可靠性。同时，跨学科合作也是解决该问题的关键，未来仍需继续促进生物学家、计算机科学家和工程师之间的合作，共同开发和完善技术。通过集成不同领域的知识和技术，可以解决复杂的数字生物技术问题，提高创新的质量和效率。另外，严格的测试和监管也必不可少，实施严格的技术测试和监管政策可以确保技术在应用前的安全性和效能。政府和监管部门应制定明确的监管框架和标准，对新技术进行适当的审查和控制。

4. 技术普及与公众接受度

数字生物技术的潜力巨大，但其普及和接受度仍受限于公众的理解和信任。为此，可以通过建立信息开放平台，举办科学家、政策制定者、行业领袖、公众之间的交流研讨会和媒体报道等活动，提供前沿且透明的数字生物技术和客观的研发信息。透明度和开放性是公众接受数字生物信息的关键，可以通过建立开放获取的数据库和发布平台来增加研究和开发过程的透明度，公开分享科研成果和技术影响评估，让公众能够直接访问科研数据和研究成果。同时，也需加强相关领域的培训和教育，在教学框架中加强科学和技术教育，特别是生物技术和信息技术，以提高公众的基本科学素养。通过学校和社区教育项目，提高公众对数字生物技术潜力和风险的认识，增强其接受和支持新技术的意愿。

5. 数据整合与管理

数字生物技术的产生来自于海量不同来源的数据，包括基因组、转录组、蛋白变得质组和表型数据等。由于这些数据缺乏统一的数据标准和格式，所以导致不同数据集的整合和比较变得困难。为了解决这一问题，建议：①建立数据标准和本体，制定通用的数据格式和术语表，以便在不同的平台和应用程序之间可以相互操作数据。②开发数据整合工具和转换平台，开发工具和资源，以便轻松地将数据从一种格式转换为另一种格式，无缝地整合不同来源、不同类型的数据。③实施数据安全措施，建立严格的安全协议和加密技术，以保护敏感数据免遭未经授权的访问和滥用。④实施数据治理政策，建立数据治理框架，以管理数据质量、访问和使用。⑤提供培训和资源，帮助研究人员和医疗保健专业人员了解和实施数据标准。

6. 计算能力不足

数字生物技术数据通常非常庞大且复杂，这对数据的分析和解释提出了更高的要求。由于实时分析和建模复杂生物系统所需的高性能计算资源相当缺乏，所以建议投资高性能计算基础设施，如超算、云计算和分布式计算平台等，并发展高效的算法和软件工具来优化生物数据分析和建模，探索新兴技术如量子计算以增强计算能力。

7. 算法开发限制

数字生物技术高度依赖于复杂算法来处理和分析大数据集，这些算法目前面临着精度、可解释性、可扩展性和计算成本等方面的限制。算法可能无法准确地预测生物过程，严重者会产生错误或误导性结果；同时，算法往往是"黑匣子"，使用者无法理解它们是如何得出预测的，也难以确定结果的可靠性和发现错误。为此，建议：①改进算法性能，投资研究和开发更准确、可解释和可扩展的算法，以提高预测的可靠性和可解释性。②开发工具和技术，以帮助用户理解算法的预测流程并识别错误。③优化算法效率，探索并实施算法优化技术，以提高大数据集处理的效率，同时保持精度。④建立共享算法库以促进算法的合作开发和共享，并减少重复工作。⑤提供计算资源，确保研究人员和开发人员可以访问足够的高性能计算资源，以支持复杂算法的开发和运行。⑥支持学术和行业合作，以促进算法创新和知识共享。⑦探索机器学习、深度学习和人工神经网络等先进技术的应用，促进自动化和高通量数据分析，以便从大型数据集快速获取洞察。

8. 高性能计算基础设施

对海量数据的分析和处理需要庞大的计算能力和存储空间，而高性能计算（High Performance Computing，HPC）基础设施的部署和维护成本可能非常高。为了解决这一问题，建议：①建立国家或地区性 HPC 中心，政府和机构可以投资建立国家或地区性 HPC 中心，提供共享的计算资源和专业知识，从而降低个人研究机构的成本并提高效率。②提供 HPC 培训和支持，教育机构和行业协会应提供 HPC 培训和支持，培养合格的人才；同时提供研究资金，研究资金应包括 HPC 培训和技能发展计划。③开发开放获取数据存储库，建立开放获取数据存储库，允许研究人员共享和访问大量数字生物技术数据，从而促进协作研究。④制定数据共享标准，标准化数据格式和共享协议，以促进数字生物技术数据的无缝交换和整合，从而提高分析的一致性和可重复性。⑤探索云计算解决方案，考虑利用云计算平台提供按需的可扩展 HPC 资源，从而降低成本并提高灵活性，特别是对于需要暂时计算能力的研究人员，云计算可以在不降低算力的前提下大幅降低研究成本。

9. 人员培训与教育

数字生物技术是一个迅速发展的领域，对熟练劳动力的需求很高。然而，目前的劳动力并没有为满足该领域的需要做好充分的准备。数字生物技术要求从业者熟练掌握生物学、计算机科学和数据分析方面的技能，但许多生物学家缺乏计算机科学和数据分析技能，而计算机科学家和数据分析师则缺乏生物学背景知识。此外，目前没有足够科学的培训计划帮助个人获得数字生物技术所需的技能，大学和学院的课程通常跟不上数字生物技术发展的步伐，导致学生毕业后缺乏该领域所需的关键技能。为了解决这些问题，建议：①开发全面的培训计划，针对生物学家、计算机科学家和数据分析师的培训计划，以缩小技能差距。这些计划应涵盖数字生物技术的各个方面，包括生物信息学、数据分析和机器学习等。②将数字生物技术课程纳入生物学、计算机科学和数据科学等学科的本科和研究生课程中，使学生有机会在毕业前获得数字生物技术领域的宝贵技能。同时，与生物技术公司和研究机构合作，提供实践项目和实习机会，让学生在工作环境中获得数字生物技术技能和经验。③鼓励终身学习，提供在线课程、会议和研讨会，帮助专业人士获得新技能，并跟上不断变化的技术格局。

10. 资金投入不足

数字生物技术是一个资金密集型领域，需要大量投资才能进行研究、开发和商业化。目前，与其他科技领域相比，数字生物技术的投资水平仍然较低。初创公司和早期研究往往难以获得融资，这阻碍了数字生物技术领域的创新和进步。为了解决这一问题，建议：①增加政府补贴，政府可通过提供拨款、税收减免和其他激励措施，增加对数字生物技术研究和开发的资助。②鼓励风险投资，创建更适合数字生物技术投资的风险投资基金，降低风险，吸引更多私人资本。③促进公共 - 私营伙伴关系，促成政府实验室、大学和私营企业的合作，共同探索数字生物技术的创新途径。④简化审批流程，制定明确的监管框架，促进数字生物技术的开发和商业化，同时保障公众安全。⑤培养熟练的劳动力，通过教育计划和培训，培养数字生物技术领域所需的熟练劳动力。

参考文献

［1］Macias Alonso A K, Hirt J, Woelfle T, et al. Definitions of digital biomarkers: a systematic mapping of the biomedical literature[J]. BMJ health & care informatics, 2024, 31(1): e100914.

［2］Goldman N, Bertone P, Chen S, et al. Towards practical, high-capacity, low-maintenance information storage in synthesized DNA[J]. Nature, 2013, 494(7435): 77-80.

［3］Akin A. Bio-Optical Signals[M]//Wiley Encyclopedia of Biomedical Engineering. John Wiley & Sons, Ltd, 2006.

［4］Wu Z, Pan G, Principe J C, et al. Cyborg Intelligence: Towards Bio-Machine Intelligent Systems[J]. IEEE Intelligent Systems, 2014, 29(06): 2-4.

［5］Kana O, Brylinski M. Elucidating the druggability of the human proteome with eFindSite[J]. Journal of Computer-Aided Molecular Design, 2019, 33(5): 509-519.

［6］Nielsen A A K, Der B S, Shin J, et al. Genetic circuit design automation[J]. Science (New York, N.Y.), 2016, 352(6281): aac7341.

［7］Glasser M F, Coalson T S, Robinson E C, et al. A multi-modal parcellation of human cerebral cortex[J]. Nature, 2016, 536(7615): 171-178.

［8］Kalyane D, Sanap G, Paul D, et al. Chapter 3 - Artificial intelligence in the pharmaceutical sector: current scene and future prospect[J]. The Future of Pharmaceutical Product Development and Research, 2020, 73-107.

［9］Ellenberger T, Gohara D. NIH-Wide Strategic Plan, Fiscal Years 2021-2025[R]. Bethesda, Maryland, U.S.: National Institutes of Health, 2021.

［10］The White House. National Security Memorandum on Countering Biological Threats, Enhancing Pandemic Preparedness, and Achieving Global Health Security[EB/OL]. (2022-10-18)[2024-05-10]. https://www.whitehouse.gov/briefing-room/presidential-actions/2022/10/18/national-security-memorandum-on-countering-biological-threats-enhancing-pandemic-preparedness-and-achieving-global-health-security/.

［11］The White House. Executive Order on Advancing Biotechnology and Biomanufacturing Innovation for a Sustainable, Safe, and Secure American Bioeconomy[EB/OL]. (2022-09-12)[2024-05-10]. https://www.whitehouse.gov/briefing-room/presidential-actions/2022/09/12/executive-order-on-advancing-biotechnology-and-biomanufacturing-innovation-for-a-sustainable-safe-and-secure-american-bioeconomy/.

［12］The White House. Executive Order on the Safe, Secure, and Trustworthy Development and Use of Artificial Intelligence[EB/OL]. (2023-10-30)[2024-05-10]. https://www.whitehouse.gov/briefing-room/presidential-actions/2023/10/30/executive-order-on-the-safe-secure-and-trustworthy-development-and-use-of-artificial-intelligence/.

［13］European Commission. Cluster 1: Health - European Commission[EB/OL]. (2024-04-15) [2024-05-10]. https://research-and-innovation.ec.europa.eu/funding/funding-opportunities/funding-programmes-and-open-calls/horizon-europe/cluster-1-health_en.

［14］Harrow J, Drysdale R, Smith A, et al. ELIXIR: providing a sustainable infrastructure for life science data at European scale[J]. Bioinformatics, 2021, 37(16): 2506-2511.

［15］内閣府. 科学技術基本計画及び科学技術・イノベーション基本計画 - 科学技術政策 - 内閣府 [EB/OL]. [2024-05-10]. https://www8.cao.go.jp/cstp/kihonkeikaku/.

［16］Bornholt J, Lopez R, Carmean D M, et al. A DNA-Based Archival Storage System[C]. Proceedings of the Twenty-First International Conference on Architectural Support for Programming Languages and Operating Systems. Atlanta Georgia USA: ACM, 2016,637-649.

［17］Pereira T, Tran N, Gadhoumi K, et al. Photoplethysmography based atrial fibrillation detection: a review[J]. npj Digital Medicine, 2020, 3(1): 1-12.

［18］Hannun A Y, Rajpurkar P, Haghpanahi M, et al. Cardiologist-level arrhythmia detection and classification in ambulatory electrocardiograms using a deep neural network[J]. Nature Medicine, 2019, 25(1): 65-69.

［19］Abiri R, Borhani S, Sellers E W, et al. A comprehensive review of EEG-based brain-computer interface paradigms[J]. Journal of Neural Engineering, 2019, 16(1): 011001.

［20］Niu Y, Shen B, Cui Y, et al. Generation of gene-modified cynomolgus monkey via Cas9/RNA-mediated gene targeting in one-cell embryos[J]. Cell, 2014, 156(4): 836-843.

［21］Zhavoronkov A, Ivanenkov Y A, Aliper A, et al. Deep learning enables rapid identification of potent DDR1 kinase inhibitors[J]. Nature Biotechnology, 2019, 37(9): 1038-1040.

［22］Macdonald J F H, Pérez-García P, Schneider Y K H, et al. Community dynamics and metagenomic analyses reveal Bacteroidota's role in widespread enzymatic Fucus vesiculosus cell wall degradation[J]. Scientific Reports, 2024, 14(1): 10237.

［23］Esteva A, Robicquet A, Ramsundar B, et al. A guide to deep learning in healthcare[J]. Nature Medicine, 2019, 25(1): 24-29.

第二章

生物分子信息存储

第一节　概述

一、大数据存储的现状与生物分子信息存储的原理优势

医疗健康领域的拓宽、生物工程技术的进步和"智能化制造"趋势的兴起，共同促进了数据量的爆发式增长。一方面，互联网技术、物联网应用、医疗信息化、生物科学工程等领域的飞跃促进了海量数据的生成，而5G显著增强了数据传输的速度，人工智能技术则为深度数据挖掘提供了强大支持；另一方面，现有的数据存储解决方案还远未能充分适应大数据存储的扩容需求，凸显了存储能力的局限性。

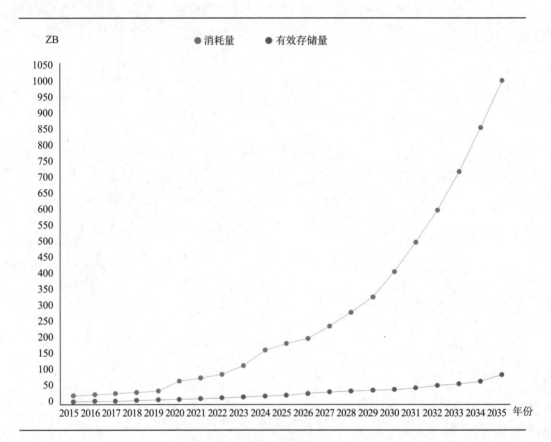

图2-1-1　全球数据供需量

依据国际数据公司（International Data Corporation，IDC）在2021年的分析展望（图2-1-1），2020—2025年全球数据总量将以每年约23%的速度复合增长，预估到2025年底这一数字将上升至180泽字节（ZB），其中1泽字节相当于1024艾字节（EB），形象来说，1EB相当于足够播放长达3.6万年的高清视频内容。此外，IDC进一

步推测，到 2035 年时，全球数据量或将跨越 1000ZB 的大关。另据全球最大的硬盘制造商希捷（Seagate）的评估，直至 2025 年，可能将有高达 98.29% 的数据遭遇无法被现有存储技术和存储设施容纳的困境。

总体来说，大数据存储的供应赶不上大数据的生产，主要包括以下几个方面的需求未得到满足。

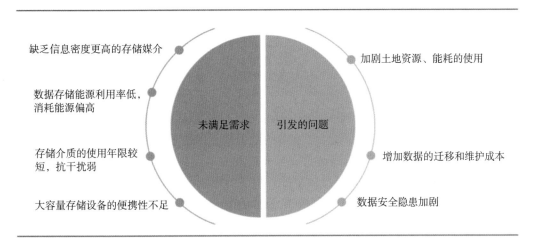

图 2-1-2　数据存储的未满足需求及可能引发的问题

如图 2-1-2 所示，市场对更高存储密度媒介的迫切需求映射出一个现状：当前存储方案加剧了土地资源紧张与能源消耗过度的问题。此外，存储媒介生命周期偏短不仅提高了数据迁移与维护的经济负担，还导致大型存储设施在迁移能力上的局限性，这一局限性进而引发了对数据保护的担忧。鉴于此，未来的数据存储技术发展将趋向于实现低成本、高存储效率、长寿命留存以及节能减排的目标。这些需求不仅是大数据时代背景下的必然趋势，也是推动生物分子信息存储技术前进的核心动力所在，旨在解决信息存储的根本挑战，并提升数据保管的安全性与可持续性。

如表 2-1-1 所示，与传统存储介质相比较，现有存储介质在存储密度、使用寿命、能源消耗上仍存在一定的局限。

表 2-1-1　存储介质对比

	磁带	硬盘	闪存	DNA 存储
优点	读写便捷、成本低、寿命长、能耗低、安全性高、稳定价格低、支持断电存储	存储容量大、价格低、存储成本低	读写便捷、耗电量低、温度影响小、耐用性高	存储密度高、耐用性高、寿命长、能耗低
缺点	访问速度低	耗电高、运行温度高、噪声偏大	价格偏高、容量偏低	合成和测序成本高、信息读写慢、无法高效对接现有信息系统

续表

	磁带	硬盘	闪存	DNA 存储
应用场景	数据冷存储	消费级和企业级产品	消费级产品为主	大数据存储、新型数据加密、分子追踪系统、分子诊断
生产商	国际商业机器公司（IBM）、惠普、戴尔等	希捷、西部数据、惠普、迈拓等	三星、东芝、海力士等	Twist Bioscience、微软、华大等

现有存储介质的存储密度偏低，以磁带存储为例，目前存储密度能达到 10^{14} 比特／立方厘米，而硬盘和闪存不及磁带存储，如 1 泽字节的数据量，即使是磁带存储，也需要 10^{11} 立方毫米，存储密度的不足将造成高运营成本和建设成本。在能源消耗上，1 泽字节数据量需要约 1000 个艾字节级数据中心，而每个艾字节级数据中心需要约 7 万平方米的占地面积、200 兆瓦／年的功耗，总存储成本高达 10 亿美元。不仅占地面积、存储体积面临巨大的挑战，能耗、维护成本将是更严峻的挑战。使用寿命也是局限数据存储发展的关键因素。在现有存储介质中，光盘的使用寿命为 3~5 年，硬盘存储和闪存的使用寿命为 5~10 年，磁带存储的使用寿命为 15~30 年；数据存储系统需要定期清除损坏的数据，并更换故障单元，低使用寿命将造成泽字节数据量的存储需要极高的维护成本，因此市场需要更加稳定的存储媒介来支撑快速增长数据的长期存储。在能源消耗方面，磁带存储的能源消耗相比硬盘存储和闪存要小。磁带存储可以通过离线存储数据，但磁带主要依赖于稀土金属。尽管全球稀土储量丰富，但由于过度开采和国家间进出口贸易，稀土资源储量快速下降，所以磁带存储的解决方案并不能长久。

生物分子信息存储的本质是利用生物技术对现有信息存储介质进行的创新与应用，实现从"硅基"存储迈入"碳基"存储的阶段。目前主流的生物分子信息存储是基于脱氧核糖核苷酸（Deoxyribonucleic Acid，DNA）的四种碱基（腺嘌呤 A、胸腺嘧啶 T、胞嘧啶 C 和鸟嘌呤 G）来映射二进制信息的 0 和 1，通过信息编码来进行存储，这是一个数字信号到化学信号的过程，也是一种将二进制信息压缩为四进制信息的过程。相对传统介质，由于 DNA 存储基于分子流存储信息流，再加上其非周期性晶体等结构特点以及生物属性，所以 DNA 存储极其稳定且存储密度高。

由此可以看出，现有存储媒介无法满足未来存储的需求，以 DNA 分子为代表的生物分子信息存储是解决方案之一。一方面，DNA 是信息密度最高的已知存储媒介（理论可以达到的存储密度为 455 艾字节／克）。另一方面，信息的写入与读出所需的生物技术（即 DNA 合成与测序技术）均已实现了重大突破，使基于生物分子的信息存储流程具备可行性。此外，由于 DNA 的稳定性，从 70 万年前的古 DNA 中仍可测序，存储的时效性远超其他存储媒介。为了满足海量数据的存储的新兴需求，市场亟须变革式的新兴存储介质。特别是在存储密度、使用寿命、能源消耗、数据安全等因素上进行大幅优化和提升。

自 1964 年起，将生物大分子视为信息存储载体的概念初步萌发，并在 2012 年迈入实质性的研发实践阶段。生物大分子如 DNA、蛋白质及代谢物等，成了潜在的信息存储材料。构建有效信息存储体系的核心在于确保信息的可靠录入与读取机制。虽然蛋白质与代谢物的序列合成技术取得了一定进展，并且信息解读可通过高精度质谱手段进行，但高昂的成本与较低的效率，加之所需设备在空间占用、能耗及购置费用上的不菲开支，为该领域研究设置了较高的障碍，限制了其广泛应用的可能性。对比之下，DNA 作为信息存储介质展现出了优势，即 DNA 的合成与测序技术更为成熟，多数相关设备已实现商业化。鉴于 DNA 在成本控制、规模化应用等方面的显著潜力，当前全球范围内的政府机关、科研院校、创新企业及科技投资力量正积极促进 DNA 信息存储技术的发展，力求突破现有瓶颈，加速这一领域的进步与普及。

二、生物分子信息存储的技术简介

生物分子信息存储从本质上均是将数字文件的二进制编码转换为生物分子单元的编码，在现有技术框架下，常规意义上的生物分子信息存储，如 DNA 存储主要由编码、合成、保存、测序、解码 5 个步骤构成，可以概括为"编 - 写 - 存 - 读 - 解"。另外，部分生物分子信息存储技术也涉及数据的功能化应用，如随机读取、增加、删除、修改、查询等。然而，根据生物分子写入读取技术特点、成本效率等的差异，不同系统的技术路径有较大差异。下面以 DNA 信息存储为例，相关技术简介如下。

1. 二进制比特 –DNA 碱基编码

DNA 编码算法包括固定规则的简单映射编码、Goldman 编码、Grass 编码、Blawat 编码、DNA 喷泉（DNA Fountain）编码、水印叠加编码等，以及集成多种规则的阴阳双编码（Yin-Yang codec，YYC）系统、Spider-Web（蛛网）系统等（图 2-1-3）。此外，针对 DNA 的生化 - 数字特性，可预计编码方法上还有较大的研究空间。

2012 年，美国哈佛大学 George Church 团队首次展示了通过 DNA 存储数字信息，其使用经典的简单映射编码直接将 A、T、C、G 四种碱基映射二进制数据，如将 00 映射给 A，将 01 映射给 T，将 10 映射给 G，将 11 映射给 C，基于以上编码，碱基序列"TGCAG"可编码数字串"0110110010"。

以上的映射规则是较为简单的一种，可以在确保编码的规则和效率下进行多种变形，如霍夫曼编码、DNA 喷泉编码。后续的编码算法引入了纠错算法，这对于 DNA 存储信息的准确性起关键作用。

除此之外，还有一种编码策略，即利用简短的寡核苷酸序列作为基本信息编码单位。这种方法首先通过化学合成技术预制一套包含多种短寡核苷酸的库，每种都携带特定的信息。随后，依据碱基配对规则（即 A-T 和 C-G 的原则），这些短片段被精确地组装起来，形成较长的寡核苷酸链或双螺旋 DNA 结构。随着 DNA 链长度的增加，每个链能够封装更多的数据信息，这意味着在合成更庞大的遗传信息体时，单个数据位的编码成本得以减少，从而在处理大量数据集时体现出成本效益。这种方式尤其适用于高数据密度存储的需求，通过规模效应来优化存储效率，并降低单位数据的存储成本。

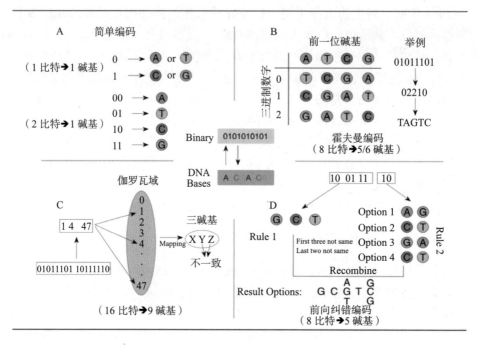

图 2-1-3　DNA 编码

（来源：Ping Z, Ma D, Huang X, et al. Carbon-based archiving: current progress and future prospects of DNA-based data storage[J]. Gigascience, 2019, 8(6):giz075.）

2. DNA 合成

作为存储介质，DNA 的合成长度决定存储信息碱基利用率。目前，主流的 DNA 合成方法包括化学合成和生物合成两大类。

化学合成技术相对成熟，以 20 世纪 80 年代发展的固相亚磷酰胺三酯法为代表。目前基于化学合成 DNA 的新兴技术和工具还在陆续面世，如电化学芯片合成法、微流体系统、数字光刻技术和基于分选原理的高通量合成技术等，特别是微阵列（芯片）可实现高通量 DNA 合成。基于微软和华盛顿大学的研究成果，目前合成密度能达到 2500 万/平方厘米，并且具有再提升两个数量级的潜力。

以酶促合成为代表的生物合成技术开始于 2010 年，目前相关技术尚未成熟，未进入商业市场，未来的发展前景较大。酶促合成即可只使用水性试剂，产生更少的副产品，因此更具有可持续性；其次，酶促合成反应可以通过加速合成实现更高的通量并增加聚合物的长度，从而提高数据密度，降低存储成本。

3. DNA 保存

DNA 介质的长期稳定储存是实现冷数据长期存储的关键，将直接影响基于 DNA 的海量数据存储硬件设备系统的实现。

现有 DNA 保存包括三种方式，即宏观级保存、分子级保存和体内保存（表 2-1-2）。宏观级保存可以包括将 DNA 介质以液状、干粉、封装、DNA 与碱性盐混合干燥等方式保存。DNA 分子的物理保存需要考虑容器的成本、容器存储的数据量、封装成本和检索的自动化等因素。考虑到 DNA 的衰变机制，DNA 会受到紫外线照射、水、微生物、氧气等作用降解，水分子是最主要的因素，因此 DNA 介质的长期储存尤其要隔绝水和氧气。

DNA 的分子级保存是将单个 DNA 分子或单个 DNA 分子簇嵌入基质材料中，旨在防止水和氧气接触到单个 DNA 分子，玻璃等无机材料是现在最适合的材料，但是具有较高的加工难度，并且会增加后期的 DNA 分子读取难度。

相比之下，DNA 体内保存具有较大优势，如低成本精准复制和长久稳定保存。细胞内精密的基因组修复等分子机制可以实现 DNA 介质的耐久性和稳定性，已成为信息存储的最具潜力的方式。但体内储存也存在一定的缺点，如由于细胞接受外缘 DNA 物质效率等问题，造成体内保存密度低于体外保存，且体内保存更适合长 DNA 片段，具有较高的制造成本。此外，大量的人工核酸序列在细胞内保存的生物风险也是一个需要考虑的关键因素。

表 2-1-2　DNA 介质的储存方法

方法	液状	干粉	封装	DNA 与碱性盐混合干燥	非天然核酸	体内保存
保存时间	33 年	3~6 年	527 年	109 年	—	—
处理难度	简单	简单	困难	简单	简单	简单
温度	−20℃ / −80℃ / 液氮保存	−15℃	常温	常温	—	常温

4. DNA 测序

DNA 测序是读取 DNA 存储数据的步骤，主要是测定编码数据的 DNA 分子中碱基（AGCT）的排列顺序。

自 1977 年 Sanger 发明双脱氧链终止法测序（第一代 DNA 测序技术），测序技术开始高速的发展。随后在 1998 年，随着毛细管电泳仪的出现，实现了测序通量化和自动化，标志着一代测序技术的成熟和基因组学时代的到来。二代测序（Next-Generation Sequencing，NGS）技术在 2005 年出现，实现了几十万到几百万条核酸分子的并行测序。2011 年出现了基于长片段和直接测序的新一代单分子测序技术。目前，DNA 存储相关研究的测序工作大多在 Illumina 平台、MGI 平台以及单分子牛津纳米孔（Oxford Nanopore Technologies，ONT）平台实现。同时，其他的生物分子类型，如带非天然碱基的 DNA 分子、寡肽、代谢化合物等，采用纳米孔测序仪或质谱等方式进行信息读取（图 2-1-4、表 2-1-3）。

Sanger 发明 DNA 双脱氧链终止法测序	1977	
	1981	第一次测定得到人类线粒体基因组序列
人类基因组计划启动	1990	
	1995	第一次得到完整的细菌基因组：嗜血流感菌
第一次得到完整的真核生物基因组：酿酒酵母	1996	
	2001	人类基因组计划完成
Roche 发布高通量测序仪 454 GS20	2005	
	2007	Illumina 发布高通量测序仪 Genetic Analyzer 2
MetaHIT 计划启动研究人类微生物组计划	2008	
	2011	PacBio 发布单分子测序仪 PacBio RS
ONT 发布纳米孔测序平台：MiniON	2014	
	2015	华大发布了新一代桌面型测序系统 BGISEQ-500
人类微生物组计划第二阶段（HMP）完成	2019	

图 2-1-4 测序技术的发展历史

表 2-1-3 不同测序技术的比较

分类	代表企业	测序原理	优点	缺点
Sanger 测序仪	Thermo Fisher	Sanger 测序法	准确率高且读长较长，能很好地处理重复序列和多聚序列	通量小且成本较高
高通量测序仪	Illumina	可逆末端终止法	通量很高	机器造价昂贵
	Thermo Fisher	连接测序法	通量高，实际成本低	测序时间长，读长短，成本高，碱基组拼接困难
	Roche	焦磷酸测序法	二代测序中读长最长	难以处理重复和多聚区域
	MGI	联合探针锚定聚合测序法	高通量、高准确性、低重复序列率（低Dup）	上机文库为环状文库，如采用其他商业试剂盒构建了线性文库，则需采用通用文库转换试剂转换成兼容华大测序平台的单链环状 DNA 文库

分类	代表企业	测序原理	优点	缺点
单分子测序仪	PacBio	单分子荧光测序	超长读长	准确率低、仪器昂贵
	ONT	单分子纳米孔测序	长读长	准确率低

5. DNA 碱基 – 二进制比特解码

DNA 测序完成后，通过 DNA 解码获得 DNA 存储的原始信息。其基础原理为：①通过检索选择目标 DNA，使用映射到编码过程中所生成特定数据项的引物和聚合酶链式反应（Polymerase Chain Reaction, PCR）扩增，获得目标 DNA，再通过测序仪获取 DNA 对应的序列。②通过映射规则将序列转码成原始的 0 和 1 字节信息。

生物分子信息存储的常规流程除了信息的"编 - 写 - 存 - 读 - 解"之外，也需要更多功能性模块，如前文提到的随机读取、增删改查等。而这些功能模块通常需要结合编码技术与基于生物分子序列特异性的分子生物学技术，如多重 PCR 技术、基因编辑技术、序列特异性探针技术等。

总体来说，目前在生物分子信息存储技术体系中，编码（解码）、合成、保存（封装）以及生物分子解读均已完成了原理验证，并在效率、成本等方面不断改进突破。针对存储系统的功能模块，已有利用分子生物学技术、纳米技术及微流控技术等实现如检索、修改、删除等功能，但相较而言还处于早期发展阶段。

第二节　研究现状及进展

生物分子信息存储技术经历了从早期概念验证到近期快速发展的转变，尤其在 DNA 存储概念正式提出后，该领域研究呈现出显著加速的发展趋势。根据 Web of Science 数据库的统计，2000—2024 年全球各研究机构共发表了 766 篇与 DNA 存储相关的论文。在 21 世纪初，由于"DNA 计算""DNA 密码学""DNA 隐写术"等概念相继被提出，相关研究也开始关注将数据存入 DNA 中的加密技术。然而，相关论文发表量始终在低水平徘徊，仍处于缓慢发展阶段。2012 年，随着 DNA 存储的概念被正式提出，相关研究显著加速，特别是在 2016 年之后，DNA 存储领域进入了快速发展期（图 2-2-1）。

从研究方向来看，目前 DNA 存储的研究主要集中在编解码算法的开发，其次是信息的读取与写入。然而，在信息保存的介质研究和应用示范方面，仍然缺乏广泛的报道（图 2-2-2）。

发文量 / 篇

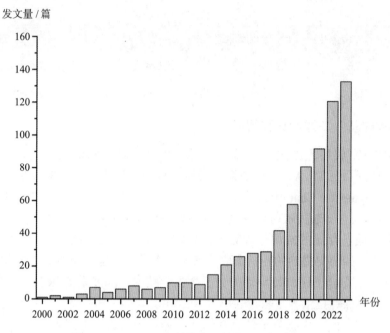

图 2-2-1　DNA 存储技术领域发文量年度分布

（数据来源：Web of science 数据库）

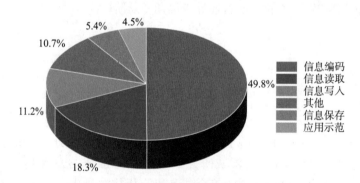

图 2-2-2　DNA 存储技术领域研究方向分布

（数据来源：Web of science 数据库）

　　从学科分布上来看，DNA 存储技术研究论文主要集中在计算机科学、科学与技术（其他主题）、工程学、化学和生物化学与分子生物学，其次为材料科学、生物技术与应用微生物学、物理学和电信等（图 2-2-3）。

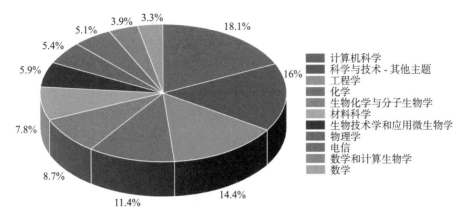

图 2-2-3　DNA 存储技术领域论文学科分布

（数据来源：Web of science 数据库）

一、生物分子的信息编码与存储体系结构

（一）信息比特 - 生物分子单元转换编码

从 20 世纪 20 年代起，随着通信技术的兴起，信息论思想开始萌芽。1948 年，随着克劳德·香农在《贝尔系统技术期刊》上发表题为"通信的数学原理"的论文，信息论正式确立为一门学科。该理论根植于应用数学、电子工程学以及计算机科学的深厚土壤之中，专注于信息的度量、存储及传递等核心议题，并已广泛渗透到统计推断、密码学、分子编码等多个学科领域。信息论的演进，无疑为计算机科学、互联网技术乃至整个现代信息技术的蓬勃兴起奠定了坚实的理论基础。在 DNA 信息存储这一前沿领域，信息编码技术的研发亦是在香农信息论构筑的坚实框架内迅速推进。通过借鉴和应用信息论中的基本原理与方法，科研人员不断探索如何高效、安全地将数字化信息转化为 DNA 序列，以及如何逆向解码，这不仅深化了我们对生物信息存储潜力的理解，也为解决未来大数据存储挑战开辟了全新的路径。

自 2012 年，美国哈佛大学 George Church 团队首次验证了规模化 DNA 存储的概念，与 DNA 存储信息编码方法相关的研究文献逐年递增。研究思路主要聚焦于提升信息密度、生物化学约束的兼容性、错误纠正、不同存储功能适配性（如信息的随机读取、搜索、预加载等）以及安全性等。

（1）读写生化技术的兼容性：不同于计算机的电信号，不同 DNA 序列的生物化学操作在处理某类型的 DNA 序列时可能会出现反应低效或失效的情况，从而影响原始存储信息的有效恢复。因此，编码算法的重要性能是在保证较高编码效率的同时，提升所生成的 DNA 序列对现有合成与测序生化技术流程的兼容性，如缩短序列中的单碱基重复（Homopolymer）序列，避免潜在二级结构生成，保持序列 GC 含量适中等。

（2）存储功能适配性：为了完成某些特定的存储功能，对编码算法生成的 DNA 序列之间存在额外要求。例如，为实现信息模糊搜索的功能，信息越相近的 DNA 序列应该存在更多的相似性，这使相近信息所对应的 DNA 序列可进行分子杂交。此外，在某些特殊情况下，会要求 DNA 序列形成某种特殊结构，使其不易被读取，从而满足防止恶意复制或加密的需求。

现有已开发的编码算法大致可分为以下两类。

1. 基于受限的基本映射关系的编码算法

这些编码算法在考虑单碱基重复和 / 或其他的约束要求下确定了比特与受限碱基之间的映射规则。通过牺牲一定的编码信息密度，利用固定映射规则，如 01011001 只能对应 TCATG，避免出现单碱基重复的可能性。

2012 年，美国哈佛大学 George Church 团队首次验证了规模化 DNA 存储的概念，并估计了 DNA 存储的理论存储密度（5.5 拍字节 / 立方毫米或 455 艾字节 / 克）。该团队率先提出了"比特 - 碱基"的简单编码过程，即 Church 编码算法。如图 2-2-4 所示，比特于碱基的映射关系为：0-A/C、1-G/T。因此，在编码过程中，碱基 A 和 C 之间、碱基 G 和 T 之间可以等价替换，通常用随机选择方式完成。

考虑到单碱基重复会导致 DNA 序列在合成或测序过程中可能出现错误，当已转码序列末尾存在连续 3 个相同的碱基时（如 AAA），转码算法会将其中一位碱基替换为其等价碱基（如 A 替换为 C）。该方法可以完全避免 3 个以上连续碱基重复的情况，但对特定数据结构，一旦映射关系确定，则无法实现对 GC 含量的调控。

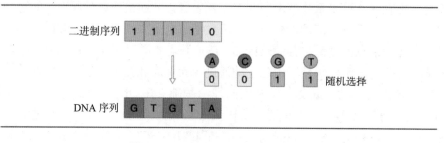

图 2-2-4　Church 编码算法示例

2013 年，欧洲分子生物学实验室 Nick Goldman 团队提出了一种基于霍夫曼编码的轮转编码规则，为了直接消除单碱基重复对合成或测序过程的影响，首先使用霍夫曼三叉树分析需被转码的二进制文件，基于字节（8 个比特）出现频率，将二进制序列转换为对应的三进制序列。如图 2-2-5 所示，文件的 0/1 信息首先转换为 0/1/2，对应的 DNA 序列当前碱基由当前的数据信息以及前一位已选择的碱基（核苷酸）决定。例如，若前一位碱基为 A 且当前的数据信息为 2，则当前的碱基为 G。该方法可以完全避免连续碱基重复的情况，但在固定规则情况下，无法实现对 GC 含量的调控，同时可能出现片段重复。

Goldman 编码首次将信息科学中的统计编码方法即霍夫曼编码引入 DNA 存储，也是首个将比特 - 碱基信息密度纳入考虑的编码方法，为如 Grass 编码、阴阳编码等后续开发的算法提供了思路。

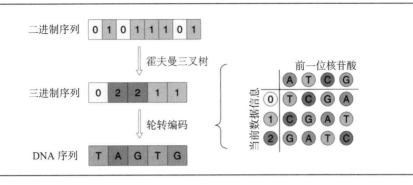

图 2-2-5　Goldman 编码算法示例

　　2015 年，瑞士苏黎世联邦理工学院 Robert N. Grass 团队将有限域（Galois field）与碱基三联体（triplet）进行关联，提出了可避免长度大于 3 的单碱基重复的编码算法。碱基三联体是由长度为 3 的碱基构成的 DNA 序列。在该算法中，规定三联体的后两个核苷酸不可相同，因此全局范围内单碱基重复长度不会超过 3。通过组合计算可得，碱基三联体一共有 $4 \times 4 \times 3 = 48$ 种组合方式。Grass 等人除了"TGT"的组合，最终得到 47 种组合方式。如图 2-2-6 所示，在编码过程中，2 个字节共 16 位的二进制比特序列会被首先转换为 47 进制的数字序列（$2^{16} > 47^2$），即 47 位的有限域。然后再基于该 47 进制的序列与碱基三联体的简单映射，完成二进制比特序列到 DNA 序列的转换。该算法考虑到了单碱基重复的问题，然而并未解决对于特定数据结构下 GC 含量的调控。

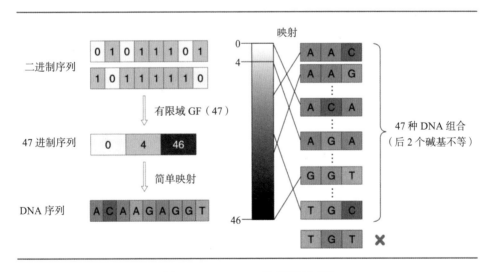

图 2-2-6　Grass 编码算法示例

　　该方法可以有效避免连续 3 个以上的单碱基重复，同时其理论信息密度可以达到 1.78 比特 / 碱基。并且在编码过程中，Grass 等人首次引入了信息技术中的纠错编码，为此后的 DNA 存储更准确地应对 DNA 序列在合成、扩增、测序中无法避免的碱基替换错误提供了解决方案。在此之后，绝大多数的编码算法开发，都是在 DNA 序列中支出一部分碱基，作为信息纠错的开销。

2016 年，Meinolf Blawat 及其同事提出了一种编码算法，以处理 DNA 测序、扩增、和合成过程引入的错误。该方法以字节而非比特作为碱基转换的基本单元，将一字节信息（长度为 8）转换为长度为 5 的 DNA 序列信息。如图 2-2-7 所示，一个字节会被分为两个部分。其中，前六个比特为固定转换的部分，后两个比特为可选转换的部分。固定转换部分的映射关系为 00-A、01-C、10-G、11-T。可选部分为 00-（AA/CC/GG/TT）、01-（AC/CG/GT/TA）、10-（AG/CT/GA/TC）、11-（AT/CA/GC/TG）。通过固定与可选转换部分组合，必定能在可选的 4 种选项中选择其中一种碱基组合，以保证前三个碱基不全相同，后两个碱基不全相同。与此同时，解码过程中，该算法可以通过对编码规则的反推，进行一定程度的纠错。Blawat 编码一定程度上继承了 Church 编码碱基互换的思想，在纠错方面并没有利用信息学中的纠错码，而是利用自身编码算法的特点，通过反向推导去除错误选项达到纠错的目的。

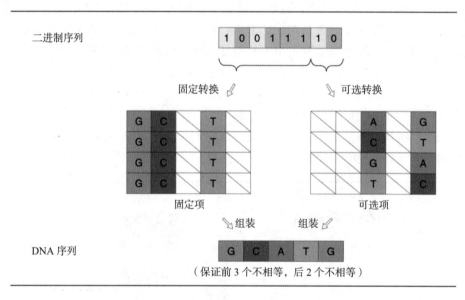

图 2-2-7　Blawat 编码算法示例

自 2020 年以来，由于 DNA 信息存储编解码方法的深入研究，并随着计算机技术在测序后基因拼装的广泛应用，研究者们逐渐发现计算机信息技术中的图理论（Graph Theory）可以很好地用于比特 - 碱基的编解码方法中，带有约束的映射关系研究，并可以扩展至其他生物分子信息存储的编解码开发。基于德布莱因图或其他有向图，研究者将长度为 K 的 DNA 序列（Kmer）作为图中的节点，而相似 Kmer 之间的路径作为编码过程的依据。2022 年，天津大学提出了基于德布莱因图的 DNA 存储编解码方法，该方法利用贪婪路径搜索原理，实现了大规模的序列重构，解决了 DNA 存储长期保存中面临的 DNA 分子断链问题。

2. 在基本映射关系基础上增加筛选过滤步骤的编码算法

利用文件中二进制信息片段的组合多样性，生成更多不同的 DNA 序列。在完成基本映射编码后，会针对生成 DNA 序列进行生化约束条件下序列筛选过滤。因此，由这类编码生成的 DNA 序列必然会完全满足预先设定的生化约束条件，如 GC 含量、单碱基重复、二级结构自由能等。

2017 年，哥伦比亚大学基因组中心的研究人员 Yaniv Erlich 和 Dina Zielinski 提出了基于卢比变换码（Luby Transform）的编码算法。卢比变换码作为首个实用性喷泉码，可以从一组给定的源数据包中产生一串无限的编码符号序列，在理想情况下，只需获得大小和源数据包总量相同或稍大的任意编码符号子集，便可恢复源数据信息。因此，Erlich 等人将他们的编码算法命名为"DNA 喷泉码"。与此前算法不同的是，该算法并未将约束条件写入映射规则中，而是通过筛选机制使最终获得的 DNA 序列满足约束要求。其具体做法为过滤不满足约束要求的 DNA 序列。由于在卢比变换中，随机选择和异或操作是可以不断进行迭代的，因此理论上可以获得满足卢比变换码解码数量的 DNA 序列。生成 DNA 序列的过程如图 2-2-8 所示。首先，将二进制序列分为多条二进制子序列。其次，基于特定的随机数种子，在所有二进制子序列中选择一或多条二进制子序列进行异或操作。最终，连接随机数种子和异或操作获得的二进制子序列，依据 00-A、01-C、10-G、11-T 的映射要求，将对应的二进制子序列转换为 DNA 序列，以支持后续筛选条件的判断。未通过筛选的 DNA 序列将被过滤，并进行下一轮的迭代运算。该算法中，同时也应用了里德所罗门（Reed-solomon，RS）纠错编码，对纠错效率进行进一步的巩固。

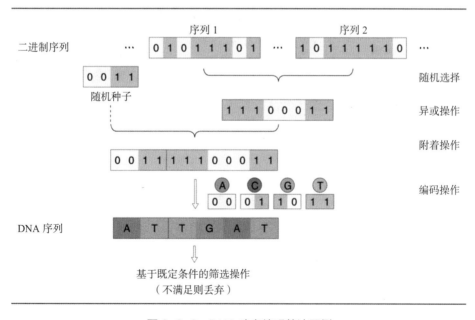

图 2-2-8　DNA 喷泉编码算法示例

DNA 喷泉码的整体表现对比此前开发的编码算法上升到了一个全新的台阶，同时也打开了借鉴传统高级信息编码进行 DNA 存储的大门。它的出现推动了 DNA 存储的编码算法理论研究，并吸引了更多的传统信息学科学家、数学家等参与到 DNA 存储技术的研发中。

2022 年，深圳华大生命科学研究院的研究人员主导提出了阴阳双编码算法。

相比 DNA 喷泉编码算法，该方法并非基于随机数种子和异或操作获得 DNA 序列，而是基于某种选中的规则簇（共计 6144 种），基于"阴"和"阳"两种轮转规则，将两条二进制子序列转换为一条 DNA 序列。此外，如果在一定迭代次数后仍然找不到满足要求的 DNA 序列，则选中一条二进制子序列并在外部生成一条随机的比特序列进行阴阳轮转操作，获得一定满足要求的 DNA 序列。具体的阴阳轮转操作如图 2-2-9 所示。首先，将被选中的两条二进制子序列（其中一条或通过随机生成）标定为上位序列和下位序列。其次，设定一个虚拟碱基作为起始碱基。再则，通过当前的上位比特选中 2 种碱基，再通过当前的下位比特和前一碱基（如首轮则为虚拟碱基）选中 2 种碱基。基于两次被选中的 2 种碱基，选择其中处于交集的碱基作为当前碱基。以下图的虚拟碱基 A 为例。当前的上位比特为 0，选中 A 和 T。当前的下位比特为 1，依据虚拟碱基 A 作为前一碱基，则选中 C 和 T。两者的交集为 T，因此，第一位碱基为 T。后续每一位碱基以此类推。

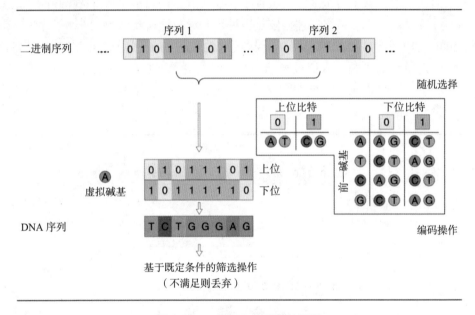

图 2-2-9　阴阳双编码算法示例

阴阳码借鉴了自然界中 DNA 双链的特征与中国古代哲学的阴阳两面思想，同时结合了 Goldman 编码的轮转思路与 DNA 喷泉码的筛选思路。它可以达到与 DNA 喷泉码相媲美的高信息密度（1.95 比特 / 碱基），并针对 DNA 存储中信息传输异步这一有别于传统信息传输体系的特点，不同信息包之间相互独立，并未建立解码关联性。这一做法使其在应对碱基错误与序列丢失的表现上比 DNA 喷泉码有明显优势。在进一步的实验验证中，阴阳码可以在低分子拷贝数（≤ 100）下获得更高的数据恢复率（实验数据表征可达 88%）。阴阳码也提供了多达数千种的编码规则，结合二进制片段灵活的组合方式，可以应用于多种场景，包括文件的归档、数据的加密等。

（二）高保真信息获取的纠错编码

在执行生物分子的合成、保存以及测序等相关生化流程时，错误的引入难以完全避免，这些错误形式多样，涵盖了分子序列的点突变、增添与缺失，片段的遗失，乃至整个分子实体的损耗。鉴于此，所采用的编码策略往往内建纠错机制，或结合专门的纠错编码技术，旨在实现错误的精准识别、定位及校正，确保信息的完整性。与经典的电子信息传输场景相异，在生物分子存储环境下，即使是单一分子层面的信息单元发生增添或缺失，也可能触发所谓的帧移错误，即后续信息序列的整体错位，这对纠错提出了更高要求。尽管传统的信息理论纠错编码在处理替代错误方面表现出色，但在应对增添与缺失错误时，现有技术资源相对匮乏。故而，针对生物分子信息存储特有的纠错编码研究，作为理论探索的一个关键方向，正逐渐受到学界的高度关注与积极探究。

1. 基于重复、异或运算的纠错策略

纠错策略的本质是在信息本身的基础上添加冗余，从而保证原始信息的多份逻辑拷贝。前文提到的 Goldman 编码利用分段重复保存的原理，将每条信息在 4 个不同的分子中进行备份拷贝，尽管一定程度上增加了成本，但大大提高了稳定性。此外，二进制中的异或运算（$\oplus$：$1 \oplus 1=0$，$1 \oplus 0=1$，$0 \oplus 0=0$），使得只需要知道两个二进制比特，必然能推导出第三个二进制比特。基于此，2018 年 Borholt 等人对冗余添加方法进行了改进，利用二进制的异或运算大大降低了备份拷贝，或冗余的信息量从 4 倍降至 50%。

2. 传统信息传输纠错编码的应用

在前一节提到的 Grass 编码中，2017 年首次引入了信息技术中的纠错编码，除原始信息和索引外，增加了两个纠错编码区域。这两个纠错编码区域均使用信息技术中常用的 RS 编码。其中，第一部分的纠错编码（内码）出现在每条 DNA 序列末尾，用于纠正每条信息（DNA 序列）内部的错误；第二部分的纠错编码（外码）添加了额外的 DNA 序列，用于纠正不同序列间可能出现的错误，并与纠错编码 A 相互印证。上述双重纠错区域的设置方式，在一定程度上完成 DNA 存储过程中发生的碱基错误或丢失。Grass 编码作为首个将 DNA 存储的信息准确性纳入考量的算法，应用信息科学工具中的纠错编码，拓展了 DNA 存储的编码模块，在此之后，绝大多数的编码算法开发，都在 DNA 序列中支出一部分碱基，作为信息纠错的开销。

以喷泉码为代表的信息传输纠删码，也被广泛应用于 DNA 存储等生物分子信息存储领域。自 2017 年喷泉码被用于 DNA 存储的编码和纠错后，多个研究团队提出了优化后的 DNA 喷泉码。2023 年，北京大学通过改进 RS 编码及 RaptorQ 编码（一种喷泉码），提出了任意长度的混合错误处理编码 MEPCAL，该方法可以快速完成纳米孔测序的读长纠错与解码，为便携式 DNA 存储系统奠定了基础。

低密度奇偶校验码（Low-Density Parity-Check，LDPC）在 1963 年在信息学研究中首次被提出，由于其具有高度系数性、近似线性增长的译码复杂度等优势，目前用于各种信息通信标准中。在 DNA 存储中，已有多项研究使用 LDPC 码作为其主要的纠错手段（图 2-2-10）。2021 年，天津大学通过人工合成酵母染色体的方式，将 37782 字节的信息进行存储，并使用二进制 LDPC（54000 比特）和非二进制 LDPC（32256 比特）对信息进行容错。美国加州大学尔湾分校、韩国首尔大学、大连理工大学等也分别提出了

基于 LDPC 码的 DNA 存储纠错思路。

极化码（polar code）最早由土耳其学者 Erdal Arikan 在 2008 年提出，通过信道极化（channel polarization）处理，在编码侧采用方法使各个子信道呈现出不同的可靠性，当码长持续增加时，部分信道将趋向于容量近于 1 的完美信道（无误码），另一部分信道趋向于容量接近于 0 的纯噪声信道。极化码是人类已知的唯一一个能被证明可以达到香农极限的一种编码方式，如今主要应用于 5G 控制信道编码。深圳大学首次提出利用极化码作为 DNA 存储中的纠错策略，从计算机模拟、数学推导等方面证明其可行性。

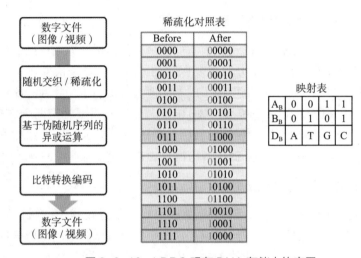

图 2-2-10　LDPC 码在 DNA 存储中的应用

3. 针对增删错误的新型纠错编码

针对传统纠错编码无法解决的增删错误纠错编码，国内外研究者们也提出了不同的应对思路。

2020 年，美国德州大学奥斯汀分校的 William Press 等人提出了一种高效分布式存储的编码策略（HEDGES），将信息分布在 DNA 序列的不同部分，提高了信息的安全性与稳定性，基于生物学中 DNA 的碱基互补配对规则，可以实现高效的编解码过程。但这种方法的计算复杂度较高，面向规模化 DNA 存储的实用性有待验证。

2021 年，深圳华大生命科学研究院提出了基于图理论的 DNA 存储蛛网算法，并在后续进行了完善，通过生化约束条件筛选相应节点，并利用剪枝等手段控制节点出度，最后加入 Varshamov-Tenengolts（VT）码实现进一步容错。该方法实现了高效的容错（≤ 4.5%），并能快速完成数据的纠错解码。

2023 年，中国科学院农业基因组所探索了 DNA 存储过程中的错误偏好性，构建出错误预测模型，辅助现有纠错技术，并加入一系列创新的纠错策略，成功打破了冗余对纠错能力的限制，开发了软判决译码软件 Derrick。该方法使用了移位算法、CRC64 校验和回溯算法等，实际纠错数量相较于硬判决方式提升了两倍。

（三）生物分子信息存储的体系结构设计与系统

从计算机科学的角度来看，一个存储系统需要体系结构的支撑，才能确保其可扩展性，从而应用于大规模的数据体量。因此，在生物分子信息存储系统的研究中，如何设计文件结构是重要的研究方向之一。截至目前，生物分子信息存储的体系结构研究仍属于起步阶段，研究成果较少。

2021 年，美国杜克大学 John Reif 团队建立了一种多维度的 DNA 存储系统，利用 DNA 分子中引物序列的不同区域特异性设计，构建基于行、列、表、块的四层级 DNA 信息存储文件架构。该系统可以结合巢式或半巢式 PCR，高效完成 16 种随机访问模式，可以作为构建长期数据档案存储系统的基础（图 2-2-11）。

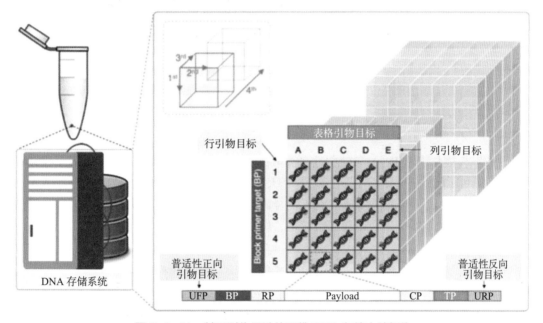

图 2-2-11　基于引物设计的四维 DNA 存储文件架构

（来源：Song X，Shah S，Reif J. Multidimensional data organization and randon access in large-scale DNA storage systems［J］. Theoretical Computer Science，2021，894：190-202.）

另一方面，哈尔滨工业大学团队提出，将散乱的 DNA 片段组织成可寻址空间，并建立适配的文件系统，实现数据的有效管理。首先为 DNA 片段进行编址，组成连续的逻辑存储空间，使用新的地址空间组织模型，使一组 DNA 片段共享地址标识，形成逻辑数据块作为读写基本单位。在块内使用索引号标识 DNA 片段。文件系统通过元数据来实现文件组织与索引。在 DNA 文件系统中，除传统的文件名、创建时间等信息外，元数据还需记录编码格式、纠错码格式 DNA 相关特性等。通过空间布局、空间管理模型以及访问流程等方面实现 DNA 文件系统的数据组织与架构设计（图 2-2-12）。

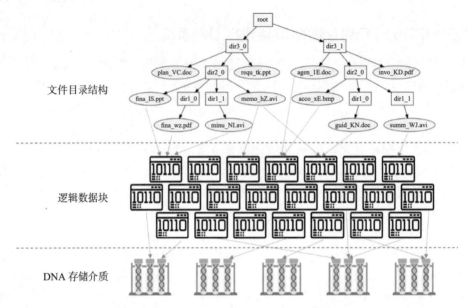

图 2-2-12 基于逻辑数据块的 DNA 存储体系结构

二、生物分子的信息写入技术

DNA 合成技术是 DNA 存储中信息写入的关键技术，其效率和成本对 DNA 存储的规模化应用具有决定性作用（图 2-2-13）。天然 DNA 分子由 4 种不同的碱基——A、T、C、G 组成的脱氧核苷酸链构成。而人工合成 DNA 则是通过不同方法，将这些脱氧核苷酸单体按照预定的顺序精确地连接起来，形成具有所需 DNA 序列的单链寡核苷酸。

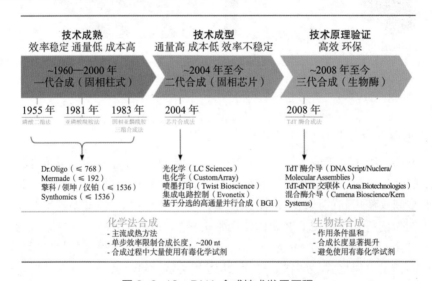

图 2-2-13 DNA 合成技术发展历程

DNA 的合成方法按照其原理主要可以分为化学法合成和生物法合成两大类。化学法合成（尤其是固相亚磷酰胺三酯合成法）是 DNA 合成中的主流技术之一。它利用光化学法、电化学法、喷墨打印法等多种控制手段来实现精确的合成。而生物法合成则包括基于末端脱氧核苷酸转移酶（terminal deoxynucleotidyl transferase，TdT）、TdT 与脱氧核苷三磷酸（deoxy-ribonucleoside triphosphate，dNTP）交联体以及混合酶介导等多种方法实现 DNA 的合成。

（一）基于 DNA 存储介质的高通量信息写入技术

尽管一代柱式合成技术在合成速度和效率方面已取得了显著进步，但仍无法从根本上大幅降低单碱基的合成成本，继而无法满足 DNA 存储、捕获探针及大规模基因合成等通量较高的应用需求。相比之下，二代高通量芯片合成技术凭借其高通量和低成本的优势，更加适合大规模 DNA 合成的应用需求。根据技术原理的差异，二代高通量芯片合成技术主要可以分为四种不同技术路线，即光化学合成、电化学合成、喷墨打印合成以及基于分选的高通量并行合成技术（表 2-2-1）。

表 2-2-1　二代高通量芯片合成技术比较

代表性公司	LC-Science	Custom Array	Twist Biioscience	Ewonetix	华大
国家	美国	美国	美国	英国	中国
发布年份	2006	2011	2013	2016	2023
技术原理	光化学	电化学	喷墨打印	集成电路	基于分选的高通量并行合成
错误率	5%~10%	3%~12%	5%	不详	1%~3%
优点	合成通量较高，单芯片合成通量 4K；试剂消耗量少，单碱基合成成本较低	合成通量高。单芯片合成通量 12K~90K；试剂消耗量少，单碱基成本低	合成通量高。单芯片通量可达百万；合成稳定性较好。错误率较光化学及电化学原理低	合成通量很高，扩展提升招对简单方便。官方宣称可达亿级；可实现原位组装和纠错；暂未发布设备，实际应用效果有待观察	合成通量较高，可选万级。扩展相对简单方便；合成质量稳定。错误率低；芯片加工简单，且可重复使用。单碱基成本低；产物形式灵活，可单条交付或寡核苷酸库交付
缺点	合成效率不高，不适合较长寡核苷酸合成；微流控芯片加工制作复杂，合成通量较难大幅提升；仅适用于寡核苷酸合成	合成稳定性差，错误率高；芯片集成度高，加工复杂；仅通用于寡核苷酸库合成	单条寡核苷酸合成产量极低	试剂消耗量较大，物料和时间成本并不占优势；芯片集成度很高，加工复杂	芯片物理兼容性有待进一步提升

1. 光化学合成

光化学合成法按合成原理可细分为光敏单体介导的光控脱保护合成法和光制酸脱保护合成法两大类别。这两种方法通过精确调控光在芯片表面的特定位置投射，精准分解光敏保护基团或触发光敏催化剂产酸，从而实现核苷酸在预设合成位点的有序添加。美国 Affymetrix 公司利用原位光刻技术开发了首个基于光化学原理的高通量合成装备。随后，美国 IBM 公司在此基础上改良实现了基于光敏抗蚀层原理的高通量合成装备。美国 LC Sciences 公司则采用数字化光源投影技术进一步提升了光化学 DNA 合成装备的控制精度。然而，由于固有的合成路径和原理限制，光化学高通量 DNA 合成仪在进一步提升合成效率及通量方面仍面临着挑战。

2. 电化学合成

电化学合成法利用通电条件下，于电极阳极表面原位产生质子酸来脱除 DMT（N，N-Dimethyltryptamine）保护基团，随后进行常规的耦联、盖帽和氧化步骤，并进行下一个循环。这一技术路线的优点是能够显著提升合成通量至百万级别，同时大幅减少试剂消耗量，大幅度降低单碱基成本。然而，电化学反应过程的复杂性容易导致合成不稳定，进而影响合成效率并增加合成错误率。因此，未来在电化学合成法的应用中，需要在芯片设计与加工工艺方面进行设计与优化，最大程度避免氢离子串扰的问题，以克服这些挑战。

2005 年，牛津大学的 Southern 等人报道了将合成芯片与集成电路技术相结合的电化学 DNA 原位合成。紧随其后，美国 CombiMatrix 公司（现为 CustomArray，于 2018 年被金斯瑞全资收购）利用该方法开发了基于电化学原理的高通量 DNA 合成仪。2021 年，微软联合华盛顿大学报道了基于微纳电极阵列的电化学 DNA 合成芯片。这项工作通过 130 纳米光刻工艺，将微电极阵列的位点尺寸减小到亚微米级，从而将位点密度推进至每平方厘米 2500 万单位，并有效实现了位点间的交叉干扰。这是当今世界上高密度 DNA 合成阵列芯片的最高水平，然而，目前这项工作还处于研发阶段，未见相关专利或产品面世。芯宿科技在电化学合成领域处于国内领先地位，成功研发了国内首个商业化的电化学合成芯片，并基于此技术开发了相关合成方法，已经推出了部分商业化服务。

3. 喷墨打印合成

喷墨打印合成技术将亚磷酰胺单体等试剂作为墨水，利用高速的微量喷墨打印系统精确地将墨水滴分配到预设的反应微位点上，可实现上百万条寡核苷酸的高通量合成。21 世纪初，美国 Agilent 公司最早实现利用喷墨打印技术进行 DNA 原位合成，通过将酸溶液或试剂喷射在反应位点催化脱保护。随后，美国 Twist Bioscience 公司进一步改良该技术，开发了基于喷墨打印原理的高通量 DNA 合成装备。该设备利用微阵列合成芯片和高精度微喷头技术，在保证良好反应效率的基础上将反应所需试剂体积减小了百万倍，大幅降低了合成成本。在国内市场，迪赢生物利用半导体行业工艺对 3D 喷墨打印技术进行了独立研发，突破了微米级芯片表面图案化处理，二代合成化学优化和

Flowcell 控制等关键核心技术，成功开发出了自主知识产权的 3D 喷墨打印超高通量原位 DNA 合成平台。

喷墨打印法在合成通量上直接受限于芯片上反应位点的数量。为了进一步提升芯片的反应位点密度，须借助更精密的半导体精加工技术，并研发出能够匹配高密度反应位点要求的超高精度打印喷头，实现这一目标挑战较大，因此其成本进一步下降的难度较大。此外，由于喷墨打印法基于微量生化反应体系，DNA 合成产物的载量通常仅能达到飞摩尔（fmol）水平，虽然可以通过扩增方式提升产物载量，但要达到皮摩尔（pmol）至纳摩尔（nmol）水平则存在难度。

4. 基于分选的高通量并行合成

为了融合一代柱式合成技术的高合成载量和稳定性，以及二代芯片技术的高通量优势，深圳华大生命科学研究院开创性地研制了具有自主知识产权的基于分选的高通量并行合成原理的 DNA 合成仪（Microchip-Based Massive in Parallel Synthesis，mMPS）。mMPS 从源头上创新提出了基于"分选 - 识别"原理的高通量合成技术，按照预合成序列信息将带有特殊标记的芯片合成载体，快速移动并依次排列，集合到相应的反应腔室中进行碱基合成延伸，反应结束后回收芯片进入下一个合成循环，直至序列合成完毕。该技术路线具有芯片加工工艺简单、合成通量拓展灵活性大、合成载体组合灵活等优势，最高通量可达十万级至百万级，在错误率（1‰~3‰）及合成载量（＞皮摩尔级别）方面具备突出优势，有望快速实现合成成本的指数级下降。然而，由于芯片在连续分选和物理转移过程中会导致表面磨损，进而影响芯片的可识别性，所以未来需要从芯片选材及结构加工上进一步提升其物理兼容性。

（二）基于 DNA 存储介质的可复用信息写入技术

当前，DNA 存储主要采用按需合成策略，即在数据进行"比特 - 碱基"编码转换后，将得到的 DNA 序列以寡核苷酸文库或 DNA 片段的形式进行全新合成。然而，在面对海量数据存储需求时，这种"从头合成"信息写入方式所需的合成成本极为高昂。为应对这一挑战，研究者们提出了基于"活字印刷"思想的预合成标准库可复用写入技术。该技术预先合成一系列 DNA 短序列单元，并通过映射编码方式将这些单元与字母、汉字或任意二进制信息相匹配。每个单元都特别设计有黏性末端（或称接头），便于后续的连接反应。当需要存储信息时，只需从预合成库中选取对应的单元，利用连接反应和 PCR 组装等技术，按照预定的存储顺序，精准地将这些单元连接成长片段以实现信息写入。

该技术的优势在于，虽然前期需要合成大量的 DNA 短序列单元库，但具备高度的可复用性，从而在大规模数据存储中展现出显著的成本效益。此外，由于短序列的合成具有较低的错误率和较高的产量，这也有助于提高 DNA 存储的准确性和可靠性。

2017 年，深圳华大生命科学研究院率先提出并成功验证了基于"活字印刷"思想的预合成标准库 DNA 存储技术体系，并于 2021 年获得了该技术在文本存储应用方面的国际专利授权。该专利的核心原理为将文字（如汉字）转换映射为 DNA 序列，并预先合成为双链 DNA，形成基础模块（block）。每个 block 都设计带有一个碱基的黏性末端，使其能够与特定的适配模块（adapter）相连接。存储过程中，利用 adapter 的序列同源性，通过重叠延伸 PCR（overlap extension PCR，OE PCR）或 Gibson 组装等方式，将各 block 按照预定顺序连接成长片段。

2019 年，美国 Catalog 公司宣布使用预先合成的 DNA 序列进行组装，存储了 16 吉字节大小的维基百科，信息写入速度可达每秒 4 兆，但其并未披露具体流程细节。

2021 年，中国科学院北京基因组研究所获得"DNA 活字存储系统和方法"的专利授权。该发明公开了一种 DNA 活字存储方法，其核心包括内容活字实物库和索引活字实物库两个组成部分。存储信息时，首先将目标文件中的待储存数据拆分为多个数据元素，并针对各数据元素标注索引信息。随后，通过连接特定匹配的内容活字片段和索引活字片段构成 DNA 活字单元，由多个 DNA 活字单元构成保存有全部待储存数据元素的 DNA 存储文件。

2022 年，天津大学开发了一种 DNA 活字存储系统，利用由细胞工厂预生产的 DNA 片段即"DNA 活字"，作为可重复使用的基本数据单元。通过这些 DNA 活字的快速组装来实现数据写入。研究团队利用这一系统成功将 24 字节的数字信息编码到 DNA 中，并通过高通量测序和解码实现了准确读取，从而证明了该系统的可行性。

2023 年，东南大学开发了一种可编程组装且可重复使用的 DNA 块数据存储方法。在这一方法中，数据首先被编码转换成 DNA 发夹结构中的核苷酸序列，随后这些序列被合成并固定在固体微珠上，形成可重复使用的模块化 DNA 块。利用 DNA 聚合酶催化的引物交换反应，发夹结构上的数据得以连续复制，并通过串联的方式附加至引物，生成新的信息。该研究成功展示了利用 DNA 块灵活地组装文本、图像和随机数字，并将其与 DNA 逻辑电路相结合，以实现对数据合成的精确操控。

（三）基于其他生物分子介质的信息写入技术

近年来，除了主流的天然 DNA 分子，非天然 DNA 分子、多肽、代谢化合物以及 DNA 纳米结构等作为生物分子信息存储介质也受到了一定关注。

1. 基于非天然 DNA 分子的信息写入技术

非天然 DNA 分子包括带修饰的 DNA 碱基分子、人工合成非天然碱基及镜像 DNA 等。尽管这些非天然 DNA 分子使用修饰单体、非天然碱基单体等作为原料，但写入技术与常规 DNA 分子合成基本一致，而生化反应中所用到的酶等需要额外进行蛋白质工程改造。

2019 年，美国火鸟生物分子科技公司合成了 4 种新型人工非天然碱基，可用于生物分子信息存储及核酸适配体等的后续研究。2022 年，美国伊利诺伊大学香槟分校 Olgica Milenkovic 团队利用 7 种化学修饰碱基扩充了 DNA 存储的码字表，并通过神经网络的方式训练纳米孔测序的碱基预测模型。

2021 年，清华大学开发了基于镜像 DNA 的信息存储技术。镜像 DNA 分子不仅具有与天然 DNA 分子相同的高信息存储密度，还具有独特的生物正交性，不易被微生物或核酸酶降解。首先，研究团队全化学合成了高保真镜像 Pfu DNA 聚合酶，可实现镜像 DNA 长链组装，以完成信息写入。此外，研究团队还开发了基于镜像硫代磷酸 DNA 的镜像 DNA 边合成边测序技术。结合上述技术，研究团队成功将巴斯德于 1860 年提出的"镜像生物学世界"概念文本转换为碱基序列写入镜像 DNA 文库中，并从镜像 DNA 中准确读取了该文本信息，从而实现了基于镜像 DNA 的信息存储。

2. 基于多肽的信息写入技术

基于多肽的信息存储技术的核心思想是将数据编码成氨基酸序列，通过多肽合成技术进行信息写入，利用质谱等技术分析多肽序列，进行数据的解码恢复（图 2-2-14）。其信息写入手段与 DNA 分子合成类似，即利用多孔性且不溶的珠状固体在可构成肽链的部分加上带有功能单元体（连接体），多肽将会以共价键连接珠状固体直到加入无水的氟化氢或三氟乙酸溶剂将其切断为止，因此多肽可以固定在固相，并在过滤时可被保留下来，副产物和溶剂则会通过过滤器。固相多肽上游离的 N 端和具有 N 端保护的单一氨基酸单元的 C 端偶合，然后这个单元会被脱去保护，再度露出新的 N 端使反应接续下去。这项技术的优点在于具有每个反应后冲洗循环的能力和去除带有和树脂共价结合之尚未合成完多肽的溶剂的能力。除此之外，多肽的合成技术也包括"结构诱导探针"长肽合成技术、微波辅助合成技术等。

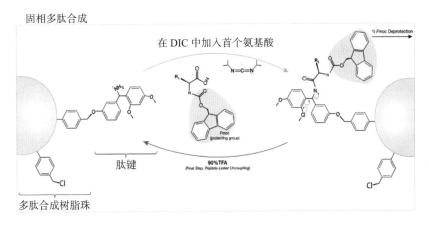

图 2-2-14　多肽合成原理示意图

（来源：维基百科）

2019 年，美国哈佛大学 George M. Whitesides 院士团队开发了一种利用低分子量混合物（如寡肽混合物）存储信息的方法。研究团队设计了 32 条具有不同分子量的寡肽片段表示 32 位。若某一种肽段被质谱检测出来，就表示"1"，否则就表示"0"。利用不同大小的多肽进行组合写入二进制信息，使合成新分子的时间和难度最小化。研究团队利用该方法成功编码、写入、存储和读取了大约 400 千比特（包括文本和图像）的信息，信息恢复率超过 99%，写入速度平均为 8 比特 / 秒，读取速度为 20 比特 / 秒。

2022 年，香港理工大学开发了一种使用多肽和串联质谱（MS/MS）存储和读取数据的方法。研究团队根据不同氨基酸对多肽合成、稳定性和测序的影响，挑选了 8 种氨基酸，即丙氨酸（A）、缬氨酸（V）、白氨酸（L）、苯丙氨酸（F）、酪氨酸（Y）、谷氨酸（E）、苏氨酸（T）和丝氨酸（S），代表不同的二进制组合，并将多肽的长度固定为18 个氨基酸，以平衡合成和测序的效率。此外，研究团队还采用纠错编码确保数据的完整性和准确性。利用该技术成功存储并读取了一个 848 比特的文本档案（40 条多肽）和一个 13752 比特的音乐文件（511 条多肽）。

2024 年，西湖大学在镜像生物学系统的研究中开发了基于镜像多肽的信息存储技术。研究团队将一个文字短语编码写入一个含有 50 个氨基酸的长链镜像多肽中，利用全化学合成的镜像胰蛋白酶将其降解为 5 个含有 10 个氨基酸的寡肽片段，使用液相色谱 – 串联质谱（LC-MS/MS）成功读取出该镜像多肽的序列，并将其解码得到原文本信息，实现了基于镜像多肽的信息存储。

总之，基于多肽的信息存储技术具有高存储密度和耐久性，随着多肽合成和测序技术的进一步发展，有望实现更大容量、更高密度和更低成本的数据存储和读取。

3. 基于代谢化合物的信息写入技术

除了 DNA 和蛋白质，小分子也在生物化学信息系统中发挥着关键作用。代谢组（metabolome）是位于 DNA 下游的信息丰富的分子系统，具有多样化的化学维度，可用于信息存储和处理。然而，目前尚未形成成熟的基于代谢化合物的商业化信息写入技术，现有报道的研究成果均依赖于实验室研究人员的人工操作。

2019 年，美国布朗大学 Jacob K. Rosenstein 团队开发了一种基于合成代谢物混合物的信息存储方法。该团队设计了一种基于 36 种不同的代谢化合物（包括维生素、核苷、核苷酸、氨基酸、糖类和代谢途径中间体）的信息写入技术。其通过代谢物在混合物中的存在与否表示二进制系统中的 1 和 0，从而编码数字信息。他们采用基质辅助激光解吸电离质谱（Matrix-Assisted Laser Desorption/Ionzation Time of Flight Mass Spectrometry，MALDI-MS）技术对合成代谢组组分进行分析，成功实现了基于合成代谢组的几个千字节规模的图像数据集存储。

4. 基于 DNA 纳米结构的信息写入技术

DNA 纳米技术以 DNA 为主要建筑材料进行纳米尺度结构自组装，具有高度可设计性、精确可寻址性、生物亲和性、模块化组装等独特优势，近年来已成为信息存储介质的研究热点之一。基于 DNA 纳米结构的信息存储利用纳米级精度排布的生物分子、纳米颗粒或荧光基团等化学分子完成信息写入，主要包括基于 DNA 线性结构的信息写入和基于 DNA 折纸（DNA origami）结构的信息写入两类。

2016 年，英国剑桥大学 Keyser 团队首次利用线性 DNA 结构实现了信息存储，以 DNA 线性结构特定位点上挂载的 DNA 哑铃发夹（dumbbell hairpin）结构的有无，分别代表数字信号中的 1 和 0，实现了信息的有效写入，并通过纳米孔技术实现了数据的准确读取。2020 年，Keyser 团队进一步拓展了这一技术，开发了一种"DNA 硬盘"系统，其以 DNA 线性结构特定位点上悬垂的单链代表 0，而与悬垂链互补的生物素修饰的单链 DNA 代表 1。这种"DNA 硬盘"系统可以实现信息隐写，只有在加入链霉素的特定条件下，纳米孔解码时才会产生信号变化，从而确保了信息的安全性和可控性。

2012 年，美国哈佛大学尹鹏团队开发了一种基于亚微米 DNA 折纸纳米杆的荧光条形码系统，其利用多色荧光进行不对称标记，编码能力随着荧光数量和标记区域的增加呈指数级增加。虽然该系统最初用于创建条形码，但也具有信息存储的潜力。2021 年，清华大学魏迪明团队采用类似策略开发了基于串联 DNA 折纸纳米杆的信息存储系统。该系统在荧光几何编码的基础上引入强度编码，编码组合数可达 32767 种，具有极强的编码能力。此外，美国博伊西州立大学 William Hughes 团队开发了基于 DNA 折纸结构和超分辨显微成像的数字核酸处理器。该处理器利用 DNA 折纸结构的特定位点上是否带存在对接的单链 DNA 进行数据编码。

三、生物分子的信息保存技术

（一）基于 DNA 介质的信息保存技术

在 DNA 存储技术中，DNA 分子的长期稳定保存是至关重要的环节。尽管 DNA 具有较高的生化稳定性，其半衰期理论上可长达 521 年，但暴露于空气中的 DNA 分子容易受环境中 DNA 酶的降解。此外，在长期保存过程中，高温、辐射和氧化等因素可能导致 DNA 分子的化学键断裂和碱基突变（如脱嘌呤）等损伤，从而引起存储信息的丢失。因此，为了长期稳定的数据存储，需要开发有效的 DNA 保存方法策略。

目前，DNA 存储的保存形式主要分为体外存储和体内存储两大类。体外存储的主要形式包括溶液、干粉、低温冷冻、封装及矿化保存等。而体内存储则是将 DNA 分子通过不同形式存储于各种活细胞内，通过细胞传代培养或低温冷冻的方式进行保存。

1. 体外存储

（1）溶液与干粉保存法：溶液是实验室广泛使用的 DNA 保存形式，常用的溶剂有无核酸酶水、TE 缓冲液和乙醇。然而水在一定程度上可以加速 DNA 的降解，使其容易发生脱嘌呤、脱嘧啶、脱氨基等水解反应，而乙醇保存的 DNA 在使用前需要进行分离操作，不利于 DNA 数据存储应用中频繁的读取和测序过程，因此溶液形式的 DNA 无法满足长久数据保存的需求。脱水的干粉 DNA 由于去除了水的影响，降低了分子迁移率，可以有效延长其保存时间，更适用于长期的数据保存。目前已知在 50% 相对湿度、50℃条件下，没有任何其他保护措施的 DNA 干粉最多能够保存两周。为了达到较好的保存效果，将干燥的 DNA 样品保存在较低相对湿度下已经成为常用的 DNA 保存方法。

（2）低温冷冻法：温度是影响 DNA 稳定性的一个重要因素。理论上，温度越低，DNA 分子的迁移率越低，其保存时间越长。例如，DNA 溶液在室温下最多可以稳定存储半年，而在 –20℃下，其保存期限（或 DNA 分子稳定存储的时长）可延长至两年。因此，为了维持 DNA 结构和序列的完整性，避免 DNA 大规模断裂和降解，DNA 的较佳保存方法是干粉 –80℃（或液氮低温保存）。目前已知保存最久的 DNA 是埋藏在西伯利亚冻土层中一百多万年的猛犸象 DNA。但低温冷冻保存需要购置超大的低温装置，不仅占用的空间大，而且样品量大时需要配套的管理系统，分摊到单个的样本保存成本会增加。也有科学家提出利用极地的低温特性，建设自然保护库来降低维护成本，而极地的基础设施、配套设备的建设代价也十分昂贵。最重要的是低温保存无法对 DNA 样本提供绝对安全的长久保存，只是延缓 DNA 氧化和水解的过程。

（3）添加剂法：研究显示，在 DNA 中加入一些特殊保护剂可以显著提升 DNA 的稳定性。例如，二甲基亚砜、羟基磷灰石、海藻糖、聚乙烯醇、DNAstable ®、DNA SampleMatrix ® 和 GenTegra™ DNA 等试剂可以显著增加 DNA 的稳定性。其中，二甲基亚砜可以防止 DNA 单链断裂，但其具有毒性，并不适用于大规模的 DNA 数据存储。海藻糖是一种非还原性二糖，可以与磷酸基团形成紧密的氢键，并在脱水时与一些极性基团相互作用，从而达到对 DNA 分子的保护作用，但海藻糖只适用于 DNA 的短期保存。与海藻糖类似，聚乙烯醇也能够和 DNA 形成牢固的氢键以保护 DNA。实验表明，添加了聚乙烯醇的 DNA 溶液可以在常温下保存两年。商业化的保护剂 DNAstable ®、DNA SampleMatrix ® 和 GenTegra™ DNA 能够保护 DNA 免受水解、氧化和微生物降解等各类损伤。DNAstable ® 和 DNA SampleMatrix ® 可以达到 –20℃冷冻保存的效果，而添加了 GenTegra™ DNA 的 DNA 可以在 76℃下保存 10 年。

近年来，科学家们发现一些碱金属盐也可以增强 DNA 干粉状态分子的稳定性。例如，将磷酸钙、氯化钙和氯化镁等碱金属与 DNA 混合干燥可以实现 10℃下 109 年的保存时间。但另一方面，二价铁和铜等金属离子也有可能通过芬顿反应（Fenton reaction）产生羟基自由基，从而引发 DNA 分子的氧化损伤。

（4）封装法：是利用特殊壳体将 DNA 与外界环境隔绝，使其不受核酸酶、氧气、紫外射线、电离辐射或其他对 DNA 分子存在毒性的化学物质影响。通过参考骨骼化石保存 DNA 的模式，科研人员模仿化石隔绝环境中的水分和活性氧，开发了一系列封装 DNA 分子的方法。

日前广泛使用的 DNA 封装材料为二氧化硅。二氧化硅具有较好的化学稳定性和热稳定性，在加速老化测试中，封装在二氧化硅中的 DNA 分子最高可以承受 200℃的高温，并且在 60℃下可保存 2 个月。2019 年，瑞士苏黎世联邦理工学院 Robert Grass 团队利用自组装技术，将 DNA 和聚乙烯亚胺交替包裹在磁性微颗粒表面（图 2-2-15），并在最外层包裹二氧化硅外壳，既实现了长时间的 DNA 信息存储，又提高了 DNA 信息存储的密度（155 纳克 / 平方厘米）。2022 年，Grass 团队设计了用含有二硫醇的二氧化硅颗粒的核壳存储 DNA，并且封装在此材料中的 DNA 呈现持久和高密度的数字储存格式。2022 年，东南大学团队提出了一种基于孔径可调节的二氧化硅水凝胶的新型 DNA 存储系统，将含有 DNA 数据的二氧化硅颗粒保存在可用于 3D 打印的水凝胶材料中，其数据密度可达到 1.04×10^{10} 吉字节 / 克。2022 年，华南理工大学朱伟团队利用全血原位冷冻硅化方法保存 DNA。该方法廉价、可靠，并且存储的 DNA 数据在长期的高温潮湿条件下（70℃、60% 相对湿度）仍然稳定。

基于上述研究成果，2020 年，哥伦比亚大学 Erlich 团队使用 3D 打印完成了 DNA 封装的原理验证。如图 2-2-16 所示，研究人员通过 3D 打印，让一个兔子形状的小饰物包含了编码数字指令的 DNA。在实验中，他们培育了五代兔子，每次都从上一代剪掉一块，解码 DNA，得到打印下一个克隆的指令。但数据的完整性在每一代的复制中都有所丧失，第一代兔子中缺失了近 6% 的原始 DNA 序列信息，直到第五代兔子，总计有超过 20% 的缺失。

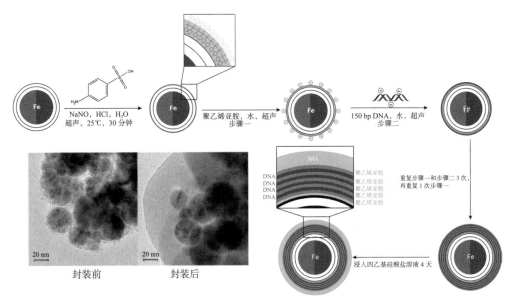

图 2-2-15　DNA 和聚乙烯亚胺交替包裹磁性微颗粒

（来源：Chen W D, Kohll A X, Nguyen B H, et al. Combining data longevity with high storage capacity—layer- by- layer DNA encapsulated in magnetic nanoparticles[J]. Adv Funct Mater, 2019, 29（28）: 1901672.）

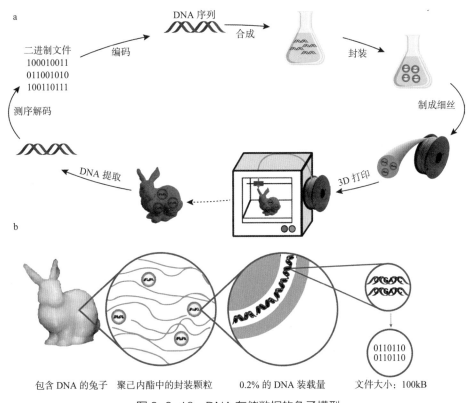

图 2-2-16　DNA 存储数据的兔子模型

（来源：Koch J, Gantenbein S, Masania K, et al. A DNA-of-things storage architecture to create materials with embedded memory[J]. Nat Biotechnol, 2020, 38（1）:39-43.）

51

除了利用二氧化硅进行封装，一些研究还尝试将 DNA 干粉存入特殊材质的固体胶囊中进行保存。以 Imagene 公司的特殊胶囊为例，该公司开发了一种在室温下长期保存生物样品的方法，即通过密封胶囊，将其内部的 DNA 干粉限制在无水和缺氧的环境。预计在 25℃的状态下，DNA 分子的降解速率常数相当于约 10 万碱基每百年发生一次断裂，其稳定性比现有的商业化工艺大几个数量级。此外，美国 SecuriGene 公司也利用特殊胶囊的形式对 DNA 进行长期的保存。特殊胶囊的设计可以保证 DNA 分子不受冲击、紫外线、湿度等影响，不需要低温冷冻就可以达到长期保存的目的。

2023 年，天津大学开发了一种在纤维素纸上低成本、方便且可持续的 DNA 数据存储方法。该技术利用静电吸附原理，将 DNA 分子稳定地固定在纤维素纸张上，实现了数据的长效存储。此外，利用可逆静电吸附能够在纤维素纸上重复加载 / 回收 DNA，实现信息的重复检索。

（5）DNA 分子的矿化：利用 DNA 自组装纳米结构，可以使 DNA 分子与其他材料一起实现封装保护，并实现精准的生物矿化。上海交通大学樊春海院士团队利用核酸框架结构为模板和静电吸附作用为驱动力，成功制备出几何形状高度可控的磷酸钙纳米晶体，可大大提升 DNA 分子稳定性。

2. 体内存储

相比于体外存储，DNA 体内存储在数据复制与长久稳定保存方面具有很大的优势。在数据复制方面，体内存储通过细胞培养即可实现快速低成本的高保真复制，而体外存储需要进行 PCR 扩增或重新合成，由于 PCR 存在偏好性，无法保证每种数据链都被等量扩增，而且会积累数据错误。在长期保存方面，存入细菌体内的 DNA 具有更强的抗压能力，能够轻易实现长久稳定保存。例如，存储于枯草芽孢杆菌种的 DNA 数据将获得极强的抗逆能力，能够耐受高温、高压、辐射、干旱和酸碱等极端环境。但体内存储也存在一定的缺点，其存储密度相比体外存储低，而且在长期的保存过程中，由于环境压力的存在，生物体内的 DNA 可能会发生碱基替换、插入或删除等损伤，进而导致错误数据的积累。根据写入机制的不同，目前报道的研究工作大致分为三类。第一类是将信息写入质粒中，转入微生物中进行存储；第二类为利用基因编辑技术，将信息 DNA 存储在一个特定的基因组位置；第三类是人工合成一条单独的染色体进行信息存储。

（1）质粒形式的体内存储：早期的体内 DNA 存储研究都是以质粒的形式存储于微生物细胞中。将 DNA 信息以质粒形式封装的基本原理是利用 DNA 片段拼接方法将目的片段与载体在体外连接形成重组质粒后导入大肠埃希菌，重组质粒随着大肠埃希菌的增殖而复制，从而将 DNA 信息封装在细胞内。1996 年，Davis 团队在质粒中存储了小维纳斯女神 "Microvenus" 图片，并将其转入大肠埃希菌中保存，首次进行了体内存储的尝试。2020 年，天津大学利用携带大量寡核苷酸池的混合菌培养物，成功将 445 千字节的数字信息保存在大肠埃希菌中，首次实现了体内大规模数据存储。2022 年，清华大学借助 Clustered Regularly Interspaced Short Palindromic Repeats（CRISPR）/cas12a 技术，在大肠埃希菌中构建双质粒存储系统，实现了体内特定数据信息的覆写。虽然以质粒作为数据载体进行体内保存简便快捷，但质粒的遗传并不稳定，在长期的传代过程中，细菌内的质粒会发生随机丢失，进而导致存储数据丢失。因此，质粒形式的体内存储并不是一种十分可靠的存储方式。

（2）基因编辑形式的体内存储：近些年来，随着基于 CRISPR 的基因编辑技术的快速发展，利用 CRISPR 技术对生物体的基因组进行改造已经变得尤为便利。因此，直接将携带信息的 DNA 片段通过基因编辑的方式插入活细胞的基因组内是实现长久稳定 DNA 存储的一种可行的策略。2017 年，美国哈佛大学 George Church 团队利用 CRISPR 系统将图片和短视频以寡核苷酸链的方式存入大肠埃希菌群体中，并成功将其读取恢复。该方法不同于常规的基因编辑手段，而是利用 Cas1 和 Cas2 整合酶捕获短的外源 DNA 片段，将其整合到基因组的 CRISPR 位点。2021 年，美国哥伦比亚大学 Harris Wang 团队通过电信号控制细胞的氧化还原状态，借助 Cas1 和 Cas2 整合酶将二进制数据编码到细菌基因组的 CRISPR 位点，实现了电信号向生物信号的转换。这种方法突破了传统 DNA 数据存储方法依赖于体外 DNA 合成的限制，为活细胞中的 DNA 数据存储提供了新的途径。2024 年，西北工业大学提出了一种巧妙的"细胞磁盘"存储系统，即将单个酵母作为信息存储的最小单元，利用 CRISPR/Cas9 技术和酵母的营养筛选机制，通过筛选和去除特定酵母，进而实现存储数据的随机检索、删除与重写。这一研究为未来体内 DNA 数据存储的功能模块开发提供了有趣的方向和潜力。

除了利用大肠埃希菌和酵母这类经典的模式微生物进行体内 DNA 存储外，利用环境耐受型的微生物进行 DNA 存储是实现数据长久稳定存储的一种更加切实可行的方法，同时可扩展 DNA 存储的应用领域。例如，借助孢子的强耐受性，美国哈佛大学 Michael Springer 团队使用携带 DNA 条形码的枯草芽孢杆菌孢子成功在现实世界中实现物体溯源。2023 年，北京大学利用嗜盐的蓝噬单胞菌建立了一个便捷的体内存储系统，同时结合纳米孔测序实现 DNA 信息的快速读取。相比于大肠埃希菌，蓝噬单胞菌能抵御杂菌污染，可以在更加开放的环境中进行信息存储，这将在一定程度上降低体内信息存储的成本与门槛。

（3）人工染色体形式的体内存储：除了上述方式外，利用染色体合成技术将数据信息直接存入一个专用的人工染色体中也是一个有前景的研究方向。2021 年，天津大学报告了一种将数据信息编码写入 254, 886 碱基对的存储专用染色体案例。该工作存储了 37.8 千字节图片、视频及文字，借助支持高鲁棒性、恢复快速寻址的编码方法（叠加编码方案）与 LDPC 纠错编码，有效克服单分子测序的高错误率问题，在培养 100 代之后，依然能实现数据的可靠恢复。该工作突破性地将单菌内数据存储 DNA 数量提升到百千比特每秒级。

使用人工染色体封装 DNA 信息的存储模式与传统光盘存储具有相似性，即可一次写入，多次读出。将编码信息的长 DNA 片段进行人工合成和体外组装，通过细胞体内组装完成写入。被写入的细胞被称为"母版"，只要将载体细胞进行培养，可实现"母版"快速、低成本的复制，并完成均一的数据拷贝。虽然"母版"的制作成本即合成与组装成本较高，但信息的复制可通过细胞培养实现，相比 DNA 分子库的存储模式更具经济性。

综上所述，有效的 DNA 数据存储系统需要满足密度、稳定性、成本及数据操作便捷性 4 个条件，而现阶段 DNA 存储的保存方法还处于发展早期，无论是体内还是体外保存方法都无法满足所有方面的要求。DNA 干粉的冷冻保存虽然在密度和稳定性上较高，但其操作性较差，而且成本远远超出可接受范围。添加剂的存储方式虽然密度和操作性相对较好，但其在常温下的稳定性还是不够理想。利用二氧化硅等物质封装 DNA 虽然可以达到较高的稳定性，但其存储密度和操作性都较差。体内存储虽然在稳定性和数据复制方面具有优势，但其存储密度相对较低且操作性不佳。综合而言，体外存储具有较低的成本、较好的扩展性及相对较高的稳定性，因此更加实用，是未来优先发展的研究方向。而由于添加剂法和封装法具备常温保存的优势，依然是目前最有潜力的 DNA 存储方式。未来需要在这两个方向上投入更多的研究力量。

（二）基于其他生物分子介质的存储技术

除了天然 DNA 介质，其他碳基存储介质也具有信息存储的能力，如基于其他生物分子介质的信息写入技术已提及的非天然 DNA 分子、多肽、代谢化合物和 DNA 纳米结构等。另外，蚕丝蛋白也是一种具有潜力的生物分子信息存储介质。中国科学院上海微系统与信息技术研究所发明了基于蚕丝蛋白的生物存储器。该技术的存储密度约为每平方英寸 64 吉字节（1 平方英寸 =6.4516 × 10⁻⁴ 平方米），并具备可重复擦写的特性。蚕丝蛋白与 DNA 相似，可耐受异常湿度、辐射和磁场等环境。蚕丝蛋白可以用于存储生物体 DNA 等生物样品，有望未来和 DNA 介质结合，用于数字存储。尽管其存储密度依旧受限于光学写入设备的分辨率，但展现了学术界对于碳基介质用作信息存储的认可。

四、生物分子的信息读取技术

（一）基于 DNA 存储介质的高通量读取与解读

DNA 测序是指利用基因测序技术获得目标 DNA 片段的碱基排列顺序，即 A、T、C、G 的排列顺序。而 DNA 存储的原理本质上是将数字文件的二进制编码（0、1）转换为 DNA 碱基的四进制编码（A、T、C、G），并通过 DNA 合成完成信息写入。因此，将存储在 DNA 片段中的信息读出，首先需要测定该 DNA 片段的碱基序列，即 DNA 测序。

从 1975 年 Frederick Sanger 发明的 Sanger 双脱氧链终止法至今，测序技术经历了近 50 年的发展。但从初步规模化到当今主流的大规模平行测序（Massively Parallel Sequencing，MPS）仅用了短短的十余年，包括但不限于焦磷酸测序法（454 系列测序仪，后于 2007 年被罗氏收购，并于 2014 年停产）、半导体测序法（Ion Torrent 系列测序仪，后于 2013 年被 Thermo Fisher 收购）、可逆末端终止测序法（以 Solexa 测序技术为基础的 Illumina 测序仪）、联合探针锚定聚合测序法（以 DNBSEQ 测序技术为核心的华大智造测序仪）等（图 2-2-17）。

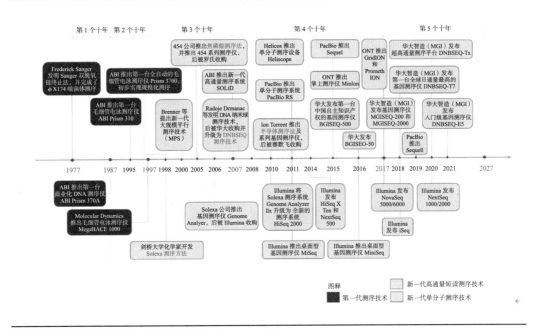

图 2-2-17　测序技术发展历程

1. Solexa 测序技术

Solexa 测序方法是在 1998 年开发的，开发者来自剑桥大学 Shankar Balasubramanian、David Klenerman 和 Pascal Mayer 的三位化学家。Solexa 测序系统以边合成边测序（Sequencing-By-Synthesis，SBS）作为基本设计理念，并使用桥式扩增（Bridge PCR）和可逆末端终止子（Reversible Terminator，RTs）作为核心技术。

桥式扩增是一种高效的核酸扩增技术，特别适用于高通量测序准备工作，如在 Illumina 测序平台上应用广泛（图 2-2-18）。具体过程大致如下。

（1）文库制备：从样本中提取的 DNA 被切成小片段，并加上特异性接头，形成单链 DNA 文库。

（2）引物结合与桥的形成：这些单链 DNA 片段被加载到流动槽或芯片表面，其上的预先固定的引物与 DNA 片段的一端通过碱基互补配对结合。随后，DNA 片段的另一端与相邻的固定引物结合，形成一个"桥"状结构，其中 DNA 片段横跨两个固定的引物，两端被锚定。

（3）扩增与变性：在这一结构基础上，通过 PCR 或等温扩增技术，桥型单链 DNA 被复制成双链 DNA。之后，通过变性步骤，双链 DNA 被拆分为两条互补的单链，每一条都可以作为新的模板再次与周围的引物结合，形成新的"桥"。

（4）循环进行：这一扩增 - 变性循环大约进行 30 次，每次循环都会增加固定在芯片表面上的 DNA 拷贝数。每一次成功的扩增都会导致 DNA 簇的局部密度增加，形成高度密集的单克隆 DNA 簇，每个簇包含约 1000 个相同的 DNA 分子。

（5）测序准备：最终形成的高密度、单克隆 DNA 簇为测序提供充足的信号强度，每一个簇作为一个独立的测序单位，可以被单独测序和分析，极大提高了测序的效率和准确性。

通过这一系列步骤，桥式扩增技术不仅保证了测序前 DNA 模板的高效扩增，还实现了测序反应所需的高密度、均一性良好的 DNA 簇的生成，是新一代测序技术中不可或缺的关键步骤之一。

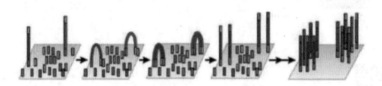

图释：两端连接有接头（如图中金色和绿色所示）的 DNA 文库经由密集固定在芯片上的引物（引物的 5' 端借助一个柔性接头固定在芯片上）进行 PCR 扩增。这样扩增产物也会被固定在芯片上，PCR 反应结束之后，每一个模板克隆都包含有 1000 条模板产物。仔细检测模板浓度既可以保证在芯片上最大限度地携带 DNA 模板，同时也能避免模板过于拥挤的现象发生。

图 2-2-18　桥式扩增流程示意图

在每轮测序反应中，Solexa 测序系统采用特异性荧光标记 4 种不同的 dNTP 与带有 DNA 模板信号的 DNA 簇进行聚合反应，由于这些 dNTP 的 3′ 端带有可化学切割的部分，每轮反应只能添加一个 dNTP，其他没有被结合的 dNTPs、DNA 聚合酶及荧光基团被移除，并开始新一轮的反应。这些 3′ 端带有可化学切割的部分的 dNTP 就是聚合反应的"可逆终止子"。

在测序过程中，当带有荧光标记的 dNTP 参与聚合反应后，这一 dNTP 所携带的荧光信号可以通过激光激发和成像识别，从而完成信号采集（即完成 1 个碱基的读取工作），随后切割以利于下一个 dNTP 的聚合，如此循环往复，直至最终实现对模板 DNA 片段逐个碱基的测序。

2007 年，Illumina 公司收购 Solexa 公司。2010 年初，Illumina 公司将 Solexa 测序系统 Genome Analyzer IIx 升级为 Illumina 测序系统 HiSeq 2000。在随后的几年时间里，Illumina 陆续提出了 HiSeq 2500、HiSeq 3000/4000、HiSeq X，MiSeq、NextSeq 500/550、MiniSeq、iSeq 100、NovaSeq 5000/6000 和 NextSeq 1000/2000。目前，不少 DNA 存储案例都使用了 Solexa 测序技术。2017 年，哥伦比亚大学的 Erlich 团队利用 DNA 喷泉码编码合成了 7.2 万条短 DNA 单链，通过 Solexa 测序平台对这些序列进行了测序解读，并恢复了原始数据。2018 年，微软的 Strauss 团队编码合成了 200 兆字节数字文件，并利用不同扩增接头序列完成了随机访问，其解读平台也使用了 Solexa 原理。

需要注意的是，基于桥式扩增技术中 DNA 模板复制原理（图 2-2-19），类似核裂变中的链式反应（1 个 DNA 片段复制为 2 份，以 2 份为模板复制得到 4 份，以此类推）。这种指数型复制方式的优点是复制速度很快，但以复制品为模板进行下一轮复制，过程中会产生复制错误并积累下来，可能会导致少量 DNA 信息出现失真。

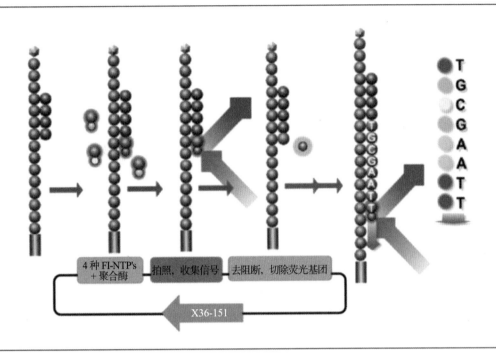

图 2-2-19　每轮测序循环反应的原理示意图

2. DNBSEQ 测序技术

DNBSEQ 测序技术最早始于 2006 年 Radoje Drmanac 等人发明的 DNA 纳米球（DNA Nanoballs，简称 DNB）技术，早期主要通过 Complete Genomics 公司提供测序服务。2013 年，华大集团收购 Complete Genomics 公司，并组织了一批国内外高精尖人才进行科研攻关，将该技术进行转化开发，成功于 2015 年推出第一台具备中国自主知识产权的基因测序仪 BGISEQ-500，并于 2016 年实现规模化量产，同时成立专注全套生命数字化设备和系统解决方案的华大智造（MGI），并在随后的 5 年里陆续发布了多款不同通量的基因测序仪，包括 MGISEQ-200、MGISEQ-2000、DNBSEQ-T7、DNBSEQ-Tx、DNBSEQ-E5 等。

DNA 纳米球技术包括 DNB 的生成、制备与加载（图 2-2-20）。其中，DNB 的生成和制备主要采用单链环状 DNA（single-strand circular DNA，sscirDNA）和滚环复制扩增（Rolling Circle Amplification，RCA）。DNA 长链在超声波或酶的作用下随机打断后形成模板 DNA 片段，在接头作用下连接成一个圆环，即 sscirDNA；然后，该圆环通过滚动复制，复制生成的产物在空间上缠绕形成一个含有 300~500 份拷贝的纳米球 DNB；最后这些制备成功的 DNB 会被均匀地加载到测序载片（Flow Cell）上，并附着、固定在预制的纳米级活化位点上，形成规则阵列（Patterned Array）。

以单链环状 DNA 作为基石的滚环扩增技术，可巧妙缓解复制误差累积的难题。该技术依据的原理是扩增全程依赖于最初始的单链环形 DNA 模板不断生产新的复制体，导致在同一位置上所有副本同时出现错误的概率微乎其微，从而可有效规避在传统

PCR 扩增中可能出现的错误指数级累积问题。

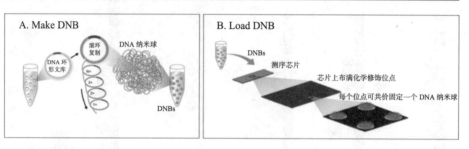

图释：以单链环状 DNA 为模板，在 DNA 聚合酶作用下进行滚环扩增，可将单链环状 DNA 扩增到 100~1000 拷贝，这一扩增产物即 DNB，这一过程即 DNB 的生成与制备（Make DNB）；DNB 在酸性条件下带电，在表面活化剂的辅助下，通过正负电荷的相互作用，被加载到测序载片中有正电荷修饰的活化位点的过程，即 DNB 的加载（Load DNB）。DNB 与测序载片上活化位点的直径大小相当，尽可能避免了多个 DNB 结合到同一位点的情况，确保了DNB 的有效利用率。

图 2-2-20 DNB 的生成、制备与加载过程原理示意图

利用规则阵列技术，脱氧核苷酸簇（DNB）在测序芯片的指定活性区域里被有序安置于网格状布局中，确保了每一处活性位点间的精确间距与统一性。此布局确保了每个位点仅绑定单一 DNB，有效阻止了光信号间的相互污染，继而强化了测序结果的精确性。这一设计不仅优化了测序芯片的利用率，还促成了卓越的图像解析度与试剂使用的效率最大化。得益于此，单个测序芯片能承载数十亿计的独立活性位点，大幅提升了测序的规模与效率。

2021 年，华大智造推出了一种新的 DNB 制备与加载技术 MLG（Make DNB, Load DNB and Grow），其能够实现对于 DNB 更加精准的控制，增加拷贝数并增强信号，支持更长读长（reads）的测序和更高质量的数据产出。不同于以往 DNB 在制备后直接将其加载到载片上进行测序的方式，MLG 会先进行少量的滚环扩增，形成较小的 DNB（即 Make DNB），并在其加载到载片上后继续对其进行滚环扩增（Load DNB and Grow）。这一点有效确保了在更长读长的测序模式下，DNB 信号可以更强。

DNB 一旦加载到测序芯片上，DNBSEQ 测序平台采纳了 cPAS（Combinatorial Probe-Anchor Synthesis）技术（图 2-2-21），这是一种创新的联合探针 - 锚定合成策略。该技术促使测序引物与荧光标记的探针在 DNB 上精确配对并逐步延伸，通过这一过程，DNB 上的 DNA 序列信息被逐一揭示。与此同时，搭载的高清晰度成像系统实时捕获并解析荧光信号，转化成对应碱基的识别信息。随后，通过添加再生试剂去除已读取的荧光标记，为下一轮碱基测序做准备。这一读取 - 再生的循环往复，根据目标读长的不同，一般在 50~150 次之间进行，最终通过特定算法整合各碱基的顺序信息，拼接成完整的 DNA 序列图谱。这一流程确保了测序的高效率与准确性，支持单端或双端测序需求。

DNBSEQ 测序技术是以上一系列技术的集大成者，不仅包括 DNA 单链环化和滚环复制扩增、规则阵列、MLG、cPAS 等关键核心技术，还包括华大智造基于分子共标

签技术和高通量短读长测序技术开发的 stLFR 单管长片段建库技术（stLFR-single-tube Long Fragment Read）。通过 stLFR 技术，利用 DNBSEQ 测序平台既可以得到短片段 DNA 数据，也可以间接得到长片段 DNA 数据（达几十千字节），还能区别父源或母源的单体型序列，并能在单管中完成所有实验流程。

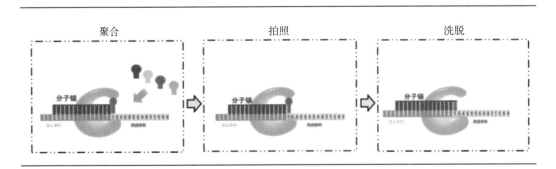

图 2-2-21 cPAS 技术原理示意图

3. 其他测序技术

根据 DNA 碱基结构上的不同，用电子显微镜观察、区别是最直接的物理测序思路。但是，显微测序技术的发展目前仍停留在尝试阶段。

显微测序有多个技术发展方向，其中最有实现前景的是单色像差校正双光束低能量电子显微镜测序（Monochromatic Aberration-Corrected Dual-Beam Low Energy Electron Microscopy）。这项技术可以直接读取碱基序列，无须标记或任何修饰，也省去了样本制备环节，而且较低的能量不会对核酸分子产生放射性损伤，错误率也较低。

（二）基于 DNA 存储介质的实时读取与纠错

尽管高通量 DNA 测序的数据产出量巨大，但读取速度与现有硅基存储方式相比差距仍然较大。一次测序一般上机时长为 16~48 小时，数据分析耗时需 4 小时以上，对于数据读取的时效性是一个巨大挑战。而单分子测序技术的兴起使 DNA 分子的实时读取成为可能。

单分子测序的主要技术路线包括零模波导孔技术（Zero Mode Waveguides，ZMWs）和纳米孔（Nanopore）测序技术。该技术的特点是无需对 DNA 模板进行扩增，基于较长的读长可以实现对 DNA 分子的实时检测。其中，零模波导孔技术是由美国 Pacific Biosciences 公司（以下简称 PacBio）研发。该技术采用光学模块，基于零波导孔，让光只能照亮固定了单个 DNA 聚合酶 / 模板分子的纳米孔底部。零模波导孔是一个直径只有 10~50 纳米的孔，当激光打在零模波导孔底部时，只能照亮很小的区域，DNA 聚合酶就被固定在这个区域。只有在这个区域内，碱基携带的荧光基团被激活从而被检测到，可大幅降低背景荧光干扰（图 2-2-22）。目前，该公司已推出测序系统 PacBio RS System、PacBio RS Ⅱ System、Sequel System、Sequel Ⅱ System 以及 Sequel Ⅱe System 等。

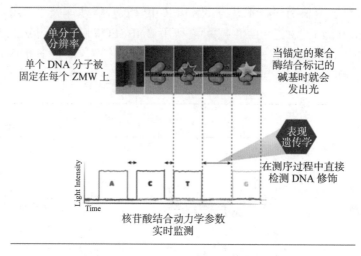

图 2-2-22　零模波导孔技术原理示意图

　　纳米孔测序技术来自英国公司 Oxford Nanopore Technologies Ltd（ONT）。该公司在 2005 年正式成立，并于 2015 年正式面向市场出售掌上测序仪 MinION。其随后推出了可以用于大型基因组和大规模人群测序的台式 GridION，以及高通量测序仪 PromethION。

　　纳米孔测序技术的基础运作机制涉及在纳米孔中填充导电液体，并在两端施加恒定电压，期间分子样本逐一穿越此孔，从而产生可监测的电流变化。若该纳米孔的直径精心设计至仅能容下一个核苷酸单元（约 1.5 纳米），则能够促使长度达千个碱基的单一DNA 或 RNA 链在电场的驱动下，依序穿越此微小孔道（图 2-2-23）。这一过程中的关键在于，不同碱基因其独特的三维结构差异，会导致穿越时孔内电流强度发生不同幅度的波动，每种碱基会相应诱发特征性的电流峰值，借此差异即可辨识出各个碱基，实现实时且快速的序列测定。然而，该技术面临的挑战在于原始电流信号极其微弱，而且混

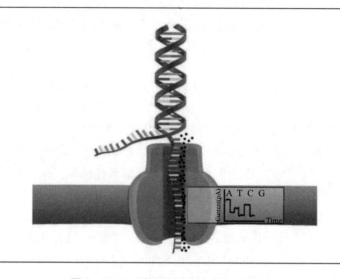

图 2-2-23　纳米孔测序技术原理示意图

有大量随机噪声，这些因素共同作用会导致其在碱基识别精度方面目前尚不如流行的高通量短读测序技术。

针对纳米孔测序可能存在的错误率高这一问题，2021 年天津大学在 *National Science Review* 发表的 "An artificial chromosome for data storage" 一文中采用现代通信领域广泛应用的 LDPC 码叠加伪随机序列，设计了可纠正严重插入删节错误的高效编码方案，从头编码设计合成了一条长度为 254886bp 专用于数据存储的酵母人工染色体，并在读出方面利用纳米孔测序器件实现了碱基的快速读出与无错恢复。由于碱基识别后的错误率高于 10%，包含严重的插入删节错误，为处理这些插入删节错误，研究团队设计了一个融合生物信息处理中的组装与纠错的方案，进一步结合设计的可纠正插入与删节错误的纠错码，最终实现了数据的无错恢复。2021 年，深圳华大生命科学研究院也提出了基于图理论的 DNA 存储蛛网算法，并在后续进行了完善，通过生化约束条件筛选相应节点，并利用剪枝等手段控制节点出度，最后加入 Varshamov-Tenengolts（VT）码实现进一步容错。该方法实现了高效的容错（≤ 4.5%），并能快速完成数据的纠错解码。

（三）DNA 存储数据的选择性读取与功能性操作技术

在 DNA 存储体系中，实现对特定数据的精准抓取或随机访问是评判该技术是否具备实用价值的关键能力之一，同时也是构建有序数据管理体系的基石。当前，达成 DNA 存储中数据随机读取目标的核心在于精心设计 DNA 分子上的引物区域，利用生物分子学多种读取策略。

其中，多重 PCR 技术尤为突出。作为一种常用的定向读取手段，其分子生物学原理是在 DNA 分子混合物中加入特定多对引物，使与引物配对的 DNA 分子数量通过扩增效应指数级增长，混合物中的其他分子由于拷贝数远远低于目标 DNA 分子可忽略不计（图 2-2-24）。该方法最早由美国微软与华盛顿大学团队在 2018 年提出，利用特异性引物，可以在 200 兆字节的数据范围内提取对应的文件。此后，多个研究团队均采用特异性引物设计配合多重 PCR 的策略，完成 DNA 存储中的数据选择性读取。

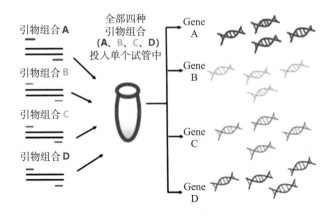

图 2-2-24 多重 PCR 原理示意

利用序列特异性磁珠捕获是另一种选择性读取方式，其分子生物学原理是利用生物素 - 链霉亲和素的高亲和力，通过生物素修饰的 DNA 引物与目标 DNA 分子互补配对，再使用链霉亲和素修饰的磁珠结合生物素，从而获得目标 DNA 分子（图 2-2-25）。2020年，美国北卡罗来纳州立大学 Albert Keung 团队使用该策略实现了文库中目标 DNA 文件的选择性读取，并进一步实现了后续的功能性操作。

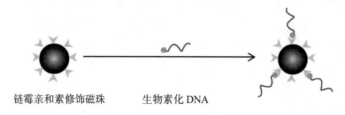

链霉亲和素修饰磁珠　　　生物素化 DNA

图 2-2-25　特异性磁珠捕获原理示意

此外，还有多种 DNA 信息存储中的功能性操作技术，如信息的锁定、删除、重命名、搜索、修改等。

前文提到的美国北卡罗来纳州立大学 Albert Keung 团队在 2021 年同一篇论文中，通过设计双链 DNA 的黏性末端（overhang），利用 T7 启动子和 DNA 转录 RNA 并在此反转录为 cDNA 的方式，获得目标信息。同时，其进一步通过互补配对锁定黏性末端（信息删除）、配对并延长互补链黏性末端（信息重命名、锁定与解锁）等方式，实现了文件的基本功能性操作。

目标信息的分类搜索是 DNA 存储系统中的重要功能，也是生物分子信息存储系统中的研究热点之一。2021 年，美国麻省理工学院 Mark Bathe 团队通过赋予封装 DNA 信息的硅胶囊不同的荧光信号对信息进行关键词的二元分类，并进一步利用流式细胞筛选技术，完成目标信息的布尔逻辑搜索。同年，美国微软和华盛顿大学团队利用 DNA 分子的特异性杂交探针，并采用文件的相似性与探针结合区逻辑映射的策略，实现了相似图片的批量搜索。2024 年，美国康涅提格大学 Changchun Liu 团队通过基因编辑体系（CRISPR），实现数据文库中的关键字搜索功能，并定量关键字数量。利用 CRISPR 技术，当目标关键字对应的 DNA 靶标存在时，可以迅速产生可见荧光。由于荧光强度的增长速度与关键词频率成正比，所以该技术能够成功地进行定量文本搜索。

目标信息的修改也是 DNA 存储系统中不可避免的数据处理功能之一。2022 年，清华大学刘凯与上海交通大学通过利用 CRISPR/Cas 基因编辑技术，在活细胞中构建了集存储与改写功能于一体的双质粒信息存储体系，与已有的 DNA 信息存储方式相比，在降低写入信息冗余度、提高活细胞信息存储能力、简化信息读取流程、提升信息保存安全性上都有显著提升。2023 年，美国北卡罗来纳农业与技术大学的 Reza Zadegan 团队利用基因编辑体系，对体内 DNA 分子的不同区域进行剪切与突变，从而实现文件的粗粒度修改，类似于将 DNA 分子类比为磁带，由磁头（CRISPR 体系）对磁带的区域进行擦除和重写（图 2-2-26）。2024 年，深圳华大生命科学研究院利用计算机网络技术中的布隆过滤器工具，实现了快速筛选测序结果中目标序列的流程。布隆过滤器可以确定一个元素是否存在于一个指定元素集合中，通常被应用在互联网搜索引擎中。该方法不仅实现了 DNA 存储系统中的污染序列、篡改序列过滤，提升了数据安全性，同时也建立了文件版本控制系统，大大降低了文件修改的难度与成本。

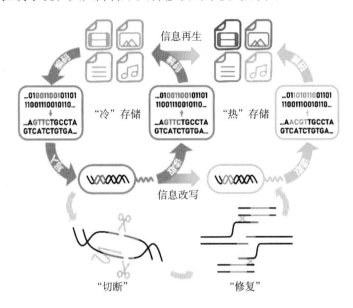

图 2-2-26　基因编辑体系实现 DNA 存储文件信息改写

（来源：Liu Y, Ren Y, Li J, et al. In vivo processing of digital information molecularly with targeted specificity and robust reliabilrty［J］. Science Advances, 2022, 8（31）: eabo7415.）

此外，近年来在 DNA 存储系统的研究中也涌现出一系列其他功能性操控技术的研究成果。2021 年，美国北卡罗来纳州立大学 Tomek 等人利用 DNA 分子在不同温度和化学环境条件下的分子杂交特异性差异，建立了一种预览图像文件的技术。通过杂交探针结合区碱基汉明距离的巧妙设计，在不同反应条件下，探针与结合区的亲和力不同，因此捕获的数据量也有所差异，从而实现少量预览信息或关键信息的快速读取，避免了全信息获取。

2022 年，北京大学融合 DNA 计算、纳米科学与 DNA 存储技术的前沿进展，设计了一种称为"纳米弹弓"的独创性 DNA 构象信号传导结构。该设计不仅实现了 DNA 构象信号的程序化传导，还成功构建了多层次的信号级联体系，并实现了对结构信号的精密调整，调控精度直达信号的大小、位置及数量层面。通过这一独特的 DNA 构象机制，成功实施了基础 DNA 电路组件的"扇入/扇出"操作及多级"级联"构建，展示了高度复杂的信号处理能力。同时，他们建立的计算模拟系统也验证了该构象调控策略的有效性。该研究进一步推进，尝试在长达 100 纳米的自组装纳米机械平台上远程传递 DNA 构象信号，并实现了对单个纳米粒子（直径仅 15 纳米）的精确操控释放，展现了超乎寻常的空间传递与控制精度。这一成就不仅验证了新型 DNA 构象信号传导技术的灵活性与精确调控潜能，而且为分子信息处理、纳米机器人技术、生物医药等众多领域开辟了新的应用前景。

（四）基于其他生物分子介质的信息获取技术

前文提到，可用于信息存储的其他生物分子介质包括非天然 DNA 分子、多肽、代谢化合物、高聚分子等，而天然 DNA 分子本身由于其能通过互补配对形成纳米结构，也可看作是非常规 DNA 存储的生物分子信息存储介质。

对于多肽、代谢化合物、高聚分子等，目前常规的信息获取与观测是通过质谱技术实现的。质谱技术是一种尖端的化学分析手段，核心在于将样品分子转化为带电离子，再依据它们的质量与电荷比（m/z）进行分离和检测。该过程大致分为以下四步：①样品通过如电喷雾或激光解吸等方式离子化；②离子在真空中被加速并通过质量分析器按 m/z 差异分离，分析器类型包括飞行时间、四极杆等；③离子到达检测器转化为电信号；④信号处理形成质谱图，借此研究者能精确识别和定量复杂混合物中的成分。信息解析时，通过混合物成分的分析，结合成分量或分子量与信息的映射关系，获得原始保存的信息。

此外，纳米孔测序技术也可以应用于如非天然碱基、多肽甚至长链蛋白的序列测定中。2022 年，伊利诺伊大学香槟分校团队在开发多种化学修饰碱基用于信息存储的基础上，利用神经网络构建纳米孔测序的碱基读出模型，实现了化学修饰碱基的纳米孔测序分辨。与 DNA 纳米孔测序技术类似，多肽测序也利用纳米孔道电导变化直接读取蛋白质序列。蛋白质穿越纳米孔时，引起的电流变化揭示氨基酸序列，因此可以作为生物分子信息存储的信息获取与观测手段之一。

而 DNA 纳米结构的信息获取方式更加多样化，除了常规的 DNA 高通量测序与单分子测序之外，还可以通过原子力显微镜直接观察纳米结构的三维构象完成信息获取、凝胶电泳实现不同信息的分离、荧光强度变化进行定量分析，或荧光显微镜观测荧光位置信息实现解码等。

五、生物分子信息存储的应用

（一）海量大数据长效存储应用

尽管利用 DNA 分子的高密度和长期稳定性来存储信息这个领域仍在前沿研究中，但已经有一些实际应用案例正在发展。

美国 Arch Mission 基金会是一个旨在保存人类文化遗产的组织。他们的"月球图书馆计划"计划将大量信息编码成 DNA 序列，并将其嵌入到小型玻璃盘中，然后将这些玻璃盘送往月球表面。这个项目旨在为未来人类提供重要的科学、历史和文化知识，目前已收集超过一万张世界各地的图片。2019 年，加拿大安大略省水土保持局（Ontario Soil and Crop Improvement Association）选择使用 DNA 存储技术保存重要的农业数据，以确保长期可靠性和持久性。美国生物合成公司 Twist Bioscience 在 2016 年与微软合作，进行了一项关于用 DNA 存储数据的研究项目。他们将莎士比亚十四行诗及其他经典文本编码进 DNA 序列中，并通过测序技术进行还原，2018 年完成了世界上最大规模报道的 200 兆字节 DNA 存储文库，后续也将电视剧集《生物骇客》的第一集进行了保存。2019 年，深圳华大生命科学研究院将《开国大典》的珍贵历史资料保存到了 DNA 中，并完成了信息的测序解码，献礼中华人民共和国成立 70 周年。在 2020 年，DNA 存储公司 Catalog 宣布成功将全套英语维基百科网站共 16 吉字节数据编码到一个试管中，显示了 DNA 存储技术在大规模信息保存方面的潜力。2021 年，法国国家档案馆迎来了第一个 DNA 编码的数字档案，法国索邦大学和法国国家科学研究中心的研究人员对法国历史上的两个文本即《男人和公民权利宣言》（1789 年）和《妇女和女公民权利宣言》（1791 年）进行编码，并完成了信息写入与封装。2021 年，美国国防部高级研究计划局（Defense Advanced Research Projects Agency，DARPA）资助了一个项目，在该项目中科学家们试图使用 DNA 作为数据存储介质记录战争历史和军事情报。2022 年，天津大学宋理富等人将敦煌壁画数字化后进行了 DNA 存储保存，并通过加速衰老实验验证了其在数千年内的保藏稳定性。2023 年，法国初创公司 Biomemory 宣布推出全球首款 DNA 存储产品——DNA 数据存储卡。这种信用卡大小的 DNA 存储卡拥有 1 千字节的文本数据容量，相当于一封简短的电子邮件。每张卡的最短寿命为 150 年，远超过硬盘驱动器（约 5 年）和闪存驱动器（约 10 年）的使用寿命。

（二）基于生物分子信息存储的数据调用和安全存储应用

DNA 存储技术作为一种前沿的信息存储方式，正逐渐受到科研人员和工业界的广泛关注。与传统的硅基存储介质相比，DNA 存储技术以其极高的存储密度、长期稳定的存储时间和较低的能源消耗等优势，展现出巨大潜力。然而，随着 DNA 存储技术的不断发展，其数据安全性问题也变得日益重要。DNA 存储技术中的数据加密、数据隐藏、数据弹性、数据擦除和恶意攻击检测等方面已开展了部分初步研究。

（1）数据加密：是确保信息安全的关键技术之一。在 DNA 存储技术中，数据加密通常依赖于分子生物学原理，通过特定的生物化学反应将原始数据转换成难以解读的形式。例如，基于 DNA 链置换反应的加密策略，通过设计特定的 DNA 序列和生物分子反应，实现数据的加密和解密过程。广州大学提出的基于 DNA 链置换的新型加密框架，通过混淆明文、生成密钥及混淆扩展密钥三种加密策略，提高了密钥传输的安全性。另一个引人注目的加密方法是 DNA 折纸密码学（DOC）系统。在该系统中，发送方将信息转换为点阵排列，并通过骨架链的折叠作为加密密钥进行加密。接收方通过相应的密钥进行解码，以恢复原始信息。这种方法结合了数据加密和隐写术，为不同类型的信息提供了加密的可能。

（2）数据隐藏：又称为隐写术，旨在将敏感信息隐藏在大量非敏感信息中，使得除了预期接收者外，其他人难以察觉信息的存在。DNA 隐写术利用 DNA 分子作为信息载体，通过特定的引物密钥提取敏感数据。为了提高安全性，中国科学院上海生命科学研究院开发了 Cas12a 辅助 DNA 隐写术（CADS），在 DNA 隐写过程中对引物密钥进行隐写操作，增加了一层保护。此外，苏黎世联邦理工学院 Grass 团队提出的万物 DNA（DNA-of-things）概念，通过将 DNA 分子封装在二氧化硅小球内并嵌入日常物品，为敏感数据提供了额外的安全保障。这种方法利用非敏感材料与微观敏感数据载体之间的寻找困难，提高了数据的安全性。

（3）数据弹性：关注存储系统对各种故障的恢复能力。在 DNA 存储技术中，数据恢复力主要依赖于编码环节引入的纠错码。例如，RS 码是一种常用的纠错码，能够纠正 DNA 存储过程中的碱基替换、删除和插入错误。为了适应 DNA 存储的特殊需求，研究者开发了多种纠错码，如基于哈希编码的穷举搜索解码（HEDGES）和基于图论算法的序列重建算法，这些算法能够从大量错误中恢复原始 DNA 序列。体外 DNA 分子的环境耐受性也是数据弹性的重要组成部分。研究人员使用碱金属盐、二氧化硅、磷酸钙等材料对 DNA 进行封装保护，增强了 DNA 分子的稳定性。东南大学和南洋理工大学设计的热响应功能梯度（thermally responsive functionally graded，TRFG）水凝胶，通过温度敏感性提高 DNA 分子的负载量，展示了合成有机高分子保护材料在 DNA 存储领域的应用潜力。

（4）数据擦除：是确保数据迁移或更换存储设备时敏感信息安全的必要步骤。DNA 存储系统中的数据擦除通常采用物理化学方法，如紫外线照射、高温处理等。然而，这些方法可能需要专业设备，并会有残留。为了实现快速永久的信息擦除，美国莱斯大学 David 团队提出了基于杂交亚稳态策略的 DNA 存储系统，该系统通过加热实现信息的快速擦除。此外，美国德克萨斯大学 David 团队开发的基于 DNA 链置换反应的单指令多数据 DNA 计算范式，不仅增强了数据修改能力，也实现了数据擦除。这些研究展示了生物反应过程在数据擦除方面的独特优势。

（5）恶意攻击检测：DNA 合成和测序作为 DNA 存储系统的数据入口和出口，容易受到恶意攻击。研究人员已经对 DNA 测序流程和生物信息学分析管道进行了信息安全评估，并发现了将计算机木马程序编码到合成的 DNA 链中的攻击方式。为了应对这些攻击，基于深度学习和机器学习算法的方法展现出了巨大潜力。爱尔兰东南理工大学 Islam 团队使用深度学习模型对 DNA 序列进行评估，成功地检测和识别出恶意编码序列，检测准确率接近 100%。

第三节 前景与展望

一、生物分子信息存储面临的挑战

生物分子信息存储作为一种前沿技术，虽然具有极大的潜力，但也面临着一系列的挑战。

1. 信息读写成本高

当前，DNA 储存技术在迈向广泛应用的征途中，面临的一大绊脚石是高昂的合成与测序成本。在数据录入环节，尽管商业化寡核苷酸合成单价已降至每个碱基约 0.001 美元，但这仍意味着录入 1TB 数据需背负约十亿美金的昂贵代价。转观数据读出端，尽管以二代高通量测序技术为代表，单次测序费用已亲民化（每 TB 数据成本在

0.005~0.02 美元间浮动），但为保障数据恢复的准确性，实践中往往要求至少 35 倍的测序深度，这无形中将每 TB 数据的读取费用推高至约 90 万美金。综上所述，DNA 存储的总体成本框架远超传统硬盘存储（每 TB 约 16 美元），两者成本差距悬殊，高达 8 个数量级之多，这一现状无疑构成了 DNA 存储技术大规模推广及商业实践的重大障碍。

2. 信息读写速度慢

除了高昂的经济成本，当前 DNA 存储技术还面临着显著的时间成本挑战。在信息写入阶段，DNA 合成的速度受限于合成装备的最高通量和合成周期。若要达到与商业云存储系统相竞争的水平，DNA 存储的信息写入速度必须实现提升至少 6 个数量级，以达到每秒千兆字节（吉字节 / 秒）的速率。此外，DNA 存储的读取速度也显著低于传统存储介质。例如，MinION 测序芯片的速度仅为 56 千字节 / 秒，而 Illumina 测序平台的主流测序仪的数据输出速度也仅在 50 千字节 / 秒至 1 兆字节 / 秒之间。这与传统的机械硬盘（160 兆字节 / 秒）和固态硬盘（550 兆字节 / 秒）相比，存在 2~4 个数量级的显著差距。因此，DNA 存储技术在信息读写速度方面亟须提升，以满足规模化应用的需求。

3. DNA 存储准确率不高

由于生物化学反应中的随机性与不确定性，DNA 存储技术的准确率是其面临的主要挑战之一，仅次于成本问题。而现有硅基存储体系中，一般错误率认为是 $1/10^{14}$ 比特，远远低于生物分子信息存储的错误率。因此，尽管生物分子信息存储有较高的信息密度，但如何实现原始信息的高保真也是目前的挑战之一。影响其准确率的主要因素包括寡核苷酸合成错误、DNA 测序错误及 PCR 扩增偏好性导致的偏差等。

4. 技术集成与自动化和规模化能力不足

目前，生物分子信息存储的各个环节均已进行了较为深入的研究，但存储系统不只是单一的功能模块，更需要打通全流程技术环节。至今，关于 DNA 存储的"写 - 存 - 读"集成系统报道寥寥无几，已有的"自动化"集成系统，如美国微软在 2019 年发布的端到端 DNA 存储读写系统，效率仅为每 21 小时 5 字节，远远不能达到应用标准。东南大学刘宏团队也开发了一套基于微流控体系的 DNA 存储读写设备，但由于微流控本身的技术局限性，无法实现规模化的信息存储。因此，如何构建标准化、规模化、自动化的生物分子信息存储全流程集成系统，是世界各国研究团队的重点攻关方向之一。

二、生物分子信息存储的发展机遇与趋势展望

近年来，世界主要科技发达国家围绕生物分子信息存储布局了一系列战略性研究计划，从而推动了以 DNA 存储为代表的生物分子信息存储技术发展。其中，美国是该领域发展最为积极的推动者，美国国家科学基金会（National Science Foundation，NSF）、美国国防部高级研究计划局（Defense Advanced Research Projects Agency，DARPA）、美国情报高级研究计划局（Intelligence Advanced Research projects Activity，IARPA）启动多个分子信息存储项目 / 计划，旨在形成技术垄断并获得巨大的价值回报。欧盟也深刻

认识到分子信息存储技术的巨大价值，在"地平线 2020"计划中将 DNA 存储列为重要发展方向，投入超 3 亿欧元。2020 年，微软、因美纳、Twist、西部数据、昆腾等世界信息技术与生物技术公司联合 50 余家组织机构成立 DNA 数据存储产业联盟（DNA Data Storage Alliance），并于 2021 年发布《DNA 存储白皮书》，旨在推动 DNA 存储迈入产业应用阶段。

中国也将生物分子信息存储列为需要重点布局的新兴技术，提出了重大战略需求。"十四五"规划和 2035 年远景目标纲要中明确提出："加快布局量子计算、量子通信、神经芯片、DNA 存储等前沿技术，加强信息科学与生命科学、材料等基础学科的交叉创新"；《"十四五"数字经济发展规划》中将 DNA 存储列为与新一代移动通信技术、量子信息、第三代半导体等并列的新兴技术；《"十四五"生物经济发展规划》也提出"鼓励发展 DNA 存储、生物计算等新技术""促进生物技术与信息技术深度融合"。

目前，DNA 信息存储正在转入实用化阶段，迎来前所未有的发展机遇，未来的发展方向主要有以下几个方面。

（1）更加深入的 DNA 存储信息学原理的系统研究，为大规模数据存储提供有力支撑。结合多种生物分子介质的生化特性、读写的技术特点及系统功能化实现的约束条件，建立高效编码与索引原理、复合分子系统的信息叠加编码原理，信息存储和传递的信道模型、纠错编解码及信息加密解密原理。

（2）读写关键使能技术突破，使 DNA 存储成为更具竞争力的存储方案。在 DNA 合成技术方向，通过技术创新和装备集成化、自动化，以大幅降低信息写入成本；在 DNA 测序技术方向，实现更高通量、更快速度的技术突破，开发适配数据解析算法，提升数据读取的实时性和准确性。

（3）DNA 存储系统的功能化开发，以进一步拓展其应用范围。基于生物分子间相互作用，利用分子生物学工具箱、基因编辑技术、DNA 自组装等技术，增强 DNA 存储系统的数据操控功能，包括数据的修改、擦除、锁定和读取，以满足多样化的数据管理需求。

（4）规模化、自动化的 DNA 存储系统开发，推动大数据存储的产业化应用。采用预合成标准库等创新型信息写入方式大幅降低写入成本，结合自动化并行信息写入方式提升写入速度，开发规模化、自动化、可拓展的 DNA 存储系统。

（5）高安全性 DNA 存储系统开发，以满足数据安全需求。利用 DNA 纳米技术、介质封装技术、分子加密技术等，在信息层面和物理层面开发具有数据隐藏、数据加密、DNA 条形码防伪和追踪、防止恶意攻击等特性的高安全性 DNA 存储系统。

（6）生物分子信息存储标准化。建立一系列通用的标准化方法与工具，如元数据的存储方法与位置、标准的编码和解码算法等，制定生物分子信息存储行业标准，推进生物分子信息存储产业共识形成。

参考文献

［1］Church GM, Gao Y, Kosuri S. Next-Generation Digital Information Storage in DNA[J]. Science, 2012, 337(6102): 1628.

［2］Goldman N, Bertone P, Chen S, et al. Towards practical, high-capacity, low-maintenance information storage in synthesized DNA [J]. Nature, 2013, 494(7435): 77-80.

［3］Grass RN, Heckel R, Puddu M, et al. Robust chemical preservation of digital information on DNA in silica with error-correcting codes[J]. Angewandte Chemie International Edition, 2015, 54(8): 2552-2555.

［4］Erlich Y, Zielinski D. DNA Fountain enables a robust and efficient storage architecture[J]. Science, 2017, 355(6328): 950-954.

［5］Takahashi CN, Nguyen BH, Strauss K, et al. Demonstration of End-to-End Automation of DNA Data Storage[J]. Scientific reports, 2019, 9(1): 4998.

［6］Dong Y, Sun F, Ping Z, et al. DNA storage: research landscape and future prospects[J]. National Science Review, 2020, 7(6): 1092-1107.

［7］Hao Y, Li Q, Fan C, et al. Data Storage Based on DNA[J]. Small Structures, 2020, 2(2): 2000046.

［8］Koch J, Gantenbein S, Masania K, et al. A DNA-of-things storage architecture to create materials with embedded memory[J]. Nature Biotechnology, 2020, 38(1): 39-43.

［9］Banal JL, Shepherd TR, Berleant J, et al. Random access DNA memory using Boolean search in an archival file storage system[J]. Nature Materials, 2021, 20(9): 1272-1280.

［10］Bee C, Chen YJ, Queen M, et al. Molecular-level similarity search brings computing to DNA data storage[J]. Nature Communications, 2021, 12(1): 4764.

［11］Ping Z, Chen S, Zhou G, et al. Towards practical and robust DNA-based data archiving using the yin–yang codec system[J]. Nature Computational Science, 2022, 2(4): 234-242.

［12］Tomek KJ, Volkel K, Indermaur EW, et al. Promiscuous molecules for smarter file operations in DNA-based data storage[J]. Nature Communications, 2021, 12(1): 3518.

［13］Doricchi A, Platnich CM, Gimpel A, et al. Emerging Approaches to DNA Data Storage: Challenges and Prospects[J]. ACS Nano, 2022, 16(11): 17552-17571.

［14］Bogels BWA, Nguyen BH, Ward D, et al. DNA storage in thermoresponsive microcapsules for repeated random multiplexed data access[J]. Nature Nanotechnology, 2023, 18(8): 912-921.

［15］Fei Z, Gupta N, Li M, et al. Toward highly effective loading of DNA in hydrogels for high-density and long-term information storage[J]. Science Advances, 2023, 9(19): eadg9933.

［16］Gong Z-Y, Song L-F, Pei G-S, et al. Engineering DNA Materials for Sustainable Data Storage Using a DNA Movable-Type System[J]. Engineering, 2023, 29: 130-136.

［17］Liu DD, Cheow LF. Rapid Information Retrieval from DNA Storage with Microfluidic Very Large-Scale Integration Platform[J]. Small, 2024, 20(17): 2309867.

［18］Wang S, Mao X, Wang F, et al. Data Storage Using DNA[J]. Advanced Materials, 2024, 36(6): 2307499.

［19］Xu C, Ma B, Dong X, et al. Assembly of Reusable DNA Blocks for Data Storage Using the

Principle of Movable Type Printing[J]. ACS Applied Materials & Interfaces, 2023, 15(20): 24097-24108.

［20］Zhang J, Hou C, Liu C. CRISPR-powered quantitative keyword search engine in DNA data storage[J]. Nature Communications, 2024, 15(1): 2376.

第三章

生物信号感知技术

第一节　概述

生物信号（Biological Signals 或 Biosignals）是生物活动（如神经传导、血液流动、心脏搏动、肌肉收缩等）所产生的电学、光学、声学、磁学、力学等信息在时间、空间或时空上的记录。生物信号感知技术是指用于测量和分析来自人体生物信号的技术，该技术目前已被广泛应用于与人类健康相关的各个领域，推动了医学研究和临床诊断的发展，并在个性化诊疗和实时健康监测方面展现出了巨大潜力。

生物信号感知技术的起源可以追溯到 19 世纪。1896 年，意大利科学家希皮奥内·里瓦罗奇（Scipione Riva-Rocci）开发了无创测量血压的方法，这一开创性的工作为生物信号感知技术的发展奠定了基础。20 世纪，生物信号感知技术持续快速发展。随着第二次工业革命的深入，各种新技术、新传感器和新设备不断涌现，并被迅速应用于测量各种生物信号，包括心电图、脑电图、血氧饱和度、心音、肺音、脑磁图等。

近年来，生物信号感知技术不断创新。微型化技术的进步使得开发小型、可穿戴的生物信号监测设备成为可能。智能手表和健身追踪器等设备的普及将生物信号监测带入了日常生活，使人们能够轻松监测自己的健康状况和运动水平。此外，新兴的人工智能技术可以通过可穿戴设备对生物信号进行智能交互，为生物信号感知技术带来了新的可能性。

生物信号感知技术是一项具有广阔应用前景的技术，它将对医疗保健、科学研究、人机交互、虚拟现实、体育训练和日常生活等领域产生重大影响。随着技术的不断发展，未来可能会出现更多令人兴奋的新应用，期待生物信号感知技术在未来几年将发挥越来越重要的作用。

一、生物信号的分类

根据生物信号产生的生理基础，可以将生物信号分为以下几类。

1. 生物电信号

生物电信号（Bioelectric Signals）是指由生物体产生的与生命状态密切相关的有规律的电信号或电位变化，是反映生物体生命活动和生理功能的重要信息载体。生物电信号是由神经细胞和肌肉细胞产生的，广泛存在于生物体中，根据来源可以分为神经电信号、心电信号、肌电信号、脑电信号、胃电信号、视网膜电信号等。生物电信号的产生主要依赖于细胞膜上的离子通道和离子泵，这些通道可以调节离子在细胞内外之间的流动，从而改变细胞内外的电位差，形成细胞膜电位。当神经细胞或肌肉细胞受到足够强的刺激达到阈值时，细胞膜电位就会被激发产生动作电位。单个细胞产生的动作电位由短促的细胞膜跨离子流形成，可以用胞内或胞外电极检测。大量细胞同时产生动作电位时会在细胞外形成一个电场，该电场能通过生物组织传播出去，可以在组织表面或生物体表面用表面电极测量，如心电图（Electrocardiogram，ECG）、脑电图（Electroencephalogram，EEG）、肌电图（Electromyogram，EMG）、眼电图（Electrooculogram，EOG）、胃电图（Electrogastrogram，EGG）等。

2. 生物光信号

生物光信号（Bio-optical Signals）是由生物系统的光学特性或光诱导特性产生的，这种信号可以是生物体自发产生，也可以是为了测量某种生物参量由外界导入的光信号。虽然人体的光现象并不像萤火虫或深海生物那样明显，但是人体的确会发出微弱的光信号，各国学者已经广泛证实了活生物体能发出弱光子的现象。生物体产生的生物光信号主要来源于细胞代谢过程中产生的一些化学反应。例如，细胞呼吸过程中产生的ATP（三磷酸腺苷），会释放出微弱的可见光和红外光；NAD（H）氧化还原酶催化的NADH氧化反应，会表现出自发荧光；超氧化物自由基与过氧化氢反应产生单线态氧，单线态氧可以与荧光物质结合产生荧光。根据波长，人体的生物光信号可以分为可见光、近红外光、中红外光及远红外光。目前，红光和红外光的应用最为广泛。例如，通过检测皮肤等特定组织对红光和红外光的吸收率差异可以精确测量组织的血氧饱和度；通过测量羊水的荧光特性，可以判断胎儿的健康状况；通过染料稀释法监测染料进入血液循环系统之后的浓度，可以估计心输出量。

3. 生物声信号

生物声信号（Bioacoustic Signals）是指由生物体产生的声音信号，其本质上是一种涉及振动的特殊生物力学信号。机械振动是人体生物声信号产生的主要机制，如声带振动、心脏收缩、肺部扩张等都会产生机械振动，从而产生声信号。除此之外，血液流动、肌肉收缩、神经冲动等也会产生声信号。生物声信号可以经过生物组织传播出来，通常使用放在皮肤表面的扩音器或机械振动仪等声音传感器就可以检测到。由于生物声信号是从人体发出的声音信号，所以其携带有相应声源体器官功能的宝贵信息。通过对心音、血管杂音、肺音、肠蠕动音、关节音、肌肉音、神经音等生物声信号进行监测和分析，可以反映人体循环系统、呼吸系统、消化系统、运动系统、神经系统的功能状态和病理状态。语音信号是人类交流的重要媒介，也是信息传递的重要载体。近年来，随着人工智能的发展，人们可以利用各种技术和方法获取、处理和分析语音信号，从而识别说话人的身份、理解语音内容。目前，语音信号主要应用在声纹识别、语音识别、语音合成、语音增强、语音降噪等领域，为人们的生活带来很大的便利。

4. 生物磁信号

生物磁信号（Biomagnetic Signals）是指由生物体产生的磁场信号，它可以反映生物体的电活动、代谢过程和组织结构。大脑、心脏、肌肉、胃、肠等组织器官的活动都会产生微弱的生物磁信号。根据法拉第电磁感应定律，变化的电流会产生磁场。电磁感应也是生物磁信号产生的主要机制，人体磁场主要来源于神经元、肌细胞等细胞在兴奋时产生的生物电流。生物磁信号通常与相应的组织或器官所产生的电场具有密切联系，但生物磁信号提供了生物电信号所不具备的信息，如大脑的磁信号可以反映神经元活动的源位置，而大脑的电信号只能用于监测大脑活动状态。生物磁场的强度比相应的生物电场强度要弱得多，需要使用非常精密的磁场传感器进行测量，如超导量子干涉仪（Superconducting Quantum Interference Device，SQUID）和原子磁强计（也称光泵磁强计，Optically Pumped Magnetometer，OPM）。对大脑、心脏、肌肉、胃、肠等组织器官的磁活动进行测量的技术，分别称为脑磁图（Magnetoencephalography，MEG）、心磁图（Magnetocardiography，MCG）、肌磁图（Magnetomyography，MMG）和胃肠磁图（Magnetogastrography，MGG）。

除了以上 4 种主要的生物信号外，还有反映生物系统力学参量的生物力学信号（Biomechanical Signals）和反映生物体内各种化学物质浓度变化的生物化学信号（Biochemical Signals）。生物力学信号源于生物系统的某些机械功能，包括所有类型的运动和位移信号、压力和流量信号等。生物化学信号是从活组织或实验室分析的样品中进行化学测量而获得的信号，如测量血糖、血液中各种离子和代谢物的浓度等。

二、生物信号传感器的分类

生物信号测量的第一个环节就是将被测对象、系统或过程中需要观察的信息转化成电压。这种将物理量转变为电量的技术称为传感技术，实现这种技术的元件称为传感元件。将传感元件通过机械结构支撑固定，通过机械电气或其他方法连接，并将所获信号传输出去的装置称为传感器（Sensor）。无论是体内细胞的生物信号还是皮肤表面的生物信号，都需要先用传感器检测，因为它是生物系统与电信号记录仪器之间的接口。生物信号传感器种类繁多，根据所测量的生物信号的类型主要分为以下几类。

1. 电极式传感器

电极式传感器是通过直接接触生物体来检测生物电信号的传感器，可以分为以下几种类型。

（1）金属电极：是最常用的电极式传感器类型，由导电金属材料制成，如银、金、铂等。金属电极具有良好的导电性，可以与生物体直接接触，检测生物电信号的电位变化。

（2）碳电极：由碳材料制成，如石墨、碳纤维等。碳电极具有良好的导电性、化学稳定性、生物相容性，较低的背景电流和较高的电化学活性等优点，在生物电信号检测方面具有广阔的应用前景。

（3）聚合物电极：是由导电聚合物制成的生物相容性电极，具有良好的柔韧性和可塑性，常用于可穿戴设备。

2. 光学传感器

光学传感器是通过光学方法来检测生物光信号的传感器，可以分为以下几种类型。

（1）光电传感器：由光源、光电探测器和电子电路组成。光源发出的光照射到生物体上被生物体吸收或散射后，光电探测器检测光信号的变化，并转换成电信号。光电传感器可以用于测量生物体的体积、颜色、光学密度等。

（2）光纤传感器：由光纤和光电探测器组成。光纤将光信号传输到生物体上，光信号与生物体相互作用后，光电探测器检测光信号的变化，并转换成电信号。光纤传感器具有体积小、灵敏度高、抗干扰能力强等特点，可以实现小血管或脑组织的在体测量。

（3）成像传感器：由光敏元件阵列和电子电路组成。光敏元件阵列接收来自生物体的光信号，并将其转换成数字信号，经过电子电路处理后，形成生物体的图像。成像传感器可以用于观察生物体的形态、结构和功能。

3. 声学传感器

声学传感器是通过检测生物体产生的声波来检测生物声信号的传感器，可以分为以下几种类型。

（1）麦克风：是一种将声音转换成电信号的声学传感器。麦克风可以用于测量生物体的发声、呼吸等声音信号。

（2）压电传感器：是一种利用压电材料的压电效应将声波转换为电信号的传感器。压电传感器可以用于测量心音、肺音等。

（3）超声波传感器：是一种能够发射和接收超声波的器件，可以检测到微弱的生物声信号，如细胞的振动、血液的流动等。超声波传感器可以用于测量胎心音、血流速度等。

4. 磁场传感器

磁场传感器是通过检测生物体产生的磁场来检测生物磁信号的传感器，可以分为以下几种类型。

（1）超导量子干涉仪（SQUID）：是一种基于磁通量子化和约瑟夫森效应将磁通转化为电压的磁通传感器。超导量子干涉仪是目前最灵敏的磁场传感器之一，常用于测量脑磁信号、心磁信号等弱磁场。

（2）原子磁强计（OPM）：是一种利用圆偏振光与处于磁敏感状态的碱金属蒸汽的相互作用探测磁场的磁强计。原子磁强计是探测微弱磁场最灵敏的工具之一，可用于感知人体心脏、大脑的磁场信息。

（3）氮空位金刚石磁力计（Nitrogen-Vacancy Diamond Magnetometer）：是一种利用金刚石晶格中的特定氮空位中心测量磁场的磁力计。氮空位金刚石磁力计具有灵敏度高和体积小的特点，在生物磁场传感应用中有巨大潜力。

5. 其他传感器

如压力传感器（用于测量血压）、温度传感器（用于测量体温）、化学传感器（用于测量生物体内的离子浓度）等。

传感器是仪器或测量系统最前端的环节，决定了仪器或测量系统的测量灵敏度、精度和范围等性能。生物信号通常很微弱，而且一般都含有噪声，为了从生物信号中提取有用的信息，需要对传感器的技术性能做如下要求：①灵敏度高，线性度好；②输出信号信噪比高，即内噪声低且不引入外噪声；③滞后、漂移小；④特性的复现性好，具有互换性；⑤动态性能好。从生物医学应用的角度看，对传感器的安全性也需要有严格的要求：①不论是传感器本身还是使用传感器的过程中，都不允许对人体产生不应有的伤害；②即便不得已产生对人体的伤害，也必须将伤害降至最低。

三、生物信号感知技术的应用

1. 生物电信号感知技术

生物电信号感知技术是应用最为广泛的生物信号记录和检测方法，它涵盖了记录和分析人体内部产生的各种电信号的技术手段。在医学诊断领域，生物电信号可用于诊断各种疾病，如心律失常、癫痫等；在生理监测领域，生物电信号可用于监测人体的生理状况，如心率、呼吸、睡眠状态等；在神经科学研究领域，生物电信号可用于研究大脑、神经系统的功能和机制；在心理学研究领域，生物电信号可用于研究人的心理活动和状态；在体育运动领域，生物电信号可用于评估运动员的运动能力和训练效果。以下是一些生物电信号感知技术应用的具体示例。

（1）心电图（Electrocardiogram，ECG）：可以检测和记录每个心动周期中由窦房结产生的兴奋依次传向心房和心室的生物电活动。心脏兴奋的产生、传导和恢复过程在心电图上表现为一系列的波形，依次为 P 波（心房除极）、PR 段（房室传导）、QRS 波群（心室除极）、ST 段（心室缓慢复极）、T 波（心室快速复极）、U 波（心室后继电位）。各波段时长、振幅的变化可以反映心脏的健康状况，如心律、心率、心脏传导系统的功能及心肌缺血或损伤情况，因此，心电图可以用于诊断心律失常、心肌梗死、心肌肥厚等心脏疾病。

（2）脑电图（Electroencephalogram，EEG）：可以检测和记录大脑自发电活动。脑电图检测到的生物信号代表了新皮层和异皮质锥体神经元产生的突触后电位。脑电图主要包含频率和振幅不同的 4 种基本波形即 α 波、β 波、θ 波和 δ 波，以及与注意力和认知功能相关的 γ 波，还有与脑部疾病相关的尖波和棘波。脑电图可以用于诊断癫痫和其他癫痫发作性疾病，评估意识水平（如昏迷程度），帮助诊断脑部肿瘤、中风和其他脑部疾病，监测睡眠障碍，研究大脑功能等。

（3）皮层脑电图（Electrocorticography，ECoG）：是一种侵入性的大脑生理监测方法。根据电极的形状与放置部位的不同，皮层脑电图有硬膜外、硬膜下、脑皮质软膜上及手术中脑表面或脑致病灶切除后的创面上等之分。其中，硬膜外皮层脑电图在侵入式脑机接口中应用广泛，它通过植入置于硬膜外的电极阵列来准确记录大脑皮层的电活动，从而解码用户的意图，可以用于控制外部设备或假肢。与非侵入性脑机接口相比，硬膜外皮层脑电图脑机接口具有更高的空间和时间分辨率，而且不受肌肉活动或眼动等因素影响，可以捕捉到更精确及更快速变化的神经活动。

（4）肌电图（Electromyogram，EMG）：可以检测和记录肌肉的电活动。肌肉由运动神经元控制，当运动神经元向肌肉发送信号时，肌肉就会收缩。肌电信号是指由于运动引起的所有肌纤维中运动单元动作电位（MUAP）在时间和空间上的叠加总和，一般从肌肉和关节区域周围的皮肤表面获取。肌电图可以根据 MUAP 的波幅评估肌肉和运动神经元的健康状况，其结果可以用于诊断神经肌肉疾病，评估运动神经损伤的程度和部位，帮助诊断其他肌肉相关疾病。

（5）眼电图（Electrooculogram，EOG）：可以检测和记录眼球运动时眼外肌的电活动。眼球的运动是由眼外肌控制的，当眼外肌收缩时，它们会使眼球向不同方向转动。眼电图的波形主要包括眼球运动电位和眨眼电位，这些波形的形状和幅度可以提供有关眼球运动和视网膜功能的重要信息。眼电图可以用来诊断眼球运动障碍，评估视网膜功能，研究眼球运动控制系统的工作原理。

（6）视网膜电图（Electroretinogram，ERG）：可以检测和记录视网膜的电活动。视网膜是位于眼睛后部的感光组织，它将光线转化为电信号，然后传递给大脑。视网膜电图的波形主要包括a波、b波、c波和d波，如果波形出现异常，可能表明存在视网膜疾病或视网膜损伤。视网膜电图可以用于诊断多种视网膜疾病（如色素性视网膜炎、夜盲症和视网膜脱离等），评估由于外伤、糖尿病和高血压引发的视网膜损伤，监测视网膜疾病的治疗效果。

（7）胃电图（Electrogastrogram，EGG）：可以检测和记录胃部肌肉的电活动。胃部肌肉活动反映了胃动力和胃功能。胃动力是指胃部肌肉收缩和舒张的能力，它对于将食物混合、消化和排入小肠至关重要。胃功能是指胃部产生酸和其他消化液的能力，这些消化液有助于食物的消化和吸收。胃电图的波形主要包括慢波和尖峰波，分别代表胃部肌肉的自主节律性电活动和收缩活动。在临床上，胃电图可以用于诊断胃动力障碍，包括胃轻瘫、胃排空延迟和胃十二指肠反流病等；在科研上，胃电图可以用来研究胃动力和胃功能的生理机制。

（8）皮肤电反应（Galvanic Skin Response，GSR）：也称为皮肤电活动（Electrodermal Activity，EDA）、皮肤电导（Skin Conductance，SC）或皮肤电水平（Skin Conductance Level，SCL），是一种测量皮肤电导率变化的技术。皮肤电导率是指皮肤在一定电压下导电的能力，其变化可以反映交感神经系统的活动水平。因为当交感神经系统被激活时，会向汗腺发送信号产生汗液，而汗液的分泌会增加皮肤的电导率。皮肤电反应的波形通常显示为皮肤电导率随时间的变化，波形的形状和幅度可以提供有关心理状态的信息。皮肤电反应主要应用于心理学研究，如评估压力、焦虑、兴奋等情绪状态，检测说谎，研究各种心理现象等。

（9）神经传导研究（Nerve Conduction Studies，NCS）：是一种用于评估神经传递电信号的速度和强度的检查。神经传导速度检查结果可以显示神经传导电信号的速度和强度。正常情况下，神经信号会快速且强烈地传播。如果神经受损，信号可能会减慢或减弱。神经传导研究可以用于诊断神经疾病（如急性炎症性脱髓鞘性多发性神经病、腕管综合征、脱髓鞘病、轴突病和肌萎缩侧索硬化症等），评估神经损伤的程度，鉴别神经损伤的原因，预测神经损伤患者的预后。

（10）诱发电位（Evoked Potentials，EP）：是一种测量大脑对特定刺激（如声音、光线或触觉）的电反应的测试，主要包括听觉诱发电位、视觉诱发电位和体感诱发电位。诱发电位波形是一种复杂模式，代表大脑对特定刺激的电反应。波形的形状、幅度和延迟可以反映大脑如何处理和解释这些刺激。诱发电位通常用于评估听觉、视觉和感觉系统的功能，也可用于诊断影响这些系统正常功能的疾病，如中风、肿瘤和多发性硬化症等。

（11）耳蜗电图（Electrocochleography，ECochG）：可以记录来自内耳的电活动。当声波进入耳朵时，位于内耳的听觉感受器会发生振动产生电信号，这些电信号通过耳蜗神经传递到大脑。耳蜗电图可用于诊断各种影响内耳的疾病，如梅尼埃病、听神经瘤和突发性听力损失等。

2. 生物光信号感知技术

生物光信号感知技术包括对人体自身产生的生物发光信号和外界导入的荧光信号的检测，具有灵敏度高、特异性强、非侵入性等优点，近年来得到了广泛应用。在医学领域，生物光信号感知技术可用于诊断疾病、监测疗效、辅助手术等；在健康监测领域，生物光信号感知技术可用于评估运动员的运动能力、监测运动疲劳、辅助运动康复等；在神经系统研究领域，生物光信号感知技术可用于无创性脑功能成像。以下是一些生物光信号感知技术应用的具体示例。

（1）近红外光谱成像（Near-Infrared Spectroscopy Imaging，NIRSI）：是一种利用近红外光的光谱特性获取和分析物体表面或内部信息的成像技术。近红外光的波长范围为780~2500 nm，介于可见光和中红外光之间。近红外光具有较强的穿透能力，可以穿透生物组织，而且许多生物化学物质对近红外光具有独特的吸收特性。近红外光谱成像就是利用光源照射组织，通过探测器收集散射或透射出的未被吸收的近红外光，分析近红外光的吸收光谱，从而获得组织中不同物质的分布和含量信息。近红外光谱成像技术具有非侵入性、高灵敏度、高特异性及高实时性等优势，可以无创地检测生物组织中微量物质，在肿瘤诊断、血管成像、监测组织氧合、评估烧伤深度、辅助手术导航等领域有着广泛应用。

（2）功能性近红外光谱（functional Near-Infrared Spectroscopy，fNIRS）：是一种利用近红外光的光谱特性测量大脑活动的技术。近红外光可以穿透头皮和颅骨，到达大脑皮层。大脑活动会导致大脑皮层局部血流变化，而血红蛋白吸收光谱的峰值与血红蛋白的浓度存在明显的相关性。因此，通过测量大脑皮层中氧合血红蛋白和脱氧血红蛋白的相对浓度变化，就可以推断出大脑活动。功能性近红外光谱可用于无创性脑功能成像，间接反映神经活动引起的脑部血液动力学变化。相比其他脑功能成像设备如功能磁共振成像（fMRI）、计算机断层扫描（CT）、正电子发射断层扫描（PET），功能性近红外光谱设备具有便携、成本低廉、时间分辨率高等优势，在认知神经科学、神经发育、神经退行性疾病等领域的基础和临床研究中发挥着重要作用。

（3）漫射光学成像（Diffuse Optical Imaging，DOI）：是一种利用光与生物组织相互作用的光学特性获取生物组织内部信息的技术。漫射光学成像通常使用近红外光谱或基于荧光的方法进行成像，可以监测氧合血红蛋白和脱氧血红蛋白浓度的变化，还可以测量细胞色素的氧化还原状态。漫射光学成像和近红外光谱成像都可以利用近红外光获取生物组织内部的光学特性和生理参数，但两者在光源、成像原理、应用场景等方面存在一些差异。漫射光学成像更多地应用在医学诊断、运动医学、伤口监测和癌症检测等领域。

（4）事件相关光信号（Event-Related Optical Signals，EROS）：是一种光学神经成像技术，用于测量与神经活动相关的大脑皮层光散射性质的变化。事件相关光信号通常使近红外光作为光源，光源照射大脑皮层后，测量随着神经活动而发生红外光散射的变化。功能性近红外光谱和漫射光学成像等技术是通过测量血红蛋白的光学吸收获得大脑皮层中血流变化的信息，而事件相关光信号测量的是神经元本身的光学散射，可以提供更为直接的大脑皮层神经活动信息。

（5）光学分子成像（Optical Molecular Imaging，OMI）：是一种快速发展的非侵入性光学成像技术，它利用光学探针和成像技术监测生物体内分子过程。光学分子成像可用于研究各种生物学过程，包括细胞代谢、信号传导、肿瘤生长和药物反应等。在诊断医学领域可以用于肿瘤早期诊断、检测血管斑块、诊断神经系统疾病、评估药物的靶向性等。光学分子成像是一项具有巨大潜力的光学成像技术，有望在生物医学研究和临床应用中发挥重要作用。

3. 生物声信号感知技术

生物声信号感知技术是一种对生物体发出的声波信号进行信息获取和分析的技术。随着科技的进步，生物声信号感知技术在多个领域得到了广泛应用。在医学诊断领域，生物声信号可以用于诊断循环系统、呼吸系统、消化系统疾病；在运动生理研究领域，生物声信号可以用于评估运动损伤的程度和康复进展情况；在新兴的声纹识别和语音识别领域，生物声信号与人工智能结合，可以实现人机交互、语音输入、听力障碍辅助等应用。以下是一些生物声信号感知技术应用的具体示例。

（1）心音（Heart Sounds，HS）：是指心脏在收缩和舒张过程中产生的振动波，主要由瓣膜开闭和血流冲击两种因素形成。心音是评估心脏功能状态最基本的方法之一，可以反映心脏及大血管机械运动状况。心音的检测手段主要有听诊器听诊、心音图和超声心动图。听诊器听诊是最传统的心音检测手段，具有简单、方便、无创的优势，但其主观性较强，受医生的经验和水平影响较大；心音图是用仪器记录和分析心音的方法，可以更直观地反映心音的变化，并可以用于诊断一些难以听诊的心脏疾病；超声心动图是利用超声波成像技术观察心脏瓣膜运动情况的心音分析方法，并可以评估心室射血功能，可以用于诊断一些引起心音改变的心脏疾病。当心血管疾病尚未发展到足以产生其他症状之前，心音中出现的杂音和畸变就是唯一的诊断信息。通过心音检查，可以发现许多早期心脏疾病，如瓣膜病、心律失常、心肌病等，有助于降低病死率和致残率。

（2）肺音（Lung Sounds，LS）：也称为呼吸音，是呼吸过程中空气通过肺部时由于振动而产生的声音。人体进行呼吸时气流依次经过主支气管、细支气管、小气管，最后到达肺泡，这个过程中依次产生了气管音、支气管音和肺泡呼吸音。肺音的检测手段主要有听诊、电子听诊器和呼吸音图。听诊是传统的人工肺音测量手段，其主观性较强；电子听诊器是一种将听诊器与电子设备结合起来的技术，可以将呼吸音信号转换为电信号，从而提高肺音测量的准确性和客观性；呼吸音图是用仪器记录和分析呼吸音的方法，可以更直观地反映呼吸音的变化，用于诊断难以听诊的肺部疾病。肺音的强度、音色和频率可以反映肺部通气和血流的情况，通过肺音检查可以发现许多肺部疾病，如气道阻塞、肺部感染、肺间质性疾病等。

（3）耳声发射（Otoacoustic Emissions，OAE）：是指当向外耳道中给予适当的声刺激时，耳蜗内所产生的非线性超声波信号。耳声发射的产生机制尚未完全清楚，一般认为与外毛细胞和听觉反馈机制相关。耳声发射根据其发生的部位和产生的机制可分为诱发性耳声发射、非诱发性耳声发射和瞬态耳声发射，可以使用耳声发射检测仪获取和分析耳声发射信号。耳声发射是耳蜗功能的客观反映指标，可以用于新生儿听力筛查、耳蜗损伤诊断、听力损失评估等。

（4）振动关节图（Vibroarthrography，VAG）：是一种膝关节听诊技术，可以记录膝关节在运动过程中关节面摩擦产生的声信号。健康的膝关节在运动时会产生平滑、一致的振动，而损伤或患病的膝关节会导致这一振动模式发生变化。振动关节图可以通过测量膝关节在不同运动范围内的振动，捕捉这些振动差异，从而安全、无创地评估膝关节健康。振动关节图可以用于诊断多种关节疾病，包括骨关节炎、类风湿关节炎等；帮助识别关节损伤的早期迹象，如软骨磨损或半月板撕裂等；监测关节炎患者的治疗效果；评估关节置换手术的成功性。

（5）声纹识别（Speaker Recognition）：又称说话人识别，包括说话人辨认和说话人确认。每个人的声音都有其独特性，可以用于身份识别。声纹识别的基本原理是：首先，从原始语音信号中提取出能够代表说话人特性的声学特征，如基音频率、共振峰、倒谱系数等；然后，利用提取的声学特征训练说话人模型，每个说话人对应一个模型，模型中存储了该说话人的声学特征参数；最后，通过将待识别语音的声学特征与已建立的说话人模型进行比较，找到最匹配的模型，即可识别出说话人的身份。声纹识别具有方便快捷、安全性高、技术成熟、成本低等优势，在公安、金融、安防、司法、客服等领域都有广泛应用。

（6）语音识别（Speech Recognition）：语音信号是人体重要的生理信号之一，也是人类进行交流必不可少的信息交流手段。近年来，随着人工智能的发展，语音信号已经被广泛应用于语音识别领域。语音识别的基本原理是：首先，通过麦克风采集语音信号；然后，将语音信号进行预处理，提取出语音特征；最后，利用声学模型、语言模型和解码器将语音特征转换为文本。目前，语音识别技术已经在人机交互领域获得了出色的应用，如语音拨号、语音导航、室内设备控制、语音文档检索、简单的听写数据录入等。未来，语音识别技术与其他自然语言处理技术如机器翻译及语音合成技术相结合，可以构建出更加复杂的应用。

4. 生物磁信号感知技术

生物磁信号感知技术是指利用磁场传感器感知和分析生物体产生的磁场信号的技术。它是一门新兴的交叉学科，融合了生物学、物理学、电子工程、计算机科学等多个领域的知识，为医学、心理学、神经科学等领域带来了新的研究手段和应用方法。在医学领域，生物磁信号感知技术可以用于诊断癫痫、脑肿瘤、心律失常、心肌梗死等疾病；在心理学领域，生物磁信号感知技术可以用于研究人类的认知功能、情感状态等；

在神经科学领域，生物磁信号感知技术可以用于研究大脑的结构和功能、开发脑机接口等。以下是一些生物磁信号感知技术应用的具体示例。

（1）脑磁图（Magnetoencephalography，MEG）：是对大脑皮层神经元电活动产生的磁场的测量，是一种无创、非侵入式的功能性神经成像技术。脑磁图具有较高的时间和空间分辨率，可以捕捉到大脑活动发生的瞬间变化，并定位其发生的精确位置。它还具备不受颅骨和组织影响的优势，可以清晰地呈现大脑皮层深部的活动。脑磁图在医学、心理学和神经科学等领域都有广泛的应用。在医学领域，脑磁图主要用于诊断癫痫、脑肿瘤、神经退行性疾病等脑部疾病；在心理学领域，脑磁图主要用于研究人类的认知功能；在神经科学领域，脑磁图主要用于研究大脑功能。

（2）心磁图（Magnetocardiography，MCG）：可以描记心动周期中人体心脏产生的微弱磁场，反映心脏的电活动。其工作原理是基于心肌细胞在兴奋和收缩过程中产生的微弱磁场。与心电图相比，心磁图的灵敏度更高，可以检测到微弱的心脏电活动。同时，心磁图的检测不受体位限制，受试者可以选取任何舒适的姿势进行信号采集。心磁图目前主要用于心律失常、心肌缺血、心肌病、胎儿心脏病等心血管疾病的诊断。

（3）肌磁图（Magnetomyography，MMG）：是一种通过记录肌肉活动产生的微弱磁场绘制肌肉活动图的技术，可以反映肌肉的电活动和力学活动。它在医学、运动科学和神经科学等领域都有广泛应用。在医学领域，肌磁图主要用于诊断肌萎缩侧索硬化症、肌营养不良症、肌炎等肌肉疾病；在运动科学领域，肌磁图主要用于研究肌肉的运动机制、评估肌肉损伤的程度等；在神经科学领域，肌磁图主要用于研究神经肌肉控制系统的功能，开发脑机接口。

第二节　研究现状及进展

一、生物电信号感知技术

生物电信号感知技术是诞生最早的生物信号感知技术之一，也是目前研究和应用最为广泛的生物信号感知技术。早在 19 世纪，科学家们就发现了生物体产生的电信号，并开始对其进行研究。历经两个多世纪的发展，生物电信号感知技术不断成熟和完善。近年来，随着新材料、新设备和新算法的开发，生物电信号感知技术也取得了重大进展，并被广泛应用于医疗保健、运动科学、人机交互等领域。

1. 全球生物电信号感知技术研究现状

以生物电信号、心电图、脑电图、皮层脑电图、肌电图、眼电图、视网膜电图、胃电图、皮肤电反应、神经传导研究、诱发电位、耳蜗电图等关键词检索 Web of Science 数据库，统计结果显示，2014—2023 年，全球各研究机构发表的与生物电信号感知技术相关的论文总量达 292498 篇；其中，2019—2022 年为发表论文数量最多的年份，每年发表超过 3.3 万篇论文（图 3-2-1）。

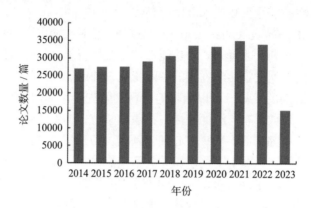

图 3-2-1　2014—2023 年全球生物电信号感知技术论文数量变化趋势

（数据来源：Web of Science 数据库）

根据 Web of Science 数据库统计显示，近十年生物电信号感知技术论文主要集中在神经科学、医学影像学、工程学、计算机科学和计算生物学领域，其次为心血管系统、行为学等领域（图 3-2-2）。

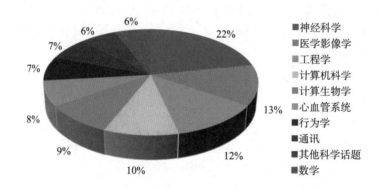

图 3-2-2　2014—2023 年全球生物电信号感知技术论文的分布领域

（数据来源：Web of Science 数据库）

2023 年，中国、美国、印度、英国、意大利、德国、日本、韩国、西班牙和加拿大发表的生物电信号感知技术论文数量排名位居前 10 位，中国以显著优势位居全球首位（图 3-2-3）。但是，从 2014—2023 年累计论文数量来看，美国位居榜首，中国排在第二位，之后依次是英国、德国、意大利、日本、印度、加拿大、法国和澳大利亚（表 3-2-1）。

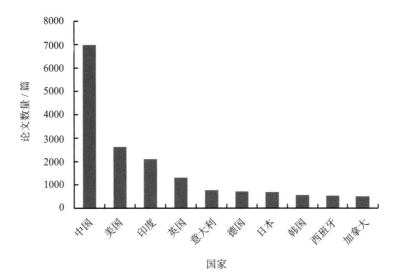

图 3-2-3　2023 年生物电信号感知技术研究论文的国家分布

（数据来源：Web of Science 数据库）

表 3-2-1　2014—2023 年发表生物电信号感知技术论文排名前 10 位的国家

序号	中文名	论文数量／篇
1	美国	78359
2	中国	64785
3	英国	29621
4	德国	21043
5	意大利	17804
6	日本	17134
7	印度	15451
8	加拿大	14517
9	法国	11260
10	澳大利亚	10879

　　进一步分析我国科研院校 2014—2023 年发表生物电信号感知技术论文的情况，排名前 10 位的研究机构为中国科学院、北京协和医学院、上海交通大学、浙江大学、复旦大学、首都医科大学、北京大学、清华大学、中山大学、天津大学（表 3-2-2）。我国生物电信号感知技术领域已形成非常活跃稳定的研究队伍。

表 3-2-2　2014—2023 年发表生物电信号感知技术论文排名前 20 位的中国研究机构

序号	中文名	英文名	论文数量 / 篇
1	中国科学院	CHINESE ACADEMY OF SCIENCES	8282
2	北京协和医学院	PEKING UNION MEDICAL COLLEGE	3255
3	上海交通大学	SHANGHAI JIAO TONG UNIVERSITY	3079
4	浙江大学	ZHEJIANG UNIVERSITY	2409
5	复旦大学	FUDAN UNIVERSITY	2303
6	首都医科大学	CAPITAL MEDICAL UNIVERSITY	2296
7	北京大学	PEKING UNIVERSITY	1943
8	清华大学	TSINGHUA UNIVERSITY	1777
9	中山大学	SUN YAT SEN UNIVERSITY	1741
10	天津大学	TIANJIN UNIVERSITY	1499
11	西安交通大学	XI AN JIAOTONG UNIVERSITY	1323
12	东南大学	SOUTHEAST UNIVERSITY CHINA	1168
13	杭州科技大学	HANGZHOU UNIVERSITY OF SCIENCE TECHNOLOGY	1144
14	山东大学	SHANDONG UNIVERSITY	1136
15	电子科技大学	UNIVERSITY OF ELECTRONIC SCIENCE TECHNOLOGY OF CHINA	1099
16	四川大学	SICHUAN UNIVERSITY	1057
17	北京师范大学	BEIJING NORMAL UNIVERSITY	987
18	南京医科大学	NANJING MEDICAL UNIVERSITY	932
19	哈尔滨工业大学	HARBIN INSTITUTE OF TECHNOLOGY	894
20	深圳大学	SHENZHEN UNIVERSITY	887

　　国外生物电信号感知技术优势研究机构以美国为首，包括加州大学系统、哈佛大学、约翰霍普金斯大学、斯坦福大学等；另外，英国、加拿大和法国的研究机构也排在前 10 位（图 3-2-4）。

　　根据 Web of Science 数据库统计显示，近十年生物电信号感知技术论文的主要研究方向为脑电图、心电图、肌电图、诱发电位、视网膜电图、皮肤电反应和神经传导研究。其中，心电图和脑电图的研究热度逐年上升，其他生物电信号感知技术在近十年间的研究热度变化不大（图 3-2-5）。

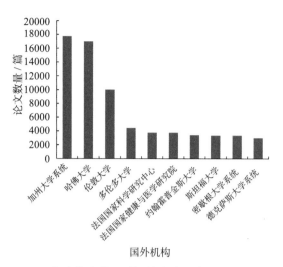

图 3-2-4　2014—2023 年生物电信号感知技术论文数量排名前 10 位的国外研究机构

（数据来源：Web of Science 数据库）

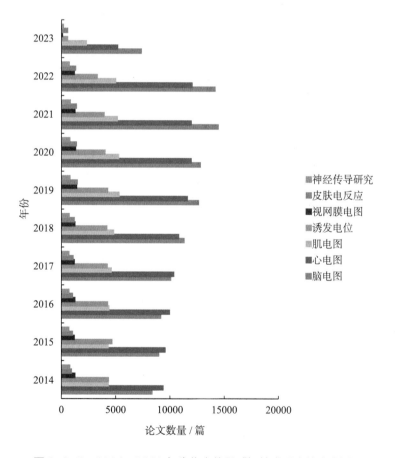

图 3-2-5　2014—2023 年生物电信号感知技术研究热点变迁

（数据来源：Web of Science 数据库）

2. 热点生物电信号感知技术行业进展

（1）脑电信号感知技术：1924 年，德国生理学家汉斯·伯格（Hans Berger）首次记录人类脑电波，为脑电图的研究奠定了基础。经过了一个世纪的发展，现代的脑电图仪器体积小、重量轻、性能好、操作简单。脑电图信号分析方法也从传统的基于波形的分析，发展成为可以综合时域、频域、空间域等多种方法的分析，可以更准确地反映大脑活动。同时，脑电图的应用领域也得到了拓展，从最初的癫痫诊断，扩展到神经外科、精神科、儿科、康复科等多个领域。

近年来，随着新材料、新设备和新算法的开发，脑电图的电极技术取得了重大进展。神经电极一直朝着柔性增强、通道数增多、综合性能优化三个方向发展。首先，采用柔性材料制备的神经电极与脑组织力学性能匹配更好，对组织产生的干扰和破坏更轻微，可实现长期稳定的记录；其次，神经电极的通道数在增多，可以检测更广范围、更多神经元的信号，这对于了解神经元集群的活动至关重要；最后，神经电极在尺寸、信号传输带宽等方面的综合性能的优化使其成为愈发强大的神经科学研究工具。

随着脑机接口的发展，侵入式电极的研究也日益增多。侵入式电极由于距离神经元更近，所以能够以更高的空间分辨率记录高保真的动作电位信号。侵入式电极的材料与脑组织的力学不匹配将不可避免地导致暂时或永久性的植入损伤和免疫反应。因此，为了提高电极的生物相容性，必须缩减电极尺寸，并通过改变电极材料使电极的柔性与脑组织相近，即"柔性微电极"。

2014 年，Park 等人制备出基于 Parylene-C 和石墨烯的 16 通道透明薄膜电极阵列 CLEARs。将 CLEARs 植入表达光敏感通道蛋白的小鼠大脑皮层表面，可以同时实现电生理记录和光遗传刺激。2017 年，Jun 等人通过将探针与前置芯片集成在一个硅片中，并采用双波段记录和多路复用技术，极大缩减了电极尺寸和重量，简化了接口连接，成功推出了含 960 个记录位点，可同时实现 384 通道记录的神经像素电极 Neuropixel。2019 年，Neuralink 公司开发了一套基于柔性微丝电极的千通道级记录系统。该系统使用手术机器人，借助刚性微针，自动地将 96 根聚酰亚胺微丝电极植入到小鼠大脑皮层中，每根微丝含 32 个记录位点，总的通道数达 3072。2020 年，Chiang 等人开发出了一款适用于灵长类动物的大尺寸千通道级薄膜电极神经矩阵 Neural Matrix。该电极将时分复用电路集成到了薄膜中，将引线数量减少到原来的 10%，实现了接口优化。

（2）心电信号感知技术：1885 年，荷兰生理学家威廉·爱因特霍芬（Willem Einthoven）使用毛细静电计首次从体表记录心电波形。心电图作为心脏电活动紊乱的直接诊断方法，已成为医疗电子仪器中不可或缺的一部分，为心脏疾病的诊断提供了重要依据。

近年来，随着科技的发展，心电信号的应用和监测技术不断更新，智能穿戴设备越来越多地开始被用于心电信号的监测。尽管准确性略差，但便携性和实时性使其成为日常心脏健康监测的重要工具。如智能手环、手表是在心率传感器的基础上，通过表冠上的电极式心率传感器、背面的光学心率传感器，与手指、手腕形成回路，记录心脏搏动的数据。

3. 生物电信号感知技术国外优势研究机构

（1）加利福尼亚大学洛杉矶分校（University of California - Los Angeles，UCLA）：成立于 1919 年，是一所位于美国加利福尼亚州洛杉矶的公立研究型大学，是加州大学系统中的第二所大学。

该校的简和特里·塞梅尔神经科学与人类行为研究所（Jane and Terry Semel Institute for Neuroscience and Human Behavior）和脑图谱中心（UCLA Ahmanson-Lovelace Brain Mapping Center）在脑电信号检测与处理方面有深入的研究。该校研究人员开发了一种在功能磁共振成像扫描期间连续监测脑电信号并减小二者互相干扰的信号采集方法，这一方法在诊断和监测癫痫发作中发挥了重要作用，相关研究论文发表于 JAMA 等国际知名期刊。

（2）哈佛大学（Harvard University，Harvard）：成立于 1636 年，是一所坐落于美国马萨诸塞州剑桥市的私立研究型大学，是美国历史最悠久的高等学府，也是全球最负盛名的大学之一。

该校的 Berenson-Allen 无创脑刺激中心（Berenson-Allen Center for Noninvasive Brain Stimulation）致力于应用非侵入性脑刺激获得对人类大脑和思想的新见解。该校研究人员不断改进无创脑刺激技术，并将其与脑电图等多种脑成像方法进行集成。目前这一技术已经成为临床和基础神经科学研究的宝贵工具，在各种神经、精神疾病如抑郁症、精神分裂症、癫痫、帕金森病（Parkinson's Disease，PD）、自闭症，以及中风或创伤后运动功能、认知和语言的神经康复脑损伤的治疗中发挥了良好的作用。

（3）伦敦大学（University of London，UoL）：成立于 1836 年，是一所位于英国伦敦的公立联邦制研究型大学，是世界上规模最大的大学之一。

该校参与生物电信号感知技术研究的机构有生命与医学科学学院、脑科学学院、皇后广场神经病学研究所、临床和实验癫痫科等。该校研究人员在 1992 年就利用肌电图探究了条件性磁刺激对一侧大脑半球运动皮层的影响，发现了半球间抑制现象并描述了其产生机制。2024 年，该校研究人员利用脑电图和眼动追踪，探究了早期逆境对儿童社交脑功能的影响，为研究社交脑功能、环境因素和新兴行为之间的关系提供支持。

（4）多伦多大学（University of Toronto，U of T）：成立于 1827 年，是一所位于加拿大安大略省多伦多市的公立联邦制研究型大学，是加拿大历史最悠久、最具声誉的大学之一。

在生物电信号感知技术研究领域，该校研究人员 2012 年提出基于心电图和经验模式分解的方法，成功区分了主动和被动唤醒下的情绪模式，并发现主动诱导方法下心电图对情绪的反应更强。2023 年，研究人员利用脑电图研究，发现了使用智能手机和虚拟现实等视觉设备时的视觉诱发晕动症患者视觉和前庭感觉信息的冲突。2024 年，该系统研究人员概述了经颅磁刺激 - 脑电图在发现精神疾病生物标志物方面的潜力。

（5）法国国家科学研究中心（Centre National de la Recherche Scientifique，CNRS）：成立于 1939 年，总部位于法国巴黎，隶属于法国高等教育和研究部，是法国最大的政府研究机构，也是欧洲最大的基础科学研究机构，同时也是世界顶尖的科学研究机构之一。

2009 年，该中心研究人员利用脑电图记录了振荡相位对感知的影响，在脑电图活动中发现了视觉检测阈值会随着正在进行的视觉活动的相位而波动。2024 年，该中心研究人员利用肌电图记录了施加在前庭系统的音频脉冲刺激对不同肌肉活动的影响，对理解前庭功能及其在姿势和运动控制中的作用具有启发意义。

4. 生物电信号感知技术国内优势研究机构

（1）中国科学院深圳先进技术研究院（深圳先进院）（Shenzhen Institute of Advanced Technology, Chinese Academy of Sciences）：成立于 2006 年，由中国科学院、深圳市人民政府及香港中文大学共同建立，瞄准国际一流工研院，致力于建设与国际学术接轨、与粤港澳大湾区产业接轨的新型科研机构。

深圳先进院在"十四五"期间重点布局了医学影像与科学仪器、脑机接口与智能系统、集成电路材料与封装等项目，在高端医学影像、脑科学、先进电子封装材料、合成生物器件领域不断实现关键技术的突破，重大科技成果不断涌现。在生物电信号感知技术领域，2021 年该院研究人员将活体材料与多种可穿戴器件组装在一起，如肌肉电信号传感器和应变传感器，突破了生命体与非生命器件的界限，拓展了活体材料的构建框架和应用领域，相关研究成果发表在 Nature Chemical Biology 期刊。

（2）北京协和医学院（Peking Union Medical College）：成立于 1906 年，位列国家"双一流"（世界一流大学和一流学科）、"985 工程"、"211 工程"。

北京协和医学院生物医学工程学院脑机接口研究团队长期开展脑机接口原理、算法和临床转化研究。2019 年，该学院研究团队提出了一个基于体感电刺激模式的在线便携式脑机接口，该技术无须增加视、听通道负荷，在视力或听力受损患者的神经康复临床应用和日常生活中具有广阔的应用前景。2024 年，该学院研究团队利用脑电图信号区分上肢运动中不同水平的等长收缩力，在人机界面中评估了力水平在准确控制上肢运动中的重要作用，可以实现通过人机界面技术推进运动精细控制。

（3）上海交通大学（Shanghai Jiao Tong University）：创办于 1896 年，是中国历史最悠久的高等学府之一，位列国家"双一流""985 工程""211 工程"。

上海交通大学拥有多个跨学科研究中心，在生物电信号感知技术上主要专注于脑电图、心电图、肌电图等信号的监测。该校研究团队针对常规心电监护设备体积笨重、价格较高、不易于携带的问题，对全集成低功耗心电信号采集芯片进行研究，从而为实现微型化心电采集硬件提供支撑；同时通过与材料学科交叉合作，开发了集成的贴片式、柔性心电硬件，从而对心脏健康实施全方位评估、监测及预警。

（4）浙江大学（Zhejiang University）：前身是 1897 年创办的求是书院，是中国人自己最早创办的新式高等学校之一，位列国家"双一流""985 工程""211 工程"。

浙江大学以生物医学信息技术、生物医学传感技术与医疗仪器、生物医学影像与神经工程和生物材料与细胞工程为主要的生物医学工程研究方向。在生物电信号感知技术方面，该校研究团队开发了一种用于心肌细胞机电信号一体化实时检测的技术，该技术采用一种新型的微电极阵列，能够准确检测由药物引起的心肌细胞兴奋收缩耦联状态的细微变化。通过检测机电信号的迟滞时间，可以特异性地识别钠离子通道的抑制过程，为药物引起的心率不齐提供了一种有效的评价手段。

（5）复旦大学（Fudan University）：始建于1905年，是中国第一所由中国人自主创办的新式高等学府，位列国家"双一流""985工程""211工程"。

复旦大学参与生物电信号感知技术研究的机构主要有信息科学与工程学院、类脑智能科学与技术研究院、集成电路设计实验室等。在脑机接口芯片方面，该校研究人员利用侵入式或非侵入式的脑电信号采集技术和神经调控技术实现脑和电子设备的互联，实现对机体或外围电子设备的闭环控制，从而可以用于治疗帕金森病、癫痫、深度抑郁等神经类疾病以及修复残疾人的受损功能。在可穿戴式生物电信号感知设备开发方面，该校研究人员研发了便携式生物成像设备、汗液传感分析系统，以及脑电、心电、肌电采集系统等。

二、生物光信号感知技术

生物光信号感知技术是近年来分子影像学领域中一种新兴且极具潜力的成像技术。这些光信号可以来自细胞、组织、器官，甚至整个生物体。由于生物光信号感知技术具有无创性、灵敏度高、实时性强等优点，所以近年来得到了快速发展，并被广泛应用于疾病诊断、药物研发及基础研究等领域。

1. 全球生物光信号感知技术研究现状

以生物光信号、近红外光谱、功能性近红外光谱、漫射光学成像、事件相关光信号、光学分子成像等关键词检索 Web of Science 数据库，统计结果显示，2014—2023年，全球各研究机构发表的生物光信号感知技术论文总量达326928篇；2019—2022年，发表论文数呈现逐年迅速增长的趋势；近五年，全球每年在生物光信号感知技术领域发表超过3.5万篇论文（图3-2-6）。

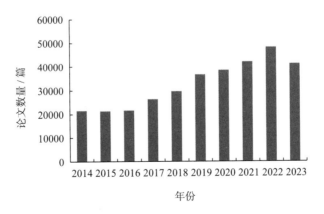

图3-2-6　2014—2023年全球生物光信号感知技术论文数量变化趋势

（数据来源：Web of Science 数据库）

根据 Web of Science 数据库统计显示，近十年生物光信号感知技术论文主要集中在医学影像学、工程学、计算生物学、计算机科学和通讯领域，其次为数学、化学等领域（图 3-2-7）。

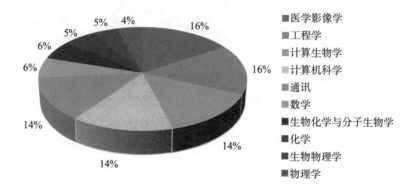

图 3-2-7　2014—2023 年全球生物光信号感知技术论文的分布领域

（数据来源：Web of Science 数据库）

2023 年，中国、美国、印度、英国、德国、加拿大、意大利、日本、韩国和法国发表的生物光信号感知技术论文数量排名位居前 10 位，中国以显著优势位居全球首位（图 3-2-8）。2014—2023 年累计论文数量，中国也是遥遥领先，之后依次是美国、英国、印度、德国、加拿大、日本、法国、意大利和韩国（表 3-2-3）。

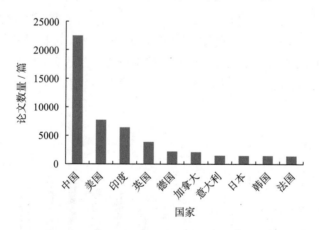

图 3-2-8　2023 年生物光信号感知技术研究论文的国家分布

（数据来源：Web of Science 数据库）

表 3-2-3　2014—2023 年发表生物光信号感知技术论文排名前 10 位的国家

序号	中文名	文章数量 / 篇
1	中国	140260
2	美国	86742
3	英国	35788

序号	中文名	文章数量 / 篇
4	印度	28863
5	德国	24902
6	日本	16984
7	法国	15958
8	加拿大	15839
9	意大利	12908
10	韩国	11914

进一步分析我国科研院所 2014—2023 年发表生物光信号感知技术论文的情况，排名前 10 位的研究机构为中国科学院、上海交通大学、浙江大学、清华大学、复旦大学、中山大学、北京大学、杭州科技大学、北京协和医学院、中国科学技术大学（表 3-2-4）。我国生物光信号感知技术领域已形成非常活跃稳定的研究队伍。

表 3-2-4　2014—2023 年发表生物光信号感知技术论文排名前 20 位的中国研究机构

序号	中文名	英文名	文章数量 / 篇
1	中国科学院	CHINESE ACADEMY OF SCIENCES	22913
2	上海交通大学	SHANGHAI JIAO TONG UNIVERSITY	4778
3	浙江大学	ZHEJIANG UNIVERSITY	4513
4	清华大学	TSINGHUA UNIVERSITY	3319
5	复旦大学	FUDAN UNIVERSITY	3157
6	中山大学	SUN YAT SEN UNIVERSITY	2921
7	北京大学	PEKING UNIVERSITY	2802
8	杭州科技大学	HANGZHOU UNIVERSITY OF SCIENCE TECHNOLOGY	2579
9	北京协和医学院	PEKING UNION MEDICAL COLLEGE	2498
10	中国科学技术大学	UNIVERSITY OF SCIENCE TECHNOLOGY OF CHINA	2467
11	深圳大学	SHENZHEN UNIVERSITY	2456
12	四川大学	SICHUAN UNIVERSITY	2386
13	吉林大学	JILIN UNIVERSITY	2314
14	南京大学	NANJING UNIVERSITY	2274

续表

序号	中文名	英文名	文章数量 / 篇
15	天津大学	TIANJIN UNIVERSITY	2205
16	山东大学	SHANDONG UNIVERSITY	2122
17	苏州大学	SOOCHOW UNIVERSITY CHINA	1974
18	东南大学	SOUTHEAST UNIVERSITY CHINA	1944
19	武汉大学	WUHAN UNIVERSITY	1898
20	南方医科大学	SOUTHERN MEDICAL UNIVERSITY CHINA	1872

国外生物光信号感知技术优势研究机构以美国为首，包括加州大学系统、哈佛大学、斯坦福大学、约翰霍普金斯大学等；另外，英国、法国、德国和印度的研究机构也排在前 10 位（图 3-2-9）。

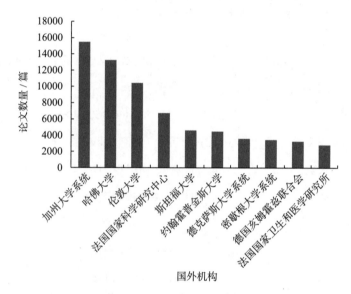

图 3-2-9　2014—2023 年生物光信号感知技术论文数量排名前 10 位的国外研究机构

（数据来源：Web of Science 数据库）

根据 Web of Science 数据库统计显示，近十年生物光信号感知技术论文的主要研究方向为光学分子成像、近红外光谱、漫射光学成像和功能性近红外光谱。其中，光学分子成像的研究热度呈逐年上升趋势，近红外光谱和漫射光学成像的研究保持稳定，功能性近红外光谱的研究近五年来持续上升（图 3-2-10）。

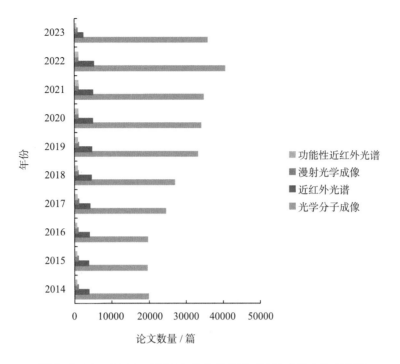

图 3-2-10　2014—2023 年生物光信号感知技术研究热点变迁

（数据来源：Web of Science 数据库）

2. 热点生物光信号感知技术行业进展

（1）光学分子成像：是一种能够在细胞或分子水平上对生命过程进行定性和定量研究的新兴技术。与传统的医学成像技术相比，它可以在病理过程早期不发生明显形态变化的情况下，提前发现疾病的发生，并且可以在体内进行实时、无创的连续动态监测。光学分子成像技术主要包括生物发光成像（Bioluminescent Imaging，BLI）、荧光分子成像（Fluorescence Molecular Imaging，FMI）、X 射线发光成像（X-ray Luminescence Imaging，XLI）、切伦科夫发光成像（Cherenkov Luminescence Imaging，CLI）、光声成像（Photoacoustic Imaging，PAI）等，因其具有灵敏度高、特异度强、成像速度快等优点，近年来发展迅速。该技术目前主要应用于肿瘤研究。

在脑瘤中，Lukina 等人利用荧光寿命成像技术检测与神经胶质瘤代谢相关的内源性荧光团，开发了一种用于胶质瘤术中快速、灵敏诊断以及鉴别肿瘤和正常脑组织的光学标志物检测方法。他们发现胶质瘤的荧光寿命参数在恶性肿瘤和正常组织之间存在显著差异，可以为区分肿瘤和正常脑组织提供依据。

在乳腺癌中，Li 等人制备了一种新型的靶向血管内皮生长因子受体 2（VEGFR2）的铁掺杂二氧化硅空心纳米颗粒（VEGFR2-PEG-HSNs-Fe NPs）超声造影剂，并将其应用于乳腺癌微波消融术后的疗效评估。他们建立了皮下异种移植瘤模型小鼠来模拟乳腺癌的微环境。在异种移植瘤接受微波消融治疗后，通过注射 VEGFR2-PEG-HSNs-Fe NPs 了解灌注缺损的程度，并检测到肿瘤内增强的超声信号。实验表明，纳米靶向的

VEGFR2-PEG-HSNs-Fe NPs 具有良好的生物安全性和特异性成像能力，有评价肿瘤消融疗效的潜力。

在胃癌中，Yin 等人制备了 68Ga-DOTA-KEK-（GX1）2，并将其用于胃癌的正电子发射断层扫描和切伦科夫成像。他们通过纳米 PET/CT 和切伦科夫成像、标准摄取值、信噪比定量及裸鼠肿瘤模型中的生物分布研究确定其肿瘤靶向能力。实验表明，该成像探针 68Ga-DOTA-KEK-（GX1）2 是用于正电子发射断层扫描和切伦科夫成像诊断胃癌的潜在候选探针。

在肝癌中，Zhou 等人将 IR780 用作近红外荧光成像（NIFI）、光声成像（PAI）和光热疗法（PTT）剂，并与广泛化疗药物紫杉醇联合构建 NIF/PA 双模成像和 PTT/化疗协同治疗的诊疗纳米粒子（DIST NPs）。实验结果表明，DIST NPs 具有体内长循环、高生物利用度、高生物相容性和低有效剂量等优点。因此，DIST NPs 在肝癌模型中展示了优异的 NIFI/PAI 双模成像和显著的协同抗肿瘤效果。

（2）近红外光谱：近红外光具有较强的穿透能力，可以穿透散射和吸收较强的介质，因此近红外光谱技术可以用于非破坏性地分析生物样品，包括人体组织和体液。其中，功能性近红外光谱技术利用近红外光对生物组织较低的吸收和散射特性，通过检测组织内部对近红外光的吸收、散射变化，可以间接反映组织内血液灌注、血液氧饱和度、细胞代谢等生理过程的动态变化。

功能性近红外光谱可用于无创性脑功能成像，间接反映神经活动引起的脑部血液动力学变化。功能性近红外光谱设备具有便携、成本低廉、时间分辨率高的优势，在认知神经科学、神经发育、神经退行性疾病等领域的基础和临床研究中发挥着重要作用。未来，随着设备性能的进一步提高和成像算法的优化，功能性近红外光谱在神经精神疾病的早期诊断和疗效评估等临床应用领域前景广阔。

3. 生物光信号感知技术国外优势研究机构

（1）加利福尼亚大学戴维斯分校（University of California - Davis，UCD）：成立于1905 年，是一所位于美国加利福尼亚州戴维斯市的公立研究型大学，隶属于加州大学系统。

该校的神经光子学研究团队基于新的光学技术，开发了检测眼睛的在体成像系统。在眼睛研究方面，视网膜后部滋养感光细胞微小血管的成像十分困难。该团队利用一种高散射造影剂增强了这些血管的信号，利用光学相干断层扫描（Optical Coherence Tomography，OCT）血管造影成像首次清晰地看到了绒毛膜微血管。该团队还开发了一种动态对比光学相干断层扫描（Dynamic Contrast Optical Coherence Tomography，DyC-OCT）技术，该技术能够量化包括靠近眼睛后部血管在内的其他方法无法检测到的区域的血流情况。这项技术对研究老年性黄斑变性等眼病的进展具有重要意义。

（2）哈佛大学（Harvard University，Harvard）：成立于 1636 年，是一所坐落于美国马萨诸塞州剑桥市的私立研究型大学，是美国历史最悠久的高等学府，也是全球最负盛名的大学之一。

该校的 Athinoula A. Martinos 生物医学影像中心（Athinoula A. Martinos Center for

Biomedical Imaging）光学分子成像研究团队一直致力于开发时间分辨成像技术。该团队开发和评估了新的疾病靶向荧光造影剂，使其在与疾病结合时迅速改变其光谱和荧光寿命，并在癌症、心脏病、中风和阿尔茨海默病（Alzheimer disease，AD）的临床和临床前环境中对这些造影剂进行了评估。研究成果多次发表在 *Nature Biomedical Engineering* 等国际知名期刊上。这些研究可以改善疾病的诊断方法，并为生物学家和制药科学家在纵向研究中评估新的治疗干预措施提供依据。

（3）伦敦大学（University of London，UoL）：成立于 1836 年，是一所位于英国伦敦的公立联邦制研究型大学，是世界上规模最大的大学之一。

该校的生物光学研究实验室（Biomedical Optics Research Laboratory）致力于推进光学成像在脑科学和神经科学中的应用。该实验室利用漫射光学成像和功能近红外光谱技术，首先开发了一个台式脑功能检测设备；并在此基础上，该团队又开发了一套新的编码系统，允许将光源和探测器灵活地放置在头部的任何地方，使其成了便携式可穿戴的设备；经过进一步改造，该系统最终形成了商业化的 Gowerlabs 品牌。该系统在临床应用中证明了新生儿癫痫发作与婴儿大脑皮层内血红蛋白浓度的局部大变化之间的联系，为解析神经可塑性机制提供了帮助。

（4）法国国家科学研究中心（Centre National de la Recherche Scientifique，CNRS）：成立于 1939 年，总部位于法国巴黎，隶属于法国高等教育和研究部，是法国最大的政府研究机构，也是欧洲最大的基础科学研究机构，同时也是世界顶尖的科学研究机构之一。

该研究中心开发了一种宽频的时间分辨多通道近红外光谱系统，可以用来监测成人大脑血流动力学反应的能力，增强对皮层激活的检测。该系统的光源是超连续介质激光器，探测器是电荷耦合器件照相机和成像光谱仪。它可以同时检测 600 ~ 900 nm 的光谱、空间维度及光子信息的到达时间。该系统具有区分大脑浅层和深层组织反应的能力，解决了功能近红外光谱的一个重要问题。

（5）斯坦福大学（Stanford University，Stanford）：成立于 1885 年，是一所坐落于美国加利福尼亚州帕洛阿托市的世界著名私立研究型大学，是美国西岸最古老、最具声望的大学之一。

近红外第二窗口（NIR-II）技术以其卓越的组织穿透深度，在活体成像领域备受关注。该校研究者利用深度学习优化的吲哚青探针，在 NIR-IIb 窗口中实现了前所未有的高信号对比度成像，极大地推进了体内淋巴结成像的精确性。此外，研究者们通过将临床前荧光物质如 IRDye-800 与深度学习技术结合，显著提高了肿瘤成像的对比度和边缘定位的准确性。这些创新性的研究成果不仅提升了 NIR-II 显微镜的成像分辨率，也为临床诊断和治疗提供了更为精确的工具。

4. 生物光信号感知技术国内优势研究机构

（1）中国科学院脑科学与智能技术卓越创新中心（神经科学研究所）（Institute of Neuroscience，Chinese Academy of Sciences）：是中国科学院在 2014 年首批成立的四个卓越创新中心之一。作为中科院体制与机制改革的试点，该中心是跨学科、跨院校的组织。

该中心的神经光学成像研究组致力于开发用于观测脑结构和功能的光学影像技术。该研究组从全脑神经网络结构的高分辨率光学成像与重构、高穿透深度在体脑功能光学成像、高速三维体光学神经功能成像三个方面开发新型神经光学成像技术，进而从多尺度获得脑神经网络的结构和功能数据。例如，利用自适应光学技术和超分辨率光学成像技术，实现了在透明化的动物全脑中对神经网络进行灵活可靠的显微成像，并开发智能方法对神经网络进行重构。相关研究成果发表在 *Nature Methods*、*Nature Biotechnology* 等国际知名期刊上，为脑科学研究打开新的窗口，也为脑神经网络动态功能研究提供有力的技术基础。

（2）上海交通大学（Shanghai Jiao Tong University）：创办于 1896 年，是中国历史最悠久的高等学府之一，位列国家"双一流""985 工程""211 工程"。

上海交通大学生物医学工程学院研究团队在 2023 年成功开发出了拉曼成像系统，该系统使拉曼光学信号可以穿透 14cm 深的肌肉组织，用于深层肿瘤的光安全检测，在光学成像系统方面取得了突破。为将这项技术应用于其他体内检测，该团队进一步探究纳米材料及其安全性，并于 2024 年开发了数字（纳米）胶体增强拉曼光谱技术，该技术可以在非常低的浓度下实现广泛目标分子的可重复量化。相关研究成果发表在国际知名期刊 *Nature* 上，为表面增强拉曼光谱技术的普遍应用奠定了重要基础。

（3）浙江大学（Zhejiang University）：前身是 1897 年创办的求是书院，是中国人自己最早创办的新式高等学校之一，位列国家"双一流""985 工程""211 工程"。

浙江大学的光电科学与工程学院在光学成像、医学内镜检测、视觉智能检测等方面取得了一系列标志性成果。该院研究团队提出的空间频率域编码追踪自适应信标光场编码方法，将单状态的追踪速度从分钟量级提升到毫秒量级，实现了多模光纤运动状态下的超分辨成像。这项研究为解决如何实现光场在复杂介质中的稳定传输与重构提供了一种通用方法，为多模光纤内镜在生命科学、生物学、工业检测及临床诊断中的应用迈出了实质性的一步。相关研究成果已发表于 *Nature Photonics* 上。

（4）清华大学（Tsinghua University）：前身清华学堂始建于 1911 年，因北京西北郊清华园而得名，位列国家"双一流""985 工程""211 工程"。

清华大学的微创诊疗与三维影像实验室在智能光学微创诊疗方面有比较突出的研究成果。该实验室开发的基于荧光成像与双光子影像引导的激光消融脑肿瘤诊疗技术，可以利用荧光标记同时引导激光手术切除神经胶质瘤。这项技术利用自动扫描装置取得荧光的强度来区分肿瘤与正常脑组织，并在自动荧光扫描机器的探头上安装可以进行激光消融治疗的激光束，已经成功应用于临床，相关成果已发表于国际期刊 *Theranostics* 上。该技术实现了真正意义上的诊断和治疗一体化，并且达到自动化诊疗的国际领先水平。

（5）复旦大学（Fudan University）：始建于 1905 年，是中国第一所由中国人自主创办的新式高等学府，位列国家"双一流""985 工程""211 工程"。

复旦大学脑科学转化研究院的研究团队开发出一款中国自主创新研发的 deepvision 多光子成像与全息光刺激系统，该系统采用多光子荧光激发技术，能够实现对深层组织的高分辨率成像，并配合全息光刺激技术，实现了对神经元的精确控制和调控。复旦大学化学系的研究团队通过优化发射波长位于近红外第二窗口的镧系元素掺杂的长余辉纳米颗粒（Ln-PLNPs）的发光中心、尺寸、基质晶相和核 - 壳结构等参数，实现了血管分辨、肿瘤成像等活体生物的无创实时动态光学成像。相关成果已发表于国际知名期刊 *Nature Biotechnology* 上。

三、生物声信号感知技术

生物声信号感知技术是对生物体的声音和振动信息进行采集和分析的技术，可以反映生物体的结构、功能和病理状态。近年来，随着机器学习和人工智能技术的进步，生物声信号感知技术在心音、肺音识别等传统领域不断精进，并拓展出声纹识别、语音识别等新兴技术，为人类健康事业带来了新的机遇和挑战。

1. 全球生物声信号感知技术研究现状

以生物声信号、心音、肺音、耳声发射、振动关节图、声纹识别、语音识别等关键词检索 Web of Science 数据库，统计结果显示，2014—2023 年，全球各研究机构发表的生物声信号感知技术论文总量达 94646 篇；2019—2022 年，发表论文数呈现逐年迅速增长的趋势；近五年，全球每年在生物声信号感知技术领域发表超过 1 万篇论文（图 3-2-11）。

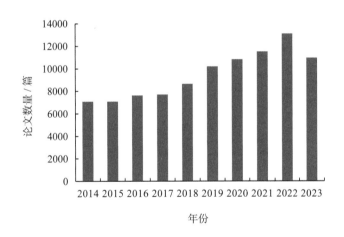

图 3-2-11　2014—2023 年全球生物声信号感知技术论文数量变化趋势

（数据来源：Web of Science 数据库）

根据 Web of Science 数据库统计显示，近十年生物声信号感知技术论文主要集中在计算机科学、通讯、工程学和数学领域，其次为神经科学、心理学、声学等领域（图 3-2-12）。

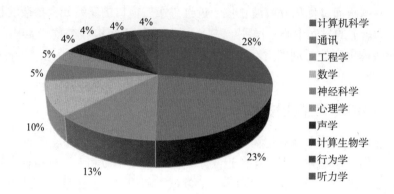

图 3-2-12　2014—2023 年全球生物声信号感知技术论文的分布领域

（数据来源：Web of Science 数据库）

　　2023 年，中国、印度、美国、英国、日本、德国、韩国、法国、加拿大和澳大利亚发表的生物声信号感知技术论文数量排名位居前 10 位，中国以显著优势位居全球首位（图 3-2-13）。2014—2023 年累计论文数量，中国遥遥领先，之后依次是美国、印度、英国、日本、德国、法国、加拿大、韩国和澳大利亚（表 3-2-5）。

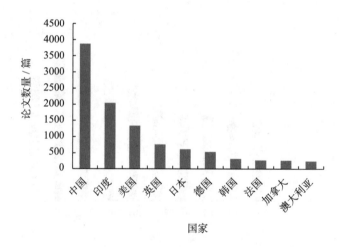

图 3-2-13　2023 年生物声信号感知技术研究论文的国家分布

（数据来源：Web of Science 数据库）

表 3-2-5　2014—2023 年发表生物声信号感知技术论文排名前 10 位的国家

序号	中文名	文章数量 / 篇
1	中国	28318
2	美国	20490
3	印度	11247
4	英国	8594

续表

序号	中文名	文章数量/篇
5	日本	5830
6	德国	5596
7	法国	3489
8	加拿大	3207
9	韩国	2686
10	澳大利亚	2609

进一步分析我国科研院所2014—2023年发表生物声信号感知技术论文的情况，排名前10位的研究机构为中国科学院、清华大学、中国科学技术大学、上海交通大学、香港中文大学、西北工业大学、天津大学、北京大学、浙江大学、东南大学（表3-2-6）。我国生物声信号感知技术领域已形成非常活跃稳定的研究队伍。

表3-2-6　2014—2023年发表生物声信号感知技术论文排名前20位的中国研究机构

序号	中文名	英文名	文章数量/篇
1	中国科学院	CHINESE ACADEMY OF SCIENCES	3313
2	清华大学	TSINGHUA UNIVERSITY	1039
3	中国科学技术大学	UNIVERSITY OF SCIENCE TECHNOLOGY OF CHINA	630
4	上海交通大学	SHANGHAI JIAO TONG UNIVERSITY	615
5	香港中文大学	CHINESE UNIVERSITY OF HONG KONG	577
6	西北工业大学	NORTHWESTERN POLYTECHNICAL UNIVERSITY	464
7	天津大学	TIANJIN UNIVERSITY	414
8	北京大学	PEKING UNIVERSITY	399
9	浙江大学	ZHEJIANG UNIVERSITY	396
10	东南大学	SOUTHEAST UNIVERSITY CHINA	347
11	哈尔滨工业大学	HARBIN INSTITUTE OF TECHNOLOGY	335
12	香港理工大学	HONG KONG POLYTECHNIC UNIVERSITY	293
13	华南理工大学	SOUTH CHINA UNIVERSITY OF TECHNOLOGY	287
14	香港大学	UNIVERSITY OF HONG KONG	259
15	复旦大学	FUDAN UNIVERSITY	239

续表

序号	中文名	英文名	文章数量 / 篇
16	电子科技大学	UNIVERSITY OF ELECTRONIC SCIENCE TECHNOLOGY OF CHINA	233
17	中山大学	SUN YAT SEN UNIVERSITY	235
18	首都医科大学	CAPITAL MEDICAL UNIVERSITY	227
19	北京航空航天大学	BEIHANG UNIVERSITY	201
20	南京邮电大学	NANJING UNIVERSITY OF POSTS TELECOMMUNICATIONS	187

国外生物声信号感知技术优势研究机构以美国为首，包括加州大学系统、俄亥俄大学系统、哈佛大学、德克萨斯大学系统等；另外，英国、印度和法国的研究机构也排在前 10 位（图 3-2-14）。

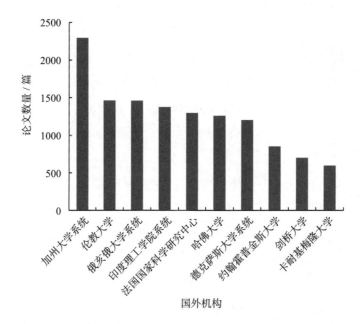

图 3-2-14　2014—2023 年生物声信号感知技术论文数量排名前 10 位的国外研究机构

（数据来源：Web of Science 数据库）

根据 Web of Science 数据库统计显示，近十年生物声信号感知技术论文的主要研究方向为语音识别、声纹识别、心音、肺音和耳声发射。其中，语音识别和声纹识别的研究热度呈逐年上升趋势，尤其是近五年来发展势头迅猛，其他生物声信号感知技术的研究热度保持稳定（图 3-2-15）。

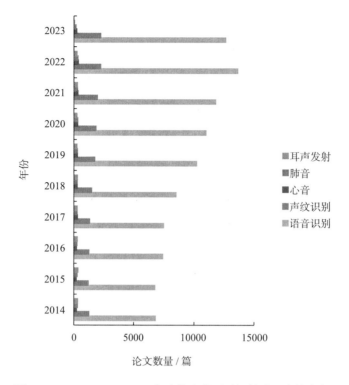

图 3-2-15　2014—2023 年生物声信号感知技术研究热点变迁

（数据来源：Web of Science 数据库）

2. 热点生物声信号感知技术行业进展

（1）语音识别：语音识别技术的发展历史可以追溯到 20 世纪 50 年代初期，贝尔实验室的研究人员首次尝试将语音转化为文本。他们使用了一种叫作"Audrey"的设备，通过对话框架成功识别出了一些简单的单词和数字。20 世纪 60 年代，美国卡内基梅隆大学的 Reddy 利用音素动态跟踪的方法在连续语音识别上做出了开创性工作。同一时期，日本和苏联也相继开始引入语音识别项目，并取得了一定的成果。

我国的语音识别研究工作一直紧跟国际步伐。最早是由中国科学院声学研究所的科研小组对汉语的语音信号进行了系统研究，在 20 世纪 70 年代末取得了突破性进展。从 20 世纪 80 年代开始，我国语音识别的研究队伍越来越壮大，开展的研究从最初针对特定人的小词汇量孤立词识别，到后来针对非特定人大词汇量连续语音识别。1986 年，国家 863 研究项目语音方向开始设立，中国科学院声学所和自动化所、清华大学、北京大学、北京理工大学、北京邮电大学、哈尔滨工业大学等相关研究机构积极参加，极大地推动了我国语音识别技术的发展。近年来，汉语语音识别相关应用进入蓬勃发展阶段，涌现出一大批优秀的单位和企业。

目前，语音识别技术广泛应用于智能音箱、智能手机等消费电子产品中。此外，语音识别技术还开始应用于语音翻译、智能客服、语音搜索等领域。语音识别技术的准确率也得到了极大提升，可以达到甚至超过人类语音识别的水平。

（2）声纹识别：声纹识别技术的起源可以追溯到20世纪初。1914年，匈牙利裔美国工程师 Dennis Gabor 发明了短时傅里叶变换，为语音信号的分析和处理奠定了基础。1947年，美国贝尔实验室的科学家们首次提出利用语音特征进行说话人识别的概念。1982年，美国国家标准技术研究院（NIST）举办了第一次声纹识别技术测试，测试结果表明，声纹识别技术的识别率已经达到商业应用水平。1998年，NIST举办了第五次声纹识别技术测试，测试结果表明，声纹识别技术的识别率已经达到99%以上。近年来，随着深度学习技术的发展，基于注意力机制的声纹识别模型取得了显著进展，能够更好地捕捉语音信号中的细微变化，提升识别性能。声纹识别技术的准确率和安全性不断提高，已经广泛应用于智能手机、智能家居、金融支付等场景。

3. 生物声信号感知技术国外优势研究机构

（1）加利福尼亚大学洛杉矶分校（University of California - Los Angeles，UCLA）：成立于1919年，是一所位于美国加利福尼亚州洛杉矶的公立研究型大学，是加州大学系统中的第二所大学。

该校的语音处理和听觉感知实验室专注于开发人类语音感知和产生机制的量化模型，并利用这些模型提高语音处理应用程序的性能。其研究成果包括采用 Klatt 形成峰合成器的综合分析方法，为合成病理声音质量提供科学的指导方针；通过磁共振图像和动态腭电图获取人类发音的组织动力学数据，并基于估计理论、声学和信号处理技术，开发出了高质量的语音合成器和自动语音识别系统；通过构建语音声学与重度抑郁症之间的关系模型，开发出能够从语音样本中预测重度抑郁症的分类系统。

（2）伦敦大学（University of London，UoL）：成立于1836年，是一所位于英国伦敦的公立联邦制研究型大学，是世界上规模最大的大学之一。

该校的心理学与语言科学专业的语音科学技术研究团队建立了通过说话人的声音判断年龄的机器学习系统；开发了一种根据音频信号的特征预测疲劳程度或认知负荷水平的技术；基于语音韵律创建了发音功能定量模型，并将语音的表现力和可理解性整合到有意义的交际功能中；开发了一个能够显示于任何电话系统的来电人面部形象，可以让有听力障碍的接听电话者通过唇语理解说话人的意思。

（3）俄亥俄州立大学（The Ohio State University，OSU）：成立于1870年，是一所位于俄亥俄州首府哥伦布市的公立研究型大学，被誉为公立常春藤。

该校的计算机科学与工程学院的人工智能研究团队通过模仿人类听觉能够从各种混合声音中感知并分离出特定声源的特点，设计了"机器聆听"系统。该系统将机器学习的算法开发与心理学、声学和语言学的见解相结合，通过计算听觉的方法从音频中提取语音，利用自动语音识别的方法从语音中提取单词，进而用自然语言处理的方法从单词中提取语言含义。同时，该团队利用人们对音质的主观评分与语音增强模型相结合，通过客观指标来衡量更好的语音质量，成功让计算机利用人类的感知帮助排除噪音。

（4）印度理工学院（Indian Institute of Technology，IITs）：成立于1951年，是由印度政府所建设和组成的自治工程与技术学院，在印度东西南北部各设分校。

该校的 Spring 实验室（原语音实验室）用 24 种印度语言的 3 万小时的原始语音数据训练了印度语言模型。这些基础模型的嵌入有利于开展语音信号在各种领域的应用，包括说话人识别、语言识别、说话人拨号，以及自动语音识别和文本到语音系统等。该实验室发布了 10 种不同印度语言超过 2000 小时的语音数据，鼓励学术界和工业界为印度语言构建语音应用程序。

（5）法国国家科学研究中心（Centre National de la Recherche Scientifique，CNRS）：成立于 1939 年，总部位于法国巴黎，隶属于法国高等教育和研究部，是法国最大的政府研究机构，也是欧洲最大的基础科学研究机构，同时也是世界顶尖的科学研究机构之一。

该校的研究团队通过对 200 多名发声者和 1500 名男女听众进行测试，研究了人类声音的非语言声学参数与发声者的性别、年龄和体型之间的关联，并将这些线索应用于基于计算机的声音识别和合成技术。该校的音乐与声音科学技术实验室和感知系统实验室的研究人员进行了一系列实验，通过语音的语速、力度、音调等判断说话者是否诚实和自信。这项研究还发现，这种特征在不同语种中都有类似的感知效果，并且能被大脑自动记录下来。

4. 生物声信号感知技术国内优势研究机构

（1）中国科学院声学研究所（Institute of Acoustics，Chinese Academy of Sciences）：成立于 1964 年，前身是中国科学院电子学研究所的水声学研究室、空气声学研究室、超声学研究室以及位于海南、上海、青岛的 3 个研究站。

声学所的中科信利语音实验室于 2002 年在中国科学院知识创新工程的支持下成立，主要研究方向包括语音信号处理、语音识别、语种识别、说话人识别 / 确认（声纹识别 / 确认）、关键词检测、以音频为载体的信息掩蔽（水印）、目标音频检索、基于内容的音乐检索、目标人变声等。在产业化方面，中科信利研发有电信级、桌面平台和嵌入式平台产品，可以用于商业化运营、台式电脑、无线终端设备、掌上设备等，能够提供国际一流的语音技术产品和解决方案。

（2）清华大学（Tsinghua University）：前身清华学堂始建于 1911 年，因北京西北郊清华园而得名，位列国家"双一流""985 工程""211 工程"。

清华大学的研究团队研发了用于可穿戴设备的心音、语音、呼吸音，以及咳嗽、吞咽等常见的生理声音信号传感贴片。该传感贴片具有电磁屏蔽效果，可以用于高精度和高保真度的生物声信号测量，无需医生或事先校准，具备与临床应用相关的几种高质量生理声音测量模式。该传感贴片所收集和分析的心音数据与商业医疗设备的数据一致性较好，可以准确诊断心脏病；来自肺 / 气管区域的呼吸声检测达到了与医疗记录仪相当的信噪比，具有诊断潜在呼吸系统疾病的能力。

（3）中国科学技术大学（University of Science and Technology of China）：创建于 1958 年，隶属于中国科学院，位列国家"双一流""985 工程""211 工程"。

中国科学技术大学在语音识别领域有出色的研究成果。该校自主研发的语音识别技术是全球领先的语音识别技术之一，拥有多项核心技术和专利。该技术可以将语音转换为文本，并广泛应用于各种领域，包括智能手机、智能家居、智能汽车、教育、医疗等。该语音识别技术的优势主要体现在准确率高、鲁棒性强、功能丰富、应用广泛等方面。

（4）上海交通大学（Shanghai Jiao Tong University）：创办于 1896 年，是中国历史最悠久的高等学府之一，位列国家"双一流""985 工程""211 工程"。

上海交通大学电子信息与电气工程学院计算机系智能语音实验室的研究涉及语音识别、合成、理解、对话、声纹、口语评估等智能语音交互技术的各个领域，在智能语音技术方面取得了一系列在国内外领先的技术成果。该实验室研发的语音识别自适应技术可以随着说话人口音和环境噪声的变化，自动选择最合适的模型进行识别，显著提升了语音识别的准确率。该实验室研发的认知型人机对话系统技术具备"深度理解"及"自动纠错"功能，同时可以随时被打断，并进行多轮人机对话，大幅提升了对话系统的智能化程度，将机械式的语音识别推广到智能人机对话。

（5）香港中文大学（The Chinese University of Hong Kong，CUHK）：成立于 1963 年，由崇基学院、新亚书院和联合书院合并而成，位于香港新界沙田区，是香港第一所研究型大学及唯一一所的书院制大学。

香港中文大学电子工程系数字信号处理与语音技术实验室研究团队的研究主要集中在通信信号处理、语音和音频处理、语言与神经科学等领域。目前，在语音技术方面开发有自动语音识别、声纹识别、语种识别、关键词搜索等技术；在语音与音频信号处理方面可以实现语音增强、声源分离、基音预测、音乐识别等；在沟通障碍康复方面可以进行病理语音分析、听力辅助、语音与语言评估等。相关核心语音技术成果涵盖了从语音合成到识别的各个领域。

四、生物磁信号感知技术

相比于前三种生物信号感知技术，生物磁信号感知技术产生的时间较晚。这是因为生物体产生的磁场非常微弱，容易受环境噪声的干扰。因此，早期技术难以捕捉和分析这些信号。近年来，生物磁信号感知技术的研究在新型磁传感器技术、信号处理方法、多模态融合等方面发展迅速，在疾病的诊断和研究、康复治疗、运动科学等领域得到了广泛应用。

1. 全球生物磁信号感知技术研究现状

以生物磁信号、脑磁图、心磁图、肌磁图、神经磁图、胃肠磁图等关键词检索 Web of Science 数据库，统计结果显示，2014—2023 年，全球各研究机构发表的生物磁信号感知技术论文总计 8041 篇，每年发表的论文数量较为稳定，约在 700 篇以上（图3-2-16）。

根据 Web of Science 数据库统计显示，近十年生物磁信号感知技术论文主要集中在神经科学、医学影像学、行为学等领域，其次为心理学、工程学、计算生物学等领域（图 3-2-17）。

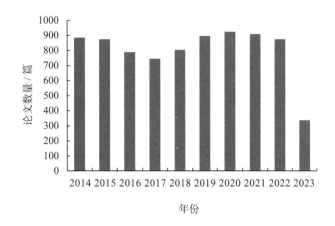

图 3-2-16　2014—2023 年全球生物磁信号感知技术论文数量变化趋势

（数据来源：Web of Science 数据库）

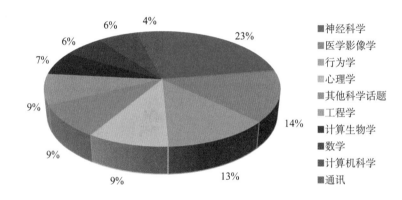

图 3-2-17　2014—2023 年全球生物磁信号感知技术论文的分布领域

（数据来源：Web of Science 数据库）

2023 年，中国、美国、英国、德国、日本、印度、俄罗斯、加拿大、法国和意大利发表的生物磁信号感知技术论文数量排名位居前 10 位，中国以显著优势位居全球首位（图 3-2-18）。但是在 2014—2023 年累计论文数量方面，美国以绝对优势领先于其他国家，其次是英国，中国排在第三位，之后依次是德国、日本、加拿大、意大利、法国、荷兰和芬兰（表 3-2-7）。

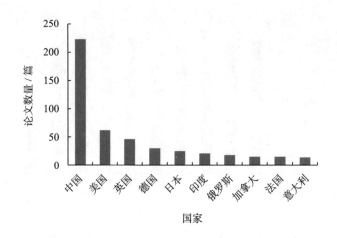

图 3-2-18　2023 年生物磁信号感知技术研究论文的国家分布

（数据来源：Web of Science 数据库）

表 3-2-7　2014—2023 年发表生物磁信号感知技术论文排名前 10 位的国家

序号	中文名	文章数量 / 篇
1	美国	2463
2	英国	1539
3	中国	1460
4	德国	1245
5	日本	759
6	加拿大	639
7	意大利	484
8	法国	462
9	荷兰	456
10	芬兰	371

　　进一步分析我国科研院所 2014—2023 年发表生物磁信号感知技术论文的情况，排名前 10 位的研究机构为中国科学院、北京航空航天大学、南京医科大学、北京大学、首都医科大学、东南大学、南京大学、上海交通大学、浙江大学和北京师范大学（表 3-2-8）。

表 3-2-8　2014—2023 年发表生物磁信号感知技术论文排名前 20 位的中国研究机构

序号	中文名	英文名	文章数量 / 篇
1	中国科学院	CHINESE ACADEMY OF SCIENCES	318
2	北京航空航天大学	BEIHANG UNIVERSITY	233
3	南京医科大学	NANJING MEDICAL UNIVERSITY	135
4	北京大学	PEKING UNIVERSITY	98
5	首都医科大学	CAPITAL MEDICAL UNIVERSITY	97
6	东南大学	SOUTHEAST UNIVERSITY CHINA	69
7	南京大学	NANJING UNIVERSITY	61
8	上海交通大学	SHANGHAI JIAO TONG UNIVERSITY	57
9	浙江大学	ZHEJIANG UNIVERSITY	53
10	北京师范大学	BEIJING NORMAL UNIVERSITY	45
11	北京协和医学院	PEKING UNION MEDICAL COLLEGE	37
12	同济大学	TONGJI UNIVERSITY	33
13	西安交通大学	XI AN JIAOTONG UNIVERSITY	31
14	南京邮电大学	NANJING UNIVERSITY OF POSTS TELECOMMUNICATIONS	26
15	清华大学	TSINGHUA UNIVERSITY	25
16	香港大学	UNIVERSITY OF HONG KONG	25
17	四川大学	SICHUAN UNIVERSITY	22
18	电子科技大学	UNIVERSITY OF ELECTRONIC SCIENCE TECHNOLOGY OF CHINA	21
19	华南理工大学	SOUTH CHINA UNIVERSITY OF TECHNOLOGY	21
20	中国科学技术大学	UNIVERSITY OF SCIENCE TECHNOLOGY	21

　　国外生物磁信号感知技术优势研究机构以美国为首，包括哈佛大学、加州大学系统等；另外，欧洲各国包括英国、芬兰、法国等地的研究机构也排在前 10 位（图 3-2-19）。

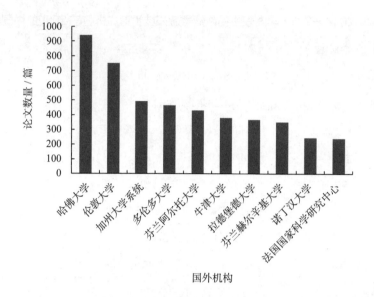

图 3-2-19　2014—2023 年生物磁信号感知技术论文数量排名前 10 位的国外研究机构

（数据来源：Web of Science 数据库）

根据 Web of Science 数据库统计显示，近十年生物磁信号感知技术论文的主要研究方向为脑磁图和心磁图，每年发表的论文数量较为稳定。其中，脑磁图的研究相对较多，发文量一直保持较高水平（图 3-2-20）。

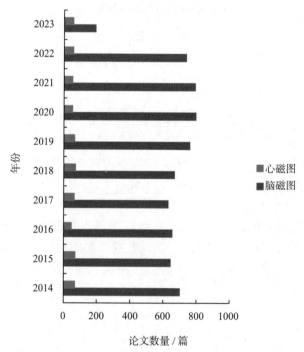

图 3-2-20　2014—2023 年生物磁信号感知技术研究热点变迁

（数据来源：Web of Science 数据库）

2. 热点生物磁信号感知技术行业进展

（1）脑磁图：1968 年，美国物理学家 Cohen 利用多匝感应线圈在磁场屏蔽室内首次完成了人类脑磁场测量。此后，脑磁图技术逐渐发展起来。传统脑磁图设备的核心是超导量子干涉仪（SQUID），其运行需要消耗大量液氦，成本极高。而且 SQUID 对外界的震动、电磁脉冲等非常敏感且容易损坏，需要严格屏蔽的工作环境和定期的升温维护。传统脑磁图只能在静止状态下工作且无法有效适配不同大小的头部，这在很大程度上限制了脑磁图的普及应用。

脑磁图目前在美国有两种批准的适应证，一种用于术前脑图绘制，另一种用于癫痫手术。对于患有脑瘤或其他病变的患者，脑磁图能够绘制出病变附近正常功能区域的精确位置，以减轻术后无力或脑功能丧失；在癫痫的外科手术治疗中，脑磁图可以通过使用适当的源定位技术来检测诸如尖峰之类的发作性癫痫放电，以确定癫痫灶的位置。

在基础研究方面，脑磁图可应用于听觉、视觉、语言、运动、记忆、睡眠、心理研究等众多领域。使用脑磁图可以对在大脑皮层中与感觉信息处理相关的多个区域同时进行分析。脑磁图兼具高时间分辨率和高空间分辨率的脑功能成像模态，是目前能够无创伤获得全脑尺度下神经实时活动的理想技术。目前脑磁图已应用于一系列的脑科学和心理学方面的研究。

近年来，随着技术的发展，人们开始研发可在室温下工作、体积较小、重量较轻、可大批量生产的脑磁图设备。2017 年，英国诺丁汉大学 Sir Peter Mansfield 影像中心设计了一款基于原子磁强计（OPM）传感器的 3D 打印可穿戴式脑磁图。该设备可以像头盔一样佩戴，人们在扫描过程中还能自由移动。未来，如果脑磁图机的价格下降，则可能有助于脑磁图在脑疾病诊疗和脑科学研究中发挥更大的作用。

（2）心磁图：1963 年，美国的 Baule 和 Mcfe 二人首次用 200 万匝的诱导线圈测量了人类心脏产生的磁信号。心磁图的发展经历了超导式心磁图仪和非超导式心磁图仪两个阶段。

1991 年推出的世界上首台商用化基于 SQUID 的超导式心磁图仪，正式将此项技术推广到临床应用阶段。随后在美国、加拿大、德国、日本等国家均出现多厂家研发和生产超导心磁图仪。但昂贵售价及超导维护费用限制了超导心磁图仪的发展和临床应用。

非超导心磁图仪主要包含原子磁强计心磁图仪、感应线圈和磁阻式心磁图仪两类，可以在常温下工作，无须维护且造价低廉。非超导心磁图仪一方面延续了超导心磁图仪的诊断经验和临床应用；另一方面采用了多通道并行数据采集技术与基于机器学习的病患特征提取技术，相比超导式心磁图仪可以实现更快的采集速度和更高的诊断准确率。目前中国和美国各有一家公司推出了原子磁强计心磁图仪产品。

3. 生物磁信号感知技术国外优势研究机构

（1）哈佛大学（Harvard University，Harvard）：成立于 1636 年，是一所坐落于美国马萨诸塞州剑桥市的私立研究型大学，是美国历史最悠久的高等学府，也是全球最负盛名的大学之一。

该校 Athinoula A. Martinos 生物医学影像中心（Athinoula A. Martinos Center for

Biomedical Imaging）的研究人员在临床上使用脑磁图在癫痫患者中检测和定位癫痫状尖峰活动，在脑瘤患者中定位重要语言脑区以避免手术损伤。在认知神经科学研究中使用脑磁图与脑电图、磁共振成像、功能磁共振成像和光学成像相结合获得大脑活动图谱，分析正常和受损大脑的工作情况。该中心的研究团队 2013 年成功记录到了脑磁图测量磁屏蔽室墙壁的磁场为 $0.5\,\mathrm{fT}/\sqrt{\mathrm{Hz}}$，这是世界上测量到的最弱磁场，列入了吉尼斯世界纪录。

（2）伦敦大学（University of London，UoL）：成立于 1836 年，是一所位于英国伦敦的公立联邦制研究型大学，是世界上规模最大的大学之一。

伦敦大学皇后广场神经病学研究所的研究团队为了能够充分利用脑磁图的潜力，开发了新的分析性和概念性的方法。该方法利用脑磁图研究癫痫患者的海马体在维持工作记忆中的积极作用，同时还通过脑磁图定位癫痫发作间期的大脑活动，可以用于指导有创术前诊断。伦敦大学惠康基金会人类脑成像中心的研究人员基于原子磁强计开发了新一代可穿戴脑磁图系统，该系统可以测量距离头皮更近的磁场变化，并可以确保任何大小的头部都能采集到最大信号。

（3）加利福尼亚大学圣迭戈分校（University of California -San Diego，UCSD）：成立于 1960 年，是一所位于美国加利福尼亚州圣迭戈的海滨城镇拉荷亚的公立研究型大学，隶属于加州大学系统。

该校放射学与生物医学成像学院的生物磁成像实验室专注于改进非侵入式功能性脑成像方法，以便能够更好地理解、处理与学习复杂人类行为相关的大脑网络动力学。该实验室重点利用大脑电磁成像技术包括脑磁图、脑电图、导航经颅磁刺激等方法，开展脑功能的基础和临床研究。该实验室开发了用于脑功能成像和脑连接成像的机器学习算法和工具，在临床上可以用于对脑病变患者进行脑功能测绘，对癫痫患者进行癫痫区定位。

（4）多伦多大学（University of Toronto，U of T）：成立于 1827 年，是一所位于加拿大安大略省多伦多市的公立联邦制研究型大学，是加拿大历史最悠久、最具声誉的大学之一。

该校 Cheyne 实验室的主要研究方向是利用脑磁图等功能性脑成像技术研究健康和临床人群的认知和运动功能。该实验室开发了新的数学技术来绘制与运动和语言产生相关的大脑皮层活动的时空模式，这些技术目前已被应用于研究儿童中风后运动和认知障碍的神经基础，颅神经修复后感觉运动可塑性，以及解析幼儿运动发展的神经基础。该实验室还致力于使用最新的脑磁图研究知识和技术，开发用户友好的脑磁图数据分析方法和工具。

（5）阿尔托大学（Aalto University，Aalto）：成立于 1849 年，是一所位于芬兰首都赫尔辛基的公立综合类研究型大学，是北欧著名的高等学府，也是北欧五校联盟成员之一。

该校的神经科学与生物医学工程系脑磁图 - 功能磁共振脑成像小组致力于为神经科学和医学开发电磁神经成像技术和仪器。该小组结合脑磁图和一种非常规类型的磁共振成像技术，开发了一种新的脑成像设备。脑磁图使用头部外的传感器来测量大脑中产生的微弱磁场，从而提供有关神经系统功能的信息；同时，磁共振成像可以用于生成大脑结构的图像。该设备大大提高了测量的精确度，可以帮助在手术前定位癫痫患者的大脑活动，在脑瘤手术前更准确地区分肿瘤和健康组织，并研究与抑郁或阿尔茨海默病进展有关的异常大脑活。

4. 生物磁信号感知技术国内优势研究机构

（1）中国科学院物理研究所（Institute of Physics, Chinese Academy of Sciences）：成立于1950年，是以物理学基础研究与应用基础研究为主的多学科、综合性研究机构。

该所成功研制了微型四通道原子磁强计，该技术运用无自旋交换弛豫效应，为脑磁图提供了卓越的空间分辨率和灵敏度。通过共用一路激光束及应用非磁性电流加热结构，该设计有效降低了共模噪声，显著提升了传感器性能，其灵敏度小于 $6\,fT/\sqrt{Hz}$，完全满足了脑磁图测量的严格需求。中国科学院物理研究所在生物磁学领域的杰出贡献不仅提升了生物磁场检测技术的精确度和实用性，还为相关技术和应用领域的发展奠定了坚实基础。

（2）北京航空航天大学（Beihang University）：成立于1952年，位列国家"双一流""985工程""211工程"。

北京航空航天大学的研究团队在生物磁信号感知领域，尤其是在生物医学工程、生物传感器和磁导航技术等方面，取得了显著的科研成果。该校研究团队开发了一种在受到外部磁场刺激时，能够迅速改变其力学性能、黏度和刚度，精确调节电响应的电极，适用于软植入电极或穿透电极。该校团队针对原子磁强计，提出了一种优化模型，以确定每个蒸汽电池的最佳操作温度，从而使原子磁强计达到最佳性能。他们研发的基于磁场的生物医学仪器与技术，为疾病的诊断和治疗提供了创新性的方法及手段。

（3）南京医科大学（Nanjing Medical University）：创建于1934年，是国家"双一流"建设高校。

南京医科大学附属脑科医院利用脑磁图开展了癫痫诊断和致痫灶手术前定位、神经外科手术前大脑功能区定位、缺血性脑血管病预测和诊断、精神病和心理障碍疾病诊断、外伤后大脑功能评估等临床应用。目前已成功进行了2000余例癫痫检查，通过脑磁图精确定位后进行手术治疗，能使癫痫患者的总体治疗费用大幅度下降。同时，该院还开展了语言、视觉、听觉、体感诱发研究，儿童孤独症的脑网络分析，精神分裂症听幻觉的脑磁图研究等科研项目，取得了一系列的研究成果。

（4）北京大学（Peking University）：创建于1898年，是中国近现代第一所国家综合性大学，位列国家"双一流""985工程""211工程"。

北京大学信息学院的研究团队提出利用磁场线圈稳定外磁场并结合梯度测量抑制外界共模磁场噪声的新方法，在无磁屏蔽环境下搭建了一套高灵敏度的原子磁强计系统，实现国际上首次在开放无磁屏蔽环境下的脑磁信号测量。该校物理学院的研究团队利用原子磁强计技术研发的新一代脑磁图仪成功突破了小型化、高带宽、多轴探测的弱磁传感和开放式磁屏蔽等关键核心技术，实现了国际首例无线脑磁检测，为脑重大疾病诊断和脑科学研究提供新的强大工具。该成果入选2024中关村论坛重大科技成果。

（5）首都医科大学（Capital Medical University）：创建于 1960 年，是北京市人民政府、国家卫生健康委员会、教育部共建院校。

首都医科大学附属北京安贞医院国家心血管疾病临床医学研究中心引进了先进的 36 通道无液氦心磁图仪。利用心磁图仪，该院安排心内科疑诊冠状动脉粥样硬化性心脏病（简称冠心病）的患者在入院前 48 小时内接受心磁图检查，入院前、后完成冠状动脉 CT 血管成像（CCTA）/冠状动脉造影（ICA）。该院研究人员以 CCTA/ICA 的诊断结果为标准，评价心磁图对冠心病的诊断价值，结果发现心磁图对冠心病的诊断价值较高，具有潜在的临床推广价值。

五、生物信号感知技术的新兴研究方向及应用

随着生活水平的提高，人们对自身健康状况的关注日益增加。传统的生物信号感知技术往往依赖于医院检查和实验室检测，存在时间和空间上的局限性，无法做到对人体健康状况变化的实时监测。近年来，随着微电子技术、材料科学、人工智能等领域的快速发展，柔性电极、柔性传感器在可穿戴设备中发挥越来越重要的作用。可穿戴技术的进步使得生物信号监测更加方便、舒适、个性化，为实时、便捷的健康监测提供了新的可能性。

1. 柔性电极及其在生物信号感知中的应用

柔性电极是一种将金属纳米线、碳纳米管、石墨烯、氧化物半导体或导电高分子等导电材料嵌入柔性基板中形成的具有高度柔韧性和弯曲能力的电极，它能够弯曲、拉伸、折叠甚至缠绕而不会断裂或损坏，可以用于需要适应各种复杂形状和动态环境的应用场景。以下是一些柔性电极应用的具体示例。

（1）柔性高密度主动式头皮生物电极：是一种用于监测和记录头皮表面电活动的柔性设备，主要用于捕捉大脑发出的电信号，具有高时间分辨率特点，可用于脑机接口及睡眠监测，具有良好的贴合性和舒适性，具有与大脑兼容的机械特性。该电极主要基于柔性微针生物干电极阵列的材料，通过微加工等技术手段，形成柔性、低阻抗、高密度电极阵列。电极大小集中在 2mm 至 1cm 区间，可穿戴性能和贴合性能优越。

常见的头皮生物柔性电极材料包括聚丙烯酰胺聚乙烯醇成的超多孔水凝胶，纳米晶体纤维素、纤维素纤维和碳纳米管组成的复合材料，聚酯薄膜和水凝胶材料，氯化银涂层材料，钽和氮化硼-石墨烯的复合材料，具有黏合剂和疏水双层水凝胶。常见的制作工艺包括网版印刷、3D 打印、化学气相沉积等。

（2）柔性无创表面肌电图电极：是一种用于监测和记录表面肌电图信号的柔性设备，可以用于分析人类活动（如面部表情和身体运动）和控制外部器件。该电极的工作原理是利用导电材料与人体皮肤之间的电导率变化采集肌电信号。电极材料主要分为金属基电极材料、碳基电极材料和导电聚合物，电极结构有蛇形、分形几何设计和三维结构等。

柔性无创表面肌电图电极的使用场景多为运动过程中的生理监测，因而需要具备卓越的黏附性、透气性和柔韧性等重要特征。为了实现人体皮肤和柔性无创电极之间的良

好黏附，常用的生物相容性黏合剂有水溶性胶带、绷带黏合剂、硅胶黏合剂和实验室开发的黏合剂等几种类型。就透气性而言，汗液的积聚会增加运动伪影和接触阻抗，并刺激皮肤导致过敏，常用的透气方案是使用聚乙烯醇制成的纳米网材料或带有微穿孔软硅树脂材料。

（3）柔性超灵敏磁多通道生物磁成像电极：是一种用于生物磁测量的高灵敏度、多通道的磁性成像的柔性电极，这类电极能够非侵入性地检测人体产生的微弱磁场，如心脏、大脑和肌肉的电生理活动，可用于心磁图和脑磁图等生物医学成像。

传统的脑磁图方法包括超导量子干涉仪，往往需要苛刻的超导环境。而这种柔性电极通常采用原子磁强计技术，激发气态原子或人工原子（如金刚石中的氮空位中心）进入特定的自旋态，通过监测这些原子的磁性相互作用来探测磁场。该技术可以在室温下操作，不需要像超导量子干涉设备那样低温冷却，操作简便，成本更低。

2. 柔性传感器及其在生物信号感知中的应用

柔性传感器是指采用柔性材料制成的传感器，具有良好的柔韧性、延展性，可以自由弯曲甚至折叠。柔性传感器通常采用柔性基板，其本质上是一种薄膜，通常采用聚酰亚胺、聚酯、聚二甲基硅氧烷等材料制成。由于材料和结构灵活，柔性传感器可以根据应用场景任意布置，从而方便对被测量单位进行检测。

柔性传感器种类丰富，按照感知机制可以分为柔性电阻式传感器、柔性电容式传感器、柔性压磁式传感器和柔性电感式传感器等；按照用途可以分为柔性压力传感器、柔性气体传感器、柔性湿度传感器、柔性温度传感器、柔性应变传感器、柔性磁阻抗传感器和柔性热流量传感器等。以下是一些柔性传感器应用的具体示例。

（1）基于压电驻极体材料的柔性声学传感器：压电驻极体是一种将机械能转化为电能的材料，由压电材料和驻极体材组成。当受到压力作用时，压电材料会发生形变，并产生电荷，这种现象称为压电效应。压电驻极体是构建高性能自供电可穿戴电子器件最有希望的材料之一，具有柔性高、重量轻、生物相容性好、压电性能高等优点。

在基于压电驻极体材料的柔性声学传感器领域，清华大学的研究团队开发了一种具有电磁屏蔽效果的折叠双层压电驻极体传感贴片，可以用于高质量地监测心音、柯氏音和呼吸音等音频生理信号。该传感器人工孔隙中丰富的电偶极子保证了贴片在 0~8 kPa 范围内 591 pC kPa^{-1} 的高动态灵敏度，特殊设计的电磁屏蔽层使谐波干扰降低了 20 dB 以上。结合 0~600 Hz 的宽工作频带和低于 0.1 Hz 的频率分辨率，传感贴片对心音、语音、呼吸音，以及咳嗽、吞咽等常见的生理声音信号具有良好的跟踪检测能力，表现出在数字化听诊诊断方面的可行性。

（2）基于光电容积描记法的血氧饱和度监测柔性传感器：光电容积描记法是一种利用光学技术测量人体器官容积变化的方法，通常通过测量组织中透射或反射的光强度变化来实现。用于血氧饱和度监测的柔性光电容积描记法传感器的理论基础是氧合血红蛋白和脱氧血红蛋白在特定波长的光吸收特性之间的差异。探测器接收的光信号与组织中血液流量的变化成正比，通过分析光信号的变化，可以计算出血氧饱和度的变化。

用于血氧饱和度测量的柔性光电容积描记法传感器已经得到广泛发展，主要包括基于光电方法的透射和反射模式。加利福尼亚大学的研究团队开发了一种透射式脉搏血氧仪，由绿色和红色有机发光二极管（OLED）和有机二极管（OPD）组成，分别以溶液处理的聚芴衍生物和 PTB7：PCBM 作为活性层，提供精确的血氧测量，误差为 2%。该校另一研究团队开发了一种反射式血氧仪阵列，在（4.3×4.3）平方厘米的面积中有四个红色和四个近红外 OLEDs，以及八个 OPDs。对于 OLEDs 和 OPDs，刮刀涂布的 PEDOT：PSS 阳极和蒸发铝阴极都在柔性聚萘二甲酸乙二醇酯基底上制备。该装置的血氧测量精度极更高，平均误差为仅 1.1%。

（3）基于有机差分放大器的柔性微弱生物信号监测传感器：差分放大器是一种将两个输入端电压的差以一固定增益放大的电子放大器。有机差分放大器是一种基于有机半导体材料的差分放大器，与传统的无机半导体差分放大器相比，其可以制成柔性基板，适用于可穿戴设备、柔性显示器等领域。

日本大阪大学科学与工业研究所的研究人员开发出了一项可以降低放大器内有机晶体管中流动的耗散电流至 2% 甚至更少的补偿技术，并运用该技术成功开发出了一种具有降噪功能的柔性有机差分放大器。这种放大器在一个厚度为 1 微米的派瑞林薄膜上制造而成，它在薄膜弯曲时不会损坏，贴到人体皮肤上不会引起任何不适。采用这种柔性差分放大器监测心电信号，信号被放大 25 倍，噪声被降低至 1/7 甚至更少。除了心电信号以外，这项技术还可以对其他各种微弱生物信号如脑电波和胎儿的心音等，进行监测。

3. 可穿戴设备及其在生物信号感知中的应用

可穿戴设备是一种可以直接佩戴或嵌入人体来收集数据或提供信息和服务的设备。它们通常由传感器、处理器和通信模块组成，可以用于跟踪健康状况、健身水平、地理位置和其他活动。可穿戴设备的类型多种多样，包括健身追踪器、智能手表、智能眼镜、智能耳机、智能服装等。以下是一些可穿戴设备应用的具体示例。

（1）防汗可穿戴肌电贴片：韩国科学技术院电气工程学院和机械工程系的研究团队联合开发了一种可拉伸和黏合的微针贴片，能够在任何皮肤状态下长期可靠地记录电生理信号。该贴片具有柔软、可黏合和组织适应性的特点，可以通过角质层直接进入表皮，降低了皮肤分泌物和污染对贴片的干扰，从而保障长时间使用的舒适性，不影响佩戴者运动的快速和灵活性。同时，该贴片还具有较高的导电性和黏合性，可以减少运动伪影和基线噪声。该传感器在运动康复治疗中有重要的应用价值。

（2）可穿戴光声手表：南方科技大学的研究团队开发了一种可穿戴光声手表，能够生成皮下血管的高分辨率图像。光声成像技术通过激光产生的超声波重建组织对光能的吸收来形成图像，可以替代超声和磁共振成像用于测量血液动力学参数。该研究将激光二极管技术和电子信息技术的最新发展结合起来，将光学分辨光声显微镜系统进行小型化和优化（尺寸为 450mm×300mm×200mm，重量为 7kg），并集成到光声手表中。这一可穿戴光声手表可以实时提供有关微血管功能和结构特征的信息，在疾病预警方面有一定的临床应用。

（3）连续生理监测可穿戴无线宽带声机械传感系统：美国西北大学的研究团队开

发了一种无线、贴肤式的用于连续生理监测的无线宽带声机械传感系统。该传感系统通过一对对立麦克风分别录制身体内部声音和环境声音，利用声音分离算法可以捕获从0.01Hz到1kHz范围的身体内部声音信号，并且允许同时在多个部位进行测量。目前，该传感系统已经成功用于重症监护室中患有呼吸和消化系统疾病新生儿的心音、肺音、肠鸣音的监测，以及成年慢性肺病患者呼吸音的监测。该系统在监测心肺活动、腹部消化进展及肺部健康情况的临床实践中展现出强大的应用前景，也为生理监测领域的发展奠定了基础。

（4）毫米级可穿戴无线生物传感磁性植入物：北京大学的研究团队开发了一种无须芯片和电池的毫米级无线生物传感系统。该系统的磁性植入物与一个全面集成的可穿戴设备相配对，通过磁场与可穿戴设备进行双向通信，可穿戴设备通过磁场激发植入物内的微磁铁产生振动，利用磁性振动的变化可以监测体内的物理条件及特定化学物质的浓度。该团队通过柔性材料技术增大了磁性植入物的振动幅度，提高了其生物相容性，还可以在非屏蔽环境中进行有效测量，并且提供了使用不同频率带进行多重检测的可能性。该系统在长期连续监测健康状况的应用中具有独特的优势和潜力。

第三节　前景与展望

一、生物信号感知技术未来的发展趋势

生物信号感知技术是获取和分析生物体信息的关键技术，在医疗诊断、健康监测、人机交互等领域具有广泛的应用前景。随着科学技术的不断发展，未来生物信号感知技术也将在以下几个方面呈现新的发展趋势。

1. 微型化

可穿戴设备和植入式传感器的快速发展推动了生物信号感知技术向微型化方向发展。微型化是指将现有的生物信号传感器进一步缩小到更小的设备或芯片上。未来的生物信号监测设备将变得更加轻便、舒适，它们可以集成到智能手机、手表、服装、眼镜等可穿戴设备中，或通过微创手术植入体内，实现对心电、呼吸、血氧饱和度等生理指标的实时监测。

目前，生物信号感知技术微型化的实现方式主要是通过微加工技术和纳米技术制造具有微小结构和高灵敏度的传感器芯片。另外，无线传输技术可以使设备摆脱线缆束缚，能够进一步减小设备的体积和重量。

2. 集成化

单一模式的生物信号往往存在局限性，无法全面反映人体健康状况，这就要求生物信号感知技术向集成化方向发展。集成化指的是将不同的生物信号传感器集成到一个系

统中，通过融合来自不同传感器的生物信号，实现对多维生物信号的同步采集和分析，从而实现对人体健康状况更全面、更准确的评估。例如，可以将心电信号、血氧饱和度、运动等数据融合在一起，用于评估心血管健康状况；还可以将脑电信号、呼吸、眼动等数据融合在一起，用于评估睡眠状况。

目前，微电子集成技术是最成熟的传感器集成技术，可以将传感器和信号处理电路集成到同一块芯片上。微电子集成技术的代表产品包括微机电系统传感器和集成电路传感器。此外，新兴的印刷电子技术可以将传感器和信号处理电路印刷到柔性基板上，能够应用于可穿戴式传感器和柔性传感器的制作。

3. 智能化

随着人工智能技术的不断发展，生物信号感知技术也将向更加智能化的方向发展。生物信号感知技术的智能化主要体现在两个方面。一方面是利用人工智能技术自动识别和分析生物信号，并根据分析结果提供相应的建议或服务，使人们能够更早地发现疾病的迹象，及时采取适当的预防和治疗措施。例如，自动识别和分析心电图中的异常事件，辅助心血管疾病诊断；分析睡眠脑电波数据，评估睡眠质量；分析运动数据，评估运动状态和运动风险；分析表情和肢体语言，识别情绪和意图等。另一方面是利用生物信号信息控制外部设备或系统，实现基于生物反馈的智能人机交互。例如，脑电信号控制系统，可使瘫痪患者通过意念控制轮椅或电脑；肌电信号控制系统，可使截肢患者通过肌肉活动控制假肢；脑电信号控制系统，可使游戏玩家控制游戏角色的行动或表情等。

4. 个性化

由于每个人的生理特征和健康状况都存在差异，所以生物信号感知技术也需要向个性化方向发展。未来的生物信号感知技术在个性化配置方面需要实现：能够根据个人的生理特征和健康状况，进行个性化的数据分析和解读；能够根据个人的健康需求，提供个性化的监测方案；能够根据个人的使用习惯和偏好，提供个性化的交互体验等功能。例如，根据个人的性别、年龄、体重等生理特征，对心电图数据进行个性化分析，以提高心血管疾病诊断的准确性；对于运动员，提供运动状态监测方案，以帮助运动员提高运动表现等。

由于生物信号数据包含了大量个人隐私信息，所以在实现个性化的同时必须要更加注重安全性和隐私性，需要采用加密、匿名化等技术保护用户信息。

二、我国需要重点关注的方向和建议

根据 Web of Science 数据库近十年的生物信号感知技术各领域论文统计情况显示，我国在生物光信号和生物声信号感知技术方面的研究成果数量领先于其他国家，在生物电信号感知技术方面的研究成果数量仅次于美国，排在第二位。但是，我国在生物磁信号感知技术方面的研究成果数量落后于美国和英国，排在第三位，并且与美国差距较大。

生物磁信号感知技术可以检测到微弱的磁场变化，具有很高的灵敏度，能够捕捉到其他生物信号感知技术难以察觉的细微变化；同时，可以定位磁场源的具体位置，具有很高的空间分辨率，能够区分不同组织或器官产生的磁场信号；而且，对外部干扰的敏感性较低，具有较强的抗干扰能力，能够在复杂的环境中获取可靠的生物信息。因此，生物磁信号感知技术在科学研究、医疗诊断、健康监测、人机交互等领域具有非常重要的应用价值和意义。

生物磁信号感知领域最常用的两项技术即脑磁图和心磁图，均是在 20 世纪 60 年代由美国科研机构所研发，这些年来一直不断对技术进行改进。我国在生物磁信号感知领域起步较晚，因此在未来需要重点关注该领域的发展，瞄准世界科技前沿，直面问题、迎难而上，争取早日达到国际领先水平。

参考文献

［1］Akay M. Wiley Encyclopedia of Biomedical Engineering[M]. New York: John Wiley & Sons, Inc., 2006.

［2］Webster JG. Wiley Encyclopedia of Electrical and Electronics Engineering[M]. New York: John Wiley & Sons, Inc., 2000.

［3］Kaniusas E. Biomedical Signals and Sensors I: Linking Physiological Phenomena and Biosignals[M]. Berlin: Springer, 2012.

［4］Kaniusas E. Biomedical Signals and Sensors II: Linking Acoustic and Optic Biosignals and Biomedical Sensors[M]. Berlin: Springer, 2015.

［5］Kaniusas E. Biomedical Signals and Sensors III: Linking Electric Biosignals and Biomedical Sensors[M]. Berlin: Springer, 2019.

［6］Mendelson Y. Biomedical Sensors[M]. Enderle JD, Bronzino JD. Introduction to Biomedical Engineering, Third Edition. Burlington: Elsevier Academic Press, 2012: 609-666.

［7］Xiao Y, Wang M, Li Y, et al. High-Adhesive Flexible Electrodes and Their Manufacture: A Review[J]. Micromachines (Basel), 2021, 12(12): 1505.

［8］Cheng L, Li J, Guo A, et al. Recent advances in flexible noninvasive electrodes for surface electromyography acquisition[J]. npj Flexible Electronics, 2023, 7: 39.

［9］Sander T, Jodko-Wladzinska A, Hartwig S, et al. Optically pumped magnetometers enable a new level of biomagnetic measurements[J]. Advanced Optical Technologies, 2020, 9(5): 247-251.

［10］Lin Z, Duan S, Liu M, et al. Insights into Materials, Physics, and Applications in Flexible and Wearable Acoustic Sensing Technology[J]. Advanced Materials, 2024, 36(9): 2306880.

［11］Zhang T, Liu N, Xu J, et al. Flexible electronics for cardiovascular healthcare monitoring[J]. The Innovation, 2023, 4(5): 100485.

［12］Sugiyama M, Uemura T, Kondo M, et al. An ultraflexible organic differential amplifier for recording electrocardiograms[J]. Nature Electronics, 2019, 2: 351-360.

［13］Kim H, Lee J, Heo U, et al. Skin preparation-free, stretchable microneedle adhesive patches for reliable electrophysiological sensing and exoskeleton robot control[J]. Science Advances, 2024, 10(3): eadk5260.

［14］Zhang T, Guo H, Qi W, et al. Wearable photoacoustic watch for humans[J]. Optics Letters, 2024, 49(6): 1524-1527.

［15］Yoo JY, Oh S, Shalish W, et al. Wireless broadband acousto-mechanical sensing system for continuous physiological monitoring[J]. Nature Medicine, 2023, 29(12): 3137-3148.

［16］Wan J, Nie Z, Xu J, et al. Millimeter-scale magnetic implants paired with a fully integrated wearable device for wireless biophysical and biochemical sensing[J]. Science Advances, 2024, 10(12): eadm9314.

第四章

生物信号处理技术

第一节 概述

一、生物信号处理技术的必要性

生物信号感知技术是生物信号应用的起点。如第三章所述，它通过各种传感器、仪器设备等手段，对生物信号进行感知和采集，获取生物信号的原始数据，如生物电信号、生物光信号、生物磁信号和生物声信号等。感知到的生物信号数据是后续生物信号处理和应用的基础。借助多种生物信号处理技术如预处理算法、模型和方法，对感知到的生物信号进行去噪、滤波、增强、特征提取和分类等操作，以获得更加有用和可靠的信息。生物信号处理技术的目标是从生物信号中提取出与特定应用相关的信息，如心电图中的心跳节律、脑电图中的脑电波等。通过生物信号处理技术，可以进一步分析和理解生物信号的特征和模式，为后续的交互应用提供支持。

本章将讲述生物信号处理技术。生物信号作为反映人体内部生理或病理状态的重要信息载体，但往往原始生物信号无法直接使用，其精确解析与应用依赖于先进的生物信号处理技术。例如，生物信号通常会受到电力线、肌肉运动等干扰，预处理技术可以帮助去除或减少这些噪声，以提高信号的质量和准确性。同时，生物信号中包含着重要的生理特征和模式，如心跳频率、脑电波形等，通过特征提取等技术可以提取关键特征并进行进一步的分析和识别，以用于疾病诊断、生理研究等应用。此外，诸多应用需要实时监测生物信号并提供及时的反馈，如健康监护、情绪干预等，信号处理技术可以帮助实现对实时数据的快速处理和分析，以实现实时监测和反馈的需求。由此可见，通过对生物信号进行处理，可以提取出有用的信息、减少噪声干扰、增强信号质量，并进行进一步的分析和应用，这为医学诊断、生理研究、康复和辅助技术等领域提供了重要的工具和方法。

二、生物信号处理技术框架

生物体内产生的电、光、声、磁等信号会随着时间的推移而变化，可以通过内部或外部测量手段捕捉到这种变化，并用于分析和研究。生物信号处理通常包括预处理、表示转换、特征工程、信号的分类识别等步骤（图 4-1-1）。

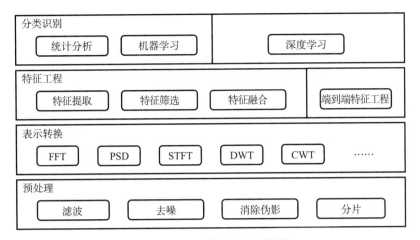

图 4-1-1　生物信息处理框架

（一）预处理

信号预处理阶段通常涉及滤波，噪声和伪影（artifacts）的检测与去除，分片等操作。生物信号是一种微弱信号，容易受噪声影响，生物信号尤其是体表采集的生物信号通常会包含大量噪声和伪影，会严重影响对生物信号的分析。一般来说，噪声的主要来源有人体内其他器官产生的噪声、电气干扰等，此外，采集过程中生物体的运动和采集后对信号的处理都可能引入伪影。

特定的生物信号通常集中在较窄的频带上，因此为了提取出需要关注的信号成分，需要根据生物信号的频率特征选用滤波器完成滤波操作。在滤波阶段，通常会使用一些简单的滤波技术如低通滤波、高通滤波、带通滤波、陷波滤波等。滤波也是去噪的一种手段，因此在信号预处理阶段，滤波操作可能不止一次，将滤波技术用于降噪时，可能会使用更复杂的滤波器。

滤波完成了对生物信号的初步处理，下一步需要对信号中包含的噪声和伪影进行处理。常用的检测或去除噪声和伪影的方法如下。

（1）滤波去噪：选择合适的滤波器去除在特定频率范围内的噪声，滤波器的参数需要根据噪声的频率特征设置，如使用陷波滤波去除电力线噪声。

（2）小波去噪：通过三步操作对信号去噪。一是使用小波变换将信号分解为不同频率的子信号；二是对每个子信号分别处理以去除噪声；三是使用小波逆变换将处理过的子信号重构。

（3）统计分析：提取信号的统计特征，如标准差、平均值、最值等，使用统计方法进行分析，筛选出不符合标准或离群的信号（片段），即为可丢弃的质量较差的数据。

（4）主成分分析（PCA）：可以提取出信号的主要成分，并去除与噪声相关的次要成分，实现生物数据的去噪。

（5）独立成分分析（ICA）：可以将混合信号分解成独立的成分，并结合目视检测或自动化方法筛选噪声或伪影成分，将噪声和伪影成分去除，并将信号重构，从而实现对生物信号的去噪和消除伪影。

（6）基于机器学习（深度学习）的方法：如深度神经网络、SVM、随机森林等，通过数据驱动的训练来学习生物信号和噪声的特征，并完成自动化的噪声或伪影的检测与消除。这种方法可以适应不同类型的生物信号。

（7）目视检测：是一种基于人眼观察的检测方法。这种方法高度依赖于观察者的经验，因此通常由专业人员进行。尽管目视检测无法处理大量数据，而且具有一定的主观性，但在自动化方法不奏效的场景下，目视检测通常是最有效的。

（8）目视检测与自动化方法相结合：可以充分发挥二者的优势，提高识别噪声和伪影的效率和效果。

（二）特征工程

在生物信号处理中，特征提取、筛选和融合对信号分类与识别的效果起至关重要的作用。在特征提取阶段，首先要使用一定的方法对信号进行变换，然后再从信号的时域表示和其他表示中提取出有效特征。常用的特征提取方法包括时域分析、频域分析、时频域分析和时间序列分析。

（1）时域分析：关注信号在时间尺度上的变化，如波形、振幅、相位等。

（2）频域分析：需要将信号从时域表示转换为频域表示，并分析信号在不同频率上的特征。常用的频域分析方法包括快速傅立叶变换（FFT）、功率谱密度估计（PSD）等。

（3）时频域分析：将信号的频率特征和时间联系起来，可以分析非平稳信号。常见的时频域分析方法有短时傅里叶变换（STFT）、连续小波变换（CWT）、离散小波变换（DWT）等（表4-1-1）。

表4-1-1　部分生物信号处理方法的优缺点

方法	优点	缺点
快速傅里叶变换（FFT）	高效计算离散傅里叶变换（DFT）；提供信号的全局频域表示	损失时间信息，不具备局部化分析能力；无法分析短信号和非平稳信号
短时傅里叶变换（STFT）	提供信号在时间和频率上的局部信息，适用于非平稳信号的时频分析；可以调整窗口大小和重叠率来权衡时间和频率的分辨率	不能同时提供良好的时间和空间分辨率；时频分辨率固定不变，不具备自适应能力；无法分析短信号
连续小波变换（CWT）	提供随频率变化的"时间−频率"窗口，具有更好的时间和频率分辨率，能够更好地捕捉信号的瞬时特征，适用于非平稳信号的时频分析	特征表达的好坏依赖母小波和参数的选取

续表

方法	优点	缺点
离散小波变换（DWT）	能够捕捉信号的瞬时特征，适用于非平稳信号的时频分析；能够将信号分解为离散的小波系数，支持对信号进行稀疏表示，适用于数据压缩和信号降噪	特征表达的好坏依赖母小波和参数的选取；不提供相位信息

（4）时间序列分析：非线性时间序列分析方法也可应用于生物信号的特征提取，如衡量时间序列规律性或可预测性的近似熵（Approximate Entropy，ApEn）、描述时间序列长期相关性的赫斯特指数（Hurst Exponent，HE）、衡量时间序列分形特性的 Higuchi 分形维数（Higuchi Fractal Dimension，HFD）等。对于多通道生物信号，可以提取衡量不同通道间相位同步性的锁相值（Phase Locking Value，PLV）、衡量不同通道间线性相关性的互相关（Cross-Correlation）和相关系数（Correlation Coefficient）等通道间相关性特征。

特征筛选和融合是特征提取后的重要环节。为了提取出最有效的特征，需要通过统计分析方法从提取的所有特征中筛选出最具区分性的特征子集，并将其融合为更全面、更具有判别能力的特征表示。

目前，生物信号处理的研究已不再局限于单一模态的特征，相比单模态生物信号的特征融合，多模态生物信号的特征融合可以获得更全面、更准确的特征表示，因此多模态生物信号的特征融合已成为该领域的趋势。根据目前已有的研究成果来看，多模态特征融合的技术主要分为数据级融合、特征级融合、决策级融合、模型级融合四种。

（1）数据级融合：又称传感器层融合，是一种直接对各个传感器采集到的最原始的、没有经过特殊处理的数据进行组合的技术，目的是构造一组新的数据。在数据级融合过程中，常用的方法包括数值处理和参数估计。这些方法使用线性、非线性估计和统计运算对来自多个数据源的数据进行计算处理（图 4-1-2）。

图 4-1-2　数据级融合

（2）特征级融合：是在获得原始数据的基础上，通过一个特征提取器获得相应模态的特征之后再进行融合的技术。这种融合方式主要在数据经过初步处理并提取出各自模态的特征信息后进行。特征级融合可以细分为低层次特征融合和高层次特征融合。低层次特征融合主要关注将不同特征提取方法得到的底层特征进行融合,如将图像的颜色、纹理和形状等底层特征进行融合;而高层次特征融合则是在低层次特征的基础上,进一步将不同模态的特征进行融合,如将图像特征和文本特征进行融合(图 4-1-3)。

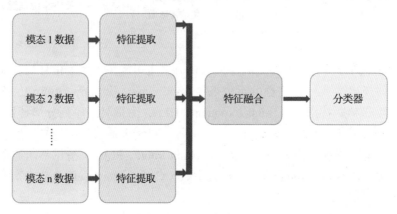

图 4-1-3 特征级融合

(3)决策级融合:是在各个模态的识别结果或决策层面上进行的融合,即当每个模态的生物信号已经完成了特征提取、分类或识别,并得出了各自的决策结果之后再进行融合。决策级融合的关键是要探究各个模态对目标任务的重要度。每个模态都会根据自己的特征和模型生成一个决策或分类结果,如"是"或"否"、"类别 A"或"类别 B"等,决策级融合将这些独立的决策结果进行组合,以得出一个最终的、更可靠的决策或分类结果(图 4-1-4)。

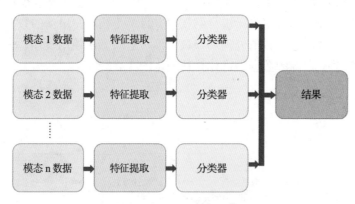

图 4-1-4 决策级融合

(4)模型级融合:不同模态的生物信号数据通常会被输入到各自独立的模型中,它们会分别提取各自模态的特征并进行初步的处理或分类,这些模型可以是深度学习模型、机器学习模型或其他类型的模型(表 4-1-2)。

表 4-1-2　多模态融合技术的主要优缺点

多模态融合技术	优点	缺点
数据级融合	很好地保留各个模态的数据信息,避免信息丢失,保持信息完整性	数据在原始状态下融合,数据处理相对繁琐,也会增加计算复杂度
特征级融合	最大限度地保留原始信息,在理论上能达到最佳的识别效果	没有考虑到不同模态特征之间的差异性
决策级融合	与特征级融合相比,更容易进行	丢失不同模态之间的相关性
模型级融合	相较于决策级融合和特征级融合,可以灵活选择融合的位置	—

(三)分类识别

融合后的特征可以被输入机器学习模型(支持向量机、K 最近邻、决策树等),完成生物信号的解码、分类和识别任务。

近年来,深度学习的进步推动了生物信号处理技术的发展,越来越多的工作开始使用深度神经网络完成信号处理任务,如使用卷积神经网络(CNN)处理生物图像信号分割任务,使用循环神经网络(RNN)及其变种如长短期记忆网络(LSTM)处理时序信号,以及使用深度生成模型[如生成对抗网络(GAN)、扩散模型等]生成生物信号或数据增强等。深度神经网络可以通过数据驱动的训练学习到复杂的特征表示,而无须人工提取特征。这种端到端的技术不仅具有强大的自动化特征提取能力,还能有效处理生物信号中的噪声和伪影,在不同任务上取得了比传统机器学习算法更好的性能,具有良好的泛化能力和鲁棒性。不过,深度学习模型在处理生物信号时缺乏可解释性,这是亟待解决的重要问题。

第二节　研究现状及进展

一、生物电信号处理技术

(一)心电信号

心电图(ECG)数据是通过测量心脏电活动而获取的。它通常以时间序列的形式表示,其中心脏电活动的信号被记录下来并以图形方式显示。具体形式包括:时间轴——心电图通常在水平方向上显示时间,通常以毫秒(ms)或秒(s)为单位;电压轴——垂直方向上的电压轴表示心脏电活动的电压变化,通常以毫伏(mV)为单位;导联——心电图通常使用多个导联记录心脏电活动,每个导联代表在不同位置或角度上测量的电活动信号;波形——心电图中的波形反映了心脏电活动的不同阶段和特征,常见的波形包括 P 波、QRS 波群和 T 波。总之,心电图数据以时间序列的形式呈现,通过记录心脏电活动的电压变化及相应的波形来提供有关心脏功能和可能的异常信息。

通过分析心电图波形的形状、幅度和持续时间，医生可以诊断心血管疾病。通常，医生和专家通过目视检查心电图诊断常见的异常，然而手动分析大量 ECG 数据耗时且依赖于专业知识，易受专家的主观判断和经验影响。因此，自动化 ECG 信号处理技术在近些年成为研究的热门。

1. 数据预处理

在采集过程中，心电图可能会出现一定程度的变形，不利于神经网络的特征学习。因此，在使用数据前，必须对 ECG 数据进行数据预处理。数据预处理通常包括两个主要步骤，即降噪和数据分割，有时还包括数据压缩。常见的噪声类型包括电极运动伪影（EM）、肌肉伪影（MA）和基线漂移（BW）。

在数据预处理过程中，降噪常用的技术包括使用带有低通和高通滤波器的离散小波变换（DWT）和其他滤波器。在深度学习领域，Jilong Wang 等人使用生成对抗网络（GANs）进行数据降噪，成功将信噪比提高了约 62%，同时有效保留了心电信号的特征。

对于数据分割，主要任务是确定 R 峰的位置，传统机器学习方法已经能够有效确定 R 峰的位置，深度学习被应用于进一步的研究。Andersen R S 等人在其研究中计算了RR 间隔（RRI），并从 RRI 片段中提取高级特征。G. Sannino 等人通过 R 峰值检测识别单个心跳。此外，Pan 和 Tompkins 提出的算法常被用作 QRS 检测器，并通过利用斜率信息进行了改进，以便更精确地检测 R 峰，从而为进一步的研究奠定基础。

2. 分类识别

当前，心电图的自动分类技术已经有了多种方法，包括频率分析、K 近邻聚类、混合专家法、分类和回归树、人工神经网络、隐马尔可夫模型、支持向量机、概率神经网络、循环神经网络和路径森林等。随着深度学习技术的兴起，其在心电图分析中的应用也呈显著增长。深度学习在这一领域的研究主要集中在两个方面：一是利用深度学习网络学习特征，并进行心电病症分类；二是用于心电节拍的监测和识别。在众多研究中，卷积神经网络（CNN）和长短期记忆网络（LSTM）是两种广泛使用的深度学习模型。CNN 非常适合特征学习和分类，Fahad Khan 等使用 1D 卷积深度残差神经网络对心电图信号进行分类（图 4-2-1）。

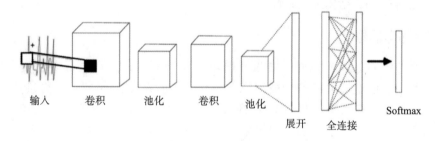

图 4-2-1　1D 卷积网络

（来源：Khan F, Yu X, Yuan Z, et al. ECG classification using 1-D convolutional deep residual neural network［J］. PLoS One, 2023, 18（4）: e0284791.）

心电图的时序性特征使 LSTM 也非常适用于心电病症的识别，Saeed Saadatnejad 等人使用由小波变换和多个 LSTM 递归神经网络组成的架构进行心电图分类（图 4-2-2）。

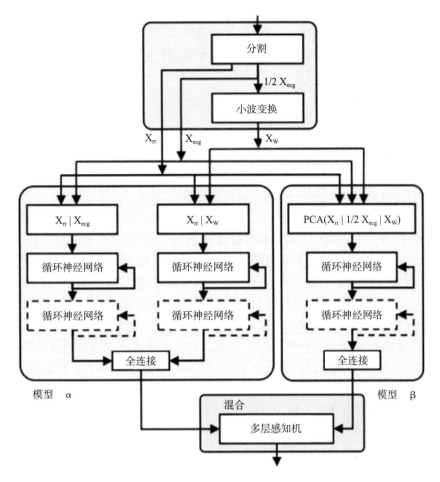

图 4-2-2　RNN 应用于 ECG 识别

（来源：Saadatnejad S, Oveisi M, Hashemi M. LSTM-based ECG classification for continuous monitoring on personal wearable devices〔J〕. IEEE journal of biomedical and health informatics，2019，24（2）：515-523.）

LSTM 可以与 CNN 结合，形成复合网络结构以提高性能，Jinyong Cheng 等人开发了一个心电图信号分类器，结合 24 层深度卷积神经网络（DCNN）和双向长短期记忆（BiLSTM）来深度挖掘分层心律及心电图数据的时间敏感特征。

（二）脑电信号

脑电图（Electroencephalogram，EEG）数据是通过测量头皮上的电活动而获取的。它通常以时间序列的形式表示，其中记录了脑电信号的电压变化。具体形式包括：时间轴——脑电图通常在水平方向上显示时间，通常以毫秒或秒为单位；电压轴——垂直方向上的电压轴表示脑电信号的电压变化，通常以微伏（μV）为单位；导联——脑电图通常使用多个导联记录脑电信号，每个导联代表在不同位置或角度上测量的电活动信号；频谱图——脑电图数据经过频谱分析后可以显示出不同频率范围的电活动，常见的频率范围包括 δ 波（0.5~4 Hz）、θ 波（4~8 Hz）、α 波（8~13 Hz）、β 波（13~30 Hz）和 γ 波（30~100 Hz），在睡眠中还可观察到特殊的脑电波形态，如驼峰波、σ 波、λ 波、κ - 复合波、μ 波等。总之，脑电图数据以时间序列的形式呈现，记录了脑电信号的电压变化，并可以通过频谱分析显示不同频率范围的电活动。这些数据提供了关于大脑活动和可能的异常情况信息。

1. 数据预处理

EEG 信号的预处理是脑电数据分析中非常重要的一步，它能帮助提高数据质量，减少噪声和伪迹，从而使后续分析更加准确。EEG 数据预处理将原始脑电图数据重塑为干净的脑电图数据，从而将其转换为合适的格式以供用户进一步分析和解释。主要的预处理步骤是伪影识别和去除、噪声过滤及信号重新采样。

伪影是 EEG 记录中非大脑来源的信号，在预处理过程需要识别和去除的部分。伪影的去除需要仔细考虑，以保留 EEG 信号的有用信息。差分测量可防止电磁干扰（EMI），主要为电源线干扰引起的伪影。良好的电极放置可以避免错误并消除伪影。Wu Wen 等人提出了一种利用脑电图信号检测睡眠质量的技术，在其预处理阶段，对信号进行滤波以缩放高频噪声，然后将其分成 30s 分量，以消除基线漂移和伪影干扰。

当测量的 EEG 中没有信号重叠时，低通、高通和带通滤波器是减少伪影的最常见和最有效的方法。当存在光谱重叠时，则使用多种伪影消除方法，包括自适应滤波、维纳滤波、贝叶斯滤波、公共平均参考（CAR）和盲源分离（BSS）。此外，数据驱动技术 SuBAR（基于替代的伪影去除）可以成功消除脑电图中的肌肉和眼部伪影。Xueyuan Xu 等人证明 EEMD 和 IVA 的组合在通道数量有限的情况下比其他现有方法表现更好。Haoran Liu 等人对 EEG 信号的预处理包括使用 EEGLAB 进行通道定位、滤波、基线校正和主成分分析。

2. 特征提取

在预处理阶段之后，通过不同的特征提取技术提取 EEG 脑电图内最具辨别力和非冗余的信息。时域、频域、时频域和空间域是基于 EEG 的脑机接口（BCI）中常用的特征提取技术类型。

一种典型的基于时域的特征提取方法，即自回归（AR）建模，是该序列的当前观测值与一个或多个早期观测值的线性回归。另外，还有一种特征提取的组合策略，其每个特征向量由 AR 系数和近似熵组成。在近期发表的许多文章中，AR 模型已被实现为基于 EEG 的 BCI 系统中的特征提取策略（图 4-2-3）。

频域分析也被用于从不同的基于脑电图的脑机接口中提取特征。在基于频域的技术中，有一些使用快速傅里叶变换（FFT）、功率谱密度（PSD）、频带功率和光谱质心。基于脑电图的脑机接口已采用多种基于时频的特征提取方法，最广泛使用的方法是短时傅立叶变换、连续小波变换、离散小波变换（图 4-2-4）及小波包分解。连续小波变换和短时傅里叶变换也已被用于生成可以通过深度学习方法进行分类的光谱图像。

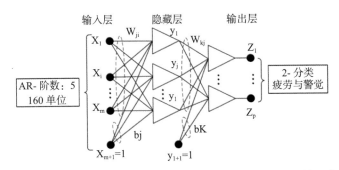

图 4-2-3　结合 ICA-ERBM 和 AR 流程的输入实现 EEG 信号分类

（来源：Chai R，Naik G R，Nguyen T N，et al. Driver fatigue classification with independent component by entropy rate bound minimization analysis in an EEG-based system［J］. IEEE journal of biomedical and health informatics，2016，21（3）：715-724.）

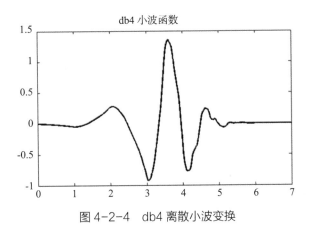

图 4-2-4　db4 离散小波变换

（来源：Guo S，Lin S，Huang Z. Feature extraction of P300s in EEG signal with discrete wavelet transform and fisher criterion［C］. 2015 8th International Conference on Biomedical Engineering and Informatics（BMEI）. IEEE，2015：200-204.）

此外，Zhou 等人结合使用 DWT 和希尔伯特变换（HT）进行特征提取。另一种强大的特征提取方法被称为共同空间模式，广泛应用于基于脑电图的脑机接口。

3. 分类识别

EEG 分类算法的使用是目前最流行的方法。分类步骤的设计包括从多种替代方案中选择一种或多种分类算法。目前已发表的文献中已经提出了许多分类算法，如支持向量机（SVM）、神经网络（NN）、线性判别分析（LDA）、贝叶斯分类器、k- 最近邻（k-NN）、深度学习及其迭代等（图 4-2-5）。

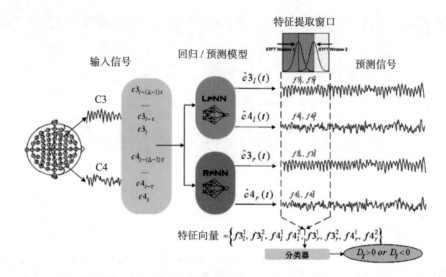

图 4-2-5　与　t-f FEP 结合使用的神经时间序列预测预处理（NTSPP）框架

（来源：Coyle D, McGinnity T M, Prasad G. Improving the separability of multiple EEG features for a BCI by neural-time-series-prediction-preprocessing［J］. Biomedical Signal Processing and Control, 2010, 5（3）: 196-204. ）

对先前研究的分析为深度学习架构的发展趋势提供了丰富的来源。在 EEG 分析中，卷积神经网络、深度信念网络、循环神经网络和长短期记忆网络越来越流行。这些深度学习算法已应用于各种 EEG 分类任务。具体而言，Craik 等人分析发现，大多数 EEG 分类研究可分为情绪识别、运动想象、心理负荷、癫痫检测、事件相关电位和睡眠阶段评分六大类。他们根据任务类型对研究进行了分析，并给出了对最能成功分类的深度学习架构类型的建议。除此之外，少有研究尝试使用深度学习算法提高对阿尔茨海默病、抑郁症等方面的理解。

（三）肌电信号

肌电图（electromyogram，EMG）是指用肌电仪记录下来的肌肉生物电图形。静态肌肉工作时测得的该图呈现出单纯相、混合相和干扰相三种典型的波形，它们与肌肉负荷强度有十分密切的关系。该图的定量分析比较复杂，必须借助计算机完成。常用的指标有积分肌电图、均方振幅、幅谱、功率谱密度函数，以及由功率谱密度函数派生的平均功率频率和中心频率等。EMG 信号表现为交流的形式，其幅值通常与肌肉的运动强度成正比。EMG 信号具有非平稳特性，其主要的能量集中在 20~150 Hz 的频段。此外，EMG 信号通常在肢体运动发生前 30~150 ms 产生，因而可以用于预测和判断即将发生的运动，为运动控制和评估提供重要信息。

肌电图（EMG）广泛应用于多个领域，包括神经生理学、人体工程学和职业医学、姿势分析、运动和步态分析、基于肌电图的生物反馈、运动生理学和运动，以及人机交互 / 界面（HMI）等。这些应用示例展示了 EMG 在生物医学和工程技术中的多样性和实用性（图 4-2-6）。

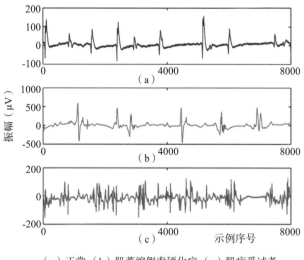

（a）正常；（b）肌萎缩侧索硬化症；（c）肌病受试者

图 4-2-6　肌电图数据模式

（来源：Doulah A B M S U, Fattah S A, Zhu W P, et al. Wavelet domain feature extraction scheme based on dominant motor unit action potential of EMG signal for neuromuscular disease classification［J］. IEEE transactions on Biomedical Circuits and Systems，2014，8（2）：155-164.）

1. 数据预处理

肌电图信号的噪声来源主要分为五种：来自电源线和外部源的电噪声；由电极相对于皮肤的不必要运动引起的运动伪影；肌肉信号与相邻肌肉信号之间的干扰现象导致的串扰污染；由于 EMG 信号幅度过大而导致的电极饱和产生的削波；由其他身体信号产生的噪音形成的生理噪音。

EMG 信号可以使用许多滤波器，每个滤波器都有一个特殊的目标和应用目的。最常用的滤波器是巴特沃斯滤波器、切比雪夫滤波器、反切比雪夫滤波器、贝塞尔滤波器、椭圆滤波器和等波纹滤波器，主要分为低通滤波器、高通滤波器、带阻滤波器和带通滤波器四类。通常假设 EMG 信号应以 10~30 Hz 的截止频率进行带通滤波，以消除运动伪影，带通滤波器去除信号中的低频和高频，从而准确估计肌肉力量。信号整流后还可使用低通滤波来提取信号包络。与运动伪影和直流偏移相关的基线漂移可以通过带通滤波器的低频截止来消除。200~1000 Hz 带通滤波器的高频截止可消除高频噪声并防止混叠。Chand 等人使用陷波滤波器用于去除陷波频率以下和之上的窄带频率分量，可以消除电源线频率（50 Hz 或 60 Hz）或消除系统谐振。

2. 特征提取

研究 EMG 相关文献中使用的特征提取技术主要分为时域、频域和时频域三个领域。

时域特征提取是 EMG 特征提取的重要方法。每个特征都有特定的用途，积分肌电图通常用于确定 EMG 信号起始点，平均绝对值是积分肌电图的平均值，改进的平均绝对值类型 1 是线性加权，改进的平均绝对值类型 2 是非加权。线性加权、均方根用于估计非疲劳情况下收缩的功率，方差用于估计一系列肌电值与平均值的偏差，过零点用于确定信号变化的次数通过过零进行符号等。

频域特征提取方法主要有频率中值（FMD）、频率平均值（FMN）、修正频率中值（MFMD）和修正频率平均值（MFMN）四种。时频域特征提取的方法主要有短时傅里叶变换（STFT）、小波变换（WT）和小波包变换（WPT）三种方法。由于计算速度快且资源消耗最少，时域特征普遍用于从肌电信号中提取有用信息。在文献中，广泛使用的五个时域特征为 RMS、MAV、MMAVI、MMAV2 和 WL。

3. 分类识别

在生物医学和其他环境中，尽管对于优化分类器的性能已进行了广泛研究，由于生理信息的多模态特性和问题复杂性的增加，传统的浅层机器学习方法面临挑战。相对于这些方法，深度学习技术通过将数据转换为更抽象的表示形式，克服了这些限制，从而提高了模型的性能和应用的广度。

在肌电信号处理的领域中，深度学习被应用于手势分类、语言和情绪分类、睡眠阶段分类等多个主要类别。尽管手势识别和分类是 EMG 研究中最常见的应用，但深度学习的引入也推动了其他领域，如睡眠阶段、语言和情绪分类的创新和发展。Park 等人选择 CNN 对不同用户的手势进行分类，结果显示，与支持向量机（SVM）相比，其在适应和非适应条件下的性能更好。Teban 等人使用带有 LSTM 单元的 RNN 以手指弯曲角度的形式估计手指角度，为假手提供屈曲参考。

（四）眼电信号

眼电图（EOG）是一种测量视网膜色素上皮与光感受器细胞间视网膜静电位的技术。此电位在明暗适应状态下会发生变化，从而反映光感受器细胞的光化学反应和视网膜外层的功能。此外，眼电图还能测定眼球的位置及其运动过程中的生理变化。在明暗适应条件下，通过在检测者的内外眦角放置电极，所测得的电流会随眼球运动而改变，这种变化记录下来的结果即为眼电图。眼电图与脑电图、心电图类似，都是以时间序列形式呈现的，具体形式同样包括时间轴、电压轴和导联。同时，眼电图会有眼动事件标记，如眼球快速运动（Rapid Eye Movement，REM）和非快速眼动（Non-Rapid Eye Movement，NREM）。

1. 数据预处理

眼电图（EOG）信号预处理是确保数据质量和分析可靠性的关键步骤。

50 Hz 工频干扰在系统检测 EOG 信号时会造成一些困难和错误。因此，采用陷波滤波器来消除 50 Hz 电源干扰。有效 EOG 信号在 0.1~50 Hz 之间，Lim 等人使用了特定频率范围的切比雪夫四阶带通滤波器，目的是衰减并同时抑制电源干扰。并且，Lim 等人对 EOG 信号在基线去除后标准化。Mala 等人认为中值滤波器去噪效果最好。中值滤波器保留了眼睛运动的边缘陡度和 EOG 信号幅度，并且没有出现任何人为信号变化。为了消除基线漂移，这项工作采用了 Daubechies 小波的九级一维小波分解。不同用户产生 EOG 信号的振幅是不同的，即使是同一个人，其每次眨眼也不同。为了避免信号可变性的问题，Zhao 等人采用阈值方法将 EOG 脉冲转换为方脉冲进行进一步处理，称为 EOG 脉冲归一化。

2. 特征提取

眼电图（EOG）信号的特征提取是从原始眼动数据中识别和量化信息的关键步骤。特征提取对于从原始数据集中导出独特模式而不丢失关键信息至关重要。特征提取降低了数据的维度，但同时最大化了类间可分离性和类内相似性。在已有的工作中，主要包括统计特征、从 Burg 方法导出 AR 系数及使用 Yule-Walke 方法的 PSD 估计。对于眼电信号来说，眨眼特征是非常重要的特征。Kong 等人基于 EOG 信号提出了新的眨眼检测方法。

最小冗余最大相关性（mRMR）算法是一种顺序前向选择算法，它利用互信息分析相关性和冗余性。mRMR 方案选择与分类变量相关性最强的特征，并结合选择彼此不同且相关性较高的特征。基于清晰度的特征选择（CBFS）计算目标样本与每个类的质心之间的距离，从而将最近的质心类别与目标样本类别进行比较。某个特征中所有样本的匹配率就转化为该特征的清晰度值。

3. 分类识别

随着眼机交互技术的不断进步，如何有效区分有意和无意的眼动成了一个突出的问题，尤其是无意眼动导致的误判问题备受关注。为了应对这一挑战，研究人员着手探索如何避免由无意眼动引发的所谓"米达斯触碰"误操作。由于人眼的生理结构特性，无意的眨眼可以帮助分散泪液，保持眼睛湿润，同时清除灰尘和细菌，并让视网膜和眼肌得到短暂休息。基于这些眨眼的 EOG 信号，研究团队已开发出多种眼机交互设备，利用双眼同时多次眨眼的模式进行操作。

目前，通过设置合理的眨眼模式规则，已在一定程度上解决了无意眼动引起的误判问题。在现实生活中，大多数无意眨眼往往是双眼同时且高度同步的。研究者们对不同的眨眼模式赋予了不同的功能，如左眼眨眼代表"确认"，右眼眨眼代表"回退"，从而增强了眼控产品的指令功能，并有效避免了无意眨眼的干扰。

另一方面，眨眼阈值法已成为较主流的研究方法，其通过分析眨眼的幅度、持续时间和速度等特征来区分有意与无意眨眼。准确设定阈值至关重要，因为阈值设定过低可能会导致误操作频发，而阈值过高则可能忽略部分细微眼动。因此，研究者提出了动态阈值的概念，通过实时调整阈值来适应个体差异和实验条件的变化，以提高分类的准确度（图 4-2-7）。

此外，机器学习技术在眼动分类中的应用日益增多，如人工神经网络和支持向量机等，它们在图像识别、医学诊断等领域已经展示了出色的分类能力。机器学习的引入不仅可以提高系统的自学习能力，还可以显著提升容错性，帮助解决"米达斯触碰"问题。

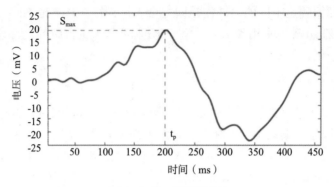

图 4-2-7　眨眼阈值法

（来源：Xiao Jing, Qu Jun, Li Yuanqing. An electrooculogram-based interaction method and its music-on-demand application in a virtual reality environment［J］. IEEE Access, 2019, 7：22059–22070.）

为了应对 EOG 信号单一模式在人机交互中的局限性，一些研究者提出了基于多模态生物电信号的脑机接口技术（图 4-2-8）。这种技术通过综合处理 EOG 信号与其他模式信号，极大地提升了眼动识别的准确性和鲁棒性，有效解决了传统方法中的问题，展现了多模态交互技术在现实应用中的广泛潜力和有效性。

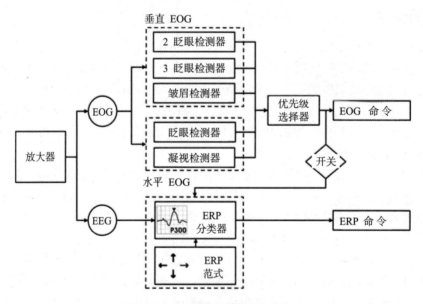

图 4-2-8　多模态脑机接口技术

（来源：Ma J, Zhang Y, Cichocki A, et al. A novel EOG/EEG hybrid human-machine interface adopting eye movements and ERPs：application to robot control［J］. IEEE Trans Biomed Eng, 2015, 62（3）：876–889.）

（五）诱发电位

诱发电位（Evoked Potentials, EP）是指在特定的感官刺激后，神经系统产生的电反应，主要用于检测神经通路的功能状态。进行诱发电位检测时，一般会使用电极测量头部的电活动，然后将得到的信号进行放大和分析，以评估神经通路是否正常。诱发电位数据是基于时间相关性的测量，即刺激引发的神经信号在时间上的变化，这些电位变化通常以时间序列的形式呈现，记录了刺激后大脑中的神经活动。诱发电位数据可以通过对电位波形进行分析，来了解大脑对刺激的处理方式。典型的诱发电位包括：视觉诱发电位（Visual Evoked Potentials，VEP），用于研究视觉系统的功能和视觉刺激的处理；听觉诱发电位（Auditory Evoked Potentials，AEP），用于研究听觉系统的功能和听觉刺激的处理；体感诱发电位（Somatosensory Evoked Potentials，SEP），用于研究触觉系统的功能和触觉刺激的处理；运动相关诱发电位（Movement-related Evoked Potentials，MRP），用于研究运动系统的功能和运动刺激的处理。诱发电位可以帮助医生诊断多种神经系统疾病，包括多发性硬化症、脊髓损伤及各种感觉障碍等。

1. 数据预处理

在诱发电位的数据分析中，预处理是一个关键步骤，旨在清理和准备原始信号数据，以便进行更深入的分析。预处理的方法有记录通道、重新引用、过滤、试验分割、插值、伪影拒绝、伪影校正和基线校正。

重新引用处理是常见的预处理方法。由于单次刺激产生的神经响应可能被噪声掩盖，通常需要多次刺激后将响应平均化，以增强信号的可靠性。这种方法可以显著提高信噪比，突出重要的生理信息。数据滤波中，使用带通滤波器去除信号中不需要的高频和低频噪声。常用的频率范围依据是刺激类型和预期的生理响应，如听觉诱发电位常用的是 100~3000 Hz 的范围。

基线校正是从每个 EP 波形中减去在刺激前一定时间窗内计算得到的平均值。这有助于减少测试前后环境变化带来的影响，并且使不同条件或不同个体间的 EP 波形更加可比。在 EP 记录中，眼动、肌电和其他外部噪声都可能引入伪迹，通过自动伪迹检测算法可识别和排除这些异常数据段，或手动检查数据，确保分析的准确性。

2. 特征提取

在诱发电位数据的特征提取中，可采用多种技术提高信号分析的精确度和效率。其中，小波分析和时空特征提取是两种核心方法。

小波分析是一种强大的信号处理工具，尤其适用于非平稳信号的分析，这使其非常适合 EP 信号的特征提取。王永轩等人在使用白化滤波器进行预处理后，对信号进行小波变换，并对变换后的小波系数进行加权处理，最终通过小波逆变换重构信号，从而恢复出清晰的 EP 信号。这种方法特别适用于在数据量较少或信号噪声较大的环境中提取 EP 信号。黄志华等人提出的时空特征提取方法结合了自回归（AR）模型和白化变换，专注于提取事件相关电位（ERP）的时空特征。这些特征随后通过共空间模式（CSP）算法进一步优化，最后通过支持向量机（SVM）等高级分类算法进行分类。它尤其适合复杂认知实验中 ERP 信号的分类和分析。

在实际应用中，这两种方法可以根据具体的研究需求和数据特性相互补充。例如，小波分析可以初步清理和增强信号，为时空特征提取方法提供更干净的数据输入；相反，时空特征提取方法也可以利用小波分析处理后的数据进行更深入的分类分析。

3. 分类识别

诱发电位在多个领域内的应用广泛，尤其在医疗和科研领域。在临床诊断中，EP用于评估神经系统的功能，特别是在诊断神经退行性疾病如多发性硬化症、颅脑损伤、脑卒中和脊髓损伤时。通过监测视觉、听觉和体感诱发电位，医生能够评估神经通路是否受损及受损程度。以上这些应用通常抽象成机器学习中的分类识别问题。

（六）神经传导研究

神经传导研究（NCS）是评估周围神经系统的重要工具，可提供有关有髓神经纤维完整性的宝贵信息，主要分为感觉神经动作电位和复合肌肉动作电位。感觉神经动作电位（SNAP）提供有关感觉神经轴突及其从皮肤远端受体到背根神经节通路的信息，而复合肌肉动作电位（CMAP）则是对运动神经纤维从其前角细胞起源到其沿肌肉纤维终止的评估。

1. 数据预处理

基于运行观察窗口的预处理需要选择两个主要参数的最优值，即窗口长度和两个相邻窗口之间的重叠百分比。窗口之间的重叠是避免错误处理缓冲区边界数据的重要因素。这些特定参数与信号在短时间内的准平稳性（或局部平稳性）假设有关。因此，这些参数的选择主要取决于信号的性质及其特定的频谱分量。根据计划的处理类型，可能会引入特定的偏差。

Silveira 等人执行频谱分析，以识别信号能量并应用适当的滤波。在低于 2000 Hz 的频率下观察到细胞外 ENG 信号的能量峰值。因此，选择有限脉冲响应带通滤波器（800~2200 Hz）对数据进行数字滤波。带通窗口考虑了频率低于 800 Hz 的反射诱发 ENG 污染，以及其他不需要的信号，如高频放大器噪声。

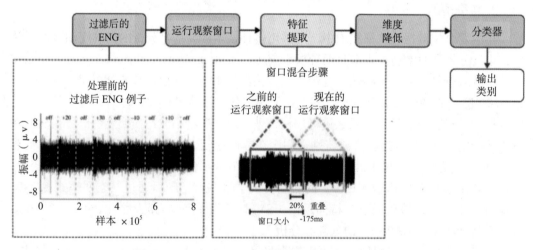

图 4-2-9　应用于 ENG 数据的标准处理步骤的顺序

（来源：Silveira C, Khushaba R N, Brunton E, et al. Spatio-temporal feature extraction in sensory electroneurographic signals［J］. Philosophical Transactions of the Royal Society A, 2022, 380（2228）: 20210268.）

2. 特征提取

由于测量数据的维数相对较高，所以特征提取是减少数据处理过程中计算负担的必要步骤。特征是通过某个属性对输入变量的最准确描述，它可以最大化信号的重要特征量，抑制冗余或不需要的信息。

因为针对 ENG 观察窗口大小没有建议值，所以必须根据经验选择。基于时间的特征是 ENG 特征提取最常用的特征，包括平均绝对值（MAV）、均方根（RMS）、方差（VAR）、波长（WL）、时域描述符（TDD）、时空描述符（TSD）和时空扭曲（STW）。与标准处理序列不同，窗口融合步骤是一种新颖的特征融合方法。其融合步骤包括将每个运行观察窗口的输出特征与从前一个观察窗口提取的特征相乘。

针对多通道数据，会采用多变量分析，如主成分分析和独立成分分析；也可通过非线性的方式对神经电信号进行特征提取，这种方法特别关注信号中的混沌特征和分形维数，有助于揭示针刺对脊髓神经活动的影响，理解其在传递疼痛和治疗反应中的角色。另一种广泛使用的特征是离散频带中的功率，可以将其提取为 ROW 中的功率谱密度（PSD）系数。此外，特征组合还可以依赖于小波去噪、离散傅里叶变换、自回归和谱系数或基于自相关的特征。

3. 分类识别

在 ENG 模式分类中，已经通过线性判别分析（LDA）、支持向量机（SVM）或人工神经网络探索了监督机器学习算法。

相反，无监督分类器基于聚类算法，通常使用特征空间中未标记输入样本之间的距离将不同类中的数据分组在一起，从而最大化类内相似性。一旦形成聚类，就定义分离规则。其中，K 均值、模糊 C 均值和基于密度的聚类是最常用的。

同时，可以使用正交模糊邻域判别分析（OFNDA）降低特征空间的维数。与其他判别分析方法如不相关线性判别分析（ULDA）相比，其计算成本较低。此外，OFNDA 是一种有监督的降维方法，因为它使用类标签作为函数输入之一，从而能够在维度变换后保留其输出预测能力。特征空间减少到最多六个维度，对应于本体感觉类别的数量。

（七）皮层脑电信号

皮层脑电图（Electrocorticography，ECoG）是一种直接测量大脑活动的神经生理监测方法。ECoG 也是以时间序列形式呈现，记录随时间变化的电位信号。与常见的非侵入式 EEG（头皮脑电图）相比，ECoG 具有更高的时空分辨率。由于电极直接放置在大脑表面，ECoG 可以提供更准确的神经活动定位和更精细的时间分辨率，通常在亚毫秒级别。ECoG 数据可以通过频谱分析研究不同频率范围内的神经活动，常见的频段包括 δ 波（0.5~4 Hz）、θ 波（4~8 Hz）、α 波（8~13 Hz）、β 波（13~30 Hz）和 γ 波（30~100 Hz）等。频谱分析可以揭示不同频率范围内的大脑活动模式和功能。ECoG 数据还可以用于研究事件相关电位（Event-Related Potentials，ERP）。通过将特定刺激或任务呈现给受试者，并记录大脑对刺激的电位变化，可以研究感知、认知和情绪等神经过程。

ECoG 广泛用于临床和研究领域，尤其是在癫痫监测和脑机接口开发中。

1. 数据预处理

ECoG 信号的预处理是一个复杂而精细的过程，其目的在于提高信号的质量并为后续的分析提取有用信息。首先，滤波是预处理中的一个关键步骤，它涉及使用带通滤波器剔除那些不关注的极低频和高频噪声，同时可以应用陷波滤波器去除特定频率的干扰。随后，去噪过程帮助进一步清理信号，通过空间滤波技术如平均参考和拉普拉斯变换，利用相邻电极的信号减少噪声，同时去除因眨眼、头部移动或电极接触不良等引起的伪迹。

Wang Jin-jia 等人提出了卡尔曼滤波模型和模型参数估计的方法，将其应用于脑电ECoG 信号去噪预处理。杨陈军等人提出了一种新的基于 ICA 与小波阈值的癫痫脑电信号去噪方法。此外，降采样也是重要的预处理步骤。Fangzhou Xu 等人将原始 ECoG 信号从 1000 Hz 降采样到 100 Hz，从而降低了数据维度，提高了算法效率。

2. 特征提取

特征提取是处理 ECoG 信号的关键步骤之一，旨在从原始脑电信号中识别和提取有用的信息，为后续的分析和应用提供数据支持。ECoG 信号特征提取常见的和最有效的表示是时频特征或低频分量（LFC）/ 局部运动电位。

在时域分析中，研究者通常关注信号的幅度变化、波形模式和其他时间相关的特征。例如，计算信号的峰值、平均幅度或波形之间的时间间隔，这些特征能够揭示大脑在特定条件下的活动模式。

在 ECoG 的分析中，低频分量（Low Frequency Components，LFC）或局部运动电位，是一种重要的信号特征，通常用于解码和研究与运动相关的大脑活动。这些低频信号通常包含丰富的信息，特别是与运动意图和运动执行密切相关的信息（图 4-2-10）。

3. 分类识别

ECoG 作为一种侵入性脑电活动记录技术，由于其高空间分辨率和较好的信号质量，在多个前沿领域表现出了极大的应用潜力。ECoG 已经在动物实验和人类研究中显示出能够解码肢体运动的能力。许多研究重点关注手势 / 运动或手指弯曲的离散解码，通常使用标准分类器，包括线性判别分析分类器或支持向量机，以及朴素贝叶斯分类器或时空模板匹配等其他方法（图 4-2-11）。

许多工作使用深度学习分析了 ECoG 信号，以预测明显的手 / 手指运动。LSTM 用于根据时频特征对手指激活和三种不同的手势进行分类。Rashid 等人使用 LSTM 从原始信号中区分舌头和手的运动。Xie 等人使用端到端深度学习，将四个空间 / 时间卷积层作为特征提取器和一个 LSTM 层来预测手指激活，预测了五个手指的连续弯曲和伸展。连续解码是为瘫痪患者提供对复杂神经假体正常控制的唯一方法。根据 ECoG信号，多线性模型已用于预测最多 3D 连续运动，而 DL 仅尝试预测 1D 手指弯曲（图4-2-12）。

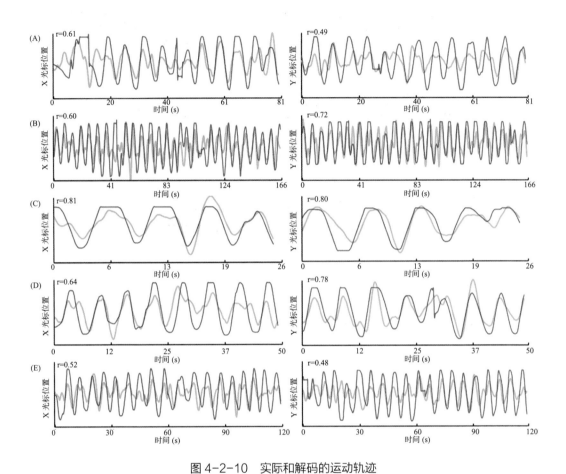

图 4-2-10　实际和解码的运动轨迹

（来源：Schalk G，Kubanek J，Miller K J，et al. Decoding two-dimensional movement trajectories using electrocorticographic signals in humans［J］. Journal of neural engineering，2007，4（3）：264.）

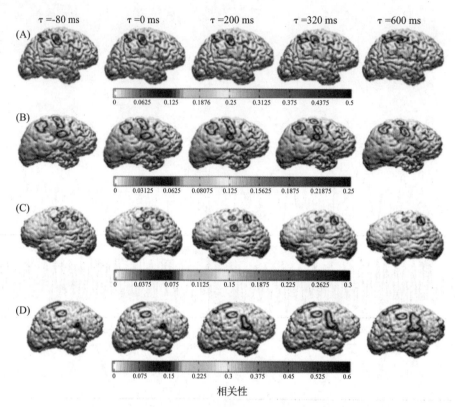

图 4-2-11　LMP 与手指运动第一主成分之间相关性的空间分布

（来源：Acharya S, Fifer M S, Benz H L, et al. Electrocorticographic amplitude predicts finger positions during slow grasping motions of the hand［J］. Journal of neural engineering, 2010, 7（4）: 046002. ）

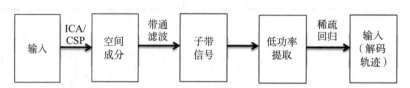

图 4-2-12　ECoG 信号端到端特征提取和解码流程

（来源：Xie Z, Schwartz O, Prasad A. Decoding of finger trajectory from ECoG using deep learning［J］. Journal of neural engineering, 2018, 15（3）: 036009. ）

（八）胃电信号

　　胃电图（EGG）是一种在体表测量的低频信号，其有效成分是胃节律性慢波，正常人的胃节律为 3~4 cpm，理想情况下，一段 EGG 信号需要持续至少 30 分钟，以获得足够数量的胃循环。EGG 关注的范围在 0.0083~0.15 Hz（0.5~9.0 cpm）之间，EGG 信号很弱，范围通常在 50~500 μV，容易受心律、呼吸、胃肠道的其他器官等其他低频生物电信号，身体运动，以及电气干扰的影响。

　　对 EGG 数据的预处理，主要涉及滤波、去噪、去伪迹、信号平滑、通道选择等步骤。Wolpert N 等人使用多步半自动化的方法对 EGG 数据去除噪声和伪影。在去噪阶段，对于一条 EGG 记录，首先计算其在不同通道上的功率谱，目视检查丢弃不同通道峰值频率不同的记录，然后选择峰值频率能量最高的通道，在峰值频率附近滤波。接着对信号应用希尔伯特变换得到相位和振幅信息，并根据统计方法或"正常胃周期不足全部胃周期 70% 的数据为坏数据"的原则筛选记录。在去伪影阶段，无噪声记录按照胃周期被划分为片段，先后丢弃周期异常或单周期内相位非单调变换的片段。该工作对预处理过的 EGG 数据，提取了峰值频率、平均振幅、胃正常比率、胃周期持续时间标准差等特征进行进一步分析。Chandrasekaran R 等人使用 0.015~0.5 Hz 的带通滤波和自适应滤波提取有效的胃信号，并通过平均平滑或中位数平滑完成平滑操作，随后对预处理过的 EEG 信号进行了频谱分析。此外，该工作指出小波变换经验模态分解、离散余弦变换和离散傅立叶变换都可用于去噪。Miljković N 等人开发并评估了一种可定制化生成胃电图时间序列的方法，该方法能够生成具有指定持续时间、采样频率、空腹或餐后状态，包含指定噪声、呼吸伪影、胃节律暂停的合成 EGG 数据。

预处理好的 EGG 数据可以用于谱分析、频域分析、振幅分析、稳定性分析等。Araki N 等人使用功率谱分析方法评估餐前及餐后早期和晚期的 EGG 参数，并以此检测早期帕金森病（PD）。

除了用于分析外，从 EGG 提取的各项特征可与机器学习或深度学习结合，用于分类任务。Curilem M 等人使用多通道 EGG 识别恶心模式，EGG 经过滤波、ICA 处理后，提取并筛选时域特征和频谱特征，在使用 4 个通道和 3 个特征的条件下取得了 83.33%的准确率。Raihan M M S 等人使用逻辑回归（LG）、支持向量机（SVM）和 K- 最近邻（KNN）等机器学习算法用于胃功能的二分类（胃节律是否正常）和三分类（胃节律正常、过缓或过快）任务，结果表明，SVM 可以实现对多类 EGG 信号的准确分类。Zeydabadinezhad M 等人提出了一种用于基于 EGG 的驾驶模拟器眩晕感检测的自动化方法，该方法基于统计分析和机器学习技术，结果显示，样本熵在与机器学习算法结合时表现出更好的性能，主要体现在较高的分类准确率和较好的抗噪声能力。Agrusa A S 等人首次提出了一种基于深度卷积神经网络区分胃正常波和异常慢波的方法，网络结构如图 4-2-13 所示。

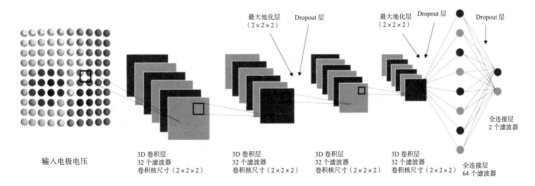

图 4-2-13　一种基于深度卷积神经网络区分胃正常波和异常慢波的方法

（来源：Agrusa A S, Gharibans A A, Allegra A A, et al. A deep convolutional neural network approach to classify normal and abnormal gastric slow wave initiation from the high resolution electrogastrogram［J］. IEEE transactions on biomedical engineering, 2019, 67（3）: 854-867.）

（九）视网膜电信号

视网膜电（ERG）信号是一种短时信号，包含 a 波、b 波、i 波、明视负反应（photopic negative response，PhNR）、震荡电位（oscillatory potentials，OPs）五种成分。其中，a 波和 b 波是 ERG 的主要成分，可以使用 DWT 从 ERG 信号中分解出各种成分。通常，ERG 的预处理步骤包括基线校正、处理缺失数据和异常值等。

对 ERG 信号的分析与解码可以从时域、频域、时频域等方面着手。时域特征指的是 ERG 信号中每种波的振幅（amplitude），以及刺激开始与每种波峰值之间的时间间隔，称为隐含时间（implicit time）。Sarossy M 等人提取 ERG 中 a 波、b 波、i 波的振幅等时域特征，通过多元自适应回归样条（MARS）模型预测青光眼的严重程度。结果表明，使用 ERG 特征预测青光眼严重程度的性能显著优于仅使用 PhNR 的传统方法。Khojasteh H 等人记录了患者眼中三个同心圆环中的多焦视网膜电（mfERG），分别提取 N1、N2、P1 三种波的振幅和隐式时间进行分析。结果表明，糖尿病性黄斑水肿（DME）眼中心环 mfERG 的某些参数与结构性 OCT（光学相关断层扫描）异常及最佳矫正视力之间存在显著相关性。Kim H M 等人从中央视网膜动脉阻塞（CRAO）患者和健康对照组的 ERG 中提取了不同范式下 a 波、b 波振幅、隐式时间等特征。结果表明，暗适应 3.0 范式下 b 波振幅、b/a 比例、PhNR 振幅的变化与视网膜缺血严重程度相关的基线特征相关，并且与视觉功能和预后相关。

将 FFT、PSD 和 STFT、CWT、DWT 等方法分别应用于 ERG，可提取 ERG 的频域和时频域特征。Kulyabin M 等人使用基于 Ricker、Gauss、Morlet 三种母小波函数的 CWT 对 ERG 信号进行变换，将其时频表示堆叠为三通道图像，输入 ViT 完成分类任务（图 4-2-14）。Schwitzer T 等提取了 PERG 的时域特征（主要成分 P50 和 N95 两种波的振幅和隐式时间）和基于小波变换的时频特征。使用机器学习工具帮助抑郁症的诊断和随访（治疗评估）。Gajendran M K 等人提取了 6 类统计特征和 3 种基于小波变换的高级特征（自回归系数、香农熵等），并将这些特征输入机器学习模型用于二分类（诊断小鼠是否患青光眼）和多分类（区分小鼠青光眼发展阶段）任务，二分类和多分类的准确率分别达 91.7 % 和 80%。此外，本研究利用机器学习算法将 ERG 信号应用于回归任务，首次成功预测了视网膜神经节细胞计数。

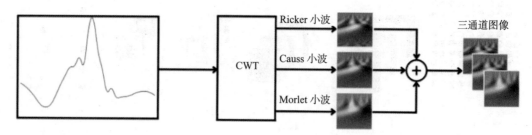

图 4-2-14　ERG 时域表示转换为三通道图像表示

（来源：Kulyabin M, Zhdanov A, Dolganov A, et al. Enhancing Electroretinogram Classification with Multi-Wavelet Analysis and Visual Transformer［J］. Sensors, 2023, 23（21）: 8727.）

Manjur S M 等人提取了 a 波、b 波的振幅和隐式时间等时域特征和基于 DWT 的统计频谱特征，并使用机器学习算法区分是否患病。结果表明，在使用时域特征和时频域特征时分别取得了 65% 和 86% 的准确率。Posada-Quintero H F 等人提出了使用一种高分辨率的时频谱分析技术即可变频复解调（VFCDM）。结果发现，使用基于 VFCDM 特征的机器学习模型分类性能优于使用 DWT 特征的模型，流程如图 4-2-15 所示。

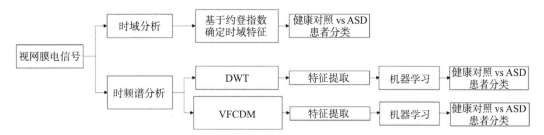

图 4-2-15　ERG 时域分析和时频域分析（基于 DWT 和基于 VFCDM）流程图

（来源：Posada-Quintero H F, Manjur S M, Hossain M B, et al. Autism spectrum disorder detection using variable frequency complex demodulation of the electroretinogram[J]. Research in Autism Spectrum Disorders, 2023, 109: 102258.）

研究非线性时间序列的方法也可被用于 ERG 信号分析，如从 ERG 信号计算近似熵（ApEn）、最大李亚普诺夫指数（LLE）、赫斯特指数（HE）、Higuchi 分形维数（HFD）和递归图等特征。Sefandarmaz N 等人引入了一个非线性标准来评估中央视网膜动脉阻塞（CRVO）患者的 ERG。该方法提取了 HE 和 ApEn 两种非线性特征，并提出了一个抛物线映射和两个标准（θ 角和点密度），在区分 CRVO 方面取得了成功的结果。

（十）皮肤电信号

在皮肤电（EDA）信号的分析中，EDA 信号通常由基础成分（tonic component）和相位（phasic component）成分组成。基础成分包含相对稳定的皮肤电导水平（SCL），相位成分包含事件相关皮肤电导反应（ER-SCRs）和非特异性皮肤电导反应（NS-SCRs）。ER-SCRs 可能在发生情绪刺激后的 1~5 秒内发生，而 NS-SCRs 相对稳定，每分钟发生 1~3 次。

预处理 EDA 信号通常包含滤波、降采样等步骤，EDA 数据的采样频率通常比所需的频率高得多。可穿戴设备测量的 EDA 信号存在较多的噪声和伪影。目前针对 EDA 信号去噪和去伪迹的研究，通常结合信号处理和机器学习方法实现对 EDA 信号的自动化处理。Hossain M B 等人提取了 EDA 的统计特征和时频特征，研究了自动检测带噪 EDA 分段的机器学习算法；Hossain M B 等人提出了一种深度卷积自编码器（DCAE）方法，用于自动去除 EDA 信号中的运动伪影（MA）（图 4-2-16）。

预处理后的 EDA 信号可分解为基线成分和相位成分，并在此基础上进一步提取皮肤电导水平峰值数量、平均 SCR 振幅、最大峰值振幅、SCR 上升时间、SCR 下降时间、SCR 持续时间、SCR 频率等特征。cvxEDA 是一种被广泛使用的 EDA 分解算法，该算法基于最大后验估计、凸优化和稀疏性理论，能够将 EDA 分解为基础成分、相位成分、噪声成分三个部分。该算法在面对噪声时展现出良好的鲁棒性，具有良好的性能（图

4-2-17）。pyEDA 是一款专门处理 EDA 的 python 工具包，该工具基于 cvxEDA 分解出 EDA 信号的瞬时成分，提取了峰值数量、EDA 平均值和最大峰值振幅三种统计特征。此外，该工具训练了一个自编码器，实现了对 EDA 的自编码。

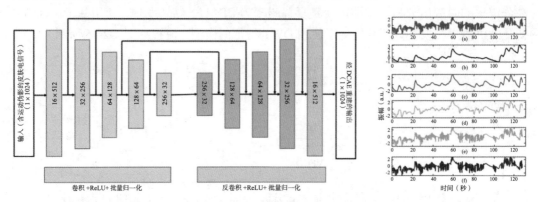

（a）MA 损坏的 EDA；（b）参考 EDA；（c）DCAE；（d）低通滤波器；（e）指数平滑方法；
（f）小波方法

图 4-2-16　用于去除 EDA 中 MA 的 DCAE（左）及使用不同方法去除 MA 的示例（右）

（来源：Hossain M B, Posada-Quintero H F, Chon K H. A deep convolutional autoencoder for automatic motion artifact removal in electrodermal activity［J］. IEEE Transactions on Biomedical Engineering, 2022, 69（12）: 3601-3611.）

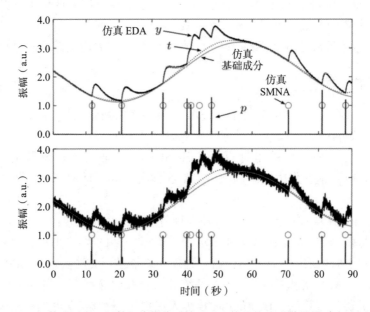

图 4-2-17　cvxEDA 算法对含不同等级高斯白噪声 EDA 信号的降噪效果图（上 33dB，下 13dB）

（来源：Greco A, Valenza G, Lanata A, et al. cvxEDA: A convex optimization approach to electrodermal activity processing［J］. IEEE transactions on biomedical engineering, 2015, 63（4）: 797-804.）

　　EDA 广泛应用于情绪识别、压力检测等任务，通常的做法是分解并提取 EDA 基于时域、频域、时频域的统计特征。Kim J 等人记录了驾驶过程中驾驶员的 EDA，从中提取了垂直振幅（OM）和水平持续时间（OD）的统计特征，用以评估驾驶过程中驾驶员的压力水平。Altıntop Ç G 等人从滤波后的 EDA 信号中提取基于时域的统计特征，用于检测意识水平。Iadarola G 等人记录了一组健康人在休息时在三种不同声音刺激下的皮肤电反应（GSR）信号，并根据时域特征峰值总数及频域特征功率谱密度（PSD）进行分析，识别出三个感兴趣的频带。结果表明，与愉快刺激相比，不愉快和中性刺激引起的 GSR 信号具有更多的峰值。Greco A 等人提出了一种利用 EDA 识别急性应激状态的方法，该方法使用 cvxEDA 分解 EDA 信号，并提取了 11 个特征。在基于支持向量机的算法上的测试表明，二分类（区分是否为应激状态）在使用 8 个特征的条件下准确率达 94.62%，四分类（区分非应激刺激和其他三种刺激源）在使用 6 个特征的条件下准确率达 75.00%。

Yu D 等人基于深度学习算法，分别在 CNN（ResNet）、RNN（LSTM）和 CNN + RNN（ResNet-LSTM）三种深度神经网络上进行端到端的情感识别任务，取得了比人工提取特征更好的性能。Lutin E 等人应用峰 - 谷特征、基于分解的特征、频率特征和时频特征进行特征提取，共获得 47 个特征，通过特征筛选并结合支持向量机进行压力检测，分类准确率达 88.52%。Pouromran F 等设计了一种 BiLSTM-XGB 模型，用于疼痛程度检测的四分类任务。该方法将 EDA 原始信号、基础成分和相位成分同时输入网络，使用双向长短期记忆模型对 EDA 信号编码，再通过 XGB 算法进行分类（图 4-2-18）。Ganapathy N 等人提出了一种端到端的情绪分类方法。该方法对标准化 EDA 的相位成分进行短时傅里叶变换，从中提取了时域、频域和时频域的 38 个特征，使用端到端的 CNN 学习这些特征，取得了优于传统方法的性能。

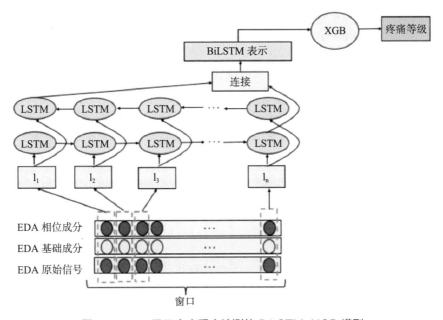

图 4-2-18　用于疼痛程度检测的 BiLSTM-XGB 模型

（来源：Pouromran F, Lin Y, Kamarthi S. Personalized Deep Bi-LSTM RNN based model for pain intensity classification using EDA signal[J]. Sensors, 2022, 22（21）: 8087.）

（十一）耳蜗电信号

耳蜗电信号（ECochG）是在内耳处测量的由声音刺激引起的电生理电位，包含耳蜗微电位（CM）、总和电位（SP）、听神经神经电位（ANN）及复合动作电位（CAP）四种成分。

ECochG 信号有时需要进行预处理操作。Schuerch K 等人对 ECochG 使用了包含三阶段的预处理流程，这三个阶段包括去除拼接伪影、应用高斯加权平均方法增加信号的信噪比、使用带通滤波器滤波以目视分析。Andonie R R 等人提出了一种对术中 ECochG 信号进行实时自动分析的框架。该框架使用基于自主线性状态空间模型（ALSSM）的算法实现了对 ECochG 的噪声抑制和伪迹去除，并从中提取了局部振幅、相位估计、对记录中生理反应存在的置信度度量等特征。van Gendt M J 等人提出了一个模型，通过结合两个现有模型（模拟毛细胞激活的外周模型、模拟耳蜗中电流传播的三维容导模型）进行耳蜗内 ECochG 记录的模拟，能够重现从搭载人工耳蜗患者的耳蜗内毛细胞响应中观察到的模式。这种方法可能用于 ECochG 的数据增强。

从 ECochG 提取的特征可以帮助识别疾病。Pereira D A 等人提取 SP/AP 比率以评估 ECochG 与梅尼埃病诊断标准之间的相关性。结果表明，该特征能够区分健康个体和可能患病个体或已患病个体，但无法证明可能患病个体和已确诊个体之间的差异，因此该特征可在梅尼埃病的早期识别中发挥一定作用。此外，ECochG 可用来分析听觉保留 / 受损情况，在人工耳蜗植入术中作为监测工具被广泛使用。Schuerch K 等人比较了分析 CM 成分的三种方法，即相关性分析法、霍特林 T^2 检验法和深度学习法，其中深度学习算法在监测残余内耳功能的任务上取得了最佳性能。Sijgers L 等人从 ECochG 反应中提取了包含 DIF 反应和 SUM 反应的振幅和相位特征在内的，与听觉保留 / 损失相关的 14 种特征，发现基于这些特征训练的 SVM 和随机森林分类器无法区分出听力损失和听力保留的情况。Wijewickrema S 等人提取了 CM 和 ANN 信号的振幅和相位、CM 和 ANN 振幅的比值、CM 振幅相对于信号中前一个峰值的比例、距离前一个峰值的时间，以及包括当前实例和之前 4 个实例在内的 CM 振幅的变异系数（标准差 / 均值）等特征，并使用这些特征检测听力损失。Haggerty R A 等人使用深度学习检测神经对低频声音的反应是否存在，并使用数学模型来量化神经和毛细胞对 ECochG 反应的贡献比例（图 4-2-19）。

二、生物光信号处理技术

生物光信号是一种由生物产生或与生物相互作用的光信号，涉及利用光学方法来探测和分析生物体信息。例如，近红外光谱（Near-Infrared spectroscopy，NIRS）、功能性近红外光谱（functional Near-Infrared spectroscopy，fNIRS）、漫射光学成像（Diffuse optical imaging，DOI）、事件相关光信号（Event-related optical signal，EROS）、光学分子成像（Optical Molecular Imaging，OMI）等技术，这些技术可通过光研究生物活动，是一种了解生物信息的有效途径。

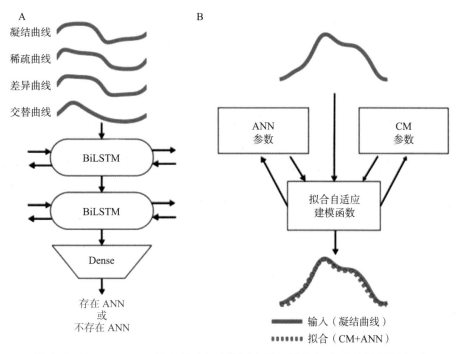

图 4-2-19　Haggerty R A 等人提出的深度学习模型（A）和数学模型（B）

（来源：Haggerty R A, Hutson K A, Riggs W J, et al. Assessment of cochlear synaptopathy by electrocochleography to low frequencies in a preclinical model and human subjects[J]. Frontiers in Neurology, 2023, 14: 1104574.）

　　不同的生物光信号技术具有不同的数据形式。这些数据形式可以包括光强度变化、光散射变化、荧光强度图像等，用于推断血氧水平、脑活动、组织结构和生物分子的分布和活动。这些数据对于研究生物体的生理和功能具有重要意义。

　　NIRS 是一种通过测量大脑或组织中的近红外光吸收和散射来推断血氧水平和代谢活动的非侵入性技术。NIRS 数据通常包括两个波长（通常是近红外光）的光强度变化。其数据形式可以是原始光强度变化，也可以是经过处理的血氧水平和脑活动指标。fNIRS 是一种用于测量脑血氧水平和脑活动的技术，类似于 NIRS。fNIRS 数据通常包括多个波长的光强度变化，可以用于推断脑血氧水平、脑血流和脑活动。其数据形式可以是原始光强度变化，也可以是经过处理的血氧水平和脑活动指标。DOI 是一种通过测量组织中的散射和吸收光来推断组织结构和功能的技术。DOI 数据通常包括多个波长的光强度变化和光传输参数（如散射和吸收系数）。其数据形式可以是原始光强度变化，也可以是经过处理的组织结构和功能指标。EROS 是一种通过测量组织中的光散射变化来推断脑活动的技术。EROS 数据通常包括在特定刺激或任务下的光散射变化。其数据形式可以是原始光散射变化，也可以是经过处理的脑活动指标。OMI 是一种利用荧光探针和光学成像技术来可视化和定量分析生物分子在组织中的分布和活动的技术。OMI 数据通常包括荧光强度图像或荧光强度变化，可以用于研究生物分子的表达和代谢活动。

　　一个典型的生物光学信号的应用包含预处理、分析、特征提取、解码、分类（根据研究目的还可能是聚类回归等）等步骤，如通过机器学习方法分析 OMI 信号的标准流程图见图 4-2-20。

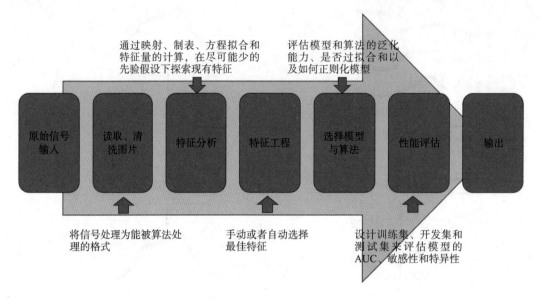

图 4-2-20　机器学习应用于 OMI 的标准流程图

（来源：An Y, Meng H, Gao Y, et al. Application of machine learning method in optical molecular imaging: a review[J]. Science China Information Sciences, 2020, 63: 1-16.）

1. 预处理

采集到生物光学信号之后首先要进行一定的预处理，目的是提升数据的可用性与可靠性，从而为后续分析和解释奠定基础。

生物光学信号如近红外光谱（NIRS）和事件相关光信号（EROS），常受心跳、呼吸引起的生理噪声及电子设备干扰等环境噪声的影响，为了准确地从这些噪声中提取有用的信号，需要进行一定的处理。去噪过程通常涉及使用低通、高通或带通滤波器，其中带通滤波器尤其有效。这种滤波器能够允许信号在特定的频率范围内传递，同时滤除该范围之外的噪声，如 NIRS 可设置带通滤波器仅允许 0.01~10 Hz 的频率通过，DOI 设置 0.01~100 Hz 的带通滤波器，便可有效去除较快的电子噪声和较慢的生理变化。而 EROS 的频率和具体的刺激方式有关，如听觉刺激可以使用 1~10 Hz 的带通滤波器，视觉刺激可以使用 0.1~1 Hz 的带通滤波器。去伪影是去噪的另一种有效的手段，可有效处理信号采集过程中由仪器限制和外界因素（如头部运动）引入的非生理伪影。独立成分分析（ICA）是一种广泛应用的去伪影技术，通过分析多个信号源的统计独立性来识别并去除这些伪影。ICA 特别适合处理由头部运动等引起的复杂信号混合，能有效分离出纯净的生理信号。Canny 边缘检测算法可用于识别光学图像中的边缘部分，有助于后续的图像分割和内容解析。

除了这些相对比较通用的预处理手段之外，一些信号可能会有一些领域内独特的处理方式。例如，Sullivan 等人使用空间频率成像（Spatial frequency-domain imaging，SDFI）的方法，显示出了清晰的 DOI 图；Sullivan 等人将多个频率投射到样本上，捕捉反射的光强度，每个照明频率在三个相位下被成像，然后进行解调和校准，以产生反射密度，最后使用蒙特卡洛光传输模型和查找表对每个像素的反射密度进行拟合，以得出光学属性图。

由于不同个体间的生理差异可能导致生物光信号强度存在显著差异，所以归一化处理也是预处理中的一项常用技术，它可将来自不同个体的数据转换到统一标准，以便于比较和分析。常见的归一化方法包括最小 - 最大标准化和 Z 得分标准化，有助于消除个体间的基线差异。值得注意的是，这些处理方式都会不同程度地改变原始信号，可能会移除信号中的某些重要信息。因此，在应用这些技术时，需要精确控制参数，并根据具体的实验条件和信号特性权衡如何使用这些技术。

2. 分析

对生物光信号进行分析有助于加深对信号的理解。分析技术可以大致分为时间序列分析和频域分析两类。

时间序列分析主要研究信号随时间的变化特征和大脑活动的动态过程。这方面的技术包括自相关分析和互相关分析。其中自相关分析有助于识别信号中的重复模式或周期性波动，而互相关分析用于比较两个时间序列的相似性和时延，如神经反应的持续时间和强度变化。例如，NIRS 设备可以发出特定波长的近红外波，然后测量该光信号经过大脑组织反射后的光强度，通过分析采集到的信号的时间序列，可以得到大脑血氧饱和度和光密度的变化数据；fNIRS 则是一种特别用于测量大脑活动的 NIRS 技术，其通过监测大脑不同区域在进行特定任务时血液中氧合和非氧合血红蛋白的变化，可以推断大脑的功能活动。图 4-2-21 展示了大脑不同部位对呼吸憋气刺激的活动变化，可以用于确定在响应某种脑部活动（如憋气引起的 CO_2 浓度变化）时，不同脑区之间反应延迟的时间差异。

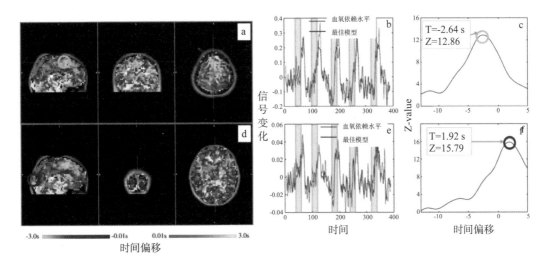

图 4-2-21　fNIRS　分析样例

（来源：Tong Y，Bergethon P R，Frederick B B. An improved method for mapping cerebrovascular reserve using concurrent fMRI and near-infrared spectroscopy with Regressor Interpolation at Progressive Time Delays（RIPTiDe）[J]. Neuroimage，2011，56（4）: 2047-2057.）

频域分析则专注于生物光信号的频率分布和变化，常用的有功率谱密度分析和频率响应分析。功率谱密度分析是频域分析中最基本的方法之一，用于估计信号在各个频率成分上的功率分布，可以揭示生物光信号中不同频率成分的能量分布。频率响应分析关注信号对于周期性或频率变化刺激的响应，适用于探索如何在复杂的认知或物理任务中协调不同的脑区活动，如高密度漫射光学层析成像技术（High-density diffuse optical tomography）技术能够通过高速成像跟踪和分析大脑活动的细微变化，从而洞察大脑如何在执行复杂任务时，不同脑区之间相互作用和协同工作。

综合运用不同的分析方法能够帮助理解生物光学信号背后的复杂机制，为进一步应用生物光信号到不同领域奠定良好的基础。

3. 特征提取

生物光信号常使用特征提取来从原始数据中提取简明、有意义的信息。传统的特征提取方法可以使用一些简单的数学方法获取一些数据的简单信息，这些特征是信号的基本统计参数，如均值、方差、和偏态等，这些参数为信号提供了基本描述。均值反映信号的平均水平，方差描述信号值的波动程度，偏态则表明信号分布偏离正态分布的程度。更进一步的，可以使用一些数据降维技术减少数据的维度，并尽可能保留数据中的重要信息。如在 NIRS 数据分析中，可以利用主成分分析（PCA）、非线性主成分分析（NLPCA）和独立成分分析（ICA）等方法提取特征，这些特征有助于区分不同的大脑活动事件或状态，可用于分类等有关的下游任务。这类特征能够给出信号的整体特性，适用于初步分析和快速筛选。通过深度学习进行特征提取是一个逐渐兴起的领域，深度学习模型如 ResNet、Transfomer 等结构可首先在大型数据集上训练，获取一个能够提取出数据特征的模型，然后将该模型作为特征提取器，用于不同的下游任务。

DeepGlioma 结合了人工智能和生物光学信号，首先在公共的数据集上进行预训练，获取一个特征提取器，随后构建出一个预测系统，该系统能够预测世界卫生组织用于定义成人型弥漫性胶质瘤分类的分子变化，平均分子分类准确率达 93.3%。Gratton 等人首先计算 EROS 之间的一致性，即计算每个被试 EROS 时间过程波形与所有其他被试的平均波形之间的相关性，从而确认信号的可靠性和重复性。具体来说，首先对每个被试的一致性指数进行 Fisher 变换，然后计算这些变换值的平均值和标准差。一致性指数在 0.4 以上的 7 名受试者用灰色表示；一致性指数低于 0（"异常值"）的受试者用白色绘制，可见受试者之间存在较强的一致性。

总之，特征提取一方面将复杂的原始数据进行了简化，另一方面保留了易于被识别的信息，为后续解码和分类工作提供了辅助作用。

4. 解码

解码技术可将生物光信号中提取的特征转换为具体的生物学信息。这一过程的目的不尽相同，有的是为了对生物光信号进行分类，有的是为了检测异常值。机器学习和深度学习是这一步骤的主要技术，可以用于揭示生物光信号与具体现象之间的关联。表 4-2-1 展示了不同研究人员对于解码各种生物光信号的应用。

表 4-2-1　不同研究人员对解码各种生物光信号的应用

相关人员	生物光信号	主要工作	主要技术
多伦多大学 Kelly Tai 等人	NIRS	利用 NIRS 检测认知过程，从而帮助运动障碍患者恢复健康	SVM，线性判别分析
荷兰飞利浦研究所 Rami Nachab′e 等人	DOI	使用 500~1600 nm 波长范围的漫射光学光谱技术，分析乳腺组织样本，以区分不同类型的组织	分类回归树
贝克曼研究所 Tse 等人	EROS	使用 EROS 技术探索在处理语义和语法异常句子时，大脑中左侧上 / 中颞皮层（S/MTC）和下额前皮层（IFC）之间的快速相互作用	回归分析

近年来，使用 OMI 进行病灶分割逐渐兴起。Roy 等人通过使用类 U-Net 的深度学习网络，在 OCT B-scans 上分割视网膜内液囊肿和视网膜下液。U-Net 是一个被广泛证明有效性的神经网络，可被用于图生图、边缘检测等工作，在小数据集上也能展现出不错的性能，被广泛用于医疗图像分割等领域。图 4-2-22 展示了 U-Net 网络的模型结构，此类模型首先将图片逐渐压缩，然后将图片扩张到原本的大小，同时将左侧的特征通道和右侧的特征通道进行拼接，从而避免让信息在压缩过程中被丢失。

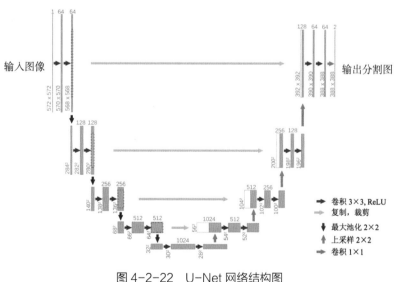

图 4-2-22　U-Net 网络结构图

（来源：Ronneberger O，Fischer P，Brox T. U-net：Convolutional networks for biomedical image segmentation［C］. Medical image computing and computer-assisted intervention–MICCAI 2015：18th international conference，Munich，Germany，October 5-9，2015，proceedings，part Ⅲ 18. Springer International Publishing，2015：234-241.）

这些研究通常采用机器学习、深度学习及回归分析等方法，将生物光信号与特定的生物学过程或现象相关联。这些技术在疾病恢复、生态监测、神经科学研究等多个领域中发挥重要作用。

5. 分类

将难以直接理解的生物光信号进行分类是很多生物光信号应用的目标。目前有很多相关工作使用生物光信号获取某些信息。

对生物光信号进行分类主要依靠监督学习技术。此类算法能够通过学习训练数据与数据对应的标签，以及其之间的联系，有效地将新的信号样本分类到预定义的类别中。

在分类技术中，机器学习方法如支持向量机（support vector machine，SVM）、最近邻算法（K-nearest neighbors，KNN）和随机森林（random forest，RF）被广泛用于解码生物光学信号。这些技术基于统计学习原理，通过构建数学模型对生物光信号进行处理。如分别使用 SVM、KNN、人工神经网络等不同方法，结合先前提到的特征提取方式，对获取到的 NIRS 信号进行分类。

深度学习是另一类方案，通过卷积神经网络（CNN）、ResNet 和 transformers 等，构建深层网络自动学习数据的高级特征。例如，CNN 特别适合处理具有空间层次结构的数据，其卷积层可以有效捕捉局部特征，再通过汇聚层逐步抽象这些特征，以形成更全面的数据表示。这使得 CNN 在解析生物光学图像数据时尤为有效，而且 CNN 具有灵活、易扩展的特点，可以根据任务设置不同的结构。

OMI 可用于疾病分类。如 Lee 等人通过 VGG 网络通过对十万张光学相干断层扫描 B 扫描（Optical Coherence Tomography Brightness scan，OCT B-scan）获取的图片进行训练，然后对年龄相关性黄斑变性（age-related macular degeneration，AMD）的图像进行分类，从而使用 AI 自动判别疾病类型。该实验取得了优异的结果（AUC 0.97）。

机器学习和深度学习在解码中的主要优势在于能够处理复杂的非线性关系，并可根据目的灵活调整模型结构。然而，这些技术也存在挑战，如需要大量的训练数据来支持模型的学习，计算成本相对较高，过度依赖复杂模型可能会导致"黑箱"问题（即模型的决策过程不够透明）等。

三、生物声信号处理技术

下面主要对生物声学信号处理技术与研究进展进行分析总结，涉及语音、心音、肺音、振动关节造影、耳声发射和声纹识别。

（一）语音

目前，对于生物声信号的研究正处于高质量发展阶段，其中语音信号研究是最引人注目的方向之一。语音信号处理技术包括特征提取、建模、模型评估等技术，其中语音信号相关技术的结构如图 4-2-23 所示。下面主要介绍目前正在使用的一些预处理、特征提取与建模技术。

预处理技术的基础步骤主要包括四步：①模数转换：将声信号通过模数转换器（ADC）转为数字信号，依据应用场景选择合适的采样频率。②预强调：增强高频率，采用 FIR 滤波器补偿频谱，提升信号特征。③分帧：将信号切分为短帧，因语音非平稳，分帧的思想基于局部平稳性的假设。④窗口化：应用如汉明窗或矩形窗平滑帧边界，增强谐波并消除信号突变。

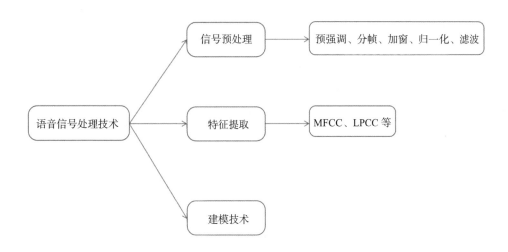

图 4-2-23　语音信号相关技术结构图

另外，预处理技术还有一些增强的方法：①归一化：用于增强泛化性。②降噪：目的是抑制干扰信号，提高数据质量，Garg 等系统分析了语音识别中的降噪技术，包括线性滤波器（如 Wiener 滤波器、ALE 滤波器等）及基于机器学习的降噪方式如隐马尔可夫模型（HMM）。③语音活动检测：用于获取或定位语音信号的端点，移除语音样本中大量的无声帧或者浑浊帧。

目前被广泛使用的语音信号中的特征提取技术有梅尔频率倒谱系数（MFCC）与线性预测倒谱系数（LPCC）。MFCC 特征提取的简要流程及特点如下：①快速傅里叶变换：帧时域信号转频域，计算短时谱。② Mel 滤波器组：频谱通过 Mel 尺度滤波器，模仿人耳响应，低频密高频疏，重点关注低频。③对数处理：增强人耳对数感知特性，减小动态范围。④离散余弦变换：滤波器输出做离散余弦变换，获取 cepstral 系数，前几项即 MFCC。这里提及的步骤没有说明前置操作，但实际是包含信号处理的预强调、分帧、加窗操作（图 4-2-24）。MFCC 逼近人耳对语音的处理，压缩高效，但缺点是对噪声和口音敏感，会丢失部分时序细节。

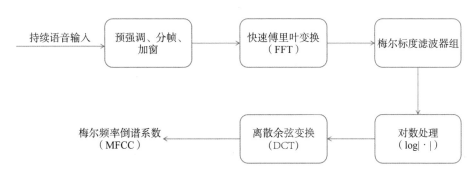

图 4-2-24　MFCC 特征提取流程

（来源：Alim SA，Rashid NKA. Some commonly used speech feature extraction algorithms. London，UK：IntechOpen. 2018.）

LPCC 是基于 LPC 的特征提取技术，其提取流程与 MFCC 的类似，只是在分帧后计算了自相关系数，并得到一组 LPC 系数，随后再做倒谱分析。LPCC 的优点有是线性预测，结构比较简单，计算效率较高，缺点为不是人耳的模拟，在感知匹配上不直观，并且也对噪声敏感。

MFCC 基于梅尔滤波器组和倒谱分析，更符合人耳的听觉特性，适用于语音识别等需要模拟人类听觉的场景。LPCC 基于线性预测模型，侧重于语音信号的生成模型，更直接地反映了声道的物理特性。相较而言，MFCC 抗噪能力强于 LPCC，但 LPCC 能保留更多声道特性，适合需要精确反映声道特性的场合。除了 LPCC 与 MFCC，DWT、LSF 和 PLP 等特征提取技术也正在被广泛应用。

建模技术主要包括模式识别方法、深度学习方法，其结构如图 4-2-25 所示。

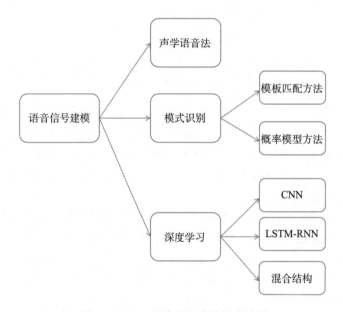

图 4-2-25　语音信号建模技术简图

语音信号中的模式识别方法主要指识别、分类语音信号中的特定模式，然后将未知的语音做模式比较，进而完成特定任务的方法。模式识别主要有两种方法：一种是基于最佳匹配思路的模板匹配方法，这种方法实现思想比较简单，但需要预定义模板集，灵活性不高，成本比较大。另一种方法是基于概率模型的方法，如 HMM。HMM 是处理序列数据时广泛应用的一种概率统计模型，它描述了一个马尔可夫过程，其中状态序列不可直接观测。该模型有两个主要任务，一是估算给定观测序列条件下，最有可能的隐藏状态序列，二是学习模型本身的参数，即状态转移概率和观测概率，这些概率函数共同定义了模型的行为。具体而言，HMM 假设每一个隐藏状态能够生成一组可观测的标记，并且每个状态转移及状态到观测都遵循特定的概率分布。利用已知的观测数据和 HMM 的结构可以进行解码，如采用 Viterbi 算法找到最可能的隐藏状态路径。HMM 的优点是基于概率统计模型，无须人工设计复杂的手工特征，也相对灵活，可以扩展状态数量，缺点是在长时依赖上建模能力不足，使其表达能力受限。

随着深度学习技术的发展，尤其是循环神经网络（RNN）、长短时记忆网络（LSTM）及 Transformer 等模型的出现，在捕捉长距离依赖性和学习复杂特征表示方面表现出了更强的能力。卷积神经网络（CNN）常用于图像领域，也可稍作改动用于信号数据的建模。CNN 具有局域性信息的充分挖掘、权值共享、池化降维增强泛化能力等优点。Abdel-Hamid 等研究表明，使用 CNN 对语音时序数据建模有很好的效果，可以显著降低平均错误率。CNN 在语音信号上的建模分 3 步：一是信号预处理与特征提取，这一步会得到一些高级特征，对于语音任务来说，CNN 的输入可以是 MFCC；二是构建 CNN 网络，语音任务中，一维卷积在卷积结构中占比会更大；三是训练与评估调优。

RNN 通过循环连接机制保留历史信息，能够在处理序列数据时利用先前输入的信息，从而捕捉和处理时序依赖，但 RNN 容易遇到梯度消失和爆炸问题。LSTM 作为改进，通过精心设计门控机制缓解这个问题，这使得 LSTM-RNN 架构成为语音信号建模及其他时序任务领域的优选方案。de Andrade 等在谷歌语音命令数据集（Google speech command dataset）上构建 RNN 网络，使用了 MFCC 特征，结合注意力机制得到了95.6% 的准确率。

混合结构的思路是结合各基本模型的优势，如 ANN 结合 HMM、CNN 结合 BiLSTM。在 ANN-HMM 结构中，对于信号处理得到的初级特征利用 ANN 学习更适合任务的特征向量，然后利用 HMM 对时序建模。ANN 提高了特征表示的质量，而 HMM 则有效处理了这些特征的时间结构，二者结合提升了对序列数据的理解和预测能力。类似地，CNN 发挥其强大的局部特征提取能力，处理语音信号中的空间或时频域特征，双向长短期记忆网络（BiLSTM）捕捉序列的前后上下文信息。CNN-BiLSTM 组合的这种结构在许多序列分析任务中表现出色，增强了对序列中长距离依赖性的理解和建模。

（二）心音

心音信号（heart sound signals，HSS）是从胸部区域记录的一种声信号。对心音信号的处理有分离心音与肺音、信号分析建模两个技术核心。

由于心音信号、肺音信号是非平稳和非线性的信号，并且这两个信号的时域频域混叠，因此这项信号分离任务有很大的挑战性。主要的分离算法有截止频率的高通滤波、自适应滤波、小波去噪算法、时频滤波、调制滤波、盲源分离（BSS）技术和独立成分分析（ICA）等。

自适应滤波的处理过程是迭代的，随着每次迭代，自适应滤波器都会根据当前的误差信号 e（n）更新其参数，使下一次迭代时的误差更小。这个过程一直持续，直到达到一定的收敛条件为止。

早在 1981 年，Gavriely 等使用截止频率为 50~150 Hz 的高通线性滤波器把肺音提取出来，但是肺音的低频成分有一部分被丢弃了。在 2007 年，Tsalaile 等使用自适应线性增强滤波，该方法能较好地分离出低信噪比的喘息噪声。但肺音在心音和肺音混合信号中的功率需要更高。Hadjileontiadis 等提出基于小波变换的平稳 - 非平稳（WTST-NST）

滤波器。

在时频滤波算法中，主要是心音定位结合时频分析的算法。Pourazad 等提出的算法分两个阶段实现，先用小波变换定位心音，再在时域中取出这些定位到的心音模式，有效分离心音和肺音。

Falk 等提出一种调制滤波法，通过分析心音与肺音频谱差异，借助调制频率和声学频率对呼吸声进行频谱 - 时间变换，两次变换后所得信号的频谱 - 时间表示能揭示频谱成分的变化速率，显著提升滤波效率与处理速度。

在独立成分分析技术中，使用来自胸部两个不同位置的传感器同时记录声音信号，并在两个频谱图上应用 ICA 算法，得到两个信号的独立频谱图，然后利用逆 STFT 算法对分离后的信号进行重构。盲源分离和独立成分分析技术很类似。

当心音信号经过上述的一些分离算法从肺音中分离出来后，往往还有一些电磁干扰与呼吸音等，需要去噪。心音去噪算法包括离散小波变换（DWT）、自适应滤波去噪、奇异值分解（SVD）等，和心音肺音分离使用的技术基本相似。心音去噪完成后进行分割操作，分割的主要目的是找到心音的开始和结束，包括对第一心音、第二心音、收缩期和舒张期进行分割。目前，用于心音分割的方法主要有隐马尔可夫模型（HMM）、小波变换（WT）、相关系数矩阵等（表 4-2-2）。

表 4-2-2　部分心音分割工作

年份	作者	方法	数据集	结果
2019	Oliveira 等	HSMM-GMM	PhysioNet、PASCAL 和一个由 29 个心音组成的儿科数据集	F-score：92%
2019	Renna 等	HSMM-CNN	PhysioNet	灵敏度：93.9%
2018	Belmecheri 等	相关系数矩阵	21 个干净心音数据集	灵敏度：76%
2018	Alexander 等	HMM	PhysioNet、PASCAL 中的 3240 条 PCG 记录	灵敏度：90.3% 特异度：89.9%
2017	Varghees 等	EWT	PhysioNet、PASCAL、Michigan、general medical 和实时 PCG 信号	灵敏度：94.38%
2017	Liu 等	HSMM	8 个独立的心音数据库中的超过 12 万条心音记录	F1：98.5%

心音特征提取的常用技术有 DWT、连续小波变换（CWT）、短时傅立叶变换（STFT）和梅尔频率倒谱系数（MFCC）。心音信号建模技术有 HMM、支持向量机（SVM）、人工神经网络（ANN）、k 近邻（kNN）等。Wu 等使用卷积神经网络在

PhysioNet 数据集（2575 正常心音和 665 正常心音）上 10 折交叉验证结果中，精确度达到了 89.81%。Gharehbaghi 等使用 DTGNN 在 130 条心音记录上得到了特异度 86%、灵敏度 83.9% 的效果。Abduh 等也在 PhysioNet 数据集上得到 95.50% 的精确度。心音的深度学习分类方法已经取得了可观的成效。

（三）肺音

肺音信号（lung sound signals，LSS）同心音信号一样来自于胸部区域。对肺音信号的处理同样有分离心音与肺音、信号分析建模两个技术核心。肺音信号与心音信号在滤波处理十分相似。对于肺音特征提取，常用的相关算法包括自回归模型算法、功率谱密度算法、梅尔频率倒谱系数法、离散小波分解法、小波包分解法、线性预测倒谱系数及希尔伯特黄变换等。在肺音建模上，2017 年，Li 等使用深度神经网络与隐马尔科夫模型相结合构建组合模型 DNN-HMM，基本区分了正常和异常的肺音。2019 年，Ma 等在肺音信号识别方面使用小波变换和短时傅里叶变换进行特征提取，并将其应用于双向 ResNet 网络结构中。2022 年，Hamdi 等提出了一种基于深度学习的架构，该架构将 CNN 和 LSTM 与注意力机制相结合，用于构建分类模型。目前，肺音信号处理总体趋势是逐渐转向人工神经网络发展，并且特征提取更注重时频域，特征融合方式复杂化。

（四）振动关节造影

1986 年，McCoy 等引入了一种称为振动关节造影（VAG）的非侵入性廉价技术。关节运动产生振动信号，部分振动能量转化为空气中的可探测关节声，形成生物声信号。膝关节骨性关节炎（KOA）患者的 VAG 信号与健康人群差异明显，这成为诊断 KOA 的依据。下面主要阐述振动关节造影在膝关节疾病诊断方面的相关技术与研究进展。

VAG 信号预处理需消除基线漂移、随机噪声及肌肉干扰等伪影。基线漂移常由腿部颤抖引起，随机噪声源于电路热效应。预处理技术涉及固定与自适应滤波。Noor 等采用 10 ~720 Hz 的 Butterworth 四阶滤波器及小波去噪以净化信号。Cai 等研究了级联移动平均滤波器去除基线漂移。而 Wu 等人则在 2014 年提出结合经验模态分解（EEMD）和去趋势波动分析（DFA）算法，去除 VAG 信号中的伪影。

对 VAG 信号的特征分析主要有时域分析、频域分析、时频域分析三类。

在时域分析中，VAG 信号按角度分割，进而分析各段特性。2008 年，Rangayyan 等通过形式因子、峰度、熵、偏度等特征描述 VAG 信号，这些指标能反映信号变化、不对称性及峰值趋势，利于区分健康与异常状态。Mascaro 等发现振幅与持续时间对于鉴别 KOA 与健康膝盖有效。Olowiana 等则通过均方值与方差，评估 VAG 信号的可变性。

在频域分析中，VAG 信号的频率分析常使用傅里叶变换。Reddy 等人在 100~500 Hz 范围内检测到膝关节加速信号的平均功率有显著差异。2014 年，Baczkowicz 等人对髌骨关节疾病进行了广泛研究（图 4-2-26）。

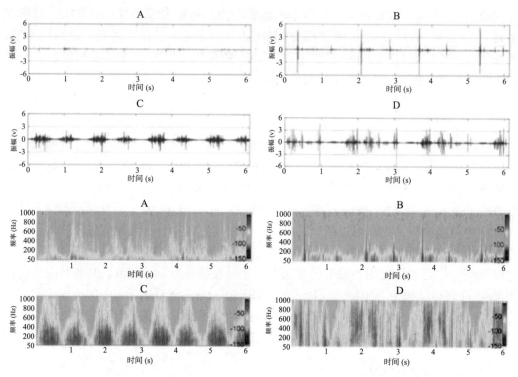

图 4-2-26　四种关节条件下的 VAG 时间域波形及其各自的频谱图

（来源：De Tocqueville S, Marjin M, Ruzek M. A Review of the Vibration Arthrography Technique Applied to the Knee Diagnostics［J］. Applied Sciences, 2021, 11（16）: 7337. ）

　　VAG 是非平稳信号，使用傅里叶变换难以表现随着时间推移信号的变化特征，所以常在时频域分析 VAG 信号。VAG 信号最常用的时频分析技术有短时傅里叶变换、维格纳维尔分布（Wigner Ville Distribution）和小波变换（WT）。

　　一般采集 VAG 信号的目的是用于对正常群体与患病群体进行分类。Befrui 等利用线性支持向量机区分无症状膝关节和骨性关节炎膝关节，最终得到特异性和敏感性分别达 80% 和 75% 的效果。Kim 在时频域上对 VAG 信号进行分析，得到区分正常和异常膝关节的最大精确度为 95.4%，精确度为 91.4%（±1.7）的效果。总之，VAG 的处理以时频域处理为主，信号处理技术总体上和其他时序信号的处理类似。

（五）耳声发射

　　耳声发射（otoacoustic emissions，OAE）是产生于耳蜗，经听骨链与鼓膜传导释放到外耳道的音频能量。在临床上，耳声发射检测包括畸变产物耳声发射（DPOAE）、瞬态声诱发性耳声发射（TEOAE）。二者用于听力检测，判断正常与否的依据主要都是信噪比是否达到一定水平，一般信噪比大于 6 时判定为耳声发射检测通过。由于这项技术操作简单、安全稳定、十分准确，所以历史上一直是收声设备采集后直接进行人工分类，没有复杂的处理技术。近年来，有一些工作尝试提取手工特征使 OAE 判别过程自动化，下面进行简单介绍。

基于主成分分析 PCA 估计并通过递归图分析（Recurrence Quantification Analysis，RQA）方法进行的 TEOAE 信号统计分析方法，是早期识别存在听力损失（HL）受试者的手段。PCA 是一个统计学过程，它通过使用正交变换将一组可能存在相关性的变量的观测值转换为一组线性不相关的变量的值，转换后的变量就是所谓的主分量，主要用于降维。RQA 是一种用于分析时间序列数据的方法，特别是离散时间序列数据，主要用于研究时间序列中的重现性和模式。

2022 年，Giovanna 等定义了一个参数 RAD2D，它考虑了从主成分参考系统原点的欧几里得距离，作为一个能够区分正常与病理性信号的阈值参数。TEOAE 可重复性（WWR 值）与 RAD2D 值的结合使用，对于两种病理条件，即噪声性听力损失（NIHL）和年龄相关性听力损失（ARHL）而言，在敏感性和特异性方面均获得了很好的分类效果。

（六）声纹识别

声纹识别是根据待识别语音的声纹特征识别该段语音所对应说话人的过程，因此也被称为说话人识别。说话人识别可以分为说话人确认、说话人辨认、说话人检出、说话人追踪四类。其中，说话人确认与说话人辨认是最直接的议题。图 4-2-27 展示了一个基本的说话人识别系统框架。

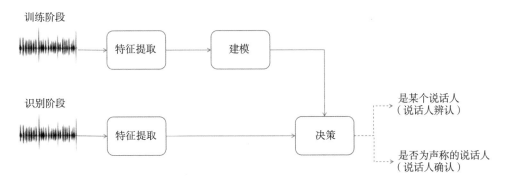

图 4-2-27　基本的说话人识别系统框架

（来源：曾春艳，马超峰，王志锋，等. 深度学习框架下说话人识别研究综述[J]. 计算机工程与应用，2020，56（7）：8-16.）

传统的声纹识别研究框架主要是高斯混合模型 - 通用背景模型（Gaussian Mixture Model-Universal Background Model，GMM-UBM）、高斯混合模型 - 支持向量机 GMM-SVM、联合因子分析（Joint Factor Analysis，JFA）、i-vector 四类。

GMM-UBM 框架分为训练和测试两个阶段（图 4-2-28）。在训练阶段，首先从数据集中提取特征，然后通过 EM 估计得到 UBM。接着，利用 MAP 估计调整 GMM。在测试阶段，先对测试语音进行特征提取，再将这些特征输入到已训练好的 UBM 和 GMM 中，计算出对数似然比，最后根据结果做出决策。这种框架的优点是能够处理复杂的语音环境，并且 UBM 提供了全局背景信息。然而，它也存在一些缺点，如对特征提取的准确性有较高要求，在长语音或噪声环境下表现可能会受到影响，信道鲁棒性较差等。

为了对抗信道鲁棒性差的问题，将 SVM 引入 GMM-UBM 框架，通过将提取的 MFCC 特征依次通过 GMM 和 SVM 来建模，从而形成 GMM-SVM 框架。

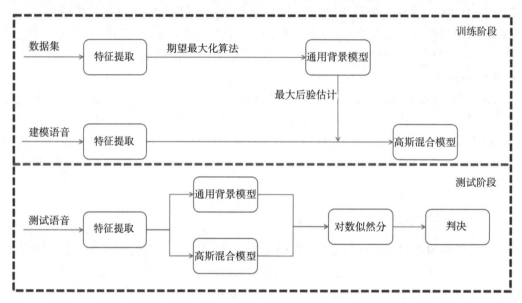

图 4-2-28　GMM-UBM 框架

（来源：曾春艳，马超峰，王志锋，等. 深度学习框架下说话人识别研究综述[J]. 计算机工程与应用，2020，56（7）：8-16.）

JFA 是一种统计建模方法，其基本思想是将观测数据分解为与说话人身份相关的因素（称为说话人因子），与通信信道、环境等非说话人特定因素相关的部分（称为信道因子），以及两部分无法明确归类的残余噪声。JFA 的核心策略侧重于保留与说话者关联的特性，同时消除信道效应，这一机制有效减轻了信道影响，显著提升了系统性能。尽管 JFA 基于特征声学空间与特征信道空间相互独立的假设，该假设虽看似合乎逻辑，但实际上忽略了数据间固有的相关性。虽然这种完全独立的分布假设简化了数学推导过程，但它不可避免地制约了模型在新情况下的适应性和泛化能力。JFA 的一个简化版本是 i-vector，其结构如图 4-2-29 所示。图中 i-vector 是被映射出的低维向量，随后经过类内协方差归一化（Within-Class Covariance Normalization，WCCN）或线性判别分析（Linear Discriminant Analysis，LDA）以及概率线性判别分析 PLDA 做信道补偿。

近些年出现了基于深度学习的特征表达，从而诞生了 DNN 结合 i-vector 的框架，以及从深度网络中进一步发展出的 d-vector、x-vector 特征。DNN 结合 i-vector 的方法如图 4-2-30 所示。不同于 UBM-GMM 框架，这里采用了一个经过语音识别任务监督训练的 DNN。DNN 在大量标注的语音数据上进行训练，学习到高度抽象且具有辨别力的特征表示。每个输出节点代表一个特定的三音素状态类别，这些类别直接与语音的发音内容紧密相关，意味着网络不仅学习到语音的一般特征，还掌握了语言的具体结构信息。

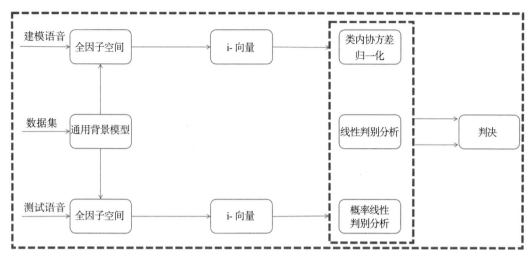

图 4-2-29　i-vector 说话人识别算法

（来源：曾春艳，马超峰，王志锋，等．深度学习框架下说话人识别研究综述［J］．计算机工程与应用，2020，56
（7）：8-16.）

d-vector 是一种基于深度学习的说话人嵌入技术，最初由 Variani 等在 2014 年提出。它通过深度神经网络（通常是卷积神经网络 CNN 或循环神经网络 RNN）从语音片段中提取高维特征向量，然后通过一个后处理步骤（如池化层）将其转换成固定长度的向量，这个向量能够捕获说话人的独特特征。x-vector 是基于深度神经网络的一种更先进的说话人表示方法，由 Snyder 等提出。它使用时延神经网络（TDNN）架构，并结合时间延迟特征捕捉长时序的上下文信息。

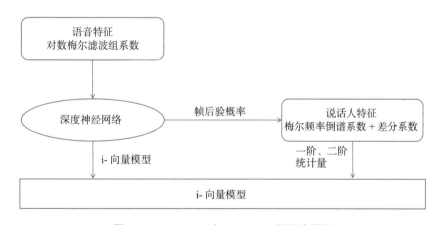

图 4-2-30　DNN 与 i-vector 的混合模型

（来源：曾春艳，马超峰，王志锋，等．深度学习框架下说话人识别研究综述［J］．计算机工程与应用，2020，56
（7）：8-16.）

四、生物磁信号处理技术

生物磁信号作为一种重要的生物信号，近年来在神经科学、医学诊断和脑机接口等领域受到了广泛关注，其非侵入性、高时空分辨率的特点使其成为研究大脑活动、心脏功能和肌肉运动的重要工具。下面主要对生物磁信号处理技术的研究现状和进展进行分析和总结。

（一）数据预处理

在通过传感器获取生物磁信号后，首先对其进行预处理。这一步尤为关键，可以去除采集到的原始信号中的无关信号，如由电线、交通等引起的外部磁场干扰，受试者本身在信号采集过程中产生的生理伪影如眨眼、心跳等，以及传感器缺陷引起的系统相关问题。常见的预处理技术包括带通滤波、尖峰滤波、主成分分析（PCA）、独立成分分析（ICA）等。

PCA 通过线性变换来最大化数据的方差，实现了数据的降维，同时保留了数据的大部分信息。而 ICA 旨在将信号分解为多个相互独立的成分，以揭示数据中的潜在结构和成分。在某些情况下，PCA 和 ICA 可以结合使用。Gómez 等利用 Lempel-Ziv（LZ）复杂度分析阿尔茨海默病患者的 MEG 背景活动时，采用 PCA 降低 LZ 复杂度结果的维数，只保留第一主成分。Breuer 等基于 ICA，利用底层源信号的先验信息优化和加速信号分解，提出了一种实时心脏伪影抑制算法，去除 MEG 中的伪影。

Xiao 等开发了一个基于光泵磁力仪（OPM）的可移动无屏蔽 MCG 系统，允许参与者自由移动。在采集到 MCG 信号后，用 0.6~45 Hz 的带通滤波器去除基线漂移和其他高频噪声，并用陷波滤波器去除 OPM 串扰和其他频率尖峰。然后采用经验模态分解（EMD）进一步降低噪声。EMD 是一种数据驱动的方法，通过将信号分解成若干个所谓的内禀模态函数（Intrinsic mode function）来分析时间序列信号。相对于其他方法，EMD 更适用于分析非平稳和非线性的自然信号。

Fred 等研究 MEG 在分析脑部疾病方面的潜在应用时，采用信号空间分离技术将从300 多个通道获取的 MEG 信号转换成不相干的基本分量，其中一个分量来自于 MEG 传感器外部源，另一个分量来自于 MEG 传感器内部。在将各变量分离后，根据传感器结构的几何形状从采集到的 MEG 信号中提取数据。这种方法的优点在于它不会改变 MEG 信号在传感器间的原始分布，在用户干预较少的情况下，信号空间分离技术与传统方法相比，能够显著提高 MEG 信号的质量。

Adachi 等提出了一种连续调整最小二乘法（CALM），降低 MEG 测量中的非周期性低频噪声，并用这种方法成功测量了白天城市重噪声下的运动相关皮质场。CALM 能降低环境噪声，并且对生物磁信号没有破坏作用。

（二）数据分析

生物磁信号分析技术主要分为时域分析、频域分析、时频域分析等。时域分析包括自相关函数、互相关函数、窗函数等；频域分析包括傅里叶变换（FT）、功率谱密度（PSD）估计；时频域分析包括短时傅里叶变换（STFT）、连续小波变换（CWT）和离散小波变换（DWT）等技术。

自相关函数通过测量信号在不同时间延迟下的自相关性，反映信号的重复性和周期性。Liu 等将 MEG 原始数据通过 ICA 分解为多个独立成分（IC）后，根据每个 IC 的时间过程计算自相关函数，进而将每个 IC 识别为心脏伪像或呼吸伪像。互相关函数通过测量两个信号之间的相互关系，分析信号之间的相关性和滞后性。Schmidt 等人对胎儿睡眠时 MCG 连续信号间互相关函数的最大值和滞后量进行了研究，并进行了全面的胎动 - 心率加速分析，这种协同作用可能改善胎儿发育障碍的诊断。

PSD 图能够显示信号在各个频率上的功率或能量密度，提供了对信号频率特性的直观理解。在信号处理中，PSD 常用于分析信号的频谱特性，帮助识别信号中的主要频率成分和频带。Gómez 等对 MEG 信号进行 PSD 分析，发现脑活动中神经源的强度随年龄的增长而下降。其中每个脑区（前部、中央、左侧、右侧和后部）和每个年龄组（儿童或青少年、年轻人、成年人）的 MEG 传感器的空间定位和平均 PSD 如图 4-2-31 所示。可以看出，总体而言，儿童或青少年群体比年轻人和成年人呈现出更高的 PSD 值，这一差异在低频范围内尤为明显。

傅里叶变换是一种将信号从时域转换到频域的数学工具，它将信号表示为不同频率的正弦和余弦波的叠加。傅里叶变换在信号处理、通信、图像处理等领域有广泛应用，用于分析信号的频域特征。而 STFT 则是傅里叶变换的一种变体，用于对非平稳信号进行频谱分析。它将信号分成多个窗口，在每个窗口上应用傅里叶变换，从而得到信号在不同时间段内的频谱信息，在时域和频域上同时观察信号的特性。CWT 将信号与一组连续变化的小波基函数进行卷积，将信号从时域转换到时频域。而 DWT 是连续小波变换的离散形式，用于对信号进行频域分析和处理。

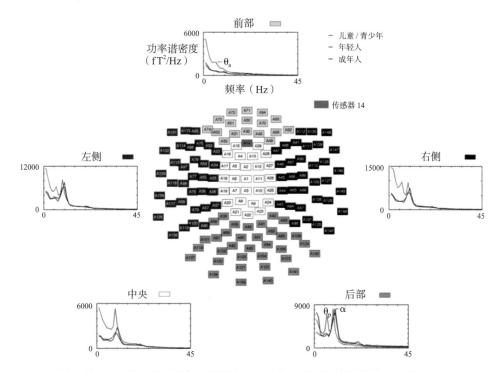

图 4-2-31　每个脑区和每个年龄组的 MEG 传感器的空间定位和平均 PSD

（来源：Gómez C M，Rodríguez-Martínez E I，Fernández A，et al. Absolute power spectral density changes in the magnetoencephalographic activity during the transition from childhood to adulthood［J］. Brain topography，2017，30：87-97.）

Arvinti 等提出了一种基于小波的基线漂移校正方法和一种用于降低 MCG 生物噪声的去噪技术，并与 Stolz 等的基于傅立叶的滤波方法进行了比较，较好地解决了基线漂移问题。Beck 等人通过比较快速傅立叶变换（FFT）和离散小波变换（DWT），以确定肱二头肌疲劳等速肌肉运动期间的 MMG 和 EMG 中心频率。

Alves 等使用连续小波变换，从 MMG 信号中自动检测肌肉活动，并与其他方法比较，在灵敏度、特异性和肌肉选择性方面表现出最佳的检测性能。如图 4-2-32 所示，从生物信号中检测事件的典型方案包括信号调节、事件检测和后处理三个主要部分。信号调节单元通过带通滤波增强事件检测，以去除运动伪影和电磁干扰；事件检测单元对感兴趣的事件信号进行监视，并在识别到事件的时刻产生警报，通常是研究的重点。

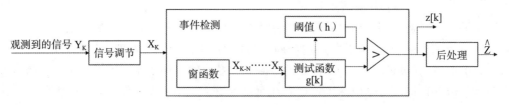

图 4-2-32　异常事件检测方案

（来源：Alves N, Chau T. Automatic detection of muscle activity from mechanomyogram signals：a comparison of amplitude and wavelet-based methods[J]. Physiological measurement, 2010, 31（4）：461.）

（三）特征提取技术

从生物磁信号中提取的特征主要包含时域特征、频域特征、时频域特征、空间特征等。

Liu 等开发了一种基于 MMG 的可穿戴设备用于手势识别，测试了八种类型的手势，分别是拍手、甩食指、掰手指、抛硬币、射击、伸腕、屈腕、握拳。从时间信号和小波包分解（WPD）系数中提取时频特征，其中包含一般数值统计量如均值、最大值和均方根，概率统计量如标准差、偏态和方差等，还有常用信号数值统计量如形式因子、脉冲因子和平均整流值（ARV）等，并采用顺序前向选择（SFS）识别显著特征，提高分类精度，缩短处理时间。

Hajipour 等从 MEG 中提取了时间均值（Time mean）、方差和形状因子等时域特征，并计算信号在各个频段的能量、平均频率（Mean frequency）和模态频率（Mode frequency）等频域特征，其中模态频率是功率谱中值最大的频率。除此之外，还分别用 Haar 小波、Daubechies 小波作为母小波进行离散小波变换，将近似系数和细节系数等作为时频域特征。

空间特征包括功能连通性（FC）和有效连通性（EC）等。FC 通常用于描述不同信号之间的关联和交互作用，反映信号之间的同步性和协同性，以揭示这些信号之间的协同活动。而 EC 通常用于描述信号之间的因果关系和信息传递路径，反映信号之间的功能性影响和调节关系。Brookes 等通过 MEG 提取 FC，将基于振荡包络的功能连通性指标与多层网络模型相结合，以获得振荡频率内部和之间连通性的完整图像，并证明与对照组相比，精神分裂症患者枕 α 带网络存在显著差异。Juan-Cruz 等使用格兰杰因果关系评估阿尔茨海默病（AD）的有效连通性，分析了 130 通道 MEG 数据集的连通性模式，得到每个被试在 5 个频带内的 GC 邻接矩阵。每组和每波段的平均矩阵被聚集起来，突出了五个大脑区域（前脑、中脑、左颞、右颞和后脑）之间的连接。AD 患者 δ 波段的整体连通性增加，这在远距离区域之间更为明显，研究结果表明 AD 会伴随有效连接异常。

（四）解码

在生物磁信号领域，解码技术通常涉及将记录的生物磁信号转换成相关的生理状态、认知过程或运动意图等信息。生物磁信号的解码技术主要包括脑机接口（BCI）、运动意图解码、认知过程解码等。

Mellinger 等人研究了基于 MEG 的脑机接口的效用，该脑机接口使用感觉运动 μ 和 β 节律的自主振幅调节，实验中六名参与者成功地通过肢体运动图像使用反馈范式来沟通二元决策，这表明了基于 MEG 的脑机接口的可行性。Greco 等同时记录了手指屈肌的 MMG 和 EMG，并使用深度学习模型进行运动分类，发现两种传感器模式都能够以 89% 以上的准确率区分手指运动。Xiloyannis 等使用 MEG 训练了一个向量自回归移动平均模型（VARMAX），以学习当前肌肉活动和当前关节状态的映射，用于控制神经假肢装置。

（五）分类

生物磁信号通常用于分类任务，如使用 MCG 或 MEG 诊断心脏疾病或脑部疾病，将信号分为健康和异常状态。生物磁信号也可用于预测某些连续性结果（患者的生理参数等），如利用 MMG 预测肌肉活动水平或力量。另外，也可以对生物磁信号进行聚类，以发现数据中的潜在群集或模式。下面主要对生物磁信号的分类任务进行介绍。在分类任务中，常用的技术包括支持向量机（SVM）、随机森林（RF）、线性判别分析（LDA）和深度神经网络（DNN）等。这些技术能够通过学习样本数据的特征和标签之间的关系，从而将新的生物磁信号样本归类到预定义的类别中。表 4-2-3 总结了一些基于 MEG 进行手势识别分类的工作。

表 4-2-3　基于 MEG 的手势识别工作

年份	作者	手势数量	分类器	结果（ACC）
2017	Guo 等	7	LDA	95.6%
2017	Ma 等	8	ANN	86.41%
2018	Booth 等	5	SVM	97%
2018	Rajamani 等	4	ANN	91.7%
2019	Cheng 等	3	LDA	87.5%
2020	Liu 等	8	SVM, KNN, LDA	90.74%

卷积神经网络（CNN）是一种深度学习模型，特别擅长处理图像数据，通过卷积层和池化层来提取图像中的特征，并通过全连接层进行分类任务。而长短期记忆网络（LSTM）是一种适用于序列数据的循环神经网络，可以捕捉序列数据中的长期依赖关系，通过门控机制控制信息的传递和遗忘，适用于时间序列数据的建模和预测。Giovannetti 等提出了一种新的 Deep-MEG 方法，将基于图像的脑磁图数据表示与 CNN 相结合，预测阿尔茨海默病的早期症状。其中 Deep-MEG 的示意图如图 4-2-33 所示，通过 MEG 记录和 MRI 扫描处理得出时间、频率和空间数据，并通过功能连通性（FC）指数来量化在两个或多个空间分离的大脑区域测量的 MEG 信号之间的统计相关性，FC 被编码为基于图像的表示。神经元群体之间复杂的通信模式由一组 FC 图像中像素值的空间排列表示，还将不同 FC 指标或子频带频率指标组合到 RGB 图像中，获得一组新的深度 CNN 特征，提高分类性能。FC 图像中的高激活或低激活模式反映了大脑网络的拓扑组织和功能，通过 AlexNet 的 CNN 层进行分层分解，根据分类任务自动选择相关特征。将多个预测模块的决策组合在一起，获得 FC 图像的变体，相对于不同的频带，用线性判别分析（LDA）或支持向量机（SVM）分类器训练一组基本预测模块，每个基分类器接收从单个 FC 图像中自动选择的相关深度特征。然后结合基本分类器的预测分数得出最终的分配。

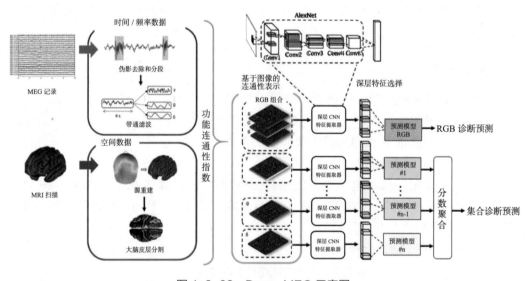

图 4-2-33 Deep-MEG 示意图

（来源：Giovannetti A，Susi G，Casti P，et al. Deep-MEG: spatiotemporal CNN features and multiband ensemble classification for predicting the early signs of Alzheimer's disease with magnetoencephalography[J]. Neural Computing and Applications，2021, 33（21）: 14651-14667.）

Han 等人开发了一种基于光泵磁强计的 MCG 系统，用于评估冠状动脉疾病（CAD）的严重程度，并使用判别分析、朴素贝叶斯、SVM、KNN 和提升树（Boosting Tree）等分类模型进行比较，最终在 SVM 上取得了最好的效果，准确率为 75.1%，灵敏度为 67.0%，特异性为 88.8%，f1 评分为 69.8%。Yeom 等人将 MEG 信号和 LSTM 模型结合，用于预测手臂运动，预测精度得到了很大提高。Tao 等将 CNN 与基于

transformer 的全局上下文块结合，从 MCG 数据中对四种心脏事件进行细粒度描述和诊断分类，其方法在事件描绘和诊断分类任务上都优于同类方法。

五、多模态生物信号融合技术

（一）常见进行模态融合的生物信号

在生物医学领域，多种生物信号经常融合在一起进行多模态研究，以获取更全面、准确的生理和病理信息。下面列举几种常见的融合在一起进行多模态研究的生物信号。

1. 脑电信号 (EEG) 与心电信号 (ECG)

这两种信号在情感识别、认知状态分析及疾病诊断等领域都有广泛应用。例如，它们可以用于研究情感状态下的生理反应，或者分析某些神经系统疾病与心脏功能之间的关系。

2. 脑电信号（EEG）与肌电信号（EMG）

EEG 与 EMG 的融合研究常用于运动神经生理学、康复医学和人机交互等领域。通过同时分析大脑的电活动和肌肉的电活动，可以深入了解运动控制的神经机制，评估肌肉功能和疲劳状态。

3. 光学信号（如 fNIRS）与脑电信号（EEG）

fNIRS 与 EEG 的融合研究能够提供互补的信息，用于更深入地了解大脑的功能和活动。fNIRS 能够测量大脑的血氧水平变化，而 EEG 能够记录大脑的电活动，两者结合有助于揭示大脑活动的神经血管耦合机制。

4. 脑电信号（EEG）与功能磁共振成像（fMRI）

EEG 的高时间分辨率与 fMRI 的高空间分辨率相结合，可以提供对大脑活动的全面理解。这种融合研究在神经科学、神经精神疾病诊断及脑机接口技术等领域具有广泛应用。

5. 呼吸信号（RSP）与运动捕捉数据

呼吸频率和深度与人的情绪状态、身体活动和健康状况密切相关。运动捕捉数据可以精确记录身体各部位的运动轨迹和姿态。两者融合可以研究呼吸与身体运动之间的协调关系，如在舞蹈、体育运动或康复训练中的应用。

6. 语音信号与面部特征

虽然这不是典型的生理信号融合，但在多模态情感分析和人机交互中，结合语音信号（如音调、语速）和面部特征（如表情、面部肌肉运动）可以大大提高情感识别的准确性。

（二）多模态生物信号融合技术

根据目前已有的研究成果来看，多模态生物信号的融合技术主要分为数据级融合、特征级融合、决策级融合、模型级融合四种。

常见的特征级融合策略是将全部模态的数据进行特征提取后，融合为一个特征向量，再送入一个分类器中，如 Emerich S 等人在情绪识别任务中利用长度归一化的语音情感特征和面部表情特征，将它们构造一个特征向量。这种方法虽然提高了性能，但是这种直接拼接构造的新特征空间不够完备，当特征维数过高时，性能可能会下降。为此，Yan J 等人提出了一种基于稀疏核降秩回归（SKRRR）特征级融合策略。SKRRR方法是传统降秩回归（RRR）方法的非线性扩展，将预测量和响应特征向量分别通过两个非线性映射映射到两个高维特征空间中进行核化。而 Mansoorizadeh M 等人提出了一种异步的特征级融合方法，即在单个信号测量之外创建一个统一的混合特征空间，通过语音韵律和面部表情识别基本的情绪状态。

决策级融合所采用的融合策略有基于统计学规则、枚举权重、自适应增强、模糊积分等。同时使用枚举权重和 adaboost 两种不同决策级融合策略比较情绪识别效果，在公开数据集 DEAP 及在线应用均取得不错的效果。模糊积分是关于模糊测度的实函数的积分，相比于其他融合方式，模糊积分融合能显著提高情绪识别的准确性。

在模型级融合中，利用两个堆叠的受限玻尔兹曼机构建深度置信网络，分别以手动提取的脑电和眼动特征为输入，学习两者的共享表示。目前模型级融合主要采取的策略是通过构建深度网络模型，以拟合更加复杂的特征，增加非线性表达能力，如一种混合深度学习模型，首先通过卷积神经网络（CNN）和 3D CNN 分别处理视听数据，生成视听片段特征，随后将这些特征融合到深度置信网络中，以联合学习一种增强的视听特征表示。

（三）具体研究工作举例

下面列举出若干使用多模态生物信号融合技术的论文（表 4-2-4），并对其中的一部分进行详细讲解。

表 4-2-4　使用多模态生物信号融合技术的工作举例

题目	发表信息	涉及生物信息
A multimodal approach to estimating vigilance using EEG and forehead EOG	Journal of Neural Engineering, 2017	脑电信号（EEG）、眼电信号（EOG）
Hypercomplex Multimodal Emotion Recognition from EEG and Peripheral Physiological Signals	ICASSPW, 2023	脑电信号（EEG）、心电信号（ECG）、皮肤电反应（GSR）

题目	发表信息	涉及生物信息
Decoding speech perception from non-invasive brain recordings	Nature Machine Intelligence，2023	脑电信号（EEG）、脑磁图（MEG）、语音信息
An EEG/EMG/EOG-Based Multimodal Human-Machine Interface to Real-Time Control of a Soft Robot Hand	Frontiers in Neurorobotics，2019	脑电信号（EEG）、脑磁图（MEG）、眼电信号（EOG）
Automatic driver sleepiness detection using EEG, EOG and contextual information	Expert systems with applications，2019	脑电信号（EEG）、眼电信号（EOG）

Wei-Long Zheng 等人首次提出了结合 EEG 和 EOG 两种模态估计警觉性的方法，有效利用了两种生物信号之间的互补性，提高了警觉性估计的准确性。该研究首先收集了个体在不同警觉性状态下的 EEG 和 EOG 数据。这些数据可能包括个体在清醒、困倦、疲劳等多种状态下的生物信号。随后，研究者从 EEG 和 EOG 数据中提取了与警觉性相关的特征。这些特征可能包括频谱分析、功率谱密度、波形特征等，反映了大脑在不同警觉性状态下的电活动特点。为了充分利用 EEG 和 EOG 两种模态的信息，研究者将 EEG 和 EOG 的特征向量直接拼接成一个更大的特征向量，作为后续模型的输入。研究者使用了支持向量回归（SVR）模型，结合径向基函数（RBF）核，建立警觉性估计模型。该模型通过训练数据学习特征与警觉性之间的映射关系。研究者采用了特征级融合的策略，实现了两种模态信息的有效融合。这种策略不仅提高了模型的准确性，也增加了模型的鲁棒性，使其能够更好地适应不同个体和不同场景下的警觉性估计任务。

Eleonora Lopez 等人提出了一种配备包含参数化超复杂乘法的新型融合模块的超复杂多模态网络。由于生理信号的多模态情感识别，该网络模型包含两个主要组件，即编码器和超复杂融合模块。具体来说，编码器由实域中的四个不同分支组成，每个分支分别对应一种模态，即脑电信号（EEG）、心电信号（ECG）、皮肤电反应（GSR）和眼数据信号，其目标是直接从原始信号中学习模态特定的潜在表示，从而关注模态级别。此后，潜在空间中的这些特征被合并在一起，并由所提出的超复杂融合模块进行处理。通过在超复杂域中定义乘法，所提出的融合模块具有掌握高度相关的 EEG、ECG、GSR 和眼睛数据信号的学习潜在特征之间的跨模式交互能力。因此，与实值网络不同，超复杂融合模块捕获特征维度之间的全局和局部关系，从而通过真正利用不同生理信号中存在的相关性来学习更强大的表示。该方法利用多模态的生理信号，不仅克服了传统方法的局限性，还提高了情感识别的准确性和可靠性，特别是对于脑电图（EEG）等生理信号的处理，该网络能够更准确地理解和识别人类的情绪状态，为情感计算领域的发展提供了新的视角和思路。

Alexandre Défossez 等人研究了如何将脑电图（EEG）和脑磁图（MEG）信号有效

地结合，以解码语言信息。研究者首先通过预处理步骤，对 EEG 和 MEG 信号进行了降采样和分割，以适应模型的训练需求。在模型设计上，他们提出了一种包含"脑模块"的端到端架构。这个脑模块能够同时处理 EEG 和 MEG 信号，并通过空间注意力机制捕捉不同脑区之间的相互作用。此外，脑模块还包含了卷积层等结构，以提取信号中的深层特征。同时，通过使用预训练的深度学习模型（如 wav2vec2.0）捕捉语音中的语义和句法信息，从而提取语音信号的深度上下文表示。研究者通过模型级融合的方法将上述三种生物信号相结合，达到利用深度学习技术来建立大脑活动和语音之间的关联的目的。总的来说，通过结合深度学习和对比学习技术，有效地融合 EEG、MEG 和语音信息，从而实现对大脑活动中语音信息的解码。这种方法在神经科学和人机接口领域具有广阔的应用前景。

Zhang J 等人提出了一种新的混合人机接口（mHMI）系统，该系统能够结合脑电图（EEG）、眼电图（EOG）和肌电图（EMG）信号，以实现高效且精确的控制指令分类。这种混合方法不仅提高了分类性能，还显著提升了信息传输率（ITR），使其能够更有效地辅助健康人士和残障人士。研究者首先采集了 EEG、EOG 和 EMG 信号，并进行预处理和特征提取。然后，利用机器学习算法对这些特征进行分类，将不同的信号模式映射到相应的控制指令上。最后，通过优化算法和参数调整，提高了系统的分类性能和 ITR。这种混合人机接口系统的优势为高效性和精确性。与传统的单一信号人机接口相比，它能够更好地适应不同用户的需求和环境的变化。此外，由于结合了多种信号源，该系统在噪声干扰和信号质量不佳的情况下也能保持较好的性能。

Barua S 等人结合 EEG 和 EOG 信号评估驾驶员的困倦程度。首先，研究者强调了 EEG 在自动分类睡眠阶段中的广泛应用，并通过具体的频率功率分析，进一步揭示了 EEG 信号与困倦状态之间的紧密联系。其次，解释 EOG 信号主要用于测量眼球运动，包括眨眼频率和眼球的慢速运动，可以用于更全面地评估驾驶员的困倦程度。在结合 EEG 和 EOG 信号方面，他们采用特征级融合的技术，利用一种多通道放大器，能够同时记录多个通道的 EEG 和 EOG 信号，从而获取更全面的生理信息。通过对这些信号的深入分析，他们成功地揭示了 EEG 和 EOG 在评估困倦状态中的重要作用。此外，他们还利用 KSS（Karolinska Sleepiness Scale）主观评估驾驶员的困倦程度，并将这些主观评估与生理信号数据进行了对比和验证。这种方法的引入，不仅提高了研究的可靠性和有效性，而且为生理信号应用于实际驾驶场景提供了有力支持。这篇文章通过深入研究 EEG 和 EOG 信号在评估困倦状态中的应用，为开发更准确的自动分类和困倦评估系统提供了理论基础和实践指导。

第三节　挑战与未来发展趋势

一、挑战

生物信号是由复杂的生命体发出的不稳定自然信号，属于强噪声背景下的低频微弱信号，从信号本身特征、检测方式到处理技术，都不同于一般的信号。作为信号源的人体，是一个及其复杂的生物系统集合体。生物系统根据生理功能归纳成几个基本系统——循环系统、神经系统、呼吸系统和消化系统等，每一个基本系统实际上又是一些复杂的生物物理和生物化学过程的综合表现。而且，这些基本系统还互相交织、渗透和影响着。因此，生物信号是一种相当复杂的信号。可以说，人体生物信号的提取和处理是自然科学中难度最大的领域之一。生物信号的分析和处理是一项极其困难的任务，主要是因为生物信号具有以下特点。

（1）生物信号一般强度都比较微弱，如心电信号的强度为 $10\mu V$ 至 $40mV$，脑电信号的强度为 $10\sim300~\mu V$。由于人体自身信号弱，加之人体又是一个复杂的整体，因此信号易受噪声的干扰。如电生理信号总是伴随着由于肢体动作、精神紧张等带来的干扰，而且常混有较强的工频干扰；诱发脑电信号中总是伴随着较强的自发脑电，这些都给信号的检测与处理带来了困难。生物信号通常受环境噪声、仪器噪声和其他干扰的影响，这些干扰有些来自人体（如呼吸、突然的运动等），有些来自测量的仪器（如电磁辐射、电流干扰等）。因此，生物信号的提取与处理对检测系统和分析系统有很高的要求，如何有效去除这些噪声并保持信号质量仍然是一大挑战。

（2）生物信号的非平稳性和随机性较强。生物信号是随机信号，一般不能用确定的数学函数来描述，它的规律主要从大量统计结果中呈现出来，必须借助统计处理技术来检测、识别随机信号和估计其特征。同时，生物医学信号往往也是非平稳的，即信号的统计特征（如均值、方差等）随时间的变化而改变。以脑电信号为例，一方面，由于对脑电信号产生影响的因素太多，至今也没有一个明确的关于脑电信号的生成机制及其规律的全面认识；另一方面，生成脑电信号的生理和心理因素始终处于变化状态，而且对外界的影响比较敏感。这些特性使生物信号处理技术需要复杂的数学模型和算法，使其具备高度的灵活性和适应性，以便能够准确地捕捉和解析这些信号的复杂动态。

（3）生物信号的种类繁多，包括电信号、光学信号、声学信号和磁信号等。每种信号的形态、特点和包含信息都不尽相同，需要不同的处理和分析方法，不存在一个最好的算法能对所有类型的生物医学信号处理都适用。因此，需要将多个算法有机地结合起来，从而最有效地完成任务。同时，也要注重多模态信号的融合，将多种信号共同使用，发挥一加一大于二的作用。多模态生物信号融合是一项具有挑战性的任务，不同类型的生物信号可能在时间尺度、空间尺度、测量单位等方面存在差异，这使得直接融合这些信号变得困难。例如，心电信号是一种时间序列信号，而医学影像则是一种空间信号，它们的数据结构和特性有很大的不同。在实际应用中，由于各种原因，如设备故障、信号干扰等，我们可能无法获取到所有模态的信号，这就需要开发能够处理不完整数据的融合算法。融合多模态信号需要复杂的算法，如深度学习、机器学习等，这不仅需要大量的计算资源，也需要专业的知识和技能。

在"大数据"时代，将大量数据转化为有价值的知识应用在各个领域变得越来越重要，生物信号处理技术也不例外。人工智能技术是分析复杂生物数据的强大技术。人工智能在各个科学领域都获得了巨大的成功，许多研究人员将机器学习和深度学习方法应用于生物信号处理技术，也获得了非常好的效果。

机器学习从生物信号中提取知识，已成为一种广泛使用且成功的方法。机器学习算法使用训练数据来发现生物信号的底层模式，构建模型，并根据最佳拟合模型进行预测。一些众所周知的机器学习算法，如支持向量机、随机森林、隐马尔可夫模型、贝叶斯网络等，已应用于生物信号的处理、分析、特征提取、解码和分类等过程中。传统机器学习算法的性能很大程度上依赖于特征提取。然而，这些特征通常由具有广泛领域专业知识的研究者设计，而且确定哪些特征更适合特定任务仍然很困难。

深度学习是机器学习的一个分支，庞大的数据集和强大的硬件让深度学习克服了先前的局限性而飞速发展。深度学习可以通过结合从数据中学习的简单特征来学习复杂的特征，直接使用数据学习输入和输出之间的转换，避免了传统机器学习设计特定特征的过程。

然而，深度学习对数据的数量和质量要求很高，这为深度学习应用于生物信号处理制造了障碍。生物信号数据比其他类型的数据（如图像、文字和语音）更难获得，采集成本也更高。标记生物信号数据非常耗时，需要具备专业知识的人员耗费大量时间，以确保数据的质量和可用性。研究人员付出了巨大的努力来创建生物信号数据集，但复杂而昂贵的数据采集过程限制了生物信号数据集的规模，大多数数据集在规模上都是有限的。由于深度神经网络的训练需要大量数据，较小的生物信号数据集通常会导致过拟合问题。当数据不足时，网络可能学不到关键信息，泛化能力弱，只能记住训练集中的样本，导致其在训练集上表现非常好，但在测试集上表现不佳。

深度学习模型应该很好地泛化到看不见的数据。大多数现有的深度学习模型在相似时表现良好，而当测试集分布与训练集分布差异较大时，模型的性能可能会显著下降。来自不同被试、站点、设备甚至不同模态的生物信号数据分布有很大差异，神经网络学习对来自不同域的数据进行泛化是一项重要的挑战。

同时，训练集中负样本和正样本数量之间的显著差异会导致类不平衡问题。例如，在疾病分类时，通常表现出不均匀的类分布；在临床或疾病相关病例中，治疗组的数据不可避免地少于正常组的数据。由于隐私限制和伦理要求，患者也很少向公众披露，导致可用数据进一步失衡。多数组的先验概率较高，类不均衡会导致模型对多数组进行过度分类，来自少数群体的生物信号比来自多数群体的信号更容易被错误分类。

深度学习模型的另一个重要因素是可解释性。许多研究在医学领域使用了深度学习，其中一些已经取得了很好的结果。然而，很多研究离临床应用还有很大的距离，其中一个最重要的原因是，深度学习模型被认为是不可解释的黑盒模型。尽管它产生了出色的结果，但我们对这些结果是如何在内部得出的知之甚少。在生物信号处理的应用中，特别是在生物医学领域，仅仅产生良好的结果是不够的。由于许多研究都与患者的健康有关，需要模型像临床医生那样给出，所以将黑匣子改为白匣子以提供逻辑推理至关重要。

在临床应用中，生物信号处理的实时性和效率至关重要。生物信号处理技术需要在短时间内提供准确的结果，同时保持高效。如何在保持准确性的同时提高处理速度，是一个需要解决的问题。深度学习算法通常需要高性能的计算资源，更多可学习的参数和训练数据往往可以实现更好的性能。然而，这不可避免地导致训练时间的急剧增加。因此，实用的生物医学信号处理算法要在保证准确性的前提下，在复杂性和实时性之间取得折中。

二、解决方案与未来发展趋势

对于生物信号处理技术面临的挑战，可以采取一系列解决方案以提高信号处理的效率、准确性和可靠性。

（1）针对信号弱度和噪声干扰的问题，可以考虑采取一些措施以提升信号质量。首先，使用高灵敏度的传感器帮助捕捉生物信号中微弱的变化。这些传感器能够在低信噪比环境下有效地检测到信号，并将其转换为电信号以供处理和分析。其次，宽动态范围的传感器能够同时处理信号中的强信号和弱信号，而不会因为信号幅度的变化而失真或饱和。这种传感器能够保持信号的稳定性，即使在复杂的环境下也能提供准确的测量结果。除此之外，信号放大器可用于增加生物信号的幅度，使其能够被后续的电子设备或系统正确处理。采用低噪声信号放大器可以最大限度地减少噪声对信号的干扰，从而提高信号的质量和稳定性。另外，可以优化信号放大器的设计，使其具有良好的抗干扰能力，从而有效地抑制来自外部环境的干扰信号（如电磁干扰或工频干扰），有助于保持生物信号的纯净性，减少处理过程中的误差和失真。最后，还可以引入实时反馈机制和自动校准功能，及时检测和纠正信号放大器中的偏差或漂移，确保信号放大过程中的稳定性和准确性。在解决噪声干扰方面，可以设计高效的噪声滤波算法在生物信号处理中解决噪声干扰，对于来自环境的噪声，如电磁辐射、电流干扰等，可以采用数字滤波器或模拟滤波器进行抑制。数字滤波器可以根据噪声的频谱特征设计合适的滤波器，采用低通滤波器以滤除高频噪声，或采用带阻滤波器以针对特定频段的噪声进行抑制。对于来自生理过程的噪声，如肢体动作、心跳等，可以采用自适应滤波技术进行抑制。自适应滤波器可以根据信号本身的特点动态调整滤波器参数，以适应信号的变化特性，并抑制噪声的影响。对于来自运动伪影的噪声，如脑电信号中的眼动伪影或肌电伪影，可以采用信号处理技术进行抑制。另外，可以利用独立成分分析（ICA）技术将运动伪影与真实信号进行分离，然后进行相应的滤波处理以去除伪影。对于来自采样过程的噪声，如量化噪声或采样偏差，可以采用信号重构技术进行抑制。通过增加采样频率、提高采样精度或采用合适的插值算法，可以减少采样引入的噪声，并提高信号的质量。

（2）对于生物信号具有随机性和非平稳性，其特征难以用确定的数学函数描述的问题，可以对信号进行多尺度分析，以捕获信号在不同时间尺度上的变化规律，从而更好地理解和描述其非平稳性。常用的多尺度分析方法包括小波变换、模态分解等。此外，也可以采用动态系统理论或状态空间模型等方法对生物信号进行建模。这些方法可以考虑通过信号的动态演化过程，捕捉信号随时间变化的规律和特性，从而更好地描述信号的非平稳性和随机性。除动态建模以外，也可以利用概率模型或随机过程模型对生物信号进行建模，或采用时间序列分析方法对生物信号进行建模和分析。时间序列分析可以捕获信号随时间变化的规律和趋势，同时考虑了信号的随机性和非平稳性，是信号处理和预测有效的工具。

（3）针对生物信号的种类繁多和多模态信号融合中的数据结构和特性的差异的问题，可以考虑采用多模态数据融合技术解决。多模态数据融合技术将来自不同传感器或不同模态的生物信号进行有效整合和融合。如可以利用特征级融合、决策级融合等方法，将不同模态的信息有机地结合起来，提高生物信号处理的综合性能。同时，针对不同类型的生物信号，开发相应的特征提取和选择方法。针对每种信号的特点，提取最具代表性和区分性的特征，以减少数据的维度和冗余，降低数据处理的复杂度。除多模态数据融合技术以外，多任务学习和迁移学习技术也可能有效。多任务学习和迁移学习将不同类型的生物信号处理任务进行联合学习或知识迁移，通过共享模型参数或学习类似任务的知识，提高对多种生物信号的处理效果和泛化能力。另外，针对数据差异性的问题，可以建立标准化的生物信号数据集，并共享给研究人员和开发者使用。标准化的数据集可以帮助研究人员验证和比较不同算法和模型的性能，加速生物信号处理技术的发展和应用。

（4）对于数据采集和数据质量中的潜在问题，如生物信号数据获取成本高、数据标记耗时、数据清洗困难且数据集规模有限等，可以采取以下方案。开发自动化的数据采集系统，利用传感器、设备或无人机等技术实现对生物信号的自动、高效采集。通过自动化采集系统，可以降低数据采集的人力和时间成本，提高数据采集的效率和规模。如果数据标记过于耗时，则可以采用半监督学习的方法，利用少量已标记的数据和大量未标记的数据进行模型训练。通过自动标记或半自动标记的方式，减少数据标记的耗时和成本，提高数据标记的效率和规模。同时，利用主动学习的方法，通过选择最具信息量的样本进行标记，优先标记那些能够最大限度地提高模型性能的样本。通过主动学习，可以有效减少标记样本的数量，降低数据标记的成本和工作量。如果数据集规模有限，可以利用数据增强的方法，通过对已有数据进行变换、旋转、缩放、加噪声等操作，生成更多样的数据样本。通过数据增强，可以扩大数据集规模，提高深度学习模型的泛化能力和鲁棒性。机构之间的合作可以提升数据集构建的效率，如建立生物信号数据共享平台或合作网络，促进研究机构、医院和企业之间的数据共享和合作。通过共享数据集和资源，可以扩大数据规模，提高数据的可用性和价值，加速深度学习模型的训练和应用。

（5）针对深度学习模型在处理生物信号时的泛化能力和类不平衡的问题，可以采用数据增强技术，通过旋转、翻转、缩放、加噪声等方式生成新的样本，以平衡数据集中不同类别的样本数量。这有助于提高模型对少数类别样本的学习效果，改善模型的泛化能力。另外，利用生成对抗网络（GAN）等方法生成合成样本，以增加数据集中少数类别的样本数量。生成的合成样本可以填补数据集中的空白，提高模型对少数类别的学习效果，增强模型的泛化能力。

（6）针对深度学习模型的可解释性不足的问题，特别是在生物医学领域的临床应用中需要可解释性的场景，可以考虑以下解决方案。利用模型可视化技术如t-SNE（t-distributed Stochastic Neighbor Embedding）和 UMAP（Uniform Manifold Approximation and Projection），对深度学习模型的中间层表示进行可视化。这些技术可以帮助理解模型在学习过程中的特征表示和数据分布情况，提供对模型内部逻辑的一定理解。此外，开发针对深度学习模型的可解释性指标，评估模型的解释能力和可信度。例如，可以使用特征重要性、特征贡献度等指标来评估模型对输入特征的解释程度，从而提高模型的可解释性和可信度；也可以结合领域专家的知识和经验，对模型的预测结果进行解释和验证。通过与医生、研究人员等专业人士的交流和合作，可以提高模型的可解释性，确保模型的预测结果符合临床实践和科学理论。

（7）针对生物信号处理需要实时性和高效率的挑战，可以考虑设计轻量级的深度学习模型，减少模型参数和计算量，提高模型的推理速度。如采用模型压缩、剪枝、量化等技术，减少模型的复杂度和计算负载，以适应生物信号处理的实时性需求。在硬件方面，可以利用高性能的硬件设备，如高端 GPU、TPU 等，加速深度学习模型的推理过程。通过使用专用的硬件加速器或优化算法，可以提高模型的推理速度，实现生物信号处理的实时性要求。也可以采用模型量化和蒸馏等技术，将深度学习模型压缩成更小、更快速的版本，同时保持模型的准确性。这样可以在一定程度上降低模型的计算复杂度，提高模型的推理速度，满足生物信号处理的实时性要求。另外，还可以采用分布式的方法，利用异构计算平台如 GPU、FPGA 等，将深度学习模型的计算任务分配到不同类型的计算单元上，以提高计算效率和并行处理能力。通过合理设计计算任务分配和资源管理策略，可以充分利用异构计算平台的性能优势，实现生物信号处理的高效实时性要求。

综合利用这些解决方案，可以有效应对生物信号处理技术面临的挑战，提高信号处理的质量、效率和可靠性，从而推动生物医学领域的发展和进步。对于未来生物信号处理技术的发展，可能的趋势如下。

（1）深度学习的优化与应用。针对生物信号处理中的数据稀缺和类别不平衡等问题，未来将继续探索深度学习模型的优化方法，包括迁移学习、对抗性生成网络（GANs）、自监督学习等。这些技术有助于提高模型对少数类别的泛化能力，缓解数据不平衡问题，并降低对大规模标记数据的依赖性。同时，针对深度学习模型的不可解释性，未来的研究将致力于开发可解释性强的深度学习模型，使其能够提供清晰的推理和解释，从而增强生物信号处理技术在临床应用中的可信度和可接受性。

（2）多模态生物信号融合。随着多模态生物信号处理技术的发展，未来的趋势将更加注重不同类型生物信号的融合与整合。这将包括结合多种传感器数据，如心电图、脑电图、生物成像等，以及整合临床数据、基因组数据等多源数据，实现更全面的生物信息学分析和诊断。

（3）实时性和效率。针对临床应用中对实时性和效率的要求，未来的研究将致力于开发更高效的生物信号处理算法和硬件平台，以加速信号处理和分析的过程。这可能包括优化算法设计、开发专用硬件加速器，以及结合边缘计算和云计算等技术，实现实时高效的生物信号处理系统。

（4）个性化医疗与定制化处理。随着医疗技术的不断进步，未来的生物信号处理技术将更加注重个性化医疗和定制化处理。通过结合个体基因组信息、生活习惯、环境因素等多维数据，实现对患者的个性化诊断和治疗方案制定，从而提高治疗效果和预防效果。

（5）跨学科合作与开放共享。生物信号处理是一个跨学科领域，未来的发展将更加强调跨学科合作和开放共享。这将包括医学、生物信息学、计算机科学等多个领域的合作，以及促进数据、算法和工具的开放共享，加速生物信号处理技术的创新和应用。

综合以上解决方案和未来发展趋势，生物信号处理技术正朝着更高效、更准确、更可靠的方向不断演进。针对信号弱度和噪声干扰，采用高灵敏度传感器和优化的滤波算法来提升信号质量；针对数据稀缺和类别不平衡，利用深度学习优化算法和多模态数据融合技术来改善模型性能和泛化能力；针对实时性和效率需求，优化算法设计和硬件加速器，以实现实时高效的信号处理系统；同时，跨学科合作和开放共享的趋势将加速技术创新和应用推广。相信未来，生物信号处理技术将更加个性化、定制化，为健康医疗领域带来更多创新和进步。

参考文献

［1］Willett F R, Avansino D T, Hochberg L R, et al. High-performance brain-to-text communication via handwriting[J]. Nature, 2021, 593(7858): 249-254.

［2］高上凯, 吕宝粮, 张丽清. 脑-计算机交互研究前沿[M]. 上海: 上海交通大学出版社, 2019.

［3］Wu Z, Pan G, Principe J C, et al. Cyborg intelligence: Towards bio-machine intelligent systems[J]. IEEE Intelligent Systems, 2014, 29(06): 2-4.

［4］Peng R, Jiang J, Kuang G, et al. EEG-based automatic epilepsy detection: Review and outlook[J]. Acta Automatica Sinica, 2022, 48(2): 335-350.

［5］Raspopovic S, Cimolato A, Panarese A, et al. Neural signal recording and processing in somatic neuroprosthetic applications. A review[J]. Journal of neuroscience methods, 2020, 337: 108653.

［6］Miljković N, Milenić N, Popović N B, et al. Data augmentation for generating synthetic electrogastrogram time series[J]. Medical & Biological Engineering & Computing, 2024: 1-13.

［7］Zeydabadinezhad M, Horn C C, Mahmoudi B. Quantifying the effects of vagus nerve stimulation on gastric myoelectric activity in ferrets using an interpretable machine learning approach[J]. Plos one, 2023, 18(12): e0295297.

［8］Schwitzer T, Le Cam S, Cosker E, et al. Retinal electroretinogram features can detect depression state and treatment response in adults: a machine learning approach[J]. Journal of Affective Disorders, 2022, 306: 208-214.

［9］Manjur S M, Hossain M B, Constable P A, et al. Detecting autism spectrum disorder using spectral analysis of electroretinogram and machine learning: Preliminary results[C]. 2022 44th Annual International Conference of the IEEE Engineering in Medicine & Biology Society (EMBC). IEEE, 2022: 3435-3438.

［10］Aqajari S A H, Naeini E K, Mehrabadi M A, et al. pyeda: An open-source python toolkit for pre-processing and feature extraction of electrodermal activity[J]. Procedia Computer Science, 2021, 184: 99-106.

［11］Hossain M B, Posada-Quintero H F, Chon K H. A deep convolutional autoencoder for automatic motion artifact removal in electrodermal activity[J]. IEEE Transactions on Biomedical Engineering, 2022, 69(12): 3601-3611.

［12］Altıntop Ç G, Latifoğlu F, Akın A K, et al. Analysis of consciousness level using galvanic skin response during therapeutic effect[J]. Journal of Medical Systems, 2021, 45: 1-12.

［13］Andonie R R, Wimmer W, Wildhaber R A, et al. Real-time feature extraction from electrocochleography with impedance measurements during cochlear implantation using linear state-space models[J]. IEEE Transactions on Biomedical Engineering, 2023, 70(11): 3137-3146.

［14］Wijewickrema S, Bester C, Gerard J M, et al. Automatic analysis of cochlear response using electrocochleography signals during cochlear implant surgery[J]. Plos one, 2022, 17(7): e0269187.

［15］Hollon T, Jiang C, Chowdury A, et al. Artificial-intelligence-based molecular classification of diffuse gliomas using rapid, label-free optical imaging[J]. Nature medicine, 2023, 29(4): 828-832.

［16］Nour M, Öztürk Ş, Polat K. A novel classification framework using multiple bandwidth method with optimized CNN for brain–computer interfaces with EEG-fNIRS signals[J]. Neural Computing and Applications, 2021, 33: 15815-15829.

［17］Hamdi S, Oussalah M, Moussaoui A, et al. Attention-based hybrid CNN-LSTM and spectral data augmentation for COVID-19 diagnosis from cough sound[J]. Journal of Intelligent Information Systems, 2022, 59(2): 367-389.

［18］Greco A, Baek S, Middelmann T, et al. Discrimination of finger movements by magnetomyography with optically pumped magnetometers[J]. Scientific Reports, 2023, 13(1): 22157.

［19］Défossez A, Caucheteux C, Rapin J, et al. Decoding speech perception from non-invasive brain recordings[J]. Nature Machine Intelligence, 2023, 5(10): 1097-1107.

［20］Wu X, Zheng W L, Li Z, et al. Investigating EEG-based functional connectivity patterns for multimodal emotion recognition[J]. Journal of neural engineering, 2022, 19(1): 016012.

第五章

生物信息交互技术

第一节　概述

一、生物信息交互技术概述

生物信息交互技术是基于生物信息技术与人机交互技术相结合的技术，其主要是将计算机技术与生物学相结合以实现生物体与计算机之间的信息交互，以互动式方式帮助人们处理、分析、解释生物体内的相关行为及活动。生物信息交互技术的核心在于将生物信息转化为计算机可识别的信息，并利用计算机技术实现大量数据的处理分析，推导出有效的模型，更高效、准确地完成相关任务。生物信息交互技术可将人工智能、机器学习等新兴技术引入生物医学领域，利用该技术，研究人员可通过人机交互的方式，从大量游离的生物学数据中提取信息，并利用数据可视化和建模等手段预测和解释生物系统的复杂性。

本章主要介绍电、光、声、磁等类型生物信号借助生物信息交互技术在现实场景中的应用，重点对生物医学、疾病诊治、生物安全等场景中的典型应用进行分析，总结生物信息交互技术应用所面临的问题挑战，并对未来发展趋势进行展望。

二、生物信息交互技术典型应用场景概述及分类

生物信息交互技术应用场景广泛且多样，具有重要的研究意义和发展前景。当前，生物信息交互技术主要被应用于生物医学、疾病诊治、农业、食品安全、生态与环境、生物安全领域等几大领域。由于医疗领域的特殊属性及人们对信息安全的重视，生物信息交互技术在生物医学、疾病诊治及生物安全领域的应用成为关注重点。

（一）生物医学领域

生命科学是通过基因组学、蛋白质组学、代谢组学等系统生物学研究，详细描述分子的结构、功能和合成等各种生命活动和现象的基础自然学科。生命科学技术的进步与人类社会的发展息息相关。传统的生命科学以实验为主，是基于精确的实验导出数据进行分析的过程。随着测序技术及图像技术的不断发展，生物数据迎来爆发式增长，使传统的生命科学统计分析方法难以适应现在海量增长的生物数据。近年来，生命科学的研究工具日益丰富，测序技术及图像技术不断发展，大数据、人工智能等生物信息技术的进步，加速了蛋白质组学、基因组学、细胞生物学等研究成果的产出，推动了生命科学研究从实验驱动向数据驱动转变。

结合生物技术信息化、工程化、系统化的发展需求，新一代信息技术与生物医药研发产业全链条的结合也越来越深入，人工智能、大数据、云计算、深度学习、高通量等技术在药效、药理、药代动力学、毒理学、临床试验等方面也有了深度应用。新药研发

的临床前研究及临床研究环节，涉及有效成分研究、药理分析、药代动力学、毒理病理学评估及安全性评价、临床试验方案设计、人员招募、数据处理分析等工作，新一代信息技术在信息整合、模型构建、功效预测、数据挖掘、数据分析、数据应用等方面展现出一定优势，有效提升药效研究的精度和准度，指导药物设计和优化，缩短新药研发及生产周期，实现临床试验的精细化、标准化、专业化管理，有效促进药理分析、成分筛选、毒理研究、基因转录测序、药物信息、药用植物资源等方面的研究。

（二）疾病诊治领域

人工智能与生物信息的交互正在为医疗健康领域带来颠覆性的变革，通过赋能生物信息数据采集、分析、诊断、决策、治疗等过程，催生了智能化医疗器械等一批新模式、新业态，助力医疗服务实现数字化、精准化、自动化转型。

在信息采集阶段，人工智能技术与医学影像设备、医用电子设备、体外诊断设备等融合应用，进一步提高了脑电图、视网膜电图、心肺音波形数据等生物信息的采集效率与准确性。基于可穿戴设备的数据采集技术是人工智能在生物信息交互领域重要的应用形态之一。可穿戴设备通过内置的传感器和监测模块，能够持续收集用户的生物信息数据，实现生物信息实时监测、采集和传输的目的。其与人工智能软件的结合，在其可穿戴性、可移动性、可持续性的基础上，又增加了简单操作性、可交互性的特点。通过先进的算法和模型，能够自动解读所采集的生理数据，提取出有价值的信息，并据此为用户提供个性化的健康建议。用户可以随时随地了解自己的健康状况，并根据系统的建议进行相应地调整和改善。同时也为医生和其他医疗专业人士提供了更多的数据支持，有助于他们更准确地了解患者的病情和制定治疗方案。

运动捕捉技术同样是人工智能在生物信息采集过程中重要的数据来源方式，通过对运动物体关键点在真实三维空间中的运动轨迹或姿态进行实时测量和记录，重建运动模型，对动作进行时空参数和运动学参数分析，获取人体步态、静态体姿、运动数据等信息，从而辅助医生进行评估及制定康复方案，弥补了患者康复过程中没有准确性数据，医生只能通过周期性观察，凭借经验进行康复评估的缺陷。当运动数据与人工智能系统相结合时，可以实现对用户运动表现的精准评估。例如，人工智能可以根据运动捕捉数据识别用户的运动习惯、姿势是否正确，甚至预测运动损伤的风险。此外，人工智能还可以根据用户的运动数据和健康需求，提供个性化的运动建议和训练计划。这不仅有助于提升用户的运动效果，还能有效预防运动损伤。

在信息处理阶段，基于机器学习和深度学习的人工智能技术通过对采集到的生物信息进行算法选择，以及内在规律和表示层次的学习训练，并在学习过程中获得对医疗数据进行解释的信息，最终使机器具有识别能力、分析学习能力和决策能力。该技术方向可分为计算机视觉、语音处理、自然语言处理和数据分析等。由于技术发展所处的阶段不同，不同技术方向的成熟度也不相同，各个技术方向被逐步细化应用于不同的技术场景。计算机视觉技术可以对患者的病理影像进行目标检出、判别分类等处理，主要应用于病灶识别、疾病分类等场景，辅助医生诊断，提高诊疗效率和准确率。语音处理、自然语言处理技术可以对患者的语言进行智能处理，主要应用于智能问诊、电子病历生成、远程医疗等场景，提高医生和医疗机构的工作效率和准确性，优化医疗资源配置。数据分析则作为一种重要的分析工作，被更多地用于靶点发现、病症筛查等场景，提高疾病筛查效率。

以脑机接口技术为例，通过对脑信号采集、处理和分析，为疾病诊疗带来了新的路径。脑机接口（brain-computer interface, BCI）在大脑与外部环境之间建立一种全新的、不依赖于外周神经和肌肉的交流与控制通道，从而实现大脑与外部设备的直接交互。脑机接口产品按照技术路线可分为植入式产品和非植入式产品，植入式产品需将电极或传感器植入脑内以直接捕获神经信号，信号质量较高；非植入式产品通过无创技术采集神经信号，信号质量较低，但具有安全、便携等优点。

脑机接口技术能够在人（或其他动物）脑与外部环境之间建立沟通，以达到控制设备的目的，具有监测、改善或恢复、替代、增强人体功能的作用，在医疗健康、工业、交通、军事、娱乐等领域具有巨大的应用价值。其中，医疗健康领域是目前脑机接口最大的市场应用领域，也是增长最快的领域。通过脑机接口设备获取运动、视觉、听觉、语言等大脑区域的信息并进行分析，实现对疾病的监测诊断、治疗、康复、管理和预防，为疾病诊疗开辟新的途径。

（1）监测：即使用脑机接口系统监测部分人体功能状态。脑机接口设备可以实时监测大脑神经活动，为临床诊断和康复治疗提供重要信息。例如，在癫痫、帕金森病等神经系统疾病的诊断和治疗过程中，可以通过脑机接口设备捕捉脑电信号，及时发现异常神经活动和病灶定位。脑机接口可应用于陷入深度昏迷等微小意识状态的患者，帮助测量并评定其意识等级；对于存在视觉或听觉障碍的患者，视觉或听觉诱发类脑机接口可用于测量其神经通路状态，协助医生定位视觉或听觉障碍成因。在抑郁症、焦虑症等心理障碍的诊断和治疗过程中，通过实时捕捉和分析脑电信号，识别患者的情绪波动，预测情绪障碍的发生和发展。

（2）改善或恢复：即通过脑机接口系统改善某种疾病的症状或恢复某种功能。对于感觉运动皮层相关部位受损的中风患者，脑机接口可以从受损的皮层区采集信号，刺激失能肌肉或控制矫形器，改善手臂运动。癫痫患者的大脑会出现某个区域的神经元异常放电，通过脑机接口技术检测到神经元异常放电后，可以对大脑进行相应的电刺激，从而抑制癫痫发作。运动想象脑机接口可用于孤独症儿童的康复训练，提升他们对感觉运动皮层激活程度的自我控制能力，从而改善孤独症的症状。

（3）替代：即脑机接口系统的输出可以取代由于损伤或疾病而丧失的自然输出。针对因肌萎缩侧索硬化症（渐冻症）、高位截瘫、脑卒中等损伤或疾病而丧失肢体运动功能、听觉功能、语言功能等人体功能的患者，可以通过脑机接口设备实现功能替代。例如，丧失说话能力的人通过脑机接口输出文字，或通过语音合成器发声。脊髓侧索硬化症、重症肌无力及因事故导致高位截瘫等重度运动障碍患者群体，可以通过脑机接口设备获取患者的运动意图，实现对假肢或外骨骼等外部设备的控制，也可以通过脑机接口系统将自己脑中所想的信息传达出来。

（4）增强：即通过脑机接口系统实现功能的提升和扩展。包括将芯片植入大脑，以增强记忆、推动人脑和计算设备的直接连接等。此外，增强能力更多地体现在军事领域，如通过脑机接口技术扩展人类功能，让大脑活动进行人类互动并直接控制武器，实现与传统武器的有效链接，打造"超级士兵"。

（三）生物安全领域

生物信息交互技术在提高生物安全领域的安全能力方面扮演着至关重要的角色，可在生物数据的收集、分析、处理、解释等全生命周期中发挥重要作用。因此，生物信息交互技术在生物安全领域的具体应用场景广泛且多样，为生物安全提供了强大的技术支持。其在生物安全领域的应用可依照不同的应用目的主要分为生物识别、疾病监测与流行病学调查、生物威胁识别与防御等。

（1）生物识别：通过计算机与光学、声学、生物传感器和生物统计学原理等高科技手段密切结合，利用人体固有的生理特性（如人脸、指纹、虹膜等）和行为特征（如声音、运动姿势等）进行个人身份的鉴定，正逐渐成为保障信息安全和个人隐私的重要手段。近年来，生物识别技术在技术研发和应用方面都取得了显著的进展，为人们的身份验证提供更加安全、便捷和高效的解决方案。当前，生物识别技术主要包含人脸识别技术、指纹识别技术、虹膜识别技术、声纹识别技术、步态识别技术等。随着技术发展，人脸识别、指纹识别等生物识别技术已经逐渐融入人们的日常生活中，广泛应用于手机解锁、门禁系统、支付验证等多个场景。这些技术的普及不仅提升了安全性和便利性，也推动了生物识别行业的快速发展。同时，随着对生物信息交互技术的不断深入研究，生物识别领域的技术创新和应用也在不断涌现。然而，生物识别技术仍面临一些挑战，如数据隐私和安全问题、技术的标准化和规范化问题等。未来，随着技术的不断进步和应用场景的不断拓展，生物识别技术将在更多领域发挥重要作用，为人们的生活带来更多便利和安全。

（2）疾病监测与流行病学调查：疾病监测是指对某种或多种疾病进行系统监测和信息收集；流行病学调查是指调查和分析疾病在群体中的分布、传播及其他相关因素。两者可提高疾病预防与控制能力，为疾病预防与控制提供科学依据。生物信息交互技术在该领域的应用能够显著提高病原体识别的准确性和速度，从而为疾病的防控工作提供有力的支持。首先，生物信息交互技术能够用于大规模收集和处理疾病监测和流行病学调查中产生的生物学数据，包括从各种样本中提取的基因序列、蛋白质表达等信息，进而通过数据分析揭示与疾病相关的生物标志物或基因变异。其次，利用生物信息交互技术，科研人员可构建复杂的生物网络模型，分析病原体与宿主之间的相互作用，以及疾病在人群中的传播规律，深入理解疾病的发病机制和流行特征，协助制定更为科学的防控策略。最后，生物信息交互技术可通过分析疾病的历史数据和实时监测数据，预测疾病的传播速度和范围，为政府决策提供及时、准确的预警信息。此外，生物信息交互技术还可通过对比不同干预措施下生物学数据的变化，评估防控措施的效果，从而优化防控策略。

（3）生物威胁识别与防御：对于维护人类健康、生态安全及国家安全都具有至关重要的意义。生物信息交互技术可协助应对潜在的生物安全挑战，其通过迅速而准确地分析生物样本，帮助识别和评估潜在的生物威胁，从而为制定有效的防御策略提供关键信息。首先，生物信息交互技术能够通过对病毒、细菌等微生物的基因组进行深度分析，迅速确定其种类、来源和进化关系，从而判断其是否构成生物威胁。其次，生物信息交互技术可通过对病原体的基因组、蛋白质组等信息的综合分析，预测其可能的传播途径、变异趋势和致病能力，为制定针对性的防御措施提供依据。最后，生物信息交互技术还可以与现有的生物安全数据库和信息系统进行交互，实现信息的共享和协同工作，共同应对生物威胁。同时，通过数据分析和挖掘，还可以发现潜在的生物安全漏洞和弱点，为改进防御策略提供指导。此外，生物信息交互技术可协助科研人员构建智能预警系统，对大量的生物信息数据进行自动分析和处理，实时监测和分析生物安全形势，为决策者提供及时、准确的信息支持。

第二节　研究现状及进展

一、生物医学领域

1. 医药研发

为推动医药研究，生物信息交互技术已被应用于医药研发的各个环节。美国路易斯安那州立大学的 Kana 等人提出在 eFindSite 中开发一个新特性实现药效预测，通过人工智能算法对给定蛋白质的可用药性进行预测，将蛋白质口袋因子推广到口袋药物能力的预测，实现了人类蛋白质组药物分析的口袋可药性预测。Oliveira 等人从分子动力学结构出发，通过对接计算对美国食品药品管理局（FDA）批准的药物库进行虚拟筛选，使用分子建模技术从药物数据库中获得对抗 SARS-CoV-2 的候选药物。其具体方法为通过将分离的 S- 蛋白溶解在水中进行分子动力学模拟，观察蛋白受体结合域构象转变，而且转变后的受体结合域更容易接触到溶剂和可能的药物。

在国内，厦门大学研究团队开发研究出了一套高效筛选消咳丸降糖功效成分方法。他们将智能数据采集、数据挖掘、网络药理学、计算机辅助靶标垂钓提取等技术相结合，成功从消渴丸中筛选出了五种高效的降糖功效成分，而且这五种成分可作用于多种药物靶点，很大程度上表明了生物信息交互技术可为药物研究提供开创性的方法。中国科学院上海有机化学研究所徐挺军团队提出了一种基于深度学习的虚拟筛选系统，通过使用神经网络模型预测天然产物分子的溶剂分解和氧化产物，并将预测产物与同一生物来源的其他天然产物分子进行匹配，匹配成功后即可将天然产物和预测产物标记为潜在药物分子，从而对天然产物、人工合成分子的药物进行预测发现。在生物医学领域的研究中，基因组浏览器是一种功能强大的基因组研究工具。

2. 基因研究

目前，国外应用较广泛的基因组浏览器主要有 UCSC Genome Browser、Ensembl

Genome Browser、National Center for Biotechnology Information（美国国家生物技术信息中心，NCBI）、JBrowse 等。其中，UCSC Genome Browser 是由 UCSC（加州大学圣克鲁兹分校）开发创立的，该基因组浏览器主要包含人类、小鼠、黑猩猩等 88 个物种的基因组可视化信息，其建立旨在为用户浏览基因组、查看基因组注释信息等提供方便；Ensembl Genome Browser 是由 Sanger 研究所 Wellcome 基金会、欧洲生物信息研究所共同运营管理的，该基因组浏览器主要包含人类、小鼠等 66 个物种的可视化信息，其建立旨在实现对真核生物基因组的自动注释；NCBI 是由美国国家生物技术信息中心开发的，该基因组浏览器主要包含脊椎动物、无脊椎动物等信息，其建立旨在提供信息存储处理系统，并能提供强大的检索和分析功能。

国内的基因组浏览器主要有 CNGBdb、ABrowse 等。其中，CNGBdb（国家基因库生命大数据平台）是一个公开、共享的基因序列归档库，已整合来自国家基因库、NCBI 等平台的数据，遵循 INSDC（国际核苷酸序列数据库合作联盟）等国际标准联盟标准，并接受用户提交核酸序列及其注释信息数据；ABrowse 是由北京大学开发的、完全开源的基因组浏览器，其建立应用了新一代 web 技术，可实现基因组整体视图的展示。2022 年，中国科学院北京基因组研究所和中国科学院上海营养与健康研究所合作开发了一个开放访问和下载的新型冠状病毒（简称"新冠病毒"）基因组演化可视化工具 Coronavirus GenBrowser（CGB），解决了快速构建百万病毒基因组序列的进化关系与可视化展示的关键问题。

二、疾病诊治领域

1. 脑机接口

生物信息交互技术可实现人体脑电、肌电、心电等人体电生物信号等读取、传输及分析显示。随着美国某公司完成了为首位人类患者植入大脑芯片的手术，并且植入者恢复良好的消息传出，脑机接口技术成为当下的关注热点。该公司采用的是全侵入式脑机接口方式，通过进行颅骨切除手术，将电极线及微型芯片植入患者脑内，并通过微型芯片将信号无线传输到其解码运动意图应用程序解码后，经蓝牙传输至外部设备。此外，2019 年 4 月，美国加州大学旧金山分校的研究团队实现了脑电波的解码，同时能够在大脑中直接合成语音等工作，其中他们所采用的也是将电极植入志愿者大脑运动脑区的侵入方式。同年 10 月，法国研究团队采用硬膜外皮质脑电（ECoG）与无线传输技术操控外骨骼，成功帮助瘫痪患者实现缓慢行走与暂停等动作。

在我国，浙江大学是最早建立侵入式脑机接口研究团队的院校，并且相关研究取得了许多具有领先优势的成果。例如，早在 2014 年 9 月，浙江大学研究团队完成了国内首例通过临床患者意念控制机械手的研究，实现了患者运动相关的脑部表征数据准确稳定地记录；2020 年 1 月，浙江大学研究团队实现了 72 岁高龄志愿者脑控机械手完成喝水、进食、握手等动作的研究，成为国际首例。当前，我国脑机接口技术的最新研究进展为清华大学团队设计研发的无线脑机接口技术。2023 年 10 月，该团队设计研发的无线微创植入脑机接口 NEO，在宣武医院进行了首例临床植入试验，并于 2024 年 1 月 29 日宣布首例患者脑机接口康复取得突破性进展。该手术只需将电极放置于大脑硬膜外，不会破坏神经组织，通过体内机和体外机耦合完成信号的输入与输出。

2. 疾病预测

生物信息与疾病预测、诊治等具有重大关联，越来越多的国家开始重视生物信息技术的发展。为进行计算分子生物学的基础研究，构建和散布分子生物学数据库，早在 1988 年美国就成立了国家生物技术信息中心 (NCBI)；欧洲于 1993 年 3 月着手建立欧洲生物信息学研究所 (EBI)，日本也于 1995 年 4 月组建了信息生物学中心（CIB）。同时这三家数据库系统每天交换数据，同步更新，共同组成了 DDBJ/EMBL/Gen Bank 国际核酸序列数据库，成为核酸和蛋白质数据库的主要生产者。目前，已有研究人员利用生物信息交互技术对海量基因组数据进行挖掘和分析，发现了与常见疾病（如心血管疾病、糖尿病等）相关的基因变异和风险因素。美国博德研究所 Amit V. Khera 研究组与中国科学院北京基因组研究所汪敏先研究组合作开发了一种全基因组多基因风险评分新模型——GPSmult。该模型在原有模型基础上进一步研究开发，通过在冠心病单族裔及单疾病遗传关联信息的模型基础上，整合不同族裔人群背景及多个冠心病临床危险因素信息而得到。该模型的预测准确性超过了美国临床预防医学领域用于评估个体动脉粥样硬化性心血管疾病患病风险的"金标准"——美国心脏病学会 / 美国心脏协会合并队列方程组。

近年来，我国越来越重视生物信息的发展，相关研究成果颇丰。为推进我国生物信息的发展，我国产业各方协同发力，相继成立了众多研究中心，如北京大学生物信心学中心、华大基因组信息学研究中心、中国科学院上海生命科学院生物信息中心等。虽然我国生物信息技术起步较晚，但当前已有部分研究取得了一定的成绩。目前，乳腺癌已成为常见的恶性肿瘤类型。为实现乳腺癌的精准诊疗，复旦大学附属肿瘤医院团队联合绘制出迄今为止最大规模的亚洲人群全乳腺癌多维组学图谱，将多个维度的生物信息进行深度整合，构建了基于机器学习的多模态风险分层模型，发现中国乳腺癌患者群体相比西方人群，具有更高频率的 AKT1 突变，有助于实现精准的患者风险分层和预后预测。中南大学湘雅医院通过利用全基因组测序技术（WGS），在大样本的中国帕金森病（PD）人群中进行了首个全基因组关联研究（GWAS）。通过研究，该团队鉴定了 1 个新的 PD 风险基因位点，明确了 53 个与中国 PD 相关的风险基因位点，证实中国 PD 人群特异性风险基因位点，建立了 PD 多基因风险预测模型。此外，揭示细胞分化和细胞命运决定的规律与机制，有助于理解人体发育和疾病发生过程。中国科学院深圳先进技术研究院和厦门大学团队合作提出了一项基于单调表达基因的轨迹推断新算法框架，命名为 PhyloVelo，为发育和疾病研究提供了有力的计算分析工具。

3. 医用机器人

医用机器人是指具有自主控制和自动执行医疗任务功能的机器人，应用领域广泛。依照医用机器人的应用方向，可将其分为手术机器人、康复机器人、辅助机器人、服务机器人等多种。感知交互技术是医用机器人能够安全、稳定运行的关键技术。随着计算机视觉技术、传感器技术、AR/VR 技术、语音识别技术等感知技术的发展，医用机器人正向识别精准化、交互智能化、服务多样化发展。当前，各医用机器人厂商纷纷致力于推动新兴人工智能技术与医用机器人的融合发展。在全球范围内，达芬奇机器人占据了 70% 以上的市场份额。达芬奇手术机器人由外科医生控制台、机械臂系统及成像系统组成，是目前世界上最为领先的微创手术系统。2024 年 3 月，多孔手术机器人系统达芬奇 5 获批上市，3D 显示和图像处理技术、力传感技术、计算及数据处理技术的赋能，使得该产品应用更安全、操作更精准。此外，早在 2013 年，美国某公司研发出了一款医用机器人，可基于语音识别和自然语言处理等技术辅助医生实现远程医疗。医生可以借助平板电脑、智能手机等设备，远程控制该医用机器人在不同地点与患者进行语音交流，并实现患者巡诊。

相比于其他国家，我国医用机器人产业虽然起步较晚，但发展势头迅猛，截至 2023 年底，我国已有 61 款医用机器人获批上市，并且众多公司已开展了医用手术机器人的远程应用探索。2021 年 10 月，国内企业自主研发的腔镜手术机器人通过审查，成为国内首个获批的腔镜手术机器人。同时，该腔镜手术机器人能够实施远程手术，早在 2020 年就开展了全球首例远程腹腔镜手术研究，而且随着产品迭代更新，算法技术不断增强，在 2023 年 7 月完成了国内首例量子远程手术。2024 年 1 月，一款上肢医用康复训练仪获批，该产品创新搭载了虚拟现实、力反馈、深度学习视觉算法、人机交互等智能机器人产品研发核心技术，能够改善患者的关节活动度，实现主动化、个性化、系统化、精准化康复。

三、生物安全领域

1. 生物识别技术

随着数字化进程的加快，网络安全和用户身份验证的重要性日益凸显。传统的用户名和密码验证方式面临着诸如容易被破解等挑战，而生物识别技术作为一种创新的身份验证手段，逐渐引起人们的关注。如在人脸识别方面，3D 人脸识别成为研究热点。不同于传统的 2D 人脸识别技术，3D 人脸识别技术通常采用三维人脸模型进行训练和测试，三维人脸模型包含了更多的形状信息，可协助人脸识别系统克服二维人脸识别的固有缺陷和缺点。同时，为了促进 3D 人脸识别技术的发展，现已建立起多个公共三维人脸数据库，如 Lock3DFace、LS3DFace、FaceScape 等。此外，随着计算机视觉、深度学习等技术的发展，人脸识别技术也在不断突破。阿肯色大学的 Nguyen 等人提出了一种新的面部微表情识别方法，即 Micron-BERT。其采用对角微注意力（DMA）检测两帧之间的微小差异，并引入新的感兴趣区域模块定位和突出微表情区域，使 Micron-BERT 可以在大规模无标注数据集上进行自监督训练，并在多个微表情识别基准测试集上取得状态最好的性能。

在我国，生物识别技术的应用场景越来越广泛，当前约 1/3 的中国人口使用面部识别支付。BJUT-3D 是我国最大的 3D 人脸数据库之一，其中包含 1200 张中国 3D 人脸图像。NPU3D（Northwestern Polytechnical University 3D）是另一个大规模的中国 3D 人脸数据库，包含 10500 个人脸数据。现今，我国人脸识别技术已有了较大的突破，如在由美国国家标准与技术研究院 NIST(National Institute of Standards and Technology) 组织的人脸识别算法测试 FRVT（Ongoing Face Recognition Vendor Test）比赛中，我国相关公司技术在全球性比赛中取得了优异成绩（2018 年，获得冠军；2019 年，在最具挑战的"非约束性自然环境人脸照片"测试项目中获得全球第一名；2020 年，一举拿下了五项第一；2021 年，在人脸识别 1∶1、人脸识别 1∶N 和口罩遮挡下的人脸识别三个赛道，获得两项冠军、一项亚军）。虽然我国人脸识别技术愈加成熟，但物理对抗性攻击作为一种重要的替代手段，可以识别人脸识别系统的弱点，并在部署前评估其鲁棒性，对人脸识别系统造成威胁。清华大学和北京大学的团队共同研究提出了一种针对物理人脸识别的对抗攻击方法，通过设计可印制在人脸上、具有精心拓扑结构的对抗纹理 3D 网格，以欺骗面部识别系统。实验表明，该方法可以有效攻击多个商用面部识别系统，有利于进一步推进人脸识别系统安全性能的提高。

2. 疾病监测与流行病研究

智能体技术与流行病研究结合的加深，不仅提高了疾病预测和监测的精度，也为疾病治疗和预防提供了更有效的方法。对流行病的研究与分析对于控制与治疗流行病至关重要，而生物信息交互技术的发展为其研究提供了更为有效的工具。生物信息交互技术与流行病研究的结合可更准确地区分出同种病原体不同亚型的分型，进而达到防治疾病的目的。如 2011 年，德国出现了大规模的肠出血大肠埃希菌 O104: H4 感染引起的溶血性尿毒综合征感染。该病造成超过 4000 人感染、46 人死亡，而早在 2001 年，德国就出现过一例相同血清型的感染病例。研究人员利用传统多位点序列分型（multilocus sequence typing，MLST) 方法检测两次感染病原体的七个管家基因，发现两者高度同源，而利用全基因组测序数据表明，引起两次疾病的菌株在染色体和质粒序列信息上存在差异。此外，生物信息交互技术的应用可使流行病传染源的追踪更为快速和精确。如 Hoffmann 等人利用全基因组测序分析和地理数据的新结合，分析了 100 株巴雷利沙门菌的全基因组，最终发现 2012 年美国两个州暴发的食源性沙门菌感染的传染源来自同一家印度渔业工厂；斯克里普斯研究所和加州大学圣地亚哥分校的研究人员与圣地亚哥流行病学与 COVID-19（新型冠状病毒感染）健康研究联盟共同开发出 Freyja 算法，可在 20 秒内完成废水样本测序，识别废水中新冠病毒变体，有助于跟踪 COVID-19 疫情的发展。此外，智能体还可用于传染病的预测，借助复杂的人工智能算法模拟出传染病在不同人群中的传播情况，进一步了解其传染特征和严重程度。如英国科学与工业研究机构的研究人员开发出一种用于澳大利亚昆士兰州登革热研究的人工智能算法程序，命名为 Data61。该算法通过人类运动趋势预测登革热病可能暴发的时间和地点，有助于提前做好疾病应对准备。

生物信息交互技术还可用于研究病原生物进化的变异规律。北京大学的研究人员通过对新冠病毒样本基因进行分析，发现不同亚型的毒株在致病严重程度、传播能力等方面可能存在较大差异。该研究通过遗传分析技术对 103 个病毒样本的全基因进行研究，发现病毒株已发生了主要为 L 和 S 两个亚型的 149 个突变点，其中 L 亚型达 70%。而且根据新冠病毒的演变方式推测，L 亚型和 S 亚型的传播能力、致病严重程度并不相同，其中 L 亚型的传染性强、毒力大。智能体的应用可以帮助流行病学家从多个数据源包括新闻、社交媒体和病例报告中提取关键信息，并进行综合分析，以更好地理解当前的疾病形势，推断未来的趋势和方向。该方法可以极大地提高数据收集和分析的效率，帮助流行病学家更快地做出决策。早在 2017 年，重庆疾病预防控制中心联合公司共同推出了首个"人工智能＋大数据"与疾病防控相结合的重庆智能疾病预测与筛查模型。经检验，借助该模型进行疾病预测，可在一周前实现传染病发生情况的预测，而且预测结果准确率达 86% 以上；借助该模型进行慢病筛查，在保证极高准确率的前提下，可极大提高筛查效率和降低筛查成本。

四、典型应用场景

随着信息技术的快速发展，大数据时代冲击着各个行业。在生物医药领域，生物信息技术的革新使低成本、高通量、快速度成为现实，与此相关的数据信息也出现了爆炸式增长，生物医药领域被悄然融入大数据的行列，因此迫切需要高性能计算以及有效的技术与方法对这些信息进行处理，从而提取有效数据，为生物医药发展提供支撑。

（一）生命科学研究

传统的生命科学技术研究受限于庞大的数据量和生命体机制的复杂性，在进行如基因组序列、蛋白质结构、临床数据等数据分析及处理过程中缺少强大的计算能力和数据分析工具，因而面临着研究成本高、实验周期长等困境。

随着信息科技的迅猛发展，生物信息交互技术已经逐渐成为现代生命科学研究中不可或缺的重要工具，在生命科学领域，大数据、云计算、物联网、人工智能等新一代信息技术在处理多维复杂生物数据上具有独特优势，其与生命科学的深度融合，有望帮助推动科学研究范式的转变，加快生命科学的研究进程。

1. 辅助蛋白质组学研究

以人工智能（AI）为代表的生物信息交互技术可高效完成蛋白质语言理解和生成任务，助力蛋白质结构预测和从头设计合成。大模型可以预测蛋白质的结构、功能，以及最优催化温度、催化效率、稳定性等属性，完成蛋白质理解任务；也可根据不同条件设计对应的蛋白质，完成蛋白质生成任务，如根据给定的功能标签生成能实现该功能的蛋白质，或根据给定的蛋白质结构，设计一段可折叠成该结构的氨基酸序列（图 5-2-1）。2021 年，某人工智能公司利用 AI 技术成功预测了约 35 万种蛋白质的结构，这项工作被《科学》杂志评为 2021 年重大突破。截至 2022 年，在欧洲分子生物学实验室的欧洲生物信息学研究所（EMBL-EBI）支持下，其建立的蛋白质数据库几乎囊括了所有已知蛋白质的可能结构，在超过 2.14 亿个预测结构中，约有 35% 与实验确定的蛋白质结构一样高度准确，另外 45% 的预测结构也到达了很高的可信度，对进行生命机制的研究及药物发现具有重要作用。

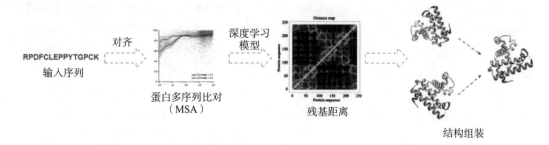

RPDFCLEPPYTGPCK
输入序列
对齐
蛋白多序列比对
（MSA）
深度学习
模型
残基距离
结构组装

图 5-2-1　人工智能在蛋白质折叠和蛋白质相互作用的预测

2. 辅助基因组学研究

基因组学的研究范围通常包括对在脱氧核糖核酸（DNA）复制、转录、翻译、翻译后修饰过程中产生的全部基因。基因组学的深入研究可为探索基因表达的广泛变化（表观遗传组学）、核糖核酸（RNA，转录组学）和蛋白质（蛋白质组学），以及下游的小分子代谢产物（代谢组学）等机制提供良好的理论基础。生物信息交互技术可充分赋能 DNA/RNA 等基因组学计算，为病因推断、疾病预测、精准医疗提供新思路。例如，交互式基因组浏览器可作为用于探索大型综合基因组数据的高性能可视化工具，能够基于不同物种的基因组信息查看目标基因在基因组中的位置及序列信息，并查看和复制目标基因的不同剪接体转录本、上游启动子序列、外显子、内含子基因片段等，为基因组学的研究提供更加直观、可靠、高效的信息检索；人工智能可以利用生物医学大数据不断进行算法训练、迭代，输出模拟真实生命系统的结构与功能特征，有助于从分子、细胞微观层面捕捉、理解疾病的发生机制，推动精准医疗发展。

3. 辅助细胞生物学研究

细胞生物学是从细胞的整体水平、亚显微水平、分子水平三个层次，研究细胞和细胞器的结构和功能及各种细胞生命活动规律的学科，是现代生命科学的前沿分支学科之一。细胞生物学的长足发展使医疗水平得到了极大提升，但研究周期长、成本投入高及工艺流程复杂等问题极大限制了细胞生物学的研究进度。信息技术的高速发展，推动了生物信息学、深度学习、大数据及人工智能等新一代信息技术与细胞生物学研究深度融合，使得在单次实验中对上万个细胞进行多时间节点、多数据类型同时分析处理成为可能。例如，上海交通大学陶飞团队开发了名为"RespectM"的单细胞代谢组数据采集系统，并建立了首个基于单细胞大数据和深度学习的细胞代谢模型，可在不依赖基因型构建的前提下获取单细胞水平的大数据，并快速高效地预测和优化微生物的代谢网络。此外，利用光流控平台，可以一次性筛选数千个克隆并进行深入地特性描述，帮助识别出最高产量、最稳定的克隆体，与传统的孔板体系相比，该方法可将细胞筛选流程加快近10 倍。

（二）药物研发与上市

1.药物发现

当前，药物研发仍面临周期长、成本高、成功率低的三大困境。根据估算，每上市 1 个药物大约需要 10 年时间，研发总成本大约为 18 亿美元。随着大数据和计算机技术的迅猛发展，药物发现的效率及数据的可靠性得到了迅速提升。AI 技术的出现，也有望帮助药物靶点筛选、药物设计、先导化合物优化等重要环节进一步提质增效。据统计，AI 技术在化合物合成和筛选方面与传统手段相比，可节约 40%~50% 的时间，每年可为药企节约 260 亿美元的化合物筛选成本。

（1）辅助靶点筛选：靶点筛选是指在药物研发前期寻找与特定疾病相关的生物分子或细胞结构的过程。药物靶点的筛选是决定整个新药研发周期的决定性因素。传统的靶点识别方法通常是通过实验室测试和分析确定靶点，通常耗时长、成本高，而且人工数据分析的方式对于大规模数据的处理能力有限。近年来，AI 技术开始在靶点识别领域展现出巨大潜力。AI 技术可根据来自细胞、动物模型、患者身体组织的数据进行 AI 建模，帮助挖掘多组学数据，并与患者临床健康信息相关联，联合自然语言处理技术，识别与疾病相关的靶点，找出潜在的通路、蛋白和机制等与疾病的相关性，帮助加快研究速度、提高大规模数据分析的准确性。利用 AI 进行靶点发现的主要方式包括反向对接（inverse or reverse docking）、药效团筛选、结合位点相似性评估等。其中，反向对接可用于鉴定大量受体中给定配体的靶标，由于其在发现天然化合物的对应新靶点、解释药物的分子机制、药物重新定位、药物不良反应及药物毒性分析等方面具有良好应用，所以已经成为确定给定化合物潜在靶点的有效工具之一。

（2）辅助药物设计：依托人工智能技术的辅助药物设计可对海量生物及化学数据进行处理，准确预测蛋白质三维结构及药物与蛋白质相互作用的关系，以更高效地对药物分子结构进行优化。

在预测蛋白质三维结构方面，人工智能可帮助确定靶点蛋白质结构，从而针对性地设计药物分子。例如，基于 Transformer 架构的 AlphaFold 2、ESMFold 及其衍生模型，可以快速而准确地预测蛋白质结构。在 2020 年 11 月举办的国际蛋白质结构预测竞赛上，基于 AlphaFold 系统以绝对优势夺冠，其预测的蛋白质三维结构与实验方法解析的结构几乎完全吻合，展现了 AI 技术在蛋白质结构精准预测上的巨大潜力。

在预测药物和蛋白质相互作用方面，人工智能可通过预测药物与受体或蛋白质的相互作用，帮助理解药物的功效，对药物进行最有效的设计。近年来，得益于愈发丰富的数据库资源（如化合物数据库 PubChem、ChEMBL 与 DUD-E，蛋白质数据库 UniProt 与 PDBbind，以及综合数据库 BindingDB 等），研究人员成功利用 AI 技术对配体 - 蛋白质的相互作用进行了预测。例如，基于 AI 技术的虚拟筛选 (HTVS) 和分子对接，可帮助实现药物 - 蛋白质结合过程中的小分子定位，区分药物靶标的结合结构。

（3）辅助先导化合物优化：先导化合物的优化需要通过 DMTA（设计 - 合成 - 测试 - 分析）的反复循环来提高化合物的活性、特异性、成药性、药代动力学特性和安全性等性质。长期以来，先导化合物的活性优化高度依赖药物化学家的经验，以及大量的人力和资源投入。虽然传统的高精度结合自由能计算可部分模拟 DMTA 循环来加速先导化合物活性的优化过程，但这类方法通常需要复杂的配置与体系搭建过程，并且存在消耗计算资源庞大、商业软件价格高昂等问题。人工智能技术可基于已知的结构和活性数据，引入合理的关系归纳偏置，使得 AI 模型可以有效提取分子相互作用规律，提供合理高效的先导化合物优化路径。例如，中国科学院上海药物研究所提出了一种先导化合物优化的人工智能方法 PBCNet（pairwise binding comparison network）。该方法采用孪生图卷积神经网络架构，不仅可以通过比较一组相似配体的结合模式差异来预测药物与靶点的相对结合亲和力，还具有优良的计算速度和精度（图 5-2-2）。

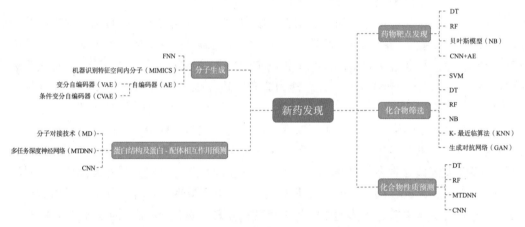

图 5-2-2 人工智能在药物设计和发现中的应用

2. 临床前研究

数字信息技术应用于临床前的研究，凭借其海量数据提取、数据分析、数据挖掘及模型预测等优势，为药效研究、药物发现和开发、毒理研究等工作流程有效提升效率、节约成本。

临床前研究需要开展药效学、药动学和毒理学研究及药剂学研究，在后续药物开发中起关键作用，评估候选药物通过临床试验的可能性，提高后续临床试验的成功概率。数据挖掘、机器学习、人工智能等技术可以帮助研究人员从大量的生物医学数据中提取有用的信息，加速药效研究、药物发现和开发等过程，提高药效研究的精度和效率（图5-2-3）。人工智能等信息技术在新药研发领域的应用已涵盖药物设计、化学合成、药物再利用、多重药理学和药物筛选等方面。这些技术通过分析大量数据来预测药物的作用机制，建立网络预测模型，并验证药物作用的靶点。在新药研发中采用人工智能技术，以提高研发效率和降低成本。例如，通过分析基因表达数据，可以预测药物对特定基因的作用，从而指导药物设计和优化；通过使用深度学习算法，可以自动识别和分类化合物的结构，加速药物发现和开发；通过使用虚拟现实技术，可以模拟药物在人体内的分布和代谢过程，从而更好地评估药物的安全性和有效性。

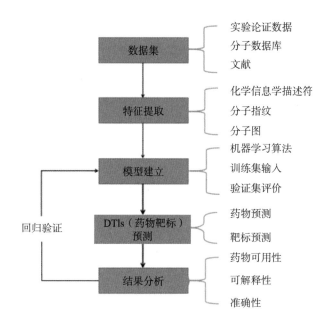

图 5-2-3　机器学习辅助药物靶标预测

（1）药代动力学：药代动力学作为药理学研究的重要内容，对于指导临床合理用药、预防药物不良反应等方面具有重要意义。随着生命科学的发展和新药研发技术的推进，在药代动力学研究中也逐渐引入了更多的数字信息技术。在临床前研究环节，可以利用人工智能技术提升药物代谢动力学性质预测的准确度，帮助加速识别新适应证。在药物代谢动力学性质研究方面，可利用深度神经网络算法有效提取结构特征的预测方式，进一步提升预测准度。机器学习技术已被应用于药代动力学的数据分析和预测，有助于更精确地理解药物在体内的动态过程。目前，药代动力学的多个细分领域都有研究进展和应用实例的报道，为新药研发提供了重要支持。随着技术的不断发展，生物信息交互技术在药代动力学领域的应用将更加广泛，有助于提高药物研发的效率和安全性。

（2）新适应证拓展：可利用人工智能技术的深度学习能力和认知计算能力，将已上市或处于研发管线的药物与疾病进行匹配，从而发现新靶点，扩大药物的治疗用途；借助公共领域的公开大数据集资源，利用 AI 算法，选择训练推导出预测跨目标活动的机器学习模型，应用于药物的再利用，实现对现有药物识别新的适应证；利用人工智能技术，通过模拟随机临床试验，发现药物新用途。例如，利用 AI 算法系统整合疾病、靶点、药物等多维度的海量数据，重建药物（靶点的相互作用网络），实现对药物（靶点相互作用）的全景刻画，以及老药新用、在研药物二次开发、失败药物再利用、天然产物开发等。

网络药理学利用公开发表的数据和公共数据库来预测特定药物的作用机制，并通过实验验证所建立的网络预测模型。这一研究领域的发展需要高通量技术、分子相互作用技术和网络分析技术等支持。

随着测序技术的发展，药物转录组学已成为评估药物疗效和发现新靶点的重要方法。近些年来，越来越多的中药研究转向高通量转录组学筛选中药的分子效应，从而积累了大量高通量测序数据。基于中药药物转录组学数据，结合高通量实验分析基因表达谱，可用于评估中药/有效成分的作用模式。通过基因集与数据集的映射关系，可以将中药/有效成分与现代药物建立对应关系。国内外建立的 TCM database@Taiwan（中医药资料库）、TCMSP（中药系统药理数据库）、TCMID（中医药综合数据库）、SymMap（中医药证候关联数据库）、ETCM（中医药百科全书在线数据库）等多个数据库，收录了物种、天然产物、靶点、药代动力学特征、处方成分、质谱数据、中医药和现代医学信息等内容，为中药研究提供数据基础，结合数据挖掘等技术，实现中药生物活性的虚拟筛选、中药体内代谢物预测、中药药材种质资源研究、系统生物/网络药理学等研究，有助于中药的机制研究和临床应用。

基于药物的结构、功效和相似性，预测药物的功效是研究药物成分的有效手段。其中一个关键技术是基于高通量技术的药物相关成分筛选，即通过药物筛选、组合药物、靶向药物网络构建，筛选出中药成分、活性成分、毒性成分，进而研究其分子机制。高内涵高通量细胞药效筛选高内涵成像技术将自动化高通量优势与高分辨细胞成像相结合，具有数据信息丰富、成像灵敏度高、数据可视化与标准化等特点，能够在单一实验中获取大量与基因、蛋白及细胞成分相关的信息，确定其生物活性和潜在毒性，目前已广泛应用于药效物质研究中（图 5-2-4）。

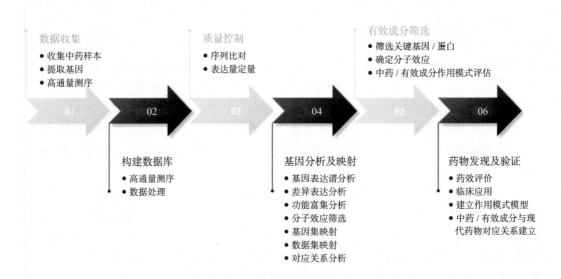

图 5-2-4　中药研究中使用高通量转录组学筛选分子效应

毒理学与临床医学、预防医学、环境与生态学、药学等学科相互交叉融合，促进了新的研究方法和技术的开发。毒理学研究领域正在经历从传统的体内毒理学方法向机制性体外试验的转变，这些体外试验可以作为体内研究的可靠预测替代物。目前，各种新、老化学物质健康风险评价的需求急剧增长，基于动物实验的测试方法难以满足当前需求，迫切需要新型、高通量、灵敏的毒性测试方法，整合基于体外替代模型的高通量筛选技术、计算方法和信息技术的毒性测试策略。诱导多能干细胞（iPSC）、3D组织模型、微物理系统（MPS）和成像技术等创新技术在毒理学研究中取得了重大进展，这些技术有助于提高毒理学研究分析的预测价值。高内涵筛选（HCS）技术结合了自动化显微镜和图像分析平台，以可视化和定量的方式对体外模型进行多参数、高通量的表型分析，快速有效评估化学物毒性并分级，推动了体外毒性试验和计算毒理学的发展。HCS技术已被纳入为21世纪毒性测试（Tox21）及化学物风险分级的重要工具，广泛应用于毒性测试和化学物毒作用机制研究。应用人工智能技术，通过结合化合物的不同表示、生物特征和读数以及体外数据，推动计算毒理学领域的发展，能更好地预测人体毒性终点，同时减少所需的实验研究数量，特别是动物体内试验。

此外，分子生物学和信息学技术的发展，也推动了国内毒理学学科的迅猛发展，成为预防、控制和消除威胁人类生存环境的危险因素的重要支撑学科。数字信息技术在毒理学研究方面的应用均在不断进步，这些技术的发展和应用为药物安全性评价和环境健康风险评估提供了新的工具和方法。

3. 临床试验

人工智能、大数据、云计算、区块链等数字信息技术，凭借其在数据采集、数据提取、数据分析的优势，在临床试验环节发挥重要作用，提升了临床试验的效率和质量。

在新药研发流程中，临床研究包括Ⅰ、Ⅱ、Ⅲ、Ⅳ临床试验等环节。临床试验是新药研究中周期最长、成本最高的环节，由于患者队列选择和临床试验期间对患者的监测不力等原因，当前的药物临床试验成功率仍有不足。随着信息技术的发展，临床试验设计、管理过程中逐步探索应用人工智能、大数据等信息技术，以提高试验成功率。在临床试验环节，可以利用机器学习、自然语言处理等技术辅助临床试验设计、患者招募和临床试验数据处理；也可以运用人工智能技术辅助临床试验方案编制和模拟，使用生物传感器和智能穿戴设备实时监测受试者的心率、血糖、呼吸等生理指标数据，并直接同步到电子数据采集系统（EDC）或电子化临床结果评价系统（eCOA）中，实现临床试验的精细化、标准化、专业化管理。

（1）AI辅助临床试验设计：主要是利用自然语言处理技术，快速处理同类研究、临床数据和监管信息，以及读取临床试验等数据。AI患者招募主要利用自然语言处理、机器学习等技术，对不同来源的受试者信息和临床试验方案的入组/排除标准进行识别和匹配，包括医学资料的数字化、理解医学资料的内容、关联数据集和模式识别、扩大受试者范围、开发患者搜索临床试验的简化工具等。AI辅助临床数据处理主要是利用云计算的强大算力，快速进行临床数据分析，并及时调整、优化整个试验进程，提升临床试验的风险控制能力。

（2）数字化临床试验：数字化临床试验行业的发展得益于信息技术、医疗技术和生物技术等多领域的交叉融合，推动了临床试验设计的优化、数据收集的自动化及结果分析的智能化。临床研究也正在向电子化、智能化、远程化和一体化方向发展，这些进展不仅提高了临床试验的质量和效率，还增强了数据的可追溯性和透明度。我国在临床试验中也逐步引入数字化工具和方法，以提高研究的标准化和科学性。数字技术在临床试验方面的应用在不断进步，为药物研发提供了新的工具和方法，相关部门也在不断完善相关的法规和指导原则，以确保临床试验的安全性和有效性（图5-2-5）。

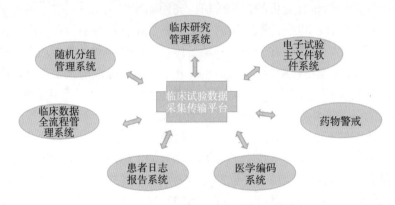

图5-2-5 临床研究信息化系统间的关系

4.药物上市审批

（1）真实世界研究：通过应用自然语言技术和算法，对医院数据进行标准化管理。针对样本量比较大的真实世界研究，使用院内数据进行回顾分析，节省人工录入和核查成本，避免人为误差，提升效率和保证质量。利用医疗物联网、可穿戴设备等技术，保证患者临床数据实时及持续收集，降低人为干扰。利用深度学习建立的试验模型，及时与真实试验记录进行交叉验证，保证试验进行符合计划要求，偏差得到适当地捕捉并报告给申办方，以便采取进一步行动。

（2）个性化用药开发：利用机器学习等人工智能技术，通过临床研究、真实世界研究数据和疾病的病理学特点，针对特定疾病进行人群亚型分析，探索疾病不同亚型的数据特点，结合不同类型药物、治疗方式在各亚型的应答情况和药理作用，推荐患者个性化用药，提高治疗的有效率和治疗措施的应答率。

（三）脑机接口技术

脑机接口技术可以直接实现大脑与外部设备的交互，跨越常规的大脑信息输出通路，在医疗健康领域应用前景广阔。随着医学对大脑结构和功能的不断探索，人类已经对运动、视觉、听觉、语言等大脑功能区有了较为深入的研究，通过脑机接口设备获取这些大脑区域的信息并分析，在神经、精神系统疾病的诊断、筛查、监测、治疗、康复领域应用潜力巨大。

1.肢体运动障碍诊疗

导致肢体运动障碍的疾病很多，脑出血、脑外伤、脑卒中等疾病都可导致患侧脑区对应的肢体控制出现障碍。运动神经元受损导致的肌萎缩侧索硬化症（渐冻症）也可引起肌肉萎缩无力，出现严重的运动障碍。此外，脊髓损伤等也会影响患者的肢体活动。脑机接口技术在肢体运动障碍诊疗中的目标是通过该技术的辅助治疗，使患者改善当前状态，提高生活质量。

具体来说，脑机接口技术在肢体运动障碍诊疗中的应用方式主要有两种。一种是辅助性脑机接口，指通过脑机接口设备获取患者的运动意图，实现对假肢或外骨骼等外部设备的控制。2020 年，浙江大学求是高等研究院脑机接口团队与浙江大学医学院附属第二医院神经外科合作完成了国内第一例植入式脑机接口临床研究，患者可以利用大脑运动皮层信号精准控制外部机械臂与机械手，实现三维空间的运动。华南理工大学团队的 AI 智慧病房已在广东省工伤康复医院、中山大学附属第三医院等多家医院的康复科投入使用。患者头戴多模态脑机头环，目视平板电脑上的各个操作按键，通过眨眼，可对病床和其他外接设备进行控制。

另一种是康复性脑机接口。由于中枢神经系统具备可塑性，经过脑机接口设备直接作用于大脑进行重复性反馈刺激，可以增强神经元突触之间的联系，实现修复。2023 年 10 月，清华大学医学院团队设计研发的无线微创植入脑机接口 NEO 在宣武医院成功进行了首例临床植入试验。该患者经过 3 个月的脑机接口康复训练，可以通过脑电活动驱动气动手套，实现自主喝水等脑控功能，抓握解码准确率超过 90%；其脊髓损伤的 ASIA 临床评分和感觉诱发电位响应均有显著改善。天津大学神经工程团队面向脑卒中患者全周期、全肢体运动功能康复自主研发的"神工"系列康复机器人，基于神经可塑性理论，融合了运动想象脑机接口、分布式神经肌肉电刺激网络，实现了脑 - 机 - 体协同交互范式，通过构建"体外人工神经环路"，实现患者主动参与式的运动康复新模式，解决了被动康复效果差、周期长、医治成本高等问题。康复性脑机接口设备常与虚拟现实（virtual reality，VR）技术结合，创建同步闭环康复系统，模拟产生三维空间的虚拟场景，并通过 VR 设备向用户进行视觉反馈。

2. 神经系统疾病诊疗

脑机接口系统可以实时监测大脑神经活动，在神经系统疾病诊疗中具有巨大的应用价值。针对帕金森病、癫痫等疾病，通过植入脑机接口设备，实现对神经活动的实时监测和调控，从而有效改善患者的症状。首都医科大学宣武医院自主研发了用于在难治性癫痫治疗的国产闭环脑机接口设备，已完成了国内第一例三期临床试验，初步证实了该设备的安全性和有效性，相对于国外同类产品，算能和采样率得到明显提升。

慢性意识障碍也是常见的神经系统疾病，包括持续性植物状态和微意识状态两个层次。慢性意识障碍患者由于常处于无法交流的状态，所以常被延误治疗，甚至误诊，错失了最佳的康复机会。通过脑机接口设备获取并分析患者的脑电信号，可以掌握患者的意识状态，实现意识障碍诊断与评定、预后判断，甚至与意识障碍患者实现交流。首都医科大学附属北京天坛医院神经外科意识障碍病区面向意识障碍患者开展意识障碍的意识评估、诊断与预后预测，通过检测与神经调控，分析与解码脑网络活动特征，探索意识障碍的病理生理学机制，最大限度地检测患者的残余意识，帮助其进行意图输出和控制，提高患者的生活质量，推动重大脑疾病的临床诊疗。

脑机接口技术还可以应用于阿尔兹海默病等神经退行性疾病的治疗。针对神经退行性疾病造成的认知障碍，通过对患者脑电波的检测发现疾病早期症状，实现认知障碍的诊断与评定、认知功能恢复、神经功能改善等。中国科学院自动化研究所开发的"脑波操控器"、加州大学旧金山分校开发的"脑电反馈治疗系统"都是通过训练患者控制脑波信号，改善其认知能力和记忆力。Neuralink 创始人 Elon Musk 也多次谈到脑机接口产品在治疗阿尔兹海默病方面的前景。

此外，脑机接口技术还应用在其他神经发育缺陷中。神经反馈训练作为治疗多动症的非药物手段之一，已拥有较多的支撑研究证据。北京大学第六医院采用基于 Alpha 节律的神经反馈干预配合认知训练，显著改善注意缺陷多动障碍儿童的注意和执行功能。2021 年 4 月，国家儿童医学中心（上海）等启动脑机接口便携式神经反馈系统训练联合研究项目，通过结合脑机接口设备、近红外光脑功能成像、核磁共振、基因学等多学科途径，实现儿童行为发育的评估和诊疗。

3. 精神疾病诊疗

精神疾病，以抑郁症患者为例，高达 30% 的患者属于难治性抑郁症，传统的药物治疗、物理治疗及认知行为治疗方法的疗效不佳。脑机接口研究的进步，能大大提高许多疑难的精神疾病（如强迫症、抑郁症、精神分裂症等）的研究和诊疗水平。相比于其他生理信号，脑电信号可以提供更多深入、真实的情感信息。通过学习算法，提取脑电信号特征，可以实现多种情绪的判别分析。因此，基于脑电信号的情感识别研究可用于辅助抑郁症、焦虑症等精神疾病发病机制的研究和治疗。天津大学团队开发的基于虚拟现实和神经反馈技术的焦虑调节系统，通过放松训练、注意力训练和焦虑调节等方式涵盖多风格场景进行脑电神经反馈，具有较好的临床效果。该技术也应用于神舟十三号、神舟十四号飞行员的脑力负荷和警觉度检测中。在植入式脑机接口方面，2020 年 12 月，上海瑞金医院脑机接口及神经调控中心启动了"难治性抑郁症脑机接口神经调控治疗临床研究"项目，通过多模态情感脑机接口和脑深部电刺激方法治疗难治性抑郁症，改变传统药物治疗因药物分布在全身而很难集中到脑内的现状。两年多来，该项临床研究已入组 23 位患者，随访显示，按照国际通用"汉密尔顿抑郁症量表"评估，这些患者术后抑郁症状平均改善超过 60%。

4. 感觉缺陷诊疗

脑机接口技术可以使患者自身的感觉信息被设备解码，实现感觉恢复，目前该项技术已经在听觉、视觉、触觉等感觉缺陷康复诊疗中发挥了积极作用。美国贝勒医学院 Daniel Yoshor 教授团队通过脑机接口技术，使用动态电流电极刺激大脑皮层，在受试者脑海中成功呈现指定图像，帮助盲人恢复视觉。日本国际电气通信基础技术研究所（ATR）和京都大学研究借助 fMRI（功能性磁共振成像）技术和基于深度学习的算法，根据人的大脑活动重建人类看到的图像。天津大学神经工程团队联合国家儿童医学中心、首都医科大学附属北京儿童医院听力学团队，利用脑电技术提供客观有效的人工耳蜗植入儿童听觉康复评估方法，有助于为人工耳蜗调试和听觉言语康复训练提供更准确的参考依据。俄亥俄州巴特尔纪念研究所和俄亥俄州立大学的研究人员使用脑机接口放大脊髓损伤患者手上残余的触觉信号并传递给大脑，帮助患者恢复触觉和部分活动能力。此外，在疼痛治疗领域，通过分析患者的脑电信号和疼痛感知机制，可以实现对疼痛信号的干预和调控，从而达到缓解疼痛的目的。例如，在慢性疼痛、癌症疼痛等病例中，脑机接口可以作为一种非药物治疗手段，减少患者对药物的依赖和不良反应，从而减轻疼痛症状。

5. 睡眠障碍诊疗

除了严重的神经系统疾病，还有一个困扰更多人的有关"脑科学"的问题——睡眠障碍。相关数据显示，在我国，接近 3 亿人存在不同程度的睡眠障碍。脑机接口设备可以结合移动应用和可穿戴设备，实时评估用户的睡眠质量、睡眠结构和睡眠环境，利用这些信息，为用户提供个性化的睡眠建议，调节大脑活动或辅助其他治疗措施，改善患者的睡眠状况，治疗失眠、睡眠呼吸暂停综合征等睡眠障碍，提高患者生活质量和健康水平。例如，基于睡眠 AI 分期的闭环干预技术，采用脑电波监测设备、睡眠分期管理方法，搭配音乐助眠等手段，帮助人们恢复自然睡眠的能力。在这一领域，有一些消费级脑机接口产品，如与智慧睡眠场景深度结合，通过高精度的脑电采集技术，融合多模态生物信号，训练机器学习算法模型，为用户提供个性化的睡眠管理方案；采用脑机接口技术结合人工智能算法，解译用户大脑神经信号状态，通过睡眠分析加上多感官组合干预手段，为用户提供多场景、全方位的个性化睡眠解决方案。

（四）人工智能技术

人工智能作为促进生物信息高效交互的技术手段之一，通过对大量生物信息数据进行组织归纳与分析处理，并快速反馈交互，辅助医务人员进行诊断决策与治疗支持，提升诊前、诊中、诊后全流程的工作效率与准确性，从提升医学装备供给能力、优化诊疗流程、创新医学手段等多个方面赋能医疗行业，具体应用场景包含健康监测、辅助筛查与诊断、辅助治疗与辅助决策等。

1. 健康监测与管理

数字技术通过感测、分析、整合健康数据采集、健康评估、健康干预等关键环节的生物信息，对个体或群体的健康需求做出智能响应与交互，为患者提供了一种非侵入性的、便捷的健康管理途径。

人工智能可以通过智能可穿戴设备对生物信息进行智能交互。当前个人健康管理主要基于内置传感器的可穿戴设备与云端健康管理系统完成，实时对患者生命指征获取监测，并同步至患者端与医生端提供交互反馈，旨在对患者的健康状况实现院内与院外的闭环管理。人工智能算法能够帮助识别和纠正采集数据中的错误，确保设备的可靠性和准确性。可穿戴设备收集的大量数据可以利用人工智能进行分析，使医务人员能够识别范式，预测健康结果，并对患者的治疗和护理做出决策。如基于深度学习的单通道 EEG 信号自动睡眠分期算法，可以实现人体睡眠的快速和精确分期，准确率高达 89.23%，为睡眠改善提供了有力支持；基于智能算法和大数据云端健康管理平台，可穿戴装备的功能从传统的单一生理参数监测扩展到结合独特的深度学习算法和体征健康指标模型，将全部生理参数进行关联，使用户实现交互式健康管理。

连续血糖监测仪（Continuous Glucose Monitor，CGM）可以动态检测血糖变化，较传统便携式血糖仪在机制性能、数据特点及测量方法等方面有所升级。CGM 可提供血糖波动、目标范围内时间、低血糖等监测指标，与人工智能算法结合使用的 CGM 可解释其生物特征数据，并像糖尿病专家一样发出警报，以改善患者的血糖控制。智能实时血糖管理系统可以基于 CGM，随附智能手机应用程序，根据 CGM 数据提前 1 小时使用 AI 预测低血糖发作，并提醒患者。AI 通过其收集到的生物特征数据向患者发出低血糖警报，患者可以根据系统警报及时服用相关药物，以预防低血糖和相关并发症的发生。数据显示，当前产品在低血糖发作前 30 分钟警报的准确度高达 98.5%。

2. 疾病筛查与诊断

疾病筛查与诊断是医疗领域的基础和核心，对于保障人类健康具有重要意义。然而，传统的疾病筛查与诊断方法往往依赖于医生的经验和专业知识，存在主观性和误差的可能性。数字技术为疾病筛查与诊断带来了新的思路和方法，人与器械通过图像、触摸等方式进行信息交换和控制，经机器学习和深度学习等技术自动分析交互数据，提供快速、准确、客观的诊断结果，从而提高诊断的准确性和效率。

医学图像处理技术助力实现疾病筛查与诊断。目前，癌症筛查主要依靠影像学检测、组织活检等医学手段，对于早期体积较小的病灶影像检查灵敏度有限，而组织活检需要从患者体内切取或穿刺取出病变组织，依从性较差。深度卷积神经网络（Convolutional Neural Networks，CNN）使得人工智能通过医疗图像来实现癌症早筛成为可能。神经网络算法可以基于结构化数据和医疗影像数据进行癌症的筛查与诊断。很多无症状患者的癌症筛查方法往往基于结构化数据，而且面向的是极度不均衡的数据。在创新无创检测手段液体活检中，人工智能基因组学采用多变量算法，分析 ctDNA 片段和其他多组学指标，可以判断有无癌变，从而提高分辨率，并结合大规模的临床数据分析识别血液中其他标记物的干扰因素，降低噪音，再通过机器学习总结标记物与受累器官的关系规律，从而进行溯源。在人工智能技术的加持下，液体活检可以真实反映肿瘤组织中的基因突变图谱，检测到传统医疗手段无法发现的隐藏关联性。2017 年，Mobadersany 等人提出了一种称为生存卷积神经网络的方法。该方法利用组织学切片图像数据，将 CNN 与 Cox 比例风险模型集成，预测总体存活时间和其他预后结果，准确度等于或超过基于基因组生物标志物和手动组织学的临床范例。他们还将基因组和组织学影像数据整合到一个单一的生存卷积神经网络预测模型中，显著提高了预后的准确性。基于图像识别处理技术的交互分析不仅使疾病的发现时间提前，而且促使疾病早筛向更准确、便捷、高效的方向发展。

智能辅助诊断产品从提升医务人员诊疗效率的角度出发，通过分析处理 CT、磁共振成像、超声等大型诊断影像数据，组织病理图像数据，生理电信号，DNA 测序数据等多种数据辅助医务人员进行临床诊断。从覆盖病种来看，目前智能辅助诊断产品已覆盖了眼部、肺部、骨骼、心脏、乳腺、消化道、头颈、肝脏等多个部位的疾病诊断（图

5-2-6）。由于医学影像数据的标准化程度相对较高，而且传统医学图像处理已经有多年技术的积累，所以基于图像处理的产品最为成熟，在分类、分割、配准和重建等方面可以提供高效、可靠的解决方案，并且应用能力仍在不断拓展，从最初二维的 X 光平片拓展到三维的 CT、磁共振影像，从静态的医学影像拓展到动态的超声影像与内窥镜视频影像。图像识别应用于感知环节，其主要目的是对影像进行分析，获取一些有意义的信息。利用深度学习技术模拟人脑自动学习数据各层次抽象特征来分析医学影像并给出辅助诊断结论，已成为现代临床影像分析工作中的重要发展趋势。通过人工智能技术的加持，影像装备产品功能不断纵向延伸，如挖掘医学影像图像深层定量特征，分析影像纹理特征与临床、病理和基因数据间的关联，进一步给出放射治疗、手术等规划来辅助医生诊断。对于部分病种，基于计算机视觉相关技术的病灶检出率已经高达 98%，比经验丰富的影像科医生的检出率高 10%~20%。当前，智能辅助诊断产品在人工智能医疗器械中技术最成熟、应用最广泛，约占我国目前已获批产品的 80%，其中医学影像数类占比最大。

**2020—2023 年我国获批第三类深度
学习独立软件病种分布**

■肺部 ■心脏 ■头颈 ▦骨骼 ▨眼部
▨消化道 ■细胞 ■乳腺 ■肝脏

图 5-2-6　AI 辅助诊断产品覆盖病种分布

语音交互技术为在线问诊提供发展原动力。语音交互技术包括自然语言处理、语义分析、语言交互等环节，以直观、自然的方式自动化地将语音转化为文字，并结合人工智能算法进行语义和情感分析，搭建智能语音交互系统，实现对患者基本问题的答复，催生了知识问答、对话系统、诊疗数字人等一批在线问诊的应用新范式。自然语言处理技术也为医生提供了快速录入患者信息的方式，并快速提取其中的关键数据，提高诊断效率。此外，基于人工智能的语音识别技术和机器学习算法可以通过分析患者的声音特征，快速、准确地判断是否可能患有感冒、抑郁和某些癌症（目前该技术仅能用于初步筛查，如果需要进一步确认病情，仍需通过其他医疗检查手段进行诊断），为疾病诊断提供进一步参考。

3. 辅助治疗与决策

辅助治疗类产品通过人机交互，提升治疗的效率与精准性，加强医学装备智能化水平。智能辅助治疗产品可根据手术阶段分为术前产品、术中产品及术后产品。术前产品为智能辅助手术规划类产品，根据患者术前病灶部分影像及其他相关数据，通过三维重构、图像分割及配准、力学分析等智能算法，生成术前手术规划路径，进行手术预演，以减小手术损伤和对临近组织损害，提高肿瘤定位精度，帮助医生评估不同手术方案的优劣，从而提高手术成功率。术中产品主要为智能辅助导航定位产品，通过多模态图像融合配准、光学或电磁定位等技术，将患者术前影像、术中实时影像、术中器械位置等数据信息进行医学影像重构，生成实时三维病灶模型，并对机械臂提供位置反馈形成高精度的闭环控制。术后产品主要为康复与评估产品，数字技术可以在术后康复和评估方面发挥作用，通过收集和分析患者的术后数据评估手术效果，并预测患者的康复进展。此外，数字技术还可以为患者反馈个性化的康复方案和指导，帮助患者更快地恢复健康。目前，应用于骨科、神经外科、腔镜、肿瘤消融、口腔等手术的智能辅助治疗类产品已渐趋成熟。

可视化交互技术助力手术机器人进一步实现智能化、精准化。可视化交互技术在手术方案制定、医患沟通演示、操作辅助及实时成像等方面均有应用。在手术预案制定及术前模拟方面，该技术可在术前根据患者数据模拟结构解剖图，展现各个部位并解决视角盲区，同时可将整个手术过程在术前进行模拟，以减少手术时间、并发症和辐射。医患沟通基于 3D 视觉平台为家属提供模拟解释，患者能够根据细节随时咨询情况，从而更加科学地了解疾病，克服内心恐惧。可视化技术在疾病诊断过程及手术过程中，关注图像区域呈现，并采取可视化相关技术进行加工，不仅方便了诊断，还增强了手术的安全性。操作辅助通过机械臂映射外科医生的手臂，医生将拥有更多的施展空间，提高灵活度与精确度；同时减少参加手术的人员，提高手术效率。实时成像则借助增强现实设备，实现患者导航影像和人体结构的实时投影，帮助医生更加专注手术，降低医生和患者受辐射照射的风险。虚拟现实交互技术可以提供实时高逼真视、触觉反馈虚拟手术训练，解决了医学教育资源短缺的问题（图 5-2-7）。

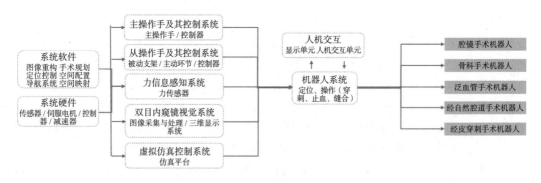

图 5-2-7　手术机器人工作原理及分类

随着生物信息的复杂度逐渐提升，医生需要综合多方临床数据做出恰当的决策，而基于人工智能的临床决策支持系统（Clinical DecisionSupport System, CDSS），为挖掘并学习海量的电子病历数据提供了强大的工具。它基于强大的医学知识数据库，遵循"医生为主导、患者为目标、临床为轴心、诊断为重点"的原则，用神经网络结构运作大量知识，学习临床思维，模仿临床决策者的认知过程，辅助临床医生进行决策并指导患者用药。CDSS 通常由推理引擎、知识库和临床记录中提取的数据组成，可以快速阅读患者的临床病历资料，并检索已发表的文献、指南等相关资料，从中提炼出一系列治疗方案和建议。除针对疾病给出治疗建议外，一些 CDSS 还可以根据患者自身情况的变化调整治疗方案。

（五）生物识别技术

人类的生物特征通常具有可以测量或可自动识别和验证、遗传性或终身不变等特点，生物识别技术正是依靠这些固有的生物特征（如人脸、指纹、虹膜等）和行为特征（如声音、运动姿势等）进行个人身份的认证。该技术应用范围广、利用效率高，正逐渐成为保障信息安全和个人隐私的重要手段。

依托于人类固有的生物特征进行身份鉴定的生物特征识别技术具有不易遗忘、防伪性能好、不易伪造或被盗、随身"携带"和随时随地可用等优点。其应用场景十分丰富，在国家安全、公共安全和家庭安全等领域，如在机场、海关等场所，通过人脸识别技术对人员进行身份验证，提高安全防范能力；在医疗、健康等领域，如通过指纹识别技术进行身份认证，确保电子病历等敏感信息的保密性；在金融领域，如移动支付、网银登录等，通过指纹、人脸等生物特征进行身份验证，提高交易的安全性和便捷性。随着各行业的数字化转型加速，以及人工智能、物联网、云计算等新一代信息技术的深入应用，未来生物识别行业的应用场景将进一步增加。

1. 基于光信号的人脸识别技术

人脸皮肤在红外光谱段，特别是在中波红外和长波红外这两个谱段，能够吸收大量的入射能量，具有很高的反射率。同时，红外人脸图像还有很多不同于可见光人脸图像的特性，如光照不变性等。特殊的红外摄像机可以捕捉到这些红外光并形成图像，进而进行识别，具体步骤如下。

（1）人脸采集：主动红外摄像利用特制红外灯人为产生红外辐射，即产生人眼看不见而普通摄像功能捕捉到的红外光，辐射照明景物和环境。

（2）特征提取：系统对检测到的人脸进行特征提取，从面部的几何结构、纹理和颜色等方面提取关键的面部特征。

（3）特征比对：系统将提取的人脸特征与已知的个体特征进行比对，通常采用匹配算法，如特征向量比对、神经网络等，判断是否匹配。

（4）结果输出：系统根据比对结果，输出识别结果，即确定该人脸的身份或提供相应的访问权限（图 5-2-8）。

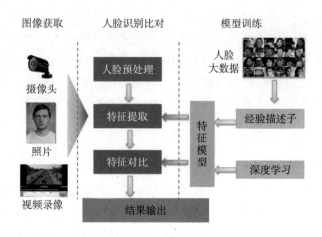

图 5-2-8　人脸识别技术原理

人脸识别技术在医疗领域的应用主要包括患者身份验证、诊断辅助工具以及医院管理和监控等。如在医院注册时，通过人脸识别技术可以迅速匹配患者的个人信息，从而提高挂号和登记的效率；通过人脸识别技术结合机器学习算法，能够检测面部特征与特定遗传疾病之间的关联，辅助医生进行早期发现和治疗规划；利用人脸识别技术对医护人员进行身份验证，确保只有授权人员才能访问特定的医疗区域或患者信息，从而增强医院信息系统的安全性等。

值得注意的是，人脸识别技术在医疗领域虽然发挥了重要作用，但也引发了个人隐私保护的担忧。因此在技术层面，需要确保采集和使用面部数据的过程符合相关法律法规的要求，严格保护患者的隐私权；确保训练人脸识别算法的数据集具有足够的多样性，避免由于数据偏见导致的识别误差；确保技术对所有患者都公平有效。另外，还应配合法律、政策层面对人脸识别技术的约束与监督，使其能够在安全、放心使用的前提下，给人们的生活和工作带来更多的便利。

2. 基于光信号的指纹识别技术

基于光信号的指纹识别技术是一种利用光学原理检测和识别指纹的方法。这种技术主要依赖于光学传感器，通过反射光的强度差实现指纹图像的捕获。指纹识别过程具体可以分为以下三个步骤。

（1）指纹图像获取：通过红外发射器、红外指纹接收器及红外光学材料系统，大幅提高红外透过率及指纹成像的灵敏度，将指纹表面的细节转换为数字图像。

（2）特征提取：从采集到的指纹图像中提取关键信息，如脊线、谷线、终点、分叉点等，形成指纹特征点。

（3）比对识别：将提取到的指纹特征点与预存的指纹模板进行比对。通过算法计算两者之间的相似度，从而确定是否匹配。如果匹配成功，系统就会确认用户的身份（图5-2-9）。

指纹识别技术在医疗领域的应用主要集中在患者身份验证、医院管理与后勤保障，以及与其他生物识别技术的结合使用。如在医院注册时，通过指纹识别技术可以迅速匹配患者的个人信息，从而提高挂号和登记的效率；利用指纹识别技术对医护人员进行身份验证，确保只有授权人员才能访问特定的医疗区域或患者信息，从而增强医院信息系统的安全性；指纹识别技术应用于病房管理中，如自动门禁系统、照明控制等，可以提升病房的智能化水平，增加患者的舒适度和安全性等。

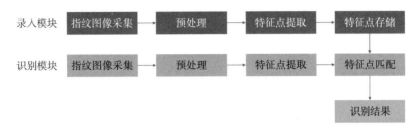

图 5-2-9　指纹识别技术原理

指纹识别技术在医疗领域的应用不仅提高了医疗服务的效率和质量，还带来了诸多创新的健康管理方式。然而，随之而来的伦理和隐私问题也需要我们给予足够的重视。从信息安全的角度来看，指纹数据的窃取可能导致严重的安全漏洞。指纹是每个人的独有特征，因此保护指纹数据不被未经授权的访问、篡改或滥用至关重要，需要采取一系列的安全措施来保护指纹系统。首先，加强系统的物理安全措施，对指纹传感器进行加密和保护。其次，采用安全的软件架构和协议来处理和传输指纹数据。然后，为了应对拒绝服务和功能蔓延等安全故障，应采取适当的容错和冗余设计，为系统提供足够的资源来处理异常情况。同时，限制系统的功能和权限，以防止不必要的漏洞和滥用。最后，通过综合运用技术、政策等层面的措施，确保指纹系统的安全性，保护个人隐私和数据安全。

3. 基于光信号的虹膜识别技术

虹膜识别技术是一种基于生物特征的身份认证手段。其成像原理是采用近红外的一个滤光片通过成像系统之后进行成像。由于虹膜的特征纹理特别微小，所以几乎不可能被他人获取和伪造，具有唯一性。因此，通过采集和比对个体的虹膜信息，可以实现高度准确的身份识别。虹膜识别的过程主要包括以下四个步骤。

（1）图像采集：普通的相机不能采集到清晰的虹膜纹理，因为人的虹膜物理尺寸较小，因此需要一些近红外光的配合。为了获得高质量的图像，通常需要被识别者进行一些简单的眼睛定位和聚焦操作。

（2）图像处理：对采集到的虹膜图像进行预处理，包括噪声去除、对比度增强、锐化等操作，以提高图像的清晰度和识别率。

（3）特征提取：利用特定的算法和技术，从预处理后的图像中提取出虹膜的纹理、结构、颜色等特征。

（4）特征比对：将提取出的特征与预先存储的特征进行比对，判断是否匹配（图5-2-10）。

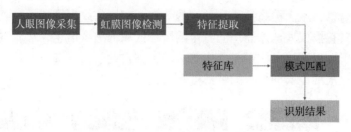

图 5-2-10　虹膜识别技术原理

虹膜识别技术在医疗领域的应用主要集中在患者信息管理、医院设施控制，以及与其他生物识别技术的结合使用。如在紧急情况下，当患者无法自行表达身份信息时，虹膜识别技术可以迅速确定其身份，确保及时提供适当的医疗服务。同样，虹膜识别技术也面临着数据隐私和安全性问题。虹膜信息作为个人生物特征的一部分，具有极高的唯一性和稳定性，这也意味着一旦虹膜信息被泄露或滥用，可能会对个人隐私和安全造成严重影响。针对虹膜识别技术可能存在的欺诈和攻击行为，可以采取多种手段加强安全防护，如结合活体检测技术，确保被识别的虹膜信息来自于活体眼睛；引入多因素认证，结合虹膜识别和其他身体特征或密码进行双重认证，提高安全性。

4. 基于声信号的声纹识别技术

声纹识别将声信号转换成电信号，再通过算法进行识别，属于生物识别技术的一种。随着人工智能和机器学习技术的快速发展，声纹识别技术的准确率和可靠性得到了大幅提升，成为了一种实用化的生物特征识别技术。声纹识别的过程主要包括以下两个步骤。

（1）特征提取：从语音信号中提取出反映个体特征的参数，如音调、音强、共振峰等。

（2）模式匹配：将提取出的特征参数与预先存储的声纹模板进行比对，以确定个体的身份（图 5-2-11）。

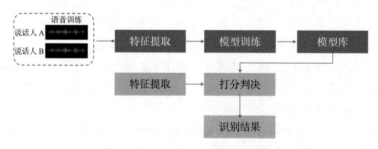

图 5-2-11　声纹识别技术原理

声纹识别技术在医疗领域的应用主要体现在提高医疗服务效率、加强医疗安全管理和辅助疾病诊断等方面。例如，通过引入智能语音技术，实现超声检查报告的自动生成，可显著提高录入效率和质量；通过提供一种非接触式的身份认证方式，有助于确保患者信息的安全和准确。另外，声纹识别技术可以分析患者的语音变化，辅助疾病的早期筛查和疗效监测，如有一种人工智能声纹健康检测系统，能够捕捉 COVID-19

患者咳嗽时发出的超低频音（次声），帮助快速识别新冠病毒感染者；还可以用于慢性心血管疾病、睡眠管理和情绪管理等方面的健康检测，为医护人员提供新的诊断手段。

声纹识别技术具备采集便利、算法复杂度低等优势，但也面临着一些安全挑战。例如，不法分子可以通过调整声音的音调与音量来制造虚假语音信号，从而达到欺骗用户的目的；声音易受身体状况、年龄、情绪等影响，可能导致无法准确辨识。此外，随着技术的发展，恶意用户可能会尝试通过技术手段篡改或伪造声纹数据，以绕过系统的识别。这就需要在系统设计中加入更高级的安全措施来防范此类攻击。为了防止声纹篡改和伪造，声纹识别系统需要集成更强大的安全机制，如加密技术和异常检测算法，以增强系统的安全性。随着硬件技术和算法的不断优化，声纹识别的准确性和鲁棒性不断提升，未来声纹识别系统的应用将会得到进一步推广。

5. 基于电信号的运动意图识别技术

运动意图识别是通过处理来自残肢的肌肉信号与仿生肢体的传感信号等，从而解码人的运动情况的一种技术。与人体运动有关的生物电信号产生于运动发生之前，为人体运动意图预测提供了一种极其重要的手段。通过采集和解析生物电信号，可以获取信号与运动的对应关系。各种可用的人体信号中，肌电信号（EMG）与脑电信号（EEG）是在运动意图预测中应用最为广泛的信号。

人的运动涉及人、仿生肢体和环境之间的交互。运动意图识别是实现仿生肢体控制的基础和前提。对于仿生下肢来说，它需要模拟患者缺失关节的生物力学，而不同关节的运动学和动力学在不同的运动模式下差异很大。因此，要想自如地控制仿生肢体，首先要识别人类的运动意图，主要包括运动模式识别、步态事件检测和连续的步态相位估计等，具体步骤如下。

（1）信息采集与预处理：下肢仿生肢体穿戴者平时行走时，常见的运动模式有坐、站、平地行走、上楼梯、下楼梯、上斜坡、下斜坡、转身等。在不同运动模式中采集生物运动信号，包括但不限于关键角度、足底压力、加速度及生物电信号表面肌电等，并对采集到的信息进行预处理。

（2）多模运动信息融合与模式识别：将不同级别包括信号级、特征级、决策级信息融合，在融合的信息中提取特征，设计分类器。

（3）行走意图识别：通过识别下肢仿生肢体穿戴者的动作类型、步行模式、步态周期，判断其行走意图。

（4）放生控制策略：人在平时走路时可以很自然地转换步态，如从平地到上楼梯，但对于仿生下肢穿戴者来说，当仿生腿要转换到新的运动模式时，需要提前识别出新的运动模式，以便做出相应的响应。在识别到仿生下肢穿戴者的行走意图后，通过有限状态机、自适应控制、神经网络等输出仿生控制策略并执行，驱使假肢行走（图 5-2-12）。

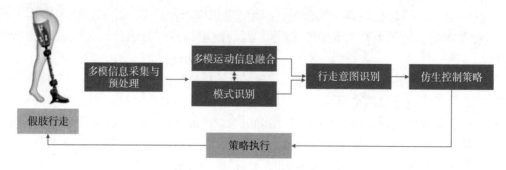

图 5-2-12　运动意图识别技术

运动意图识别技术在医疗领域的应用主要体现在康复机器人、仿生肢体控制及手部精细运动功能恢复等方面。例如，通过运动意图识别技术，康复机器人能够实时响应患者的运动需求，使康复训练更加符合患者的个体差异，从而提高康复效率；使仿生肢体能够更灵敏地响应用户的动作意图，极大地提升了穿戴者的用户体验和生活自理能力，增强生活适应性。

运动意图识别技术在医疗领域的应用展现了巨大的潜力，不仅为康复训练提供了新的方法，还为残障人士的生活带来了实质性的改善。不过，目前的运动意图识别技术还不能完全满足控制仿生肢体的需求，大部分的识别研究都是在结构化环境中进行的，与在现实世界中的实际应用还有一定的距离。此外，运动意图识别的自适应性问题尚未得到很好的解决。自适应问题非常复杂，对从硬件到软件（传感器、识别算法、控制策略、假肢设计等）的要求都很高，这就需要更多的跨学科合作。在采集和处理个人生物信号的过程中，如何确保用户的数据安全和隐私不被泄露，也是一个需要重视的问题。随着技术的进一步发展和应用案例的增加，未来运动意图识别技术将在医疗行业中扮演更加重要的角色。

（六）疾病监测与流行病学调查

疾病监测和流行病学调查是两个相互关联但有所区别的概念，它们在控制和预防传染病传播中起至关重要的作用。疾病监测是一个持续的、系统的过程，用于收集、检查和解释关于健康状况和疾病的数据。其目的是及时检测和评估疾病暴发，跟踪疾病趋势，并为公共卫生干预提供依据，通常包括病例报告、实验室检测、数据收集和分析等活动。流行病学调查是对特定疾病暴发或流行事件进行的详细研究，旨在确定疾病的原因、传播途径和危险因素。通过收集病例的详细信息、进行统计分析和建立流行病学模型，流行病学调查有助于揭示疾病的传播规律和影响因素。

疾病监测和流行病学调查都是应对传染病的重要工具。疾病监测侧重于持续地数据收集和分析，以便及时发现和响应疾病暴发；而流行病学调查则更侧重于对特定疾病事件的深入研究，以揭示其传播规律和危险因素。两者相辅相成，共同为公共卫生决策提供科学支持。

1. 基于交互可视化平台的流行病学调查

病原体对全球人类健康来说一直是巨大的威胁，如西非埃博拉病毒流行和美洲持续的寨卡病毒流行等。这些病毒的快速进化可以从基因组数据推断流行病历史，对病毒进行定期分析并及时更新，对监测和了解病原体的流行病学和进化至关重要。谱系动力学能够帮助了解和追溯新变种的传播，奥密克戎变种就是一个典型例子。COVID-19 疫情中，检测出阳性的样本会被保留下来，借助谱系动力学，研究者们可以追溯病原体的基因变化史，将从不同患者样本中获得的基因序列进行比对，以发现病毒基因组复制过程中发生的突变，通过这些突变来复现传播链，进而推算出疫情暴发的时间、地点，病原体的传播方式，以及疫情的动态趋势。

基于交互可视化平台的流行病学调查是一种结合现代技术手段的流行病学研究方法，旨在通过直观、易操作的图形界面，收集和分析疾病分布及其影响因素的数据。交互式可视化平台通过将地理知识图谱语义网和时空信息可视分析模型相结合，从而能够同时显示数据不同方面的多个视图：一方面，语义网能够清楚表明患的社交网络关系；另一方面，时空信息模型能够表示疫情态势的空间分布和扩散态势，从而更快地发现传播源并进行追踪。总的来说，基于交互可视化平台的流行病学调查不仅提高了数据处理的效率和准确性，还通过其直观的展示方式和强大的分析工具，为疾病预防和控制提供了有力的支持。随着技术的不断进步，这种平台将在未来的公共卫生事件中发挥越来越重要的作用。

2. 基于智能体的传染病监测与预警

传染病监测与预警是一个系统化的过程，旨在及时发现、评估和应对传染病的暴发和传播。随着人工智能、大数据等新兴技术的不断发展，对动态疫情事件进行监测、预警的方式也越来越多样化。

智能体通常被定义为一个可以感知其环境并通过执行器对环境产生影响的实体。它通过传感器获取外部环境的信息，然后根据这些信息做出决策，并通过执行器作用于环境。人类本身就是一种高级智能体，使用感官作为传感器来收集信息，并使用身体各部位作为执行器与环境互动。类似地，机器智能体则使用诸如摄像头、红外传感器等作为传感器，使用各种电机作为执行器。智能体在传染病防治中的应用主要体现在以下几方面。

（1）实时监测和预警：智能体可以实时收集和分析传染病数据，通过机器学习和数据挖掘技术，预测传染病的发展趋势和传播路径，为政府和公众提供及时的预警信息。

（2）疫情追踪和溯源：智能体可以通过社交媒体、移动设备等渠道收集人群的移动轨迹和接触历史，结合传染病的传播模型，追踪疫情的传播路径和源头，为疫情防控提供科学依据。

（3）医疗资源优化配置：智能体可以根据传染病的严重程度和传播速度，预测医疗资源的需求量，通过优化算法，合理分配医疗资源，提高医疗服务的效率和质量。

（4）公众健康教育：智能体可以通过移动设备、社交媒体等渠道，向公众提供个性化的健康教育和防护知识，提高公众的自我保护意识和能力。

（5）疫情决策支持：智能体可以提供疫情决策的数据分析和模型预测，帮助政府和决策者制定科学有效的防控策略（图5-2-13）。

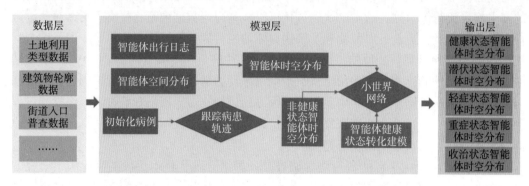

图 5-2-13　传染病智能体模型

然而，智能体在传染病防治应用中也存在安全隐患。首先是数据隐私和安全问题。智能体收集、存储和分析大量的个人健康数据，这些数据可能包含敏感信息。如果数据管理不当或遭受网络攻击，将导致严重的隐私泄露问题。这就需要确保数据传输和存储的安全性，防止未经授权的访问和数据泄露。在技术层面，智能体的预测和决策依赖于数据质量和算法的准确性。如果输入的数据存在错误或偏差，或算法本身存在缺陷，可能会导致错误的预警和决策。因此，需要定期对智能体的算法进行验证和调整，以确保其准确性和可靠性。另外，过度依赖智能体的预测和决策，可能会导致忽视其他重要的信息和经验判断，从而影响防治工作的效果。同时，智能体的部署和运行需要一定的基础设施和技术支持，如高性能计算设备、数据存储和传输网络等。在资源有限的地区，这可能是一个挑战，需要考虑如何降低智能体的部署成本，提高其在资源有限地区的可用性。在法律和伦理层面，在使用智能体进行传染病监测时，可能会涉及个人隐私保护、数据所有权和使用权等法律和伦理问题。因此，需要制定相应的法律法规和伦理准则，规范智能体的使用和管理。

综上所述，智能体在传染病监测中的应用虽然具有巨大潜力，但也存在许多安全隐患，需要采取有效的安全措施，确保智能体的安全运行，同时最大限度地发挥其在传染病监测中的优势。

第三节　展望

一、生物信息交换技术应用面临的挑战

（一）生物医学领域

目前，我国生物信息交互技术融合发展在基础性、先导性、颠覆性方面存在布局上

的短板，过于依赖国外生命科学信息分析和采集仪器，在生物信息交互技术融合发展带来的模式和范式等方面缺少进一步的认知，前沿技术布局的系统性还有待深入。面对未来的竞争与挑战，建议在以下领域率先布局，推动我国高新技术向质量效能型和科技密集型转变。

1. 技术层面

大模型在诸多垂直领域的任务上表现出强大的通用能力，取得了显著进展与丰富成果，但新技术的快速发展往往伴随着风险。如在音频领域，大模型生成的语音表达仍还不够流畅，声音具有较强的机械感等；虚拟数字人的动作和表情表现匮乏和僵硬，在智能问答上会出现"答非所问"的情况等。由于算法模型的准确度高度依赖训练数据的质量，而高质量数据的获取始终是机器学习领域的难题。同时，由于算法模型的黑箱运作机制，模型的可解释性往往不足。因此，鉴于医疗领域的特殊性（对风险的敏感度高于其他领域），大模型技术的应用也需要谨慎对待。另外，大模型的训练数据量和训练参数庞大，这就需要大量的算力，进而带来较高的训练成本。由于技术、数据、资本的壁垒，容易形成行业垄断，不利于技术产业化公平健康发展。

2. 内容层面

大模型多是依托提示工程进行内容生成的，若人为给模型采用注入一定量"负样本特征提示词"，模型可能会产生涉及敏感、有害及虚假等信息，甚至导致幻象产生，可能会误导公众或患者，干扰医疗决策，因此现阶段还不具备显示临床工作所需的精准度，存在一定内容安全风险。另外，若大模型在遇到算法攻击挑战、数据泄露及数据投毒等数据安全场景时，则其产生的内容给用户带来的风险不可小觑。医疗领域与广大群众的生命安全息息相关，如果出现上述安全问题，那么将带来不可挽回的结果。

3. 伦理与法律层面

近年来，各行业、机构、政府持续完善人工智能产业的规范和治理，但对于大模型这一新领域来说，在行业规范和法律约束层面还较为欠缺，因此可能会加剧医疗领域的不平等性。大模型需要大量的医疗数据来训练模型，但这些数据可能包含个人敏感信息，如病历、遗传信息等，如果这些数据被泄露或滥用，将对患者的隐私造成严重威胁。并且，如果大模型在医学诊断或治疗中出现错误或误导，可能会对患者造成伤害或延误治疗，这将涉及法律责任和伦理责任的界定。另外，大模型生成的内容也可能涉及医疗技术的专利和知识产权问题。

（二）疾病诊治领域

1. 脑机接口技术

（1）技术层面：脑机接口技术在医疗领域的研究价值重大，应用领域广泛，但其研发成本高、周期长，技术成熟度和产品化程度低，技术发展面临诸多挑战。不论是植入式还是非植入式技术，其信号感知的准确性、信号的传输速度、数据处理的复杂度等都亟待进一步提升。况且其对人脑的理解仍相对肤浅，神经元机制等脑机制研究仍有待深入。具体来说，在传统的脑科学研究领域，由于研究机构对传感器、放大器等脑电采集系统的性能要求较高，所以科研机构所使用的脑电采集设备大多数都是国外生产的产品，而国内产品由于起步晚，缺乏技术积累，尽管近十年来国内的脑电仪器设备性能已有大幅度提高，但国内所生产的设备在科研仪器市场的占有率还非常有限。

（2）产业及监管层面：目前，由于脑机接口技术和市场都还处在早期阶段，产业规模并不清晰，产品合规性有待商榷，没有相关法律可以遵循，难以实现完整的脑机接口产业化发展。从安全和伦理的角度，该技术存在黑客攻击、意念控制、数据窃取等隐私泄露风险，特别是植入式设备，还存在植入人体过程中可能对人体的大脑组织造成创伤和感染的风险。因此，设备安全问题、个人隐私安全问题、知情和同意权问题、自主性和责任归属问题，以及使用脑机接口设备获取某种"能力"之后可能引起的社会公平公正问题都需要尽早正视。并且，当前尚无统一的脑机接口基础理论框架，缺乏能对脑机接口系统的性能进行科学评价的评价标准。因此，从监管的角度，需要制定相应的监管政策和法规来应对问题，规范其技术和产业发展。

2. 人工智能技术

人工智能在生物信息交互技术领域应用场景广泛，发展态势良好，然而当前在技术、产业、监管等方面仍然面临诸多问题与挑战。

（1）技术层面：首先，技术瓶颈及核心基础有待突破。如模型的通用性与泛化性不足。人工智能模型在训练数据上表现良好，但在面对新的、未见过的数据时可能表现不佳，即泛化能力不足。不同的生物信息数据可能存在不同的特征和模式，导致模型难以适应多种类型的生物信息数据。这对于具有高度多样性和复杂性的生物信息数据的交互来说，是一个严重的问题。其次，算法"黑箱问题"（Black Box Problem）导致产品缺乏可解释性。黑箱问题阻碍了临床医生评估模型输入和参数的质量。如果临床医生无法理解决策，他们可能侵犯了患者的知情同意权和自主权。若临床医生无法解读结果是如何得出的，则医患之间的信任会受到侵蚀，从而影响患者的自主权和参与知情同意的能力。因此，缺乏可解释性成了人工智能走向临床应用的限制性因素。

（2）产业层面：产业成熟度和稳定性有待提升。在产品能力层面，创新临床场景挖掘和创新研发投入不足，在临床和研发之间应用场景契合度不高，成熟应用场景同质化竞争严重，资源利用率和配置效率不高，长期陷于低水平重复的内卷化陷阱；国产替代以低端产品为主，多个环节的国产产品仍处于缺失状态，产业技术成熟度稳定性整体有待提升；部分产品如可穿戴装备功能单一，以检测常规生理指标为主，仅可作为补充或辅助医疗装备使用，难以与用户建立黏性。在产业机制层面，生物信息数据流通共享机制不健全，"数据孤岛"问题严峻，信息化建设标准不健全，数据规范标准不统一，医疗装备厂商不同，业务系统数据难以实现对接。

（3）监管层面：监管与评价体系有待完善。在监管方面，人工智能的快速发展使传统的监管模式和方法可能无法适应新的技术和应用场景；医疗领域的强监管属性与数字技术之间，存在算法技术换代快与审评监管体系更新难的矛盾，人工智能在医疗领域的监管严格，但是准入细则及监管机制尚不完善，产品创新研发与监管审批之间缺乏有效衔接。在评价方面，人工智能相关产品在设计开发时，往往缺少关键性能的研究和临床验证，算法性能、系统集成方式、数据交换格式、网络接口与协议等方面的标准尚未完善，技术要求和测试方法尚不明晰，现有的评测手段难以评价辅助诊治的安全性与有效性。

（三）生物安全领域

生物安全领域与人们的生命、健康等息息相关，生物信息交互技术在生物安全领域的应用虽然在很大程度上提高了安全防护能力，但其所面临的挑战也是复杂多样的。

1. 技术层面

在数据质量与准确性方面，由于实验条件、样本来源及数据处理方法等多种因素的影响，生物信息数据的质量往往难以保证，且生物信息数据通常具有高度的复杂性和多样性，如指纹识别、虹膜识别等生物识别技术的准确性可能受环境变化、个体差异等多种因素的影响，如何确保数据的准确性和可靠性，对于后续的分析和决策至关重要。在计算与存储需求方面，生物信息数据量庞大且复杂，需要强大的计算资源和存储空间来支持数据处理和分析，且生物信息数据需要长期、稳定地存储，以便进行后续的研究和分析。因此，如何设计高效的算法和计算框架，以及如何确保数据的完整性和可用性，是生物信息交互技术面临的重要挑战。

2. 产业层面

在技术更新与产业化方面，随着生物技术的不断进步和应用，生物信息交互技术需要不断更新和创新，以适应生物安全领域的新问题和需求。然而，技术更新和创新的速度可能受研发资源、市场需求和竞争态势的限制。此外，当前该领域的产业化程度相对较低，商业化难度较大。在数据隐私与安全性方面，生物信息数据通常包含个人的遗传信息、健康状况等敏感信息，一旦被泄露或滥用，可能对个人隐私和权益造成严重威胁。因此，生物信息的特殊性在一定程度上阻碍了数据在产业链内的流通。

3. 标准与监管层面

在标准化方面，随着生物技术的不断进步和应用，新的生物信息交互技术和方法不断涌现。然而，这些新技术和新方法往往缺乏统一的标准和规范，导致数据格式、接口协议等方面存在较大的差异，难以实现数据的共享和互通。因此，如何制定统一的标准和规范，推动生物信息交互技术的标准化和规范化发展，也是当前亟待解决的问题。在伦理和法律方面，生物信息数据的收集、处理和使用往往涉及伦理和法律问题，如知情同意、数据保护、隐私权等。因此，在应用生物信息交互技术时，必须充分考虑这些伦理和法律问题，确保技术的合法性和合规性。

二、生物信息交换技术应用未来发展趋势

（一）生物医学领域

在当今的科技环境中，生物信息数据正在以前所未有的速度积累和增长。为了有效地处理和分析这些海量的生物数据，大模型应运而生。大模型凭借其庞大的参数数量和卓越的计算能力，能够深入挖掘生物数据中的价值。展望未来，生物信息交换技术将更加依赖于大模型，以实现对生物数据的深度挖掘和精准分析，从而为生物科学研究提供更为强大的支持。

1. 推动人工智能大模型核心技术发展

目前主流的大模型大多来自国外，我国仍需进一步扩大大模型核心技术的研究与建设。这就需要在政府的政策支持下，鼓励企业、组织和社会各方积极参与医疗领域大模型的建设中，进一步整合优质资源，围绕医疗领域大规模预训练模型、大规模算力中心及产业链上下游持续发力，努力推动大模型蓬勃发展。另外，还需对大模型的内容识别、审核鉴定、隐私保护、安全对齐等相关技术重点研究，切实保障大模型的安全与健康发展。

2. 完善相关规范与法律

大模型在促进数字内容创新发展的同时，应加快制定统一的技术、数据、产业标准与规范，强化知识产权保护意识，加强对大模型的监管和引导，推动相关法律法规的完善。为了促进人工智能的健康发展和规范应用，2023 年 5 月，法国国家信息自由委员会发布了旨在保护个人隐私的人工智能治理行动计划；2023 年 7 月，我国互联网信息办公室等七个部门联合发布了《生成式人工智能服务管理暂行办法》，同年 9 月，《医疗健康行业大模型应用技术要求》正式发布，进一步推动了医疗大模型的规范发展。因此，应着力对隐私和数据保护的宣教，完善相关法律法规，明确医疗数据的收集、存储、使用和共享的规定，确保患者的隐私权得到有效保护。此外，还应引导"产学研用"各主体在人才培养方面，要重视学科交叉、协同合作，以加快大模型在医疗领域的技术应用创新。

（二）疾病诊治领域

1. 人工智能

（1）多模态融合交互进一步提升分析能力：多模态融合交互处理是将多种生物信息与数据同时处理，并得出一个更加准确的结果。随着各类数据采集终端的成熟应用，可获取的客观医疗数据越来越多，同一个患者可能会有不同设备的检查结果。但是早期由于算力等限制，利用分析技术对医疗数据进行处理时，会根据特定的任务选择一种数据模态。随着算法、算力等优化，多模态融合交互被逐步应用于对生物信息进行处理。多模态融合交互技术分为多模态融合技术和多模态交互技术。多模态融合技术是将来自不

同模态的生物信息数据进行整合，以得到一致、公共的模型输出，提高输出结果的准确性和全面性，如结合脑电图、脑磁图和脑部的功能磁共振成像图像三种模态数据，可以实现对患者脑部的高时空分辨率分析，弥补单模态数据可能存在的信息缺损，提高临床决策水平。多模态交互技术则是充分模拟人与人之间的信息交换，利用语音、图像、文本等多模态信息进行人与计算机之间的信息交换，如高分辨的传感器可在手术中提供更即时的信息反馈和人机交互过程，提高设备自适应与智能化水平。

（2）医疗服务模式从"以疾病为中心"转向"以患者为中心"：医疗服务模式向"以患者为中心"的转型意味着从单纯治疗疾病转向关注患者的整体健康和生活质量。这种转型要求医生、研究人员和技术开发者更加关注患者的个体差异与心理需求，为患者提供更为全面、个性化和人性化的医疗服务。人工智能通过收集和分析患者的生物信息数据，帮助医生和患者更准确地了解患者自身的健康状况和疾病特征，为其制定更为精准的个性化治疗方案。同时，人工智能还可以提供智能化的决策支持系统，帮助医生做出更准确的诊断和治疗决策，提高医疗服务的效率和质量。此外，"以患者为中心"的转型还要求医疗体系更加注重患者的参与和沟通。人工智能可以通过智能化的人机交互界面，为患者提供更加便捷、直观的信息查询和健康管理服务，同时也可以通过智能问答、情绪识别等技术，增强与患者的沟通和交流，提高患者的满意度和信任度。

2. 脑机接口

从技术角度，高校、研究所等科研机构聚焦适用于脑机接口系统设计的神经科学理论，研究自然交互中神经信号的演进规律及其跨个体、跨时间显著变异性背后的规律，设计新型高通量、高鲁棒的脑机接口系统，推动原理技术创新。

从应用角度，脑机接口在医疗健康领域的应用范围和适应证将不断扩展。特别是肢体运动障碍的康复，阿尔茨海默病、癫痫、帕金森病等神经系统疾病的治疗，抑郁症、焦虑症等精神类疾病的监测和治疗，以及人体功能替代等领域，将会有越来越多的产品从实验室走向临床应用。

从产业角度，脑机接口技术的市场规模有望持续增长。脑机接口应优先以解决社会刚需，如疾病治疗和康复、创造社会价值、快速产业落地、后续市场资金跟进，这样产业才可以健康持续发展；持续以揭榜挂帅、应用试点等形式激发产业界创新潜能，鼓励脑机接口企业、医疗机构、研究机构等组成跨领域创新联合体，加快脑机接口技术在医疗领域应用场景研发，提升优化产品性能；加强对大众科普脑机接口的基本原理及相关知识，尤其避免夸大其词，引起不必要的臆想、恐慌。

总之，在技术和产业发展的同时，要重视脑机接口产品的安全、伦理等问题，加快开展脑机相关医疗器械技术指导原则、标准研制与评估工作，搭建符合监管要求的评测验证环境，研究构建脑机接口医疗器械的软、硬件评价体系以及临床验证方法。

（三）生物安全领域

随着科技的快速进步和生物安全需求的日益增长，未来生物信息交换技术在生物安全领域的应用将呈现多元化、精准化、智能化的发展趋势。随着技术的不断进步和应用场景的不断拓展，它将为生物安全领域的决策提供有力支持，为应对生物安全挑战提供更加有效的手段。

1. 决策智能化发展，数据整合与共享成为关键

智能化决策支持系统的开发将成为生物信息交换技术的重要发展方向。借助人工智能、机器学习等技术，生物信息交换技术可以构建智能化的决策支持系统，为生物安全领域的决策提供科学、准确的依据。这将有助于提高生物安全决策的效率和准确性，为应对生物安全挑战提供更加有力的支持。此外，随着生物安全相关数据的不断增加，如何有效整合和共享这些数据将成为关键。生物信息交换技术将致力于建立统一的数据标准和交换协议，实现不同系统和平台之间的数据互通，从而推动生物安全领域的信息共享和合作。

2. 应用能力大幅提升，合作创新成为发展趋势

通过对生物信息数据的深入挖掘和分析，生物信息交换技术有望实现对生物安全事件的精准预测和预警。这将有助于及时发现潜在的生物威胁，为预防和应对生物安全事件提供有力支持。同时，跨界合作与创新也将成为推动生物信息交换技术发展的重要力量。生物安全领域涉及众多学科和领域，需要不同领域的专家共同合作，共同推动技术的创新和应用。生物信息交换技术将积极寻求与其他领域的合作机会，共同推动生物安全领域的技术进步和应用发展。

参考文献

［1］KANA O, BRYLINSKI M. Elucidating the druggability of the human proteome with eFindSite [J]. J Comput-Aided Mol Des, 2019, 33(5): 509-519.

［2］DE OLIVEIRA O V, ROCHA G B, PALUCH A S, et al. Repurposing approved drugs as inhibitors of SARS-CoV-2 S-protein from molecular modeling and virtual screening [J]. J Biomol Struct Dyn, 2021, 39(11): 3924-3933.

［3］ZHU C Y, CAI T T, JIN Y, et al. Artificial intelligence and network pharmacology based investigation of pharmacological mechanism and substance basis of Xiaokewan in treating diabetes [J]. Pharmacol Res, 2020, 159: 104935.

［4］XU T J, CHEN W M, ZHOU J H, et al. Virtual Screening for Reactive Natural Products and Their Probable Artifacts of Solvolysis and Oxidation [J]. Biomolecules, 2020, 10(11): 1486.

［5］KAROLCHIK D, BAERTSCH R, DIEKHANS M, et al. The UCSC Genome Browser Database [J]. Nucleic Acids Res, 2003, 31(1): 51-54.

［6］HUBBARD T J P, AKEN B L, AYLING S, et al. Ensembl 2009 [J]. Nucleic Acids Res, 2009, 37: D690-D697.

［7］SAYERS E W, BECK J, BOLTON E E, et al. Database resources of the National Center for Biotechnology Information [J]. Nucleic Acids Res, 2024, 52(D1): D33-D43.

［8］PATEL A P, WANG M, RUAN Y, et al. A multi-ancestry polygenic risk score improves risk prediction for coronary artery disease [J]. Nature medicine, 2023, 29(7): 1793-1803.

［9］JIANG Y Z, MA D, JIN X, et al. Integrated multiomic profiling of breast cancer in the Chinese population reveals patient stratification and therapeutic vulnerabilities [J]. Nat Cancer, 2024, 5(4): 39.

［10］PAN H X, LIU Z H, MA J H, et al. Genome-wide association study using whole-genome sequencing identifies risk loci for Parkinson's disease in Chinese population [J]. npj Parkinsons Dis, 2023, 9(1): 11.

［11］WANG K, HOU L Z, WANG X, et al. PhyloVelo enhances transcriptomic velocity field mapping using monotonically expressed genes [J]. Nat Biotechnol, 2024, 42(5): 778-789.

［12］NGUYEN X B, DUONG C N, LI X, et al. Micron-BERT: BERT-based Facial Micro-Expression Recognition; proceedings of the IEEE/CVF Conference on Computer Vision and Pattern Recognition (CVPR), Vancouver, CANADA, F Jun 17-24, 2023 [C]. Ieee Computer Soc: LOS ALAMITOS, 2023.

［13］尹宝才，孙艳丰，王成章，等．BJUT-3D 三维人脸数据库及其处理技术［J］．计算机研究与发展，2009，46（06）：1009-1018．

［14］ZHANG Y N, GUO Z, LIN Z G, et al. The NPU Multi-case Chinese 3D Face Database and Information Processing [J]. Chin J Electron, 2012, 21(2): 283-286.

［15］YANG X, LIU C, XU L L, et al. Towards Effective Adversarial Textured 3D Meshes on Physical Face Recognition; proceedings of the IEEE/CVF Conference on Computer Vision and Pattern Recognition (CVPR), Vancouver, CANADA, F Jun 17-24, 2023 [C]. Ieee Computer Soc: LOS ALAMITOS, 2023.

［16］MELLMANN A, HARMSEN D, CUMMINGS C A, et al. Prospective Genomic Characterization of the German Enterohemorrhagic Escherichia coli O104:H4 Outbreak by Rapid Next Generation Sequencing Technology [J]. PLoS One, 2011, 6(7): 9.

［17］HOFFMANN M, LUO Y, MONDAY S R, et al. Tracing Origins of the Salmonella Bareilly Strain Causing a Food-borne Outbreak in the United States [J]. J Infect Dis, 2016, 213(4): 502-508.

［18］KARTHIKEYAN S, LEVY J, DE HOFF P, et al. Wastewater sequencing reveals early cryptic SARS-CoV-2 variant transmission [J]. Nature, 2022, 609(7925): 101-108.

［19］TANG X L, WU C C, LI X, et al. On the origin and continuing evolution of SARS-CoV-2 [J]. Natl Sci Rev, 2020, 7(6): 1012-1023.

［20］赵彦晶，周强，刘鑫，等．基于深度强化学习的单通道 EEG 信号自动睡眠分期算法［J］．计算机应用研究，1-7．

［21］刘奎．基于神经网络的癌症筛查与诊断人工智能研究［D］．北京：北京邮电大学，2018．

［22］MOBADERSANY P, YOUSEFI S, AMGAD M, et al. Predicting cancer outcomes from histology and genomics using convolutional networks [J]. Proc Natl Acad Sci U S A, 2018, 115(13): E2970-E2979.

［23］孙秀伟，阎丽，李彦锋. 虚拟现实技术（VR）在医疗中的应用展望［J］. 医疗保健器具 ,2007,05：17-20.

［24］AL-JAGHBEER M, DEALMEIDA D, BILDERBACK A, et al. Clinical Decision Support for In-Hospital AKI [J]. J Am Soc Nephrol, 2018, 29(2): 654-660.

［25］SOMASHEKHAR S P, SEPúLVEDA M J, PUGLIELLI S, et al. Watson for Oncology and breast cancer treatment recommendations: agreement with an expert multidisciplinary tumor board [J]. Ann Oncol, 2018, 29(2): 418-423.

［26］任相阁，任相颖，李绪辉，等. 医疗领域人工智能应用的研究进展［J］. 世界科学技术 - 中医药现代化，2022，24（02）：762-770.

第六章

生物功能调控与操纵技术

第一节　概述

一、生物调控与操纵技术概述

生物功能调控与操纵技术是通过合成生物技术进行遗传改造、代谢重构、蛋白分泌等调控，从而操纵生命细胞实现基因、蛋白、脂质或多糖的表达，实现医药应用、材料制备、生产发酵等应用场景。

经过 36 亿年的进化，自然界诞生了浩瀚的生物系统，并赋予其生物多样性。尽管生命系统具有惊人的复杂性，但它们都具有 5 个共同特征，即区室化、生长与分裂、信息处理、能源转换和适应性。细胞通过对内部和外部信号的响应进行信息处理，形成了一个反馈系统。细胞可以感知周围环境进行通信，并且还能响应外部信号调整自身行为。细胞内的信息处理依赖核酸（包括 DNA 和 RNA）形成的初级信息载体分子，并且核酸分子的信号可以遗传。例如，捕蝇草感知昆虫的机械刺激后，会迅速扩张叶片外部细胞，在几秒钟内关闭陷阱，捕获昆虫；生活在阴凉处的植物细胞会刺激自身代谢，驱动植物长高并延伸到阳光下，从而更多地接收太阳光的能量。而微生物中的典型调控行为就是群体响应（quorum sensing），随着环境中的细胞密度增加，信号分子会达到临界水平，触发与生物被膜形成和分解相关的基因表达，诱导生物被膜的生成和分散。这些细胞自身的信息处理方式可以用于生物功能的调控与操纵，实现生物材料生产、细胞工厂开发、活体生物药、生物农业、生物电子等多样化应用。随着基因编辑、基因组合成与组装、高通量筛选、时空组学、人工智能技术的发展，合成生物技术发展进入了新的阶段，使得生命的合成和控制变成了现实。

合成生物学模拟了电子电路的概念，采用"自下而上"的方式进行工程化改造，因此元件的开发在其中扮演了至关重要的角色。21 世纪开启了生物元件设计的繁荣发展，麻省理工学院（MIT）的 Collins 团队及普林斯顿大学的 Elowitz 和 Leibler 率先开发了拨动开关及振荡器，发现了新的调控行为。国际基因工程机器大赛（简称 iGEM）于 2003 年创立，以学术竞赛的方式推动标准化组件的发展。第一届合成生物学国际会议（Synthetic Biology 1.0，SB1.0）于 2004 年在 MIT 召开，号召了生物、化学、物理、工程、计算机科学等交叉背景的研究人员，共同探讨未来的发展方向。2010 年，美国 Venter 团队实现了支原体基因组的设计、合成和组装，创造了首个"人工合成基因组细胞"，预示了创造新生命的可能。基于 CRISPR 系统的基因编辑工具的开发为基因的置换、插入、删除提供了强有力的工具，该技术也被授予了 2020 年诺贝尔化学奖。随着人工智能的发展，蛋白质理性设计技术突飞猛进，利用 RoseTTAFold 和 AlphaFold2 等深度学习工具，可以实现几乎所有蛋白的结构预测及抗体、蛋白质晶体等功能蛋白的理性设计。

这些合成生物学工具的发展，为生物功能的调控与操纵提供了丰富的可用元件。因此，本章节从基因线路原理开始，介绍相关的基因元件，并对蛋白线路设计进行总结，调控生物功能，还对细胞间的调控线路原理与设计进行了总结，以推动复杂体系的设计和应用。

二、复杂生物功能实现

生命系统经过上亿年的进化，实现了多样化的功能。如蝴蝶的翅膀依靠结构的规整排列呈现不同的颜色；荷叶拥有微柱状结构和蜡质涂层，赋予了其疏水性能；贝壳的机械强度来源于其层状结构，贻贝通过分泌足丝蛋白，其含有丰富的邻苯二酚结构，实现了水下超强黏附，由于淀粉样蛋白的存在，大肠埃希菌生物被膜能够实现对不同基底的牢固黏附。除结构与化学外，生命体系的过程也是复杂生物功能的体现，如光合作用，植物或藻类能够通过 PS Ⅰ 和 PS Ⅱ 吸光，实现氧气的产生，并固定二氧化碳生成糖类分子。这些自然界的功能实现都是通过生物功能分子起作用的，因此通过调控时空蛋白、多糖、脂质、核酸等生物功能分子，能够实现复杂的生物功能，开发能源、环境、医疗等领域的应用。

通过基因编辑，能够治疗免疫缺陷病。如 2023 年年底，英国药品和医疗保健产品监管局（MHRA）和美国食品药品监督管理局（FDA）相继宣布，授权 CRISPR/Cas9 基因编辑疗法 Casgevy（通用名 exagamglogene autotemcel，简称 exa-cel）上市，用于治疗镰状细胞病（SCD）和输血依赖性 β 地中海贫血（TDT）。而多款 CAR-T 疗法都已经被批准上市，用于治疗白血病、淋巴瘤、骨髓瘤等疾病。在细菌治疗方面，FDA 宣布批准肠道微生物菌群口服药物 "Vowst" 用于治疗 18 岁及以上成人患者的复发性艰难梭菌感染。另外，类器官的培养可用于临床前癌症的治疗检测及药物药效和毒性测试。这些成果都展示了复杂生物功能实现在疾病治疗方面的潜力。

复杂生物功能实现还体现在材料生产方面。目前，合成生物学与材料科学的交叉已经成了全球的研究前沿，2021 年，美国工程生物学研究联盟（EBRC）发布了《工程生物学与材料科学：跨学科创新研究路线图》，评估了工程生物学和材料科学交叉领域的挑战和创新潜力，并预测了未来 20 年的发展方向。欧洲研究委员会（ERC）的探路者项目把活材料列为五大资助方向之一，以促进基础理论的突破和产业化进程。PHA、PLA 等生物可降解塑料的生产，将为全球可持续发展贡献一份力量。

通过基因线路设计，生物制造能够生产大量化学分子，并且由于不用高温、高压设备，能够大幅降低成本。美国加州伯克利大学的 Jay Keasling 团队通过基因网络编辑，成功地在酵母中生产出青蒿素前体，成为生物制造的典范代表。美国的 Amyris 通过角鲨烯的生物制造，避免了大量鲨鱼的捕捞。中国的凯赛生物将长链二元酸进行批量生产，目前是全球最大的供应商。美国的 LanzaTech 与中国首钢合作，利用工业废气实现了生物乙醇的生产，并应用于洗衣凝露、航空燃油等多种下游产业。近年来，生物科技也成了全球竞争高地，如美国白宫在 2022 年公布了《关于推进生物技术和生物制造创新以实现可持续、安全和可靠的美国生物经济的行政命令》，启动 "国家生物技术和生物制造计划（National Biotechnology and Biomanufacturing Initiative）"，推动了美国在生物技术和生物制造领域的技术领先地位和经济竞争力。中国国家发展和改革委员会于

2022 年印发了《"十四五"生物经济发展规划》，明确了在生物医药、生物农业、生物质替代、生物安全这四大重点领域进行重点支持。

因此，本章节将在医药、材料、能源三方面进行复杂生物功能的阐述，并对未来的生物功能调控与操纵技术进行展望。

第二节　研究现状及进展

一、基因元件与基因线路原理与设计

（一）基因元件和基因线路设计原理

在合成生物学中，基因元件是指编码生物功能的 DNA 片段，它们通常不单独使用，而是组合成遗传装置，最终实现完整的功能。常见的转录元件包括启动转录的启动子、调控转录的操纵子、起始翻译的核糖体结合位点、蛋白质编码序列和终止转录的终止子等。一个具有输入和输出的完整基因线路可被视为一个动力系统，因此也可借用控制理论来实现对系统的分析与建模。对于一个基因线路，描述输入和输出之间定量关系的函数即为传递函数，对应的曲线即为传递曲线。

1. 基因元件

利用上述原理设计的常见基因元件包括传感器、逻辑门、模拟预算。

（1）传感器：基因线路中的生物传感器是基因线路的第一个组成部分，它在基因线路中作为线路的输入模块。传感器实现与外界信号的交互，通过特定的遗传元件感知外界相应的靶标分子，将外界信号传递到基因线路中，经过基因线路中相应的计算最终可以输出报告元件的信号。根据响应信号的不同，可将生物传感器分为光传感器、渗透压传感器、小分子传感器等。

（2）逻辑门（logic gate）：这一术语来自于电子电路，用于描述以多个输入来控制单一输出的装置。逻辑门也是现代计算机中最基本的计算单元，将这些基础的逻辑门按照不同的方式组合可以创造出复杂的电路。逻辑门的操作可以用布尔代数来描述：接受一个或多个二进制输入，根据预定义的规则对它们进行评估；如果满足此规则，则输出"真"，否则输出"假"。不同的预定义规则代表了不同的逻辑门，而且预定义规则的标识决定了逻辑门的类型。针对特定的逻辑门，可以运用真值表来表征逻辑事件输入和输出之间全部的可能状态，1 表示打开和"真"，0 表示关闭和"假"。在生物体内，逻辑门可基于不同的基因表达调控方式进行构建，如通过 DNA 结合蛋白对于 DNA 的调控，或通过重组酶对 DNA 的反转作用。

（3）模拟运算和其他常用元件：转录元件为基因线路最基本的组成结构，将它们相互组合在一起可组成具有更完整功能的遗传单元。这些遗传单元可根据不同的设计进一步组合成从简单到复杂的基因线路，进而执行简单的逻辑判断，如上述逻辑门，或更为复杂的行为（调控复杂的代谢途径）等。常用于构建逻辑门的转录调节因子有 DNA 结合蛋白、重组酶和 CRISPRi，以及 RNA-IN/OUT。它们可以构建开关（switch）、存储线路（memory circuit）、计数器（counter）及逻辑门。它们各有优势和不足，如 DNA 结合蛋白作用简单、应用普遍，而 CRISPRi 要面临 cas9 的毒性问题等。在构建模拟运算功能时，要注意：元件功能会受相邻元件的序列影响；在对多个转录单元进行组装时，排列在载体上的前后顺序会影响转录单元的上下文；在基因线路中，有时候其本该受调控的元件反过来可以影响其上游遗传元件；在新的遗传、细胞和环境背景下使用时，意外的非模块性仍可能会导致逻辑错误，进而导致基因线路的失败。因此，构建模拟功能需要大量的实际实验进行测试。

2. 基因线路设计原理

在构建基因线路时，研究人员一般用简单的元件来实现期望的设计。其构建方法分为自上而下的解构（top-down decomposition）与自下而上的装配（bottom-up assembly）两类。前者需要熟悉整个基因线路的构造并将其拆解为子系统，明白每个子系统的结构、功能及不同子系统之间的连接方式，甚至可以用别的系统整个替换某一子系统来实现相同的功能（当然子系统也可以进一步拆解为更小的系统，直至拆解到基本的调控元件）；后者则需要将最基本的调控元件按照一定规则组合起来，形成上一级的系统或调控元件，层层组合连接，最终构成有功能性的复杂基因线路。基因线路的调试需要进行大量试错。在电子电路设计中，有工程师往往会用计算机模拟来判断电路设计是否能够正常运行，并在电路构建之前就发现并排除掉绝大多数可能出现的问题。而在基因线路设计中，很长一段时间都是用大量的试错来调试基因线路，这一过程非常的辛苦。2016年，Christopher A. Voigt 课题组开发了基因线路自动化设计软件 Cello，以加速基因线路设计并辅助非专业人士设计复杂的基因线路。

（二）基因线路自动化设计

在理解天然基因线路时，研究者往往会用到系统生物学的方法。对生物体内的复杂基因线路进行定量数学建模是系统生物学的重要手段之一，也是理解生物系统固有复杂性的一种尝试。迄今为止，已有大量的计算机辅助设计（computer-aided design，CAD）软件或建模工具可用于基因线路的建模，从而加速基因线路的设计过程。电子设计自动化的思想也被应用于基因线路的设计中，被称为生物学设计自动化（bio-design automation，BDA）。该自动化流程在设计、构建、测试和分析具有目标行为系统的工作流程中协同工作，可以加快合成生物学的工作进程，并大大提高可成功构建系统的规模和复杂性。在此类自动化工具中最值得注意的工具之一，是 2016 年由 Christopher A. Voigt 课题组开发的 Cello（Cellular Logic）工具。

基因线路的设计与人工信号通路的开发息息相关。人工信号通路通常包括三大模块，分别是感应模块（sensing module）、逻辑处理模块（logic processing module）、功能输出模块（output actuating module or regulated therapeutic functions）。感应模块通常使用天然的或工程化的生物传感器来感知外界信号，包括但不限于以下几类常见信号：①疾病相关的生物标志物（biomarker），如一些小 RNA（microRNA）及细胞表面的膜蛋白；②细胞外的小分子化合物；③细胞内源信号网络、分子互作信息等。感应模块将这些信号传递给逻辑处理模块，也就是之前提过的人工基因线路（图 6-2-1）。

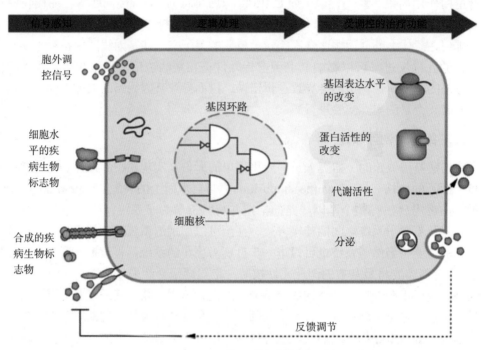

图 6-2-1　人工信号通路的模块组成

基因线路的设计原则包括组合逻辑线路设计原则和时序信号通路的设计原则。

1. 组合逻辑线路设计原则

在电子电路中，组合逻辑（combinational logic）通常指一类在任何时刻的输出状态只取决于该时刻输入信号状态的复杂系统。这类系统与原有的状态无关，没有记忆功能，这意味着它的输出与之前的输入完全没有关系，只与当前的输入有关。组合逻辑门可以组合连接形成复杂的组合信号通路或组合逻辑线路。组合逻辑线路的结构特点是：由各种逻辑门构成，不含存储元件（memory）；只有从输入到输出的通路，没有从输出到输入的反馈路径；可以是多输入、单输出，也可以是多输入、多输出。

组合信号通路的设计是根据特定的应用场景或面临的工程化问题，将模糊的需求转变为具体的逻辑命题，然后设计或求解出能够实现这一逻辑要求的逻辑表达式，并用逻辑门线路来实现。理想情况下，生物工程师应该开发一个标准化的设计和构建框架，形成模块化的逻辑门或基因线路，使基本的生物功能常规化，并使其表现符合预期且有一定的鲁棒性（robustness）。成熟的工程学科已经开发了类似的框架，利用抽象的概念来定义一些可以被用来组合的标准化、功能化的元件，并约束这些元件组合的组成规则。通过借鉴数字逻辑电路的设计规则，可以将这些规则本地化到组合信号通路的设计中。

组合信号通路一般设计流程如图 6-2-2 所示。一般的设计原则包括逻辑命题的确定、列真值表、画逻辑线路图、构建基因线路的逻辑架构、基因线路参数匹配、调控元件选择与基因线路调试。

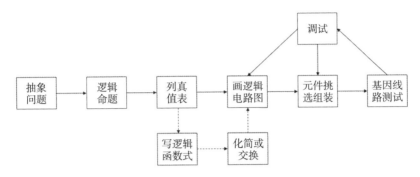

图 6-2-2　组合信号通路的一般设计流程

2. 时序信号通路的设计原则

具有记忆能力的基因线路称为时序信号通路或时序逻辑线路。它必须含有记忆元件，因此它和组合逻辑线路在线路特性、逻辑功能和描述方法上都有本质的不同，属于基因线路中的另一大类。

时序逻辑线路示意图如图 6-2-3 所示。时序基因线路的输出不仅取决于该时刻的输入，而且与上一个时刻的输入有关，具有记忆能力；线路在结构上必须包含存储元件，既有从输入到输出的通路，也有从输出到输入的反馈路径。时序基因线路的状态是由存储线路来记忆和表示的，因而这类线路可以没有组合基因线路，但一定不能没有作为存储单元的"触发器"，这是与组合逻辑逻辑电路最大的区别。常见的存储元件有锁存器（latch）和触发器（flip-flop）两种。比较简单的存储元件可以通过级联逆变器（cascaded inverter）来实现。除此之外，交叉连接的 NOR 或 AND 结构也可以实现简单的存储元件。这两种结构作为基本元件可以用来构建锁存器和触发器。

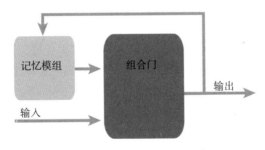

图 6-2-3　时序逻辑线路示意图

时序信号通路的设计原则与组合信号通路的设计原则比较类似，但时序信号通路设计最大的特点是在组合信号通路的基础上包含存储线路，其中可以包含多个存储元件，并且存储元件之间的连接非常多样化。其设计的一般步骤为逻辑抽象、建立原始逻辑线路图、状态简化、画最简逻辑线路图、存储元件的选择与基因线路调试。

设计基因线路后，一个完整的评估包括基因线路得分、基因线路输出预测、实验和数据处理、计算机仿真结果与实验结果的匹配。通过上述预测的方法和实验，可得到基因线路的预测结果和基因线路的实际输出结果，然后便可以对比预测结果和实验结果。若两者匹配度很高，说明该预测方法能力较强，可以用来理性地辅助设计更多、更复杂的基因线路；若二者匹配度很低，则要详细分析此差异造成的原因，并加以修正理论模型，以达到更好的预测效果。在这样一次次的评估和对比之中，预测模型会变得越来越完备，最终实现可预测的、理性设计的基因线路。这一策略极大地简化和加速了基因线路的设计和构建流程。最后则是实现层，即基因线路的 DNA 序列转化与合成，包括分子克隆技术、Gibson 组装、Golden gate 组装、DNA 合成等。

在活细胞中处理和存储信息的能力，对于开发下一代治疗和研究生物学原位至关重要。然而，现有策略记录容量有限，并且难以扩展。为了克服这些限制，麻省理工学院的 Fahim Farzadfard 和卢冠达于 2019 年联合开发了 DOMINO，这是一个在细菌和真核细胞中编码逻辑和存储的强大且可扩展的平台。使用高效的单核苷酸分辨率读写头进行 DNA 操作，DOMINO 将活细胞的 DNA 转化为可寻址、可读写的计算和存储介质。DOMINO 运算符可以实现模拟和数字分子记录，用于长期监测信号动态和细胞事件。此外，多个运算符可以层叠和互连，以编码无序、顺序和时间逻辑，实现对细胞中分子事件的记录和控制。

（三）基于 AI 的设计线路优化

随着人工智能（AI）技术的快速发展，其在生物学领域已经具有广泛的应用，包括基因注释、蛋白质功能的预测、基因线路的预测、代谢网络的预测和复杂微生物群落的表征等。

元件的设计是线路优化的基础，生物元件是合成生物系统中最简单、最基本的单元，通常指一小段具有特定功能的核酸和氨基酸序列。在大规模的生物智能设计中，生物元件像"搭积木"一样被用于组装具有特定生物学功能的装置和系统。然而，从核酸和氨基酸序列到生物元件的挖掘与功能解读之间，还存在巨大鸿沟。元件工程中更具挑战意义的是设计合成自然界不存在的元件，而人工智能在其中扮演着十分重要的角色。

人工基因线路是利用元件工程中的各类元件，针对多样的需求，依照电子工程中电路搭建的思维进行设计及功能优化，从而达到对生命的重编程。但是，合成基因线路的设计和构建远非易事。早期设计的基因线路通常需要进行多次、长时间的调试才能正常运行，而且无法确定其对底盘细胞的其他影响。Riley 等利用线性交互机制从头设计在大肠埃希菌中调控基因表达的核糖开关——Toehold Switch。ToeholdSwitch 不仅可以感应同源 RNA，从而激活基因表达，而且实现了较高的正交性、较低的系统串扰、可编程性及较广的动态范围。但其仍面临一定的设计瓶颈，如筛选有用的 Toehold Switch 通常需要开展大量实验，消耗很长的时间和很高的经济成本。Valeri 等将 STORM（Sequencebased Toehold Optimization and Redesign Model）和 NuSpeak（Nucleic-Acid Speech）循环神经网络 - 卷积神经网络混合模型用于表征和优化 ToeholdSwitch。在深度学习架构中使用卷积过滤器、注意力机制和迁移学习对模型进行优化，进一步改进了面对稀疏的训练数据的性能，为调节开关的选择和设计提供了从序列到功能的深度学习框架，并增强了构建有效的生物电路和精确诊断的能力。

（四）基于微弱物理场激励的细胞快速响应通讯元件精准构建

1. 光响应传感器

植物和一些细菌使用一类称为光敏色素的蛋白质光感受器来控制趋光性、光合作用和保护色素的产生。然而大多数光敏色素的应答调节因子不具有 DNA 结合结构域，并且不直接调节基因表达，因此 Christopher Voigt 课题组通过将蓝细菌光感受器与大肠埃希菌细胞内组氨酸激酶结构域融合，设计了一个嵌合光受体 Cph8。通过将光线投射到细菌上，便可以产生高清晰度的二维化学图像。随着研究的深入，光激活的感受器也在哺乳动物和植物中成功实现。利用光响应传感器的合成生物学方法已开发出数十种光遗传工具，用于控制基因表达、基因组编辑、细胞信号通路、细胞迁移和细胞器运动。这些工具已应用于生物医学，如代谢性疾病、心血管疾病、神经系统疾病、肿瘤和其他各种疾病的光疗法。

2. 超声感受器

与光学、磁性和基于印刷的方法相比，超声波在这些背景下具有独特的优势，因为它在不透明介质中具有功能性、非侵入性、相对较高的微米级空间精度和快速可重构的场形成能力。然而，由于内源细胞材料的声对比因子较相似，所以将超声的声辐射力直接连接到细胞内基因表达是具有挑战性的。这就需要一种能够显著改变细胞声学特性的基因编码剂，如通过基因改造并表达声音敏感的气囊（GVs）、声音敏感离子通道、声热敏感蛋白或其他声音敏感基因，来调控靶向基因的表达，使靶细胞对超声敏感并影响一系列设计好的靶基因的控制，或控制神经元兴奋。依赖超声感受器的声遗传学已经被用于非侵入性探测深层神经元活动、神经退行性疾病和糖尿病的治疗探索、生物分子功能的超声成像及肿瘤治疗的探索。最近，美国德克萨斯大学奥斯汀分校助理教授王辉亮团队制备了一种脂质纳米粒子，可以在深层组织中，将超声转换为光，结合声光遗传学的优点，这对神经科学有重要的意义。光响应传感器和超声感受器的对比及应用见表6-2-1。

表 6-2-1　光感受器和超声感受器的对比及应用

	光响应传感器	超声感受器
感受器来源	植物和细菌的光敏蛋白	机械响应离子通道，机械响应大分子系统（如气囊），依赖热声反应的热敏元件
感受器优点	高时空分辨率，准确，无损，可扩展性强，工具多样化	穿透力强，可作用于深层组织，非侵入性，易于加强超声成像

	光响应传感器	超声感受器
感受器缺点	低组织穿透，光毒性，控制效率有限，高背景、低对比度	高强度聚焦会导致不可逆损伤，气囊寿命有限，设备精度要求很高
在研动物模型	糖尿病、肿瘤、神经系统疾病治疗	肿瘤、糖尿病、神经退行性疾病治疗，体内成像
临床实验	遗传性视网膜病	尚无

二、蛋白线路原理与设计

蛋白质电路设计领域建立在分子计算概念的基础上，将分子元件与电子电路进行类比。为了实现该目的，工程蛋白质电路元件和基因元件相似，需要具备正交、可组合、可和内源蛋白直接接口的特点。同样，其也需要感知细胞内外输入、传递信号、处理信号。

1. 外信号输入

早期的设计模型 tango 和 MESA 对设计依赖于 GPCR 或其他可二聚化受体作为感应器时是很有效的，然而，因为过度依赖天然受体的结构域，所以它们能检测的范围很有限。后来又开发了 SynNotch 模型和 GEMS 模型。SynNotch 模型对输入更加灵活，可以接受天然或合成的输入，并专一地激活相应的信号通路，但是只能检测细胞表面或细胞接触信号；而 GEMS 模型可以检测细胞外的信号，然而胞内下游信号受限，难以设计。各模型的对比见表 6-2-2。

表 6-2-2 胞外输入模型的对比

	Tango	MESA	SynNotch	GEMS
输入信号	GPCR 配体	受体二聚化	细胞表面蛋白	二聚化
输出信号	特定靶基因	特定靶基因	特定靶基因	细胞自然通路靶基因
胞外端	改造过的 GPCR 受体	改造过的可二聚化受体	改造过的 Notch 受体	改造过的可二聚化受体
胞内端	改造过的融合可剪切 C 端	改造过的融合可剪切 C 端	改造过的融合可剪切 C 端	无
优点	在检测范围内很有效	比 Tango 更灵敏	下游可编程性好	可检测胞外配体
缺点	过度依赖天然结构域，检测范围有限	过度依赖天然结构域，检测范围有限	只能检测细胞表面配体	下游难以定制

2. 胞内信号输入

胞内信号输入包括细胞内特定蛋白感应和细胞蛋白可逆修饰感应。通常设计的胞内目标蛋白检测方法需要有改造过的特定病毒水解酶的参与。一个常用的设计（类似双抗夹心 ELISA 法）是将一个可以和被检测目标结合的蛋白融合一个可以被剪切释放的效应器，另一个可以和目标蛋白结合的蛋白融合特定的水解酶。这种方法用双纳米抗体结合目标蛋白的不同部位，成功包夹目标蛋白并激活设计好的下游通路，可以检测丙型肝炎病毒（HCV）、人类免疫缺陷病毒（HIV）和亨廷顿病（HD）。而胞内的蛋白可以被可逆化学修饰（如磷酸化、甲基化、乙酰化），这一过程在许多细胞信号通路中占有重要的地位。TEMP 模型是一个检测配体被修饰的设计。将配体设计成 N 端，依次和烟草刻蚀病毒蛋白水解酶一半结构、酶切位点及效应器融合，另一部分设计为将可以结合磷酸化配体的结构域和水解酶的另一半结构域融合。当配体被磷酸化，设计的两个蛋白亚基贴合重现病毒水解酶功能，剪切释放 C 端特殊信号启动基因转录，或剪切释放荧光基团导致发光（表 6-2-3）。

表 6-2-3　胞内输入模型对比

	胞内特定蛋白感应模型	胞内蛋白化学修饰感应模型
输入信号	特定目标蛋白出现	目标蛋白被磷酸化、甲基化、乙酰化、泛素化等
输出信号	报告基因被转录	报告基因被转录或脱离包埋发出荧光
胞内端	双工程化蛋白包夹目标蛋白激活特定转录因子	双工程化蛋白识别被化学修饰的状态，结合同时激活特定转录因子
优点	灵敏，快速	灵敏，快速
缺点	微扰偏大，抗体难以快速制造	微扰偏大

3. 信息传输

胞内的信息传输包括直接和间接信息传输。直接信息传输包括来自细菌被高度改造过的双组分信号转导系统和直接从头合成的特异性结合设计。双组分信号转导系统中经过深入研究的特异性密码，结合双组分系统的模块化特性，以及它们在高等真核生物中的缺失，使其成为合成哺乳动物信号传输系统的理想选择。随后的研究使这些双组分系统在哺乳动物细胞中能够对一系列小分子以剂量依赖的方式进行反应，同时对哺乳动物细胞中常见的内源性分子保持不响应。而重复结构的蛋白质螺旋束设计和 Rosetta 蛋白质设计软件，共同扩展了蛋白质相互作用的设计范围，并允许探索更多样化的特异性决定氨基酸残基。这些进展使蛋白螺旋束内的氢键作用力可以更准确的被预测，从而使从头设计蛋白相互作用的操作成为可能。有研究使用这种策略创建了一组相互正交设计的异源二聚体（DHDs），包括在体内分析的 14 对和在体外分析的 6 对。这些组分代表了一种灵活而强大的工具包，通过人工从头设计蛋白质 - 蛋白质相互作用来控制细胞内的信息传递。另一项研究基于自然相互作用构建了一个算法，该代码基于大肠埃希菌素内切酶和相应的免疫蛋白之间的相互作用，使用 Rosetta 从已知的结合双方序列推算出 18 对不同结构的结合序列。这些合成的例子通过骨架和侧链相互作用的合理设计，展示了对蛋白质相互作用特异性的显著控制，但仅限于蛋白质 - 蛋白质结合。 基于共进化的蛋白质设计的进展，利用蛋白质序列中的进化相关性设计功能酶，可以帮助设计更强大的后翻译修饰和信号放大的信号传输系统。在间接信号传输中，支架蛋白（scaffold protein）通过将原本相互作用较弱的蛋白质招募到靠近的位置来选择性地传递信号。工程化设计的支架系统可以通过可交换的招募结构域实现受控路线。支架工程方法已被用于重构和理解动态信号系统，工程化蛋白和内源蛋白的物理杂交可以作为细胞中重新连接信息传递的简单和模块化方法。另外，从头设计合成的蛋白质支架可以提供更大的灵活性，并且能更好地隔离内源性途径。 完全合成的支架已经通过异二聚体重复序列的串联重复单元创建，以无预定义顺序将两个蛋白质、三个蛋白质或更多蛋白质招募到同一个支架上。这些全新设计的支架还具有紧凑 (每个异二聚体对大约 150 个氨基酸) 和协同作用的特点，当支架蛋白质浓度很高时，可以避免信号降解。同时，合成支架蛋白质可以实现定制信号传递。

4. 信号处理

逻辑、放大和模拟数字转换等信号处理操作使计算能力更为强大。研究人员将正交性和组合性原理结合起来，以不同的方式实现这些能力。逻辑在细胞信号传导中无处不在，使细胞只对特定的输入组合做出选择性响应。CHOMP 和 SPOC 两个系统，证实了在哺乳动物细胞中可以进行蛋白酶电路设计。蛋白酶 - 蛋白酶的调节方式通过"拉链 - 剪切（zipper clipper）"机制行使作用。Chen 等人 2019 年设计了使用一组人工重新设计的正交蛋白异二聚体，创建了一种互补和可逆的系统，即 CIPHR。该系统通过两种互补的蛋白质相互作用模式调节任意蛋白质单元的共定位，即多个正交变体对之间的竞争结合解离预先形成的蛋白质复合物以实现否定操作，而被设计好的来自不同异二聚体对的融合，使目标蛋白质的亚基靠拢，从分离状态变成结合状态而激活。 由于蛋白质结合似乎与细胞环境无关，所以 CIPHR 可以在无细胞提取物、酵母和 T 细胞中执行逻辑操作。人工从头设计能够设计出几乎无限的蛋白质组分来介导非共价相互作用，使正交系统得以产生，而病毒蛋白酶相互激活 / 抑制的组合能力使多层次计算的构建成为可能。 这两种方法的结合应该可以实现更高的可扩展性，从而创建出更强大的基于蛋白质的处理器。

三、细胞间调控线路原理与设计

自然界中细菌与其他微生物，如真菌、古菌和病毒等，形成了一个复杂且动态的微型生态系统。该系统的每个物种都占据一定的生态位，共同参与资源竞争和代谢活动，发挥各自的生理功能，并最终构成相对稳定的生态网络。群体感应（quorum sensing，QS）是微生物分泌的一类代表性化学感应信号，负责协调基因表达、控制细胞密度和调节表观行为等生理过程。在应对多变的外界环境时（生物和非生物因素），QS 具有调节群体行为、响应环境刺激和维持生态平衡的作用。

细胞间调控线路包括群体感应线路设计、震荡电路设计和生态状态电路设计。群体感应是一种细菌细胞与细胞间的通信系统，细菌通过分泌扩散小分子信号感知细菌群体的密度，从而引起一组特定基因在转录水平协调表达。在基因调控网络中存在少量具有全局性行为的调控因子，它们能够调控多种代谢活动，如种群生物量、激素分泌和昼夜节律等，这与基因的振荡性有关。而随着对自然微生物之间的相互作用、动态和生态学的更深入理解，有望将微生物工程扩展到混合群体中，以便在生物反应器以及开放和自然环境中执行更复杂和具有挑战性的功能。

1. 群体感应线路设计

群体感应系统最早发现于费氏弧菌中，这种细菌可以产生并向胞外分泌一些信号分子，细菌间利用这些信号分子进行交流，并感应群体密度的变化。合成生物学可针对性地设计和修饰 QS 元件，实现基于密度调控的遗传电路和细胞间通讯群体感应，可用于进行微生物群体的细胞浓度控制，设计成生物被膜信号通路，和基因线路及逻辑门进行复合设计，以及和生物传感器结合作为新细菌改造途径。

2. 震荡电路设计

在大规模基因调控网络中，只使用少量的调控因子就可以调控相对较多的基因，进而协调复杂的细胞行为，这与基因的振荡性有关。因此，构建合成基因振荡器成为合成调控研究的方向之一。合成生物学通过对系统进行建模，也证明了新构建的机制的确会实现跨细胞群的同步行为。然而，在一个复杂的环境中寻求构建一个稳定的基因线路还是相对较难的。

3. 生态体系线路设计

随着对自然微生物相互作用、动态和生态学的更深入理解，未来有望将微生物工程扩展到混合群体中，以便在封闭和定义的生物反应器以及开放和自然环境中执行更复杂和具有挑战性的功能。构建合成微生物群落有四个关键考虑因素，即工程不同物种间和同种间的相互作用；构建时空动态，理解时空中的相互作用；建模和维持整个群落的功能稳健性；发展种群控制和生物约束措施。

4. 细菌布阵和细胞运动

（1）细菌布阵：从亚细胞器生成到胚胎发育，自组织结构的形成是生物体的一个标志。尽管生物学中有序空间图案的出现通常是由复杂的化学信号驱动的，这些信号协调细胞行为和分化，但纯物理相互作用可以驱动生物体中规则生物图案的形成，如精子和细菌悬浮液中的结晶涡旋阵列。香港中文大学发现了一种由物理相互作用驱动的自组织图案形成的新途径，该途径可以创建具有多尺度、有序性的大尺度空间结构。具体而言，密集的细菌生物体自发地形成了一个中等尺度、快速旋转的涡旋晶格。这些涡旋每个由 104~105 个活动细菌细胞组成，以大于厘米尺度的空间排列，并呈现出明显的六角有序性，而涡旋中的单个细胞则以协调的方向和旋转顺序移动。单细胞跟踪和数值模拟表明，该现象是由系统中的自增强移动性所驱动的，即在给定的细胞密度下，个体细胞的速度随着细胞产生的集体应力增加而增加。应力诱导的移动性增强和流动化在不同尺度的密集生物体中普遍存在。这说明自增强移动性为生物体和其他活性物质系统的图案形成提供了一个简单的物理机制，这些系统在流体和固体行为的边界附近。在密集的细菌悬浮液中，自增强的移动性能够从活跃湍流中创造多尺度的空间秩序，驱动厘米尺度的六角晶格排列的中尺度涡旋形成。涡旋晶格图案与之前报道的几个例子有所不同，无论是现象学还是基本机制。涡旋结构是特征性的湍流，它们在自然界中普遍存在，跨越了从量子流体到星系的广阔长度尺度。在这里，展示了一种独特的途径，通过这种途径，湍流中的混沌涡旋结构可以自发稳定。有序的涡旋结构在密集的活性极性流体中一直在理论上被预测，而现在提供了实验证据。

（2）细胞运动：作为一种重要的协调行为类别，群体迁移在生物系统中普遍存在，如导航、觅食和范围扩展。在个体异质性存在的情况下，迁移群体通常表现出空间有序的表型排列。在动物群体迁移中，个体行为能力（如方向敏感性）会导致社会等级制度，进一步推动协调群体的空间排列。同时，空间排列可能导致参与群体迁移的个体面临不同的成本和收益。参与个体必须遵守纪律规则，以在移动过程中组织成协调的模式，这需要复杂的计算能力与群体和环境进行交互。因此，生活在大群体中的生物通常需要一起移动，以便导航、觅食和增加漫游范围。这样的群体通常由不同个体组成，它们必须整合各自的不同行为，以便以相似的方向和速度迁移。

中国科学院深圳先进院合成生物学研究所发现了一个描述单个细菌细胞在群体内移动的普遍原则。结果显示，大肠埃希菌根据其在群体中的位置来改变奔跑和翻滚的运动方式：位于后方的个体漂移速度更快，以便追上群体，而领导群体的个体漂移速度较慢，以拉回自己。这种"回归行为"使得迁移的细菌能够以相对于群体的平均位置保持恒定速度移动。

细胞的漂移速度取决于其向趋化剂移动的能力及对浓度梯度的响应。因此，细菌加速或减速的平均位置将取决于其对趋化剂梯度的敏感性。如大肠埃希菌在空间上排列自己，使得对梯度较浅的前方有更敏感的细菌，而对梯度较陡的后方有较不敏感的细胞。

这些发现表明了细菌在集体迁移过程中形成有序模式的一般原则。这种行为也可以应用于其他不同个体的群体，如蚂蚁沿着一条路径行进或鸟群在季节之间迁徙等。

四、全球主要研究机构及合成生物学规划

合成生物学的学术研究涵盖领域比较广泛。美国和欧洲机构目前在合成生物学研究方面处于领先地位，亚洲也在增加投资。

1. 全球主要研究机构及其研究领域

美国麻省理工学院生物工程系，包括多细胞工程生命系统中心（M-CELS），研究目的驱动型生命系统及系统组件的相互作用；生物医药创新中心（MIT CBI），开发新的生物医学技术方法，如用于传感器应用的生物膜蛋白的结构和功能；神经生物工程中心（CNBE），专注于神经系统实验研究的新工具，以及工程化神经元、神经组织及其

与细胞、设备的相互作用。

美国斯坦福大学合成生物学与生物工程项目，探索广泛的合成生物学研究包括蛋白工程、生物信息学、微生物组研究、系统生物学、神经工程、代谢工程、医学成像生物力学、医疗设备、分子工程等。

美国西北大学合成生物学中心，研究领域包括无细胞系统、合成生物材料、合成免疫学、可持续利用生物化学生产、生物传感器和诊断、复杂生物系统的建模分析，以及高通量实验技术的研究与发现。

瑞士苏黎世联邦理工学院合成生物学团队，专注于在哺乳动物背景下开发和应用生物计算和合成生物学工具和方法。

英国帝国理工学院合成生物学中心，致力于开发新方法来加速设计 - 构建 - 测试 - 学习合成生物学循环，主要研究计算建模和机器学习方法，自动化平台开发和基因电路工程，多细胞和多生物体相互作用，包括基因驱动和基因组工程、代谢工程、体外或无细胞合成生物学，工程噬菌体和定向进化，以及仿生学、生物材料和生物工程。

德国马克斯·普朗克合成生物学研究网络，由来自 9 个马克斯·普朗克研究所的 20 个研究小组组成。其研究方向包括合成生物学工程化遗传系统、利用光实现对合成细胞的时空控制、微流控合成生物学、无细胞表达系统、生命模拟系统和自组装合成生物系统等。

中国科学院深圳先进技术研究院合成生物学研究所，成立于 2017 年。作为中国第一个合成研究所，该研究所拥有世界上最大的多学科交叉团队，专门从事合成生物学研究。

新加坡国立大学专注于临床和技术创新的合成生物学（SYNCTI），研究内容包括生物传感器和数学建模、合成基因组学、微生物菌株工程化、酶工程化和生物催化剂、污染的生物治理和生物转化、微生物生态系统等。

韩国科学技术院生物科学系，专注于基因组学和纳米技术，重点研究人类疾病及其分子机制、功能基因组学，以及纳米生物技术及其应用。

在这些机构的研究领域中，预计有一些合成生物学研究主题将在 5~20 年内成熟，具有对商业和社会产生重大影响的潜力。如细胞无机生物制造的广泛采用（高影响力，低不确定性，在 5~10 年内成熟），人工智能、合成生物学和自动化的融合（高影响力，低不确定性，在 5~10 年内成熟），真核生物体的基因组规模 DNA 合成（高影响力，低不确定性，在 5~10 年内成熟），真菌合成生物学（高影响力，中度不确定性，5~20 年内成熟），复杂动物和人类组织器官的 3D 生物打印（高影响力，低不确定性，10~20 年内成熟），预测性基因工程对多细胞生物的影响（高影响力，不确定性高，在 10~20 年内成熟），基于 DNA 的数据存储（高影响力，中度不确定性，成熟期在 10~20 年内）等。

2. 各国对合成生物学的规划和政策

美国属于较早发展合成生物学的国家。2006 年，美国成立合成生物学工程研究中心（Synberc）；2012 年，美国提出生命铸造厂（Living Foundries）计划，专注于合成生物学的投资和开发；2014 年，美国国防部发布了《国防部科技优先事项》，其中合成生物学被列为 21 世纪优先发展的六大颠覆性研究的基础领域之一；2017 年，美国 NSF 宣布征集用于信息处理和存储技术的半导体合成生物学；2019—2021 年，美国工程生物学研究联盟（EBRC）相继发布《工程生物学：下一代生物经济的研究路线图》《微生物组工程：下一代生物经济研究路线图》《工程生物学与材料科学：跨学科创新研究路线图》，提出了工程生物学与材料科学和微生物组工程未来 10~20 年的关键技术领域；2022 年 9 月，美国启动"国家生物技术和生物制造计划"，投入 20 多亿美元，旨在扩大国内的生物制造，加强供应链韧性，推进生物产品商业化，从而促进生物经济发展；2023 年 3 月，美国发布了《美国生物技术和生物制造的明确目标》，涉及气候、食品农业、供应链、大健康、基因生物跨领域，旨在推动美国生物技术和生物制造的发展。

2013 年，欧盟发布了首个生物基行业《战略创新与研究议程》，并提出 2008—2016 年在该领域的设计规划。2018 年，欧洲研究基础设施论坛（ESFRI）发布了《2018 年研究基础设施战略报告和科研基础设施路线图》，提出创新分布式基础设施"工业生物技术创新与合成生物学加速器（IBISBA）"，旨在支持工业生物技术和合成生物学来促进欧洲向循环生物经济的转型。2019 年，欧盟制定《面向生物经济的欧洲化学工业路线图》，提出 2030 年将生物基产品或再生原料替代份额增加到 25% 的目标。2021 年，欧盟发布《新基因组技术当前和未来的市场应用》，总结了新基因组技术现阶段的市场应用情况，涵盖新基因组技术在农业、食品、工业和医药等领域中的应用。2023 年，欧盟发布《2023 年生物能源战略研究与创新议程》，提出增强生物质供应以应对生物经济增长的近、中、远期路线，以及提高生物质生产力和资源效率的优先事项。该议程针对 6 种先进的生物能转换技术，明确关键挑战、发展建议和未来展望，提出未来新兴技术面临的挑战。

英国在欧洲范围内较早将合成生物学纳入国家战略规划，重视对合成生物学基础设施的建设和对初创企业的投入。英国 2012 年发布《合成生物学路线图》，2016 年发布《2016 年英国合成生物学战略计划》，旨在加速合成生物学产品的商业化，并在 2030 年实现英国合成生物学上百亿欧元市场的目标。2018 年，英国发布发展生物经济报告，计划将其生物经济规模从 2016 年预计的 2200 亿英镑增加到 2030 年的 4400 亿英镑，而合成生物学正是实现生物经济发展的重要推动力。2021 年 7 月，英国商业、创新与技能部发布《英国生命科学战略：构建生命科学生态系统》，指出英国已在合成生物学领域投资约 4500 万英镑，并希望计划一个独立小组制定相关技术路线图，为建立世界领先的合成生物学产业所需的行动提供建议。2023 年 12 月 5 日，英国科学、创新和技术部（DSIT）部长宣布了《工程生物学国家愿景》，制定了总投入 20 亿英镑（约合 182.07 亿元人民币）的 10 年战略计划，以发挥工程生物学的潜力，彻底改变医学、食品和环境保护领域的研发。

澳大利亚具备良好的科研基础设施，政府已将合成生物学确定为具有战略重要性的关键技术。自 2016 年以来，澳大利亚在合成生物学方面进行了大量投资，公共投资总额超过 8000 万美元，私人投资总额超过 2000 万美元。2020 年，澳大利亚启动 13 亿美元的现代制造计划（MMI），合成生物学技术和产品的开发与应用是健康和医疗领域的重点方面。2021 年 8 月，澳大利亚联邦科学与工业研究组织（CSIRO）发布《国家合成生物学路线图》，提出未来短期（2021—2025 年）要提升合成生物学的应用能力，并论证其商业可行性；中期（2025—2030 年）要推动合成生物学初步实现商业化发展，建立群聚效应；长期（2030—2040 年）要重点发展由市场决定的合成生物学优先应用方向，实现相关产业的规模化增长的发展路线图。

中国正在大力推进对合成生物学研究和开发的战略部署及政策支持。2018 年，科学技术部启动重点研发计划"合成生物学"重点专项，旨在针对人工合成生物创建的重大科学问题，围绕物质转化、生态环境保护、医疗水平提高、农业增产等重大需求，突破合成生物学的基本科学问题，构建实用性的重大人工生物体系，创新合成生物前沿技术，为促进生物产业创新发展与经济绿色增长等做出重大科技支撑。2020 年 8 月，国家卫生健康委员会发布《关于扩大战略性新兴产业投资培育壮大新增长点增长极的指导意见》，支持包括建设合成生物技术创新中心在内的各项细则。2022 年 5 月，国家发展和改革委员会印发《"十四五"生物经济发展规划》，将生物经济作为今后一段时期中国科技经济战略的重要内容，提出加强原创性、引领性基础研究，瞄准合成生物学等前沿领域，实施国家重大科技项目和重点研发计划；开展生物领域关键核心技术攻关和前沿生物技术创新，加快发展高通量基因测序技术，加强微流控、高灵敏等生物检测技术研发，推动合成生物学技术创新，并明确提出"发展合成生物学技术，探索研发'人造蛋白'等新型食品，实现食品工业化迭代升级，降低传统养殖业带来的环境资源压力"。

五、复杂生物功能实现

（一）医药功能

在过去的一个世纪里，新疗法的开发主要依靠合成化学方法来设计和优化可能成为药物的生物活性分子。这一过程通常涉及对先导化合物进行功能化和筛选的循环，以不断提高其药效、安全性和药代动力学特性。尽管这种方法已经促成了改变生命的重要药物的发现和开发，但在众多人类疾病中仍有许多未满足的临床需求，这就需要采取扩展基于小分子和蛋白质工程疗法的策略。

近年来，合成生物学的出现改变了生命科学家和生物工程师设计和制造治疗剂的思维方式，将活细胞而不是化合物作为开发新型药物的基础。合成生物学方法与药物化学方法类似，能够通过引入合成基因线路对多种细胞类型进行功能化，从而产生工程活体疗法（engineered living therapies，ELT）。

合成生物学的兴起为治疗剂的开发提供了一种全新的范式。合成生物学将分子生物学工具与前瞻性工程原理相结合，建立在由相互作用的基因和蛋白质组成的基因线路（genetic circuit）的基础之上。这些基因线路可影响细胞内源功能及细胞对环境的反应。通过将基因线路分解为更简单的功能单元或模块，如将翻译过程视为两个输入（mRNA 和核糖体）和一个输出（蛋白质）的功能模块，合成生物学提供了一种系统的整体行为可通过一组相互关联的复合操作来表示的模型。通过将合成基因线路集成到细胞中，科学家们可以编程细胞以执行复杂的计算任务，如检测疾病相关信号、执行逻辑决策和产生治疗性响应。这些工程化的活体疗法在治疗癌症、遗传病、自身免疫性疾病及其他多种疾病方面展现出巨大潜力，代表了医学和生物技术前沿的结合。

与传统的基于化学的疗法相比，利用合成生物学方法开发的治疗剂可以在响应特定疾病生物标志物的情况下，控制治疗活动的定位、时机和剂量，展现出对疾病的高度特异性和可调节性。这种方法不仅扩展了治疗策略的范围，还提供了一种在治疗中实现更高精度和个性化的可能性。

尽管合成生物学在开发新型治疗策略方面提供了极大的潜力，但其应用仍面临一系列挑战，包括确保治疗安全性、优化治疗效果、降低成本以及解决伦理和法律问题。未来的研究需要解决这些挑战，以实现合成生物学在医学领域的全面应用，为患者提供更有效、更安全、更个性化的治疗选择。当前细胞治疗发展情况见表 6-2-4。

表 6-2-4　细胞治疗发展情况总结

产品（品牌名称；公司/机构）	治疗领域	细胞类型	批准日期	状态
HPCs，脐带血（Bloodworks）	肿瘤学	异基因 HSCs	2012 美国	临床试验
HPCs，脐带血（Ducord；Duke University）	肿瘤学	异基因 HSCs	2012 美国	临床试验
HPCs，脐带血（Clinimmune Labs）	肿瘤学	异基因 HSCs	2012 美国	临床试验
HPCs，脐带血（Allcord；Gleenon Children's Medical Center）	肿瘤学	异基因 HSCs	2013 美国	临床试验
HPCs，脐带血（Hemacord；New York Blood Center）	肿瘤学	异基因 HSCs	2013 美国	临床试验
HPCs，脐带血（Life South）	肿瘤学	异基因 HSCs	2013 美国	临床试验
HPCs，脐带血（Clevcord；Cleveland Cord Blood Center）	肿瘤学	异基因 HSCs	2015 美国	临床试验
HPCs，脐带血（MD Anderson）	肿瘤学	异基因 HSCs	2018 美国	临床试验
Sipuleucel-T（Provenge；Dendreon Pharmaceuticals）	肿瘤学	自体树突状细胞	2010 美国	已上市（美国）；欧盟撤回
Tisagenlecleucel（Kymriah；Novartis）	肿瘤学	自体 CAR-T 细胞	2017 美国	已上市
Axicabtagene ciloleucel（Yescarta；Kite/Gilead）	肿瘤学	自体 CAR-T 细胞	2017 美国	已上市
Brexucabtagene autoleucel（Tecartus；Kite/Gilead）	肿瘤学	自体 CAR-T 细胞	2020 美国	已上市（美国）
Idecabtagene vicleucel（Abecma；Bristol-Myers Squibb）	肿瘤学	自体 CAR-T 细胞	2021 美国	已上市（美国）

产品（品牌名称；公司/机构）	治疗领域	细胞类型	批准日期	状态
Lisocabtagene maraleucel（Breyanzi；Bristol-Myers Squibb）	肿瘤学	自体 CAR-T 细胞	2021 美国	已上市（美国）
异基因成纤维细胞（Apligraf；Organogenesis）	皮肤科	异基因成纤维细胞	1998 美国	已上市
关节软骨源细胞（ChondroCelect；TiGenix）	软骨	自体软骨细胞	2009 欧盟	已上市；欧盟撤回
Azficel-T（Laviv；Fibrocell Technologies, Inc.）	皮肤科	自体成纤维细胞	2011 美国	已上市
异基因培养的角质形成细胞和成纤维细胞（牛胶原）（Gintuit；Organogenesis）	牙科	异基因成纤维细胞	2012 美国	已上市
自体培养的软骨细胞（猪胶原膜）（MACI；Vericel Corp.）	软骨	自体软骨细胞	2016 美国	已上市（美国）；欧盟撤回
体外扩增的自体人角膜上皮细胞（Holoclar；Chiesi Farmaceutici）	眼科	自体角膜干细胞	2015 欧盟	已上市
自体软骨细胞（Spherox；Co-Don Ag）	软骨	自体软骨细胞	2017 欧盟	已上市
自体脂肪源间充质干细胞（Alofisel；Takeda）	克罗恩病	自体脂肪源干细胞	2018 欧盟；2021 日本	已上市

1. 工程细胞治疗

使用人体细胞作为基因工程电路的底盘确实是生物工程领域的一项重大进展。这种方法利用了人体细胞的天然机制和环境，为基因治疗和细胞疗法提供了一个更加亲和、有效的平台。人体细胞作为底盘，不仅能够提供原生的细胞内环境，以支持外源性治疗基因的表达和功能，还能够确保这些基因的表达和调控更加符合生理条件，从而提高治疗的特异性和效率。

基因线路是操纵细胞发挥治疗功能的重要工具。将基因回路引入人体细胞，无论是原位还是体外，都要求对细胞进行精确的操作和控制。这些基因回路可以设计为感应特定的疾病标志物，如肿瘤细胞特有的表面蛋白，从而启动一系列预先设定的反应，如诱导细胞凋亡、激活免疫系统或产生治疗性蛋白。

2. 组织原位工程细胞

细胞分类器是一种用于治疗目的的基因电路设计，旨在重新连接细胞，并通过编程检测、整合和响应细胞内微环境中的生物线索来控制细胞的生物活性。这个概念已经应用于识别和区分不同细胞状态，如恶性和非恶性细胞。通过在合成基因回路中整合和索引生物分子，可以根据这些生物分子的输出结果在宿主细胞中触发适当的反应。

癌症研究是细胞分类器的主要试验场之一。癌细胞的恶性转化可通过基因和表观遗传学变化来表征。合成生物学可以设计基因回路来区分正常细胞和恶性细胞状态，并通过组合抗肿瘤疗法特异性地摧毁癌细胞。2017年，麻省理工学院的团队描述了一种癌症免疫疗法平台，将"分类器"模块与产生治疗性免疫调节蛋白的"效应器"模块相结合。这种平台有效地区分了肿瘤样细胞和正常细胞，对减少脱靶毒性至关重要。通过设计多输入布尔门，如AND门，可以进一步提高电路的特异性，其控制着编码治疗性蛋白的输出，从而产生功能性的治疗分子，特异性地针对癌细胞。这种方法展示了合成生物学在癌症治疗中的潜力，尤其是在提高治疗特异性和减少脱靶效应方面，展示了合成生物学在癌症治疗领域的巨大潜力，特别是在小鼠肿瘤模型中显示出了令人鼓舞的疗效。这些系统的设计集成了多种合成生物学方法，证明了通过精确控制细胞内信号路径来引导特定细胞命运的可能性。然而，将这些大型治疗基因回路有效且安全地输送到目标细胞中，仍然是向临床应用推进过程中面临的一个主要挑战。病毒和非病毒基因递送技术的改进，如利用纳米粒子、脂质体等非病毒载体，可能为克服这一难题提供了解决方案。

这种基于蛋白酶的电路设计为开发新型癌症治疗策略提供了新的思路。通过精确调控细胞内的信号传导路径，可以实现对癌细胞的特异性识别和攻击，同时最大限度地减少对正常细胞的损伤。这些研究不仅推动了合成生物学在癌症治疗中的应用，也为未来的临床转化奠定了基础。然而，要将这些高级的合成生物学系统成功应用于人类，还需要在基因递送技术、系统稳定性、安全性等方面进行大量的研究和改进。

3. 可植入工程细胞

在合成生物学中，与组织原位细胞的原位工程相比，植入式细胞提供了一个独特的优势，即它们可以在体外进行精确的工程设计，然后再被植入到体内。这种方法允许科学家在细胞被植入前就能对其进行广泛的修改和测试，从而提高治疗的安全性和有效性。然而，一旦这些工程化的细胞被植入到体内，它们就必须在一个不断变化的环境中稳定运行。目前许多设计的合成生物学电路只能在一定的预设条件下工作，并不能根据体内环境的实时变化进行自我调节，这限制了它们在复杂、不可预测的临床环境中的应用。

为了解决这个问题，苏黎世联邦理工的团队提出了"假体基因网络装置（prosthetic gene network devices）"的概念，这种装置能够检测体内特定的生物标志物（如疾病相关分子），并据此调节其功能。该装置能够在识别疾病状态下的特定分子时，自动调整其工作状态，从而维持或恢复生理功能的平衡。例如，在糖尿病治疗中，这样的系统可以监测血糖水平，并在需要时产生胰岛素，从而模拟健康胰腺的功能。

通过与生理反馈回路相结合，合成基因回路有潜力在临床前疾病研究中重建正常的生理平衡。这种方法不仅能够提高治疗的精确性和效率，还能减少因药物剂量不当或治疗时间不当而导致的不良反应。正常的生理功能通常需要将关键的代谢或内分泌因子维持在一定的平衡范围内。这些关键因子水平的自然正反馈回路一旦受到破坏，就可能导致疾病发生，如糖尿病是由于胰岛素水平不足以调节血糖水平造成的。因此，成功的治疗需要持续控制目标生理产品的生物可用性，这对于独立于生理环境作用的药物来说，是一项复杂的任务。目前，已经有几种合成基因回路成功地通过与生理反馈回路整合，在临床前疾病模型中恢复了正常的生理平衡。

尽管潜力巨大，但将这些植入式系统从实验室到临床应用仍面临诸多挑战。例如，如何确保植入细胞在体内的长期存活和功能性、如何避免宿主免疫系统的排斥反应等。此外，为了实现这些系统的临床应用，还需要考虑生物兼容性、传感器的灵敏度和特异性，以及治疗策略的可调节性和可逆性。未来的研究将需要解决这些挑战，包括通过化学修饰和纳米技术等手段改善细胞植入物的生物兼容性和免疫逃逸能力，以及进一步优化和验证合成基因回路的稳定性和效率。此外，临床前和临床试验将是验证这些治疗策略安全性和有效性的关键步骤。

综上所述，植入细胞具有合成反馈电路的技术开辟了一条新的治疗疾病途径，通过对生物分子水平的精确调控，为许多难以治疗的疾病提供了新的希望。随着研究的深入和技术的发展，期待这一方向能够为医学治疗带来革命性的进展。

4. 循环系统工程细胞

在癌症治疗领域，基因重新设计的细胞疗法，特别是工程化的嵌合抗原受体T细胞疗法（CAR-T），已经显示出对血液学恶性肿瘤显著的治疗效果。这种疗法通过在实验室中设计细胞，然后将其转移到患者体内的方式，让细胞能够根据环境线索或对外源性信号做出反应，连续传递经过改造的有效载荷（表6-2-5）。

表6-2-5　主要CAR-T治疗平台总结

CAR平台	解决的限制	作用机制
可诱导的稳定化/去稳定化平台	缺乏控制	CAR与去稳定化域共价连接，活性降解由小分子或其他输入诱导或抑制
可诱导二聚化平台	缺乏控制	抗原识别和信号传导域分离成两种蛋白质，每个蛋白质与二聚化域融合，通过小分子将其结合
可诱导表达平台	缺乏控制和特异性	CAR基因表达由条件性启动子驱动，其转录活性由特定输入调节；肿瘤特异性可以通过使用感知微环境相关信号（如缺氧诱导启动子）的启动子来提高
适配器介导的抗原识别平台	缺乏灵活性	工程化细胞表达识别通用适配器表位的CAR；CAR活性由带有适配器的抗原特异性抗体引导
OR门控抗原识别平台	缺乏灵活性	细胞产物表达多种抗原特异性CAR，每种CAR可以独立激活工程化细胞；单一CAR也可以设计用于靶向多种抗原

续表

CAR 平台	解决的限制	作用机制
AND 门控抗原识别平台	缺乏特异性	同时 AND 门控：次最优的初级 CAR 和辅助刺激的次级 CAR 靶向共表达的不同抗原
NOT 门控抗原识别平台	缺乏特异性	完全功能的初级 CAR 和协同抑制的次级 CAR 靶向不同的抗原，当次级而非初级 CAR 被参与时，激活才会发生
分体通用可编程系统（SUPRA CAR）	以上所有限制	基于分体两模块系统：zipCAR 和 zipFv。zipCAR 包含信号域与细胞外亮氨酸拉链融合。可溶性 zipFv 模块由第二个匹配亮氨酸拉链融合到抗原特异性 scFv。通过组合两模块形成功能性 CAR。反应受 zipFv 可用性控制。通过适当组合 zipFvs 和 zipCARs 实现抗原识别的广度和特异性

尽管 CAR-T 细胞疗法在临床上取得了巨大成功，但其应用仍面临一些挑战，包括缺乏对毒性的控制、适应不断变化的病理学方面缺乏灵活性，以及缺乏肿瘤特异性等问题。为了克服这些挑战，合成生物学提供了一系列解决方案，使得下一代 CAR-T 细胞疗法能够更加可控、灵活和具有选择性。最理想的 CAR-T 细胞疗法是能够同时改善可控性、灵活性和特异性的系统。这需要一个综合的设计，能够动态调整、组合抗原切换和细胞类型反应控制。通过这种方式，CAR-T 细胞疗法不仅能够针对复杂且不断变化的肿瘤环境，也能够减少对患者的不良反应，从而实现更加个性化和精准的癌症治疗。迄今为止，6 种获得 FDA 批准的 CAR T 细胞产品都针对 CD19 或 B 细胞成熟抗原（BCMA），并采用第二代 CAR 设计。CAR T 细胞在治疗血液恶性肿瘤方面的成功为在固体肿瘤中探索这种方法提供了动力。

此外，合成生物学在设计细胞疗法方面的应用还扩展到了治疗自身免疫性疾病等其他领域。通过精确控制细胞的行为和功能，合成生物学为开发新一代细胞疗法提供了强大的工具和平台。

5. 工程细菌治疗

人体自出生起就与大量微生物共生，这些微生物在人的一生中定植于特定的人体组织，成为人体微生物群的一部分。人体微生物群与人类的生理功能紧密相连，通过与饮食和环境中的微生物相互作用，影响着人体的健康状况。利用合成生物学的方法，可以对这些微生物进行遗传操作，使其成为预防或治疗疾病的载体，这为开发新型治疗方法提供了可能。

微生物系统由于其易于遗传操作、代谢简单和鲁棒性等特点，成为合成生物学研究的重要组成部分。通过设计和构建合成基因电路，研究人员可以在微生物中实现复杂的生物功能，从而为治疗疾病提供新的策略。

选择用于治疗平台的细菌菌株主要考虑其安全性和对遗传操作的适应性。乳酸菌（LAB）由于其有长期作为食品组成部分的安全记录，以及易于遗传操作的特性，被认为是理想的治疗载体，特别是乳酸球菌（*Lactococcus lactis*）已被广泛应用于工业和临床研究。此外，大肠埃希菌（*Escherichia coli*）中的某些菌株，尤其是益生菌株大肠埃希菌 Nissle 1917（EcN），因其有安全使用近百年的历史，也被用于治疗研究（图 6-2-4）。

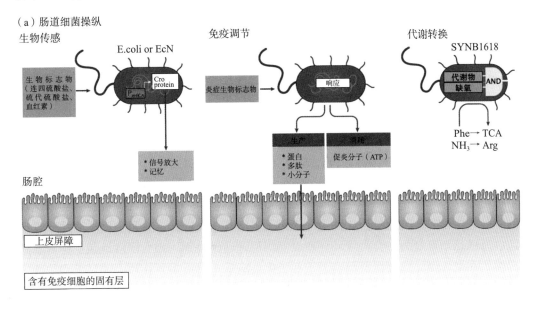

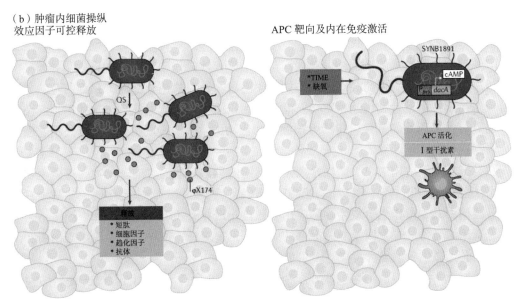

图 6-2-4　工程细菌治疗

　　另外，减毒病原体也显示出作为治疗载体的潜力，它们可以被设计为向恶性肿瘤输送治疗分子或激活抗肿瘤反应。例如，经过修改以缺乏某些致病因子的单核细胞增生李斯特菌和沙门菌株，能够靶向缺氧的肿瘤环境，展现出治疗潜力。

治疗载荷的体内递送和代谢转换是利用微生物进行治疗的核心。最近的研究进展增进了人们对宿主细胞与微生物相互作用的理解，特别是在肠道和肿瘤环境中的相互作用，揭示了可能的治疗路径。

总之，通过开发工程化微生物疗法，合成生物学为满足未解决的临床需求提供了一个前景广阔的领域。这些进展不仅有助于开发新的治疗方法，还促进了人们对人体微生物群与健康之间复杂关系的理解。

（1）作为活性分子递送载体的工程细菌：工程细菌作为效应分子的输送载体，可用于将抗原输送到人体黏膜，引起免疫反应。例如，重组菌株可保护小鼠免受沙门氏菌的致命挑战，表达幽门螺杆菌抗原或细胞毒素无毒重组片段可阻止小鼠肠道的致病性定植。同时，针对HIV等病毒的活疫苗载体也已开发出来。埃默里大学团队将HIV-Gag抗原与B组链球菌的柔毛蛋白融合后表达在乳酸菌表面。乳酸菌表面表达了与B群链球菌柔毛蛋白融合的HIV Gag抗原，结果表明，小鼠口服免疫后，能有效诱发黏膜体液和细胞反应，说明其有作为抗HIV疫苗平台的潜力。工程细菌还可被设计为表达抗微生物化合物，以阻止病原体定植或解决肠道炎症问题。一些细菌菌株被设计为表达抗菌肽，可减少沙门氏菌的负担。此外，细菌可被编程为针对病原体毒力而非存活率进行设计，通过感知自身的种群密度，并在炎症部位递送治疗剂，最大限度地减少全身暴露和毒性。平衡失调的免疫调节细胞因子在炎症性肠病中具有重要作用，通过工程细菌进行基因调控恢复细胞因子网络的平衡水平是一个需要深入研究的领域。虽然目前大多数研究尚在实验室阶段，但已有一些研究进入了临床试验阶段，证明是安全的。总体而言，工程细菌作为输送载体在免疫治疗和炎症调节上具有潜力，并且正在不断取得进展。

（2）治疗代谢紊乱的工程细菌：代谢紊乱是指人体内代谢过程发生异常，导致某些物质过多或过少积累，可能会引起一系列健康问题。针对代谢紊乱的工程细菌疗法是通过合成生物学技术设计和构建特定功能的细菌，以治疗相关代谢疾病。这些工程细菌被设计成具有类似药物的特性，包括可预测的药代动力学、明确的剂量-反应关系、安全性、可制造性和可扩展性。

在合成生物学应用中，大肠埃希菌是最常用的细菌。然而，哺乳动物肠道微生物群主要由其他细菌类群主导，其中以乳酸杆菌属最常见。因此，越来越多的关注集中在利用拟杆菌这种共生菌作为合成生物学应用的底盘。现在有关可调启动子和核糖体结合序列库等基因组元件的开发以及电路部件的研究正迅速进行，这将为下一代用于诊断和治疗的工程肠道微生物的设计提供更多可能性。

（3）肿瘤相关工程细菌：细菌作为抗癌剂的概念源自19世纪末威廉·科利的观察。他发现某些癌症患者在感染链球菌后肿瘤会缩小。这些发现激发了利用细菌激活免疫系统来治疗癌症的研究，科利的工作被认为是医学史上的第一个免疫疗法计划。

细菌抗肿瘤策略的基本原理是细菌能够在肿瘤微环境中积聚和增殖，并能激发抗肿瘤免疫反应。但是，这些策略面临毒性与疗效之间的权衡，因为虽然致病细菌可能具有抗肿瘤活性，但同时也带来了不可接受的毒性。为了解决这个问题，研究者们尝试使用合成生物学策略来创造可控、安全且设计合理的非致病性细菌平台，如大肠埃希菌菌株 *Escherichia coli* Nissle 1917（EcN）。

通过合成生物学，研究者们可以进一步增强细菌对肿瘤的亲和力，如通过合成黏附素，这些蛋白能够靶向癌细胞中的特定分子。此外，通过程序性细胞裂解和合成的法定人数感应系统的结合，可以实现向肿瘤释放治疗有效载荷的新策略。这种方法允许定期或在达到特定细胞密度时释放治疗分子，从而增强治疗效果并减少对周围健康组织的潜在损害。

这些研究和开发中的治疗策略突显了合成生物学在癌症治疗领域的巨大潜力。通过利用细菌的自然属性并结合先进的工程技术，科学家们正在开发新的、更有效的治疗方法，以应对当前治疗中存在的挑战，特别是针对那些难以治疗的癌症类型。随着这些技术的进一步研究和临床试验，未来癌症治疗的面貌可能会因此而改变。总之，细菌作为抗癌剂的潜力仍在不断开发中，合成生物学的进步为癌症治疗提供了新的工具和策略。

（二）材料功能

当今世界面临着三大挑战，即不可再生的石油化工资源快速消耗、人口增长和工业化引发的全球污染。随着可持续发展理念的普及，公众对绿色能源和材料的兴趣不断增加。自然界中存在着经过亿万年进化而形成的生命系统，这些基于单细胞到多细胞生物的系统已经成为高效的生物合成机器。这些生物可以生长、代谢、生产和回收生物质，有望为人类创造可再生能源和可生物降解的材料，从而减少全球污染，提高可持续性。许多令人兴奋的生物基商业产品旨在减少人类活动对环境的破坏，如可持续藻类制造的生物色素有望取代传统的石油衍生产品，植物皮革（如菠萝或仙人掌叶子制成的皮草）可以成为动物皮革的绿色替代品等。随着技术的进步，人类获取和利用生物质的方式也在不断发展。然而一些材料的低收率和高成本限制了它们的经济可行性，如 Cell-Tak 中使用的每克贻贝足蛋白（Mfps）约需要 10000 个贻贝，这阻碍了其规模化生产和广泛应用。

自 20 世纪 70 年代以来，基因工程的进步为利用转基因细胞工厂生产增值生物分子提供了无限的可能性。各种量身定制的代谢途径已经引入到细菌、真菌、植物、昆虫甚至动物细胞中，以产生治疗性分子，如胰岛素、人类生长激素和单克隆抗体。同样的方法也用于制造功能性蛋白质材料，如牛胶原蛋白、蜘蛛丝和鱿鱼反射蛋白。自 21 世纪初以来，合成生物学（也称为工程生物学）整合了模块化、标准化和工程原理，显著提高了生物系统的可编程性。例如，人工设计的基因电路赋予宿主生物检测和解释输入的能力，并将这些输入转换成生理信号，通过设计的遗传设备进一步处理，最终驱动生物体执行用户定义的功能。合成生物学技术整合了生命感知、处理和响应外部信号的能力，为设计具有定制功能的有用生物材料提供了新的机遇，因此工程生物材料（ELM）的发展吸引了多学科研究人员的极大关注。利用工程生物系统实现设计，制造具有多种复合功能的绿色新材料将成为可能（图 6-2-5）。

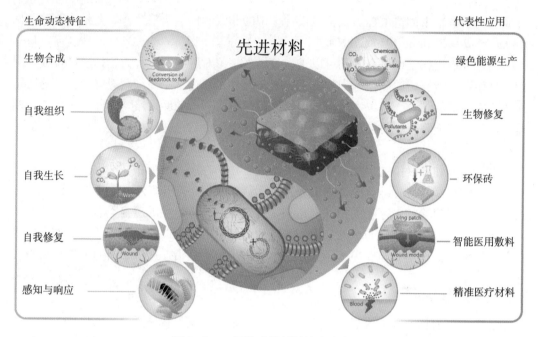

图 6-2-5　活体功能材料的多种应用

生物材料具有许多理想特性，如生长和繁殖、自我修复、自组织、从生长环境中收集能量和动态环境响应，因而有望成为绿色能源生产、污染物生物修复、节能生物砖制造、疾病治疗和空间探索的驱动因素。生物材料对社会的可持续发展至关重要。根据联合国环境规划署的说法，可持续发展包括经济、环境和社会三个方面。具体来说，经济的可持续性意味着以不剥夺未来再生资源的方式生产商品，而生物材料则是生物地球化学循环的一部分，不会对可持续的未来构成威胁。环境的可持续性意味着以对环境友好的方式生产商品和处理废旧商品，而生物材料是采用发酵等温和加工技术制成的，并可通过堆肥降解，不会造成严重的环境污染。社会的可持续性说明了生产活动的组织，使当地社区保持不变，与工业化所带来的城市拥挤和偏远地区空无一人形成对比。生物材料以细胞或组织的形式分发给家庭，允许在使用点进行生物制造，从而提供了缓解工业化问题的机会，产品可以由非专家使用成本效益的原料在现场种植。合成生物学从生物原材料制造的第一阶段发展到制造功能材料的第二阶段，将大大拓宽了合成生物学的可能性和应用场景。

1. 活体功能材料概述

与传统生物材料（如由自然衍生或工业发酵的生物质制成）不同，活体功能材料是通过利用合成生物学方法，由嵌入在基质中的自组织活细胞或群落组成，可以以"自下而上"的方式设计和修改。具体来说，通过将人工调节电路集成到活细胞中，可以生成充分利用生物体反应能力的自组织活材料。另一方面，材料科学家正在尝试利用一种"自上而下"的方法，生产由嵌入有机或无机基质活细胞组成的混合活材料。非生物组分（如导电聚合物、量子点和水凝胶）有望扩展混合复合材料的功能，并增强其可用性。各种先进的制造和加工技术（如三维打印、静电纺丝和微流体）已被应用于制造具有高度可定制尺寸和形状的活复合材料（表 6-2-6）。

表 6-2-6　活体功能材料的生命属性与优势

生命属性	简要描述	示例	活体功能材料的益处
生长和自我复制	生物体通过自我复制不断生长	细菌在几分钟内自我复制	通过以可持续方式培育生物体，连续执行工程化生命材料的生产
生物合成	生物体可以合成特定代谢物和生物聚合物以生存	蓝藻产生气泡调节浮力，从而进行光合作用	工程化生命材料可以被编程以生产具有定制功能的生物材料
自我修复	生物体可以自动修复损伤并恢复功能	皮肤组织经历自主的、特定部位的愈合过程（如烧伤后的修复）	工程化生命材料可以设计为自主检测和修复缺陷，从而恢复特定物体的结构或功能完整性
自我组织	细胞及其产生的生物聚合物可以组织成有序结构	动物条纹由有序排列的色素细胞组成	工程化生命材料可以自我组装成定制的模式或结构
反应能力	生物体可以感知外部环境并适当响应	捕蝇草感知和捕捉昆虫，通过特化叶片	工程化生命材料可以动态感知并响应环境线索，表现为"智能"材料
可进化性	生物体可以进化以适应环境变化	长期外部压力增加骨密度和刚度	工程化生命材料的属性可以通过定向进化来优化以满足特定需求
多功能性	活体系统可以同时执行多项任务	骨头在结构支撑、矿物存储和红细胞生成中起作用	工程化生命材料可以设计为具有执行多种复杂任务的多样功能

2. 活体功能材料的功能模块化设计

生物材料通常由氨基酸、单糖和核酸等基本单位构成。在活细胞的复杂机制下，这些分散的构件以有序的方式聚集在一起，并自组织形成具有广泛功能的结构。通过融合异质模块但不影响其合成和自组装能力，可以定制生物构建模块，为制造用户定义的功能材料提供一种可行的方法。实际上，许多自组装的生物物质，从细胞外的生物膜到细胞内的细胞器，已被重新设计来制造活性材料。这些成分可以通过简单的基因重组或代谢工程改变其生物合成途径，有目的地赋予特定的特性，为生产和控制由工程活细胞衍生的功能复合材料奠定了基础。

3. 活体功能材料的环境感知能力和动态响应能力

活细胞能够实时解读外界信号，调整自身的生理行为，表现出动态性和环境适应性。将这种动态特性集成到生命材料中，有望实现材料功能的智能和自主调节。在自然状态下，生物体通常会接收到与它们所处的动荡生长环境有关的刺激信号。自然生命系统固有的细胞调节系统并不一定适用于活体功能材料的设计。合成生物学使用重新编程的细胞行为来设计生命成为可能。通过在遗传物质中引入人工电路，工程生物体可以获得类似计算机的能力，在接受特定的外部刺激后实现用户定义的功能反馈。因此，转基因细胞突破了自然生命的限制，并有望赋予生命材料更可控和智能的特性。

人工设计的生物对特定的外部信号做出反应的合成电路应该包含感知、处理和输出三个核心模块。感知和处理模块的设计对活体功能材料至关重要，因为其赋予了活体功能材料感知和响应的能力。感知模块负责接收明确的刺激并将其转换为特定的生物信号。处理模块可以对输入信号进行精确处理，并向下游传递指令，从而产生最终的细胞行为（如蛋白质表达）。通过模块的合理配对，合成生物学家开发了一系列环境感知基因线路，如简单的化学分子检测、对热或光的反应、复杂的病原体检测、记忆记录器和振荡系统等。

（三）能源功能

万物生长靠太阳，在能源方面的一个关键应用是光能的吸收和利用。半人工光合系统（semi-artificial photosynthesis，SAPS）结合了自然光合作用和人工光合作用在太阳能转化方面的优势，能够实现高效光驱固碳。自然光合作用是依靠植物或藻类等自养生物，进行光合固碳，产物丰富。而人工光合作用是依赖人工合成材料，高效吸收光能，固定二氧化碳进行生物生产。在半人工光合系统中，包含合成材料和生物组分，经过合理设计的合成材料能够有效捕获光能并产生电子作为还原力；而生物组分则进化出了复杂高效的催化方式，能以较低的底物活化能垒实现高效特异性转化。半人工光合作用的机制是光敏剂或光电极吸收光能后，发生电荷分离，电子进入微生物胞内，作为还原力驱动二氧化碳固定并生成目标化学分子，而空穴则被三乙醇胺、抗坏血酸等牺牲剂进行中和。

半人工光合系统需要在合成材料与生物组分之间建立高效的传能界面，主要分为材料 - 生物成分杂合体系和电极 - 生物成分杂合体系。为实现二氧化碳固定，需要可以固碳的生物组分，一方面可以利用天然固碳途径，另一方面还可以利用人工固碳途径。

自然界中进化出了 6 条天然固碳途径（表 6-2-7）。卡尔文循环是植物和藻类等光能自养微生物使用的固碳途径，也是自然界中最主要的固碳途径。厌氧乙酰辅酶 A 途径（Wood-Ljungdahl pathway）是产乙酸菌、古菌等化能自养微生物使用的固碳途径，利用 CO_2 和 CO 作为碳源，并利用 H_2 作为能源来生产乙酰辅酶 A。对产乙酸菌微生物进行工程改造，能够实现将合成气高效转化为大宗化学品，生产乙醇、乙酸、丙酮等化学分子。该技术路线发酵的典型代表就是北京首钢朗泽科技股份有限公司，其利用含二氧化碳工业尾气生物合成无水乙醇，并生产可持续燃料、织物和包装等产品。南京食气生化科技有限公司则致力于将 CO、CO_2 等工业废气发酵生产丁醇等大宗化学品。欧盟创新委员会的探路者项目在 2023 年支持了将空气和水转化为 β- 乳球蛋白的科研项目，推动了气体转化的产业落地。

3- 羟基丙酸双循环是 1989 年在绿色非硫细菌绿屈挠菌科（*Chloroflexus aurantiacus*）中首次发现，3- 羟基丙酸 /4- 羟基丁酸循环存在于硫化叶菌目（*Sulfolobales*）、勤奋金属球菌（*Metallosphaera sedula*）等古菌中，这两种通路在自然界中比较少见，关键酶以及功能基因的研究有待进一步探索，二羧酸 /4- 羟基丁酸循环的研究也相对较少。还原型三羧酸循环微生物通常存在于深海热液喷口、热泉等厌氧与富含硫磺酸的极端环境，可能与地球硫循环过程相关。

卡尔文循环会释放 CO_2，造成碳损失，因此研究人员设计了一条丙二酰辅酶 A- 甘油（MCG）途径来增强卡尔文循环，体外和大肠埃希菌胞内都证明了 MCG 的有效性，进一步将其导入聚球藻后，增加了胞内的乙酰辅酶 A 浓度。天然固碳途径包含多步反应，而减少固碳步数理论上能够提高固碳效率，因此研究人员开发了 POAP 循环这一最小人工固碳途径。该途径仅包含四步反应，并且可以耐受较高温度，在体外的固碳效率达 8 nmol CO_2/（min·mg 固碳酶）。羧化酶具有较高固碳活性，因此利用羧化酶设计固碳途径，理论上能够提升固碳效率。2016 年，Tobias J Erb 团队利用巴豆酰辅酶 A 羧化酶 / 还原酶成功构建了 CETCH 循环，其能够在体外以 CO_2 为底物合成乙醛酸，固碳效率达 5 nmol CO_2/（min·mg 核心酶）。进一步将类囊体与 CETCH 循环共同封装到油包水液滴中，能够实现光驱还原力和能量的产生，驱动二氧化碳固定。2021 年，化学催化和生物催化结合的 ASAP 途径被发明，该途径以 CO_2 和 H_2 为原料能够在体外合成淀粉，速率达 22 nmol C/（min·mg 总催化剂），比玉米中的淀粉合成速率高约 8.5 倍。目前开发的固碳途径，在固碳效率方面都已经超过了天然的卡尔文循环，但是这些途径目前大部分都是体外方式，还无法循环再生，未来仍然有较大的改进空间（表 6-2-7）。

表 6-2-7　天然和人工生物固碳途径

编号	固碳途径	天然 /人工	反应数	产物	固碳酶
1	卡尔文循环（Calvin–Benson–Bassham cycle）	天然	11	3-PG A	Rubisco
2	厌氧乙酰辅酶 A 途径（Wood–Ljungdahl pathway）	天然	8	乙酰辅酶 A	Formate dehydrogenase and CO dehydrogenate/ Acetyl–CoA synthase
3	还原型三羧酸循环（reductive tricarboxylic acid cycle）	天然	9	乙酰辅酶 A	2–oxoglutarate synthase and isocitrate dehydrogenase
4	3- 羟基丙酸双循环（3–hydroxypropionate bi-cycle）	天然	16	丙酮酸	Acetyl–CoA carboxylase and propionyl–CoA carboxylase

编号	固碳途径	天然/人工	反应数	产物	固碳酶
5	3-羟基丙酸/4-羟基丁酸循环（3-hydroxypropionate/4-hydroxybutyrate cycle）	天然	16	乙酰辅酶A	Acetyl-CoA carboxylase and propionyl-CoA carboxylase
6	二羧酸/4-羟基丁酸循环（dicarboxylate/4-hydroxybutyrate cycle）	天然	14	乙酰辅酶A	Pyruvate synthase and Phosphoenolpyruvate carboxylase
7	丙二酰辅酶A-甘油（MCG）途径	人工	8	乙酰辅酶A	Phosphoenolpyruvate carboxylase
8	CETCH循环（crotonyl-coenzyme A（CoA）/ethylmalonyl-CoA/hydroxybutyryl-CoA）	人工	12	乙醛酸	Enoyl-CoA carboxylases/reductases
9	POAP循环	人工	4	草酸	Pyruvate synthase and pyruvate carboxylase
10	ASAP途径（artificial starch anabolic pathway）	人工	11	淀粉	Formolase

1. 基于材料-微生物杂合体系的光驱生物固碳

利用人工合成的半导体材料，通过静电相互作用、配位化学、共价耦联、π-π共轭等相互作用机制，可以将半导体材料与微生物细胞结合，构建材料-微生物杂合体系，实现光驱固碳生产长链化学分子。基于这些相互作用，研究人员设计了三种结合方式：①微生物细胞胞内结合半导体纳米材料：细胞通过质膜的变形运动可以将细胞外的物质转运到胞内，获得大分子和颗粒状物质。基于相同的原理，研究人员将半导体纳米材料和微生物细胞进行孵育，经由细胞的内吞作用可以将微生物负载于胞内。②微生物胞膜负载半导体纳米材料：微生物的细胞膜由磷脂双分子层、蛋白和糖类组成，表面带有大量电荷，可以通过静电吸附的方式将人工合成的半导体纳米材料吸附在细胞膜上。另外，通过基因改造的方式，可以在胞膜展示金属结合短肽，通过矿化沉积的方式在细胞膜表面合成半导体纳米颗粒，从而实现复合体系的构建。③微生物生物被膜负载半导体纳米材料：大肠埃希菌生物被膜的主要成分是curli纤维，由主组成蛋白CsgA以锚定在细胞膜上的次组成蛋白CsgB为成核点进行自组装形成。通过对其进行基因改造，可以实现功能化生物被膜的构建，已经被广泛用于开发工程活体材料的应用。在微生物生物被膜表面进行半导体材料负载，能够实现生物兼容的材料-微生物杂合体系构建。这些结合方式都可以用于材料-微生物杂合体系的构建，并进行光驱固碳，生成甲酸、乙酸、PHA等长链化学分子。

2. 基于电极 – 微生物杂合系统的光驱生物固碳

电极材料的形貌控制和电压控制能够很好地控制材料的催化性能，并且电化学装置能够与光伏系统实现无缝耦联，因此可作为优异平台，与微生物进行整合，构建电极 - 微生物杂合系统，实现光驱生物固碳生成乙酸等长链化学分子。美国加利福尼亚大学伯克利分校的杨培东教授是纳米线领域的专家，在纳米线光电极和微生物杂合系统方面进行了深入研究，引领着该领域的发展。

将电化学催化与微生物发酵进行耦合，电催化产生的氢气可以作为还原力，驱动微生物固碳并生成长链化合物。将电化学催化装置和微生物生物制造相结合，两步反应分开进行，则可以降低体系重新设计的难度，实现复杂天然产物的合成，第一步利用电催化剂高效地将 CO_2 还原成乙酸，然后利用工程改造的微生物，就可以特异性地利用乙酸作为原料进行葡萄糖或脂肪酸等长链化学分子的生产，或为植物提供碳源，进行食品的生产。未来通过电催化剂的优化，以及微生物细胞的胞内碳流优化，将进一步提高光能利用效率。

（四）产业进程

1. 合成生物学行业发展概况

合成生物学是一门独特的交叉学科，它将科学与工程紧密结合，专注于设计和构建（"合成"）全新的生物功能和系统。这一新兴领域突破了传统生物发酵的局限，将生物学、工程学和软件技术融为一体，并借助自动化、高通量测试、大数据和人工智能等前沿技术，彻底改变了生物工程的方式，极大提升了产品研发的效率和精度。

与传统的生物技术相比，合成生物学更加注重对生物系统的深入理解和精准控制。它不仅仅关注生物系统的自然运行规律，更强调通过理性设计和工程化改造，创造出具有特定功能和特性的生物系统。这种跨学科的整合和创新，使合成生物学在多个领域都展现出了巨大的应用潜力。

据 CB Insights 预测，合成生物学的全球市场规模在未来几年内将持续快速增长。到 2024 年，这一市场规模或达到 189 亿美元，年均增长率高达 28.8%。这一数据充分说明了合成生物学领域的巨大潜力和吸引力。同时，McKinsey 的数据也进一步印证了这一点，预计到 2025 年，合成生物学与生物制造的经济影响将达到 1000 亿美元（折合人民币约 7241.8 亿元），显示出这一领域在全球经济中的重要地位。

目前，合成生物产业已经涵盖了多个关键领域。其中，基因与细胞治疗是合成生物学的重要应用方向之一，它利用合成生物学技术设计和改造细胞，用于治疗各种疾病。基因编辑技术，如 CRISPR-Cas9 等，也在合成生物学中得到了广泛应用，为精准医疗提供了有力支持。此外，下一代测序技术、替代蛋白、合成疫苗、细胞农业、生物计算和微生物组工程等领域也是合成生物学的重要研究方向和应用领域。这些领域的发展将进一步推动合成生物学的进步和应用拓展。

总之，合成生物学作为一门新兴交叉学科，正以其独特的优势和潜力，引领着生物技术和工程领域的革新与发展。随着技术的不断进步和应用领域的不断拓展，合成生物学将在未来的发展中扮演更加重要的角色，为人类社会的可持续发展贡献更大的力量。

2. 合成生物学国内产业进展

中国的合成生物产业正在蓬勃发展，这一领域的公司可以根据其业务模式和产品特点大致分为工具型、平台型和产品型三类。据 Bestla 的不完全统计，中国目前拥有 925 家与合成生物相关的公司，其中工具型公司占据了显著地位，共有 441 家，占比高达 47.6%。这些工具型公司主要从事上游工作，提供 DNA/RNA 合成、测序和基因组学服务，以及与数据相关的 SynBio 基础技术、产品和服务。这些公司对于推动合成生物学的基础研究和创新起着至关重要的作用。同时，还有 54 家平台型公司，占比 5.8%。这些平台型公司专注于菌种构建，通过大量的实验积累数据，为生物系统和生物体的设计与开发提供技术平台。它们利用先进的技术手段，为其他公司和研究机构提供高效、可靠的生物实验和测试服务。

另外，产品型公司占据了合成生物产业中的另一大重要部分，共有 430 家，占比 46.4%。这些产品型公司致力于产品的商业化，开发和提供实际应用产品，这些产品涵盖了人类生活的各个领域，如农业、食品、能源、化工、医疗和化妆品等。它们通过创新和研发，将合成生物学的技术应用于实际生产中，推动了相关产业的发展。

从地域分布来看，中国最具代表性的合成生物学公司主要集中在北京、上海、江苏、浙江和广东五个地区。长三角地区和粤港澳大湾区的产业发展势头强劲，这些地区拥有优越的地理位置、丰富的科技资源和强大的经济实力，为合成生物产业的发展提供了有力支持。

这些合成生物公司根据其业务重点，可以分为农业、生物工程与自动化平台、化工、消费品、DNA/RNA 合成、能源、食品和制药八大行业。其中，制药、化工和生物工程与自动化平台的企业数量位居前三位，这些行业与合成生物学的结合紧密，具有广阔的市场前景和应用潜力。

从地区代表性企业来看，北京市、上海市和江苏省的企业主要集中在医药行业，这些地区拥有众多知名的医药企业和研究机构，为合成生物在医药领域的应用提供了丰富的资源和经验。浙江省的企业则主要集中在医药和化工行业，这些企业利用合成生物学的技术，推动了医药和化工产业的创新发展。而广东的企业则主要集中在消费品和生物工程与自动化平台领域，这些企业注重产品的创新和应用，为消费者提供了更多优质、健康的产品。

在合成生物产业中，一些公司已经成为中国各个市场的领导者。例如，在生物材料领域，凯赛生物凭借其在发酵衍生长链二羧酸领域的领先技术，成了该领域的主要供应商，并正在开发新的生物制造工艺，进军生物基聚酰胺市场；华恒生物则在氨基酸领域确立了其重要地位，通过释放 L-丙氨酸和 L-缬氨酸的生产能力，为全球氨基酸市场提供了稳定、可靠的供应。在个人护理领域，透明质酸的领先供应商华熙生物不断建设其科研能力，努力拓宽其化妆品原料和消费产品管道，为消费者提供了更多健康、安全的护肤品选择。在食品和农业领域，倍生生物则利用软件工程概念指导物种设计，推出了一系列基于细菌菌株设计的精酿啤酒，这些产品不仅口感独特，而且具有更高的营养价值，受到了市场的高度赞誉。此外，还有使用生物发酵法生产聚羟基脂肪酸酯（PHA）的蓝晶微生物、重组胶原蛋白领军企业巨子生物和锦波生物、生产油脂类产品的嘉必优、生产抗生素的川宁生物等。除了这些成功企业外，还有一些极具潜力的企业，如进行重组生物材料开发的柏垠生物、生产油脂类产物的脂禾生物、致力于天然产物合成的生合万物、聚焦绿色活性原料的瑞德林等。这些公司的成功，不仅展示了合成生物学的巨大潜力和广阔前景，也为中国的合成生物产业树立了标杆和榜样。

除了这些成功的合成生物企业，各地级市也成立了有助于产业发展的机构，如"楼上创新，楼下创业"的深圳的工程生物产业创新中心、国家生物制造产业创新中心，天津国家合成生物技术创新中心、生物制造谷，上海合成生物学创新中心，苏州生物港等。这些机构大大助力了我国地方性的合成生物产业发展，为我国生物制造领域持续注入新鲜血液。

3. 合成生物学国际产业进展

在美国和欧洲等国家，合成生物产业起步较早，已发展成为生物技术产业中的一支重要力量。其中，美国的硅谷地区和波士顿地区更是合成生物产业的重要集聚地，吸引了大量的投资和创业公司的加入。这些地区孕育了众多知名企业，如 Ammyris、Zymergen 和 Ginkgo Bioworks 等，它们一度在合成生物领域取得了辉煌的成就。

然而，近年来这些知名企业遭遇了严重的财务问题。自 2023 年以来，Amyris 和 Zymergen 都因负债累累，相继申请破产保护。而 Ginkgo Bioworks 也在今年 5 月因为连续 30 个交易日收盘价低于每股 1 美元而收到了纽约证券交易所发出的退市预警。这些企业的困境引发了业界的广泛关注和讨论，也暴露出合成生物产业在发展过程中面临的挑战和风险。

尽管如此，合成生物产业依然保持着强大的生命力和创新力。各种新兴的合成生物企业不断创立，为产业注入了新的活力。在基因与细胞疗法领域，NewBiologix 致力于开发工程细胞系技术，Bloomsbury Genetic Therapies 则专注于治疗罕见的神经和代谢疾病。在基因编辑领域，Graphite Bio 致力于推进精准 DNA 修复，而 SeQure Dx 则提供预测性脱靶评估服务。在下一代测序领域，Deep Biotech 提供全 RNA 测序技术，Lost Arrow Bio 则实现了自动化测序文库制备流程的创新。在替代蛋白领域，Basecamp Research 简化了蛋白质数据情景化过程，而 MarraBio 则创造了细菌蛋白聚合物。在合成疫苗领域，Moderna 开发了新冠病毒 mRNA 疫苗，Hexamer Therapeutics 专注于创建疫苗支架，AiBIOLOGICS 则利用人工智能驱动抗体发现。在食品领域，有开发可使用蛋白的 Nature's Fynd。

这些新兴企业的崛起，不仅展示了合成生物产业的广阔前景和巨大潜力，也反映了产业内部创新和竞争的激烈程度。它们通过不断地技术创新和市场拓展，为合成生物产业的发展注入了新的动力。除了新兴企业，一些传统医药巨头也开展了合成生物方向的新业务，如辉瑞和 BioNtech 一同合作开发了新冠病毒 mRNA 疫苗，诺和诺德开发了可口服的 GPL-1 产品等。这也说明了合成生物产业对传统医药行业的冲击力之强。

未来，随着技术的不断进步和应用领域的不断拓展，合成生物产业将继续保持快速发展的态势。同时，企业也需要不断适应市场变化和技术创新的要求，加强自身的研发能力和市场竞争力，以应对日益激烈的行业竞争和挑战。

第三节　展望

一、当下及未来生物调控与操纵技术的发展

当前生物学领域正处于一个前所未有的变革时期，其中合成生物学作为推动这一变革的主要力量，正在重新定义我们对生命的理解和操纵方式。合成生物学的核心在于将生物体视为可编程的系统，通过工程手段实现对其功能的精确控制。这不仅包括基因水平的编辑，也包括在系统层面上重构生物途径，以及创建全新的生物功能和生命形式。

在未来，我们可以预见，生物调控技术将进一步向着高度精准和高度集成的方向发展。一方面，基因编辑技术将更加精细化，能够实现单个核苷酸的精确修改，这将大大提高遗传疾病治疗的成功率和安全性。另一方面，合成生物学将使得生物系统的设计和构建更加模块化和标准化，就像搭积木一样，科学家可以根据需要组装不同的生物模块来实现特定的功能。

此外，随着对生命复杂性认识的加深，微生物工程和细胞工程将成为未来生物技术发展的重要方向。微生物因其快速生长和易于操纵的特性，成为生产医药、化学品等重要的生物工厂。通过对微生物代谢途径的改造和优化，可以实现高效、环境友好的生物制造过程。同时，细胞工程技术，包括组织工程和器官生物打印，将在再生医学和人类健康领域发挥重要作用。

综上所述，生物调控技术的发展正在打开人类"操纵"生命的新篇章。随着科技的进步，未来的生物技术将更加强大和精确，为人类带来更多的福祉。

二、AI与数字化技术如何影响生物功能调控与操纵技术的发展

人工智能（AI）和数字化技术的融入，正在深刻改变着生物学研究和生物技术的面貌。在生物功能调控和操纵技术领域，AI的应用尤其显示出巨大的潜力和价值。通过高效的数据分析、模式识别和预测建模能力，AI技术能够加速生物学发现，优化生物系统设计，以及提高生物制造过程的效率和产出。

首先，AI技术能够处理和分析大规模的生物学数据，这些数据包括基因组数据、转录组数据、蛋白质组数据等。通过深度学习和机器学习算法，AI可以揭示这些数据之间的复杂关系，为生物学问题提供新的洞见。

其次，AI和数字化技术的发展促进了自动化实验室的建立，这些实验室能够自动执行实验流程、实时监控实验状态并进行数据分析。这种自动化和智能化的实验平台大

大提高了实验的吞吐量和重复性，加速了科学发现的过程。

此外，AI 技术在生物系统的设计和优化中发挥着日益重要的作用。通过构建生物系统的计算模型，AI 可以预测系统的行为，指导生物元件的选择和组合，优化生物途径的设计。这种方法不仅可以应用于微生物生产线的优化，也可以用于复杂疾病模型的构建和药物开发。

未来，随着 AI 技术的不断进步和生物学数据的日益丰富，其在生物功能调控和操纵技术领域的应用将更加广泛和深入。AI 技术不仅会加速生物学的基础研究，也将推动生物技术的产业化进程，为人类社会带来更大的福祉。

参考文献

［1］李玉娟，傅雄飞，张先恩，合成生物学发展脉络概述［J］. 中国生物工程杂志，2024，44（1）：52-60.

［2］Nielsen A A, Der B S, Shin J, et al. Genetic circuit design automation[J]. Science, 2016,352(6281): aac7341.

［3］Kitada T, DiAndreth B, Teague B, et al. Programming gene and engineered-cell therapies with synthetic biology[J]. Science, 2018,359(6376):aad1067.

［4］Farzadfard F, Gharaei N, Higashikuni Y, et al. Single-Nucleotide-Resolution Computing and Memory in Living Cells[J]. Molecular Cell, 2019,75(4): 769-780.

［5］Siciliano V, DiAndreth B, Monel B, et al. Engineering modular intracellular protein sensor-actuator devices[J]. Nature Communications, 2018,9(1): 1881.

［6］Wehr M C, Reinecke L, Botvinnik A, et al. Analysis of transient phosphorylation-dependent protein-protein interactions in living mammalian cells using split-TEV[J]. BMC Biotechnology, 2008,8: 55.

［7］Huang P S, Oberdorfer G, Xu C, et al. High thermodynamic stability of parametrically designed helical bundles[J]. Science, 2014,346(6208): 481-485.

［8］Chen Z, Boyken S E, Jia M, et al. Programmable design of orthogonal protein heterodimers[J]. Nature, 2019, 565(7737): 106-111.

［9］Netzer R, Listov D, Lipsh R, et al. Ultrahigh specificity in a network of computationally designed protein-interaction pairs[J]. Nature Communications, 2018, 9(1): 5286.

［10］Chen Z, Kibler R D, Hunt A, et al. De novo design of protein logic gates[J]. Science, 2020, 368(6486): 78-84.

［11］Bai Y, He C, Chu P, et al. Spatial modulation of individual behaviors enables an ordered structure of diverse phenotypes during bacterial group migration[J]. Elife, 2021,10:e67316.

［12］Cameron D E, Bashor C J, Collins J J. A brief history of synthetic biology[J]. Nature Reviews Microbiology, 2014, 12(5): 381-390.

［13］Gardner T S, Cantor C R, Collins J J . Construction of a genetic toggle switch in Escherichia coli[J]. Nature, 2000, 403(6767): 339-342.

［14］Elowitz M B, Leibler S. A synthetic oscillatory network of transcriptional regulators[J]. Nature, 2000, 403(6767): 335-338.

［15］Nissim L, Wu M R, Pery E, et al. Synthetic RNA-based immunomodulatory gene circuits for cancer immunotherapy[J]. Cell, 2017, 171(5):1138-1150.

［16］Frigault M J, Maus M V. State of the art in CAR T cell therapy for CD19+ B cell Malignancies[J]. Journal of Clinical Investigation, 2020, 130(4): 1586-1594.

［17］Cho J H, Collins J J, Wong W W. Universal chimeric antigen receptors for multiplexed and logical control of T cell responses[J]. Cell, 2018, 173(6): 1426-1438.

［18］Cubillos-Ruiz A, Guo T, Sokolovska A, et al. Engineering living therapeutics with synthetic biology[J]. Nature Reviews Drug Discovery, 2021, 20(12): 941-960.

[19］Gunn G R, Zubair A, Peters C, et al. Two Listeria monocytogenes vaccine vectors that express different molecular forms of human papilloma virus-16 (HPV-16) E7 induce qualitatively different T cell immunity that correlates with their ability to induce regression of established tumors immortalized by HPV-16[J]. Journal of Immunology, 2001, 167(11): 6471-6479.

［20］Brockstedt D G, Giedlin M A, Leong M L, et al. Listeria-based cancer vaccines that segregate immunogenicity from Toxicity[J]. Proceedings of The National Academy of Sciences of The United States of America, 2004,101(38): 13832-13837.

［21］Wallecha A, Maciag P C, Rivera S, et al. Construction and characterization of an attenuated Listeria monocytogenes strain for clinical use in cancer immunotherapy[J]. Clinical and Vaccine Immunology, 2009, 16(1): 96-103.

第七章

数字生命系统

第一节　概述

一、数字生命系统的定义

数字生命系统（digital life system）是指基于多模态数据以及多尺度建模的个体的数字孪生，它涵盖了从分子、细胞、器官、身体系统到完整人体等不同尺度以及特定发育、疾病状态等不同生理病理的实体。数字生命系统主要包含物理实体、虚拟表示以及两者之间存在的双向联系。这种双向联系体现在两个方面：一方面，通过虚拟建模能够更加高效地对于物理实体进行模拟和实验，为医疗诊断和疾病治疗等提供重要支持；另一方面，在建模中得到的反馈数据也能够进一步改进虚拟表示的建模，提高建模的准确性和可靠性。下面主要针对数字生命系统的基本概念、应用场景及实现技术进行介绍。

二、数字生命系统的应用与场景举例

利用先进的计算模型和大数据技术，数字生命系统能够模拟生物体的生理过程。这不仅能够为医疗领域提供更为精确的服务，还能促进生物制造领域的发展，实现更加个性化的解决方案。

1. 手术设计

在医学领域，手术作为一项精细且复杂的医疗行为，其过程中潜在的多种风险因素可能会导致患者面临不利甚至致命的后果。数字生命系统技术通过创建患者解剖结构的数字副本，使外科医生能够在实际手术之前进行手术模拟，从而提高手术的安全性和成功率。

在心脏外科领域，数字生命系统技术的应用尤为显著。例如，专为心脏手术设计的数字孪生系统（Heart Navigator）已用于辅助进行复杂的心脏手术，如经导管主动脉瓣膜置换术（TAVR）。在骨科领域，数字生命系统技术旨在根据患者的个体特征，选择最合适的稳定方法和术后治疗方案。例如，利用深度卷积生成对抗网络构建的松质骨数字孪生模型，已被用于模拟椎体成形术，并评估其对椎体骨折的治疗效果。

2. 药物开发

在药物开发领域，数字生命系统聚焦于生命实体的分子层次。通过基于基因组学、蛋白质组学和代谢组学数据构建的虚拟实体，数字生命系统首先探究不同生理状态下的虚拟实体差异，挖掘与疾病相关的潜在靶点。针对疾病靶点，数字生命系统采用计算机辅助药物设计技术，如晶体衍射、核磁共振等技术，获得受体或受体 - 配体复合物的三维结构数据。利用受体的结构和配体信息，生成深度学习模型如 VAE、GAN、Flow 等，学习药物分子的复杂模式，高效地生成具有理想生物活性的药物分子。最后，数字生命系统对所生成的药物分子开展一系列基于分子动力学的综合性评估，包括对药物的吸收性、分布特性、代谢途径、排泄行为以及毒性的系统性筛选与优化。

数字生命系统的药物发现流程，极大地优化了传统制药过程所需的时间。相关商业软件如薛定谔（Schrodinger）、Discovery Studio，已提供了上述药物发现和优化流程。目前，许多使用该流程鉴定或优化的药物已进入市场，用于治疗多种疾病，包括人类免疫缺陷病毒抑制药物（如阿扎那韦、沙奎那韦、茚地那韦和利托那韦）、抗癌药（如瑞戈非尼、奈拉替尼）和抗生素（如诺氟沙星）等。

3. 合成生物学

在模拟生命实体的生理过程中，数字生命系统依托合成生物学技术，对生物体的遗传信息进行精确设计、合成与编辑，旨在实现预定的生物学功能及构建数字孪生模型。清华大学的研究团队成功实现了酿酒酵母十二号染色体的人工设计与合成，充分展示了数字生命系统在模拟和设计复杂基因组方面的卓越能力。在农业育种领域，数字生命系统的虚拟模型有助于高效筛选和预测作物对特定环境压力的响应，从而显著加快了抗虫害、抗旱等优良性状的育种进程。此外，数字生命系统通过模拟 DNA 分子的结构与功能，利用 DNA 分子所具有的高信息密度和稳定性，实现了在极小空间内存储海量数据的创新应用。

4. 个性化医疗

基于患者的多层次数据信息，数字生命系统能够为单一患者构建个性化的数字孪生模型。该模型能够对药物反应进行精确预测，从而实现精准用药和个性化治疗方案的制定。在一项针对非小细胞肺癌的研究中，研究者通过创建患者的数字孪生副本，成功预测了在化疗过程中使用抗癌药物帕博利珠单抗（pembrolizumab）的最佳剂量。这一成果有效减轻了患者在接受治疗过程中的痛苦，展现了数字生命系统在个性化医疗领域的应用潜力。在精神病学与行为医学领域，学术研究平台如贝威（Beiwe）等正致力于开发个性化的行为与心理干预的数字孪生模型。这些先进的平台通过持续实时监测患者的具体行为表现及心理状态，使研究者能够更准确地把握患者的行为模式和心理变化，从而设计出更为个性化、针对性的治疗方案，以达到最佳的治疗效果。

目前，全球范围内已成立多个以数字孪生技术为核心的医疗保健研究中心，如瑞典数字孪生体联盟（Swedish Digital Twin Consortium）、瑞士联邦材料科学与技术研究所（EMPA）等。这些中心致力于构建高精度的数字化人体模型，旨在通过模拟和预测个体健康状况及疾病进程，实现精准医疗服务。

第二节　研究现状及进展

一、数字生命系统的数字化

（一）生物分子层面的数字化

在生物分子层面，已经产生并汇集了大量基因组、转录组、表观遗传组、蛋白质组和代谢组等多组学数据资源，为深入解析生命机制、构建数字生命系统奠定了坚实的数据基础。

1.基因组

随着基因测序技术和生物信息学的快速发展，基因组数据库得以构建并不断完善（表 7-2-1）。随着人类基因组计划（Human Genome Project，HGP）的完成，相关数据被公开并得到持续更新，供全球科研人员访问和利用，这些资源极大地促进了基因功能研究、遗传病诊断和新药研发等领域的发展。人类基因组数据库（HDB）、NCBI 基因数据库、UCSC 基因组浏览器等资源收录了高质量的人类基因组序列及注释信息。千人基因组计划（1000 Genomes Project）等项目，从群体水平上系统性地解析了人类基因组数据，构建了详细的基因组变异图谱，为阐明人类基因组多样性、疾病遗传学等提供了宝贵资料。特定领域的数据图谱，如人类基因组多样性数据库（HGDP），则关注人类群体遗传多样性特定领域，拓展了人类基因组数据图谱的广度和深度。在此基础上，更广泛和精准的基因组项目逐渐建立。T2T 基因组计划（Telomere-to-Telomere）致力于完成包括所有染色体端到端的完整人类基因组序列，有效解决了传统基因组草图中未覆盖的复杂区域问题。此外，中国人群泛基因组研究（CPC）以图基因组的方式，构建了首个高质量中国人群参考泛基因组，这一成果在中国人群特有的复杂变异解析方面具有显著优势。

除了人类基因组数据外，数字生命系统也囊括了其他重要物种的基因组资源。小鼠基因组数据库（MGD）、斑马鱼基因组数据库（ZFIN）作为模式生物的专门数据库，为相关研究提供了数据支持。黑猩猩基因组数据库、猕猴基因组数据库（RhesusBase）等则分别收集了人类近亲猩猩和生物医学研究模型猕猴的基因组数据及注释。通过与人类基因组的比对分析，这些非人类物种的基因组数据有助于理解基因组的进化历程、功能保守性，以及阐明不同物种间的亲缘关系和基因组分化机制。

在此基础上，数字生命系统中还存在专注于跨物种比较研究的数据库和项目。Ensembl 基因组浏览器支持多个主要模式生物的基因组注释和比较分析功能；基因组数据搜索网站（Genomic Data Viewer）则致力于整合和可视化不同物种的基因组变异数据，支持跨物种的变异模式分析。万物基因组计划（EBP）更是尝试系统性地解析地球上所有生物的基因组。这些跨物种的基因组数据图谱为探索生命的起源、进化轨迹及基因组多样性提供了宝贵资源，有助于揭示生命奥秘。总的来说，数字生命系统正在不断拓展基因组数据的覆盖面，整合更多物种的基因组资源，并支持跨物种比较分析，为跨尺度数字生命系统的构建提供了多维度的数据支持。

表 7-2-1　基因组的数字化资源

数据图谱名称	描述	发表年份	链接
1000 Genomes Project	千人基因组计划	2015	https：//www.nature.com/articles/nature15393
EBP	万物基因组计划	2022	https：//www.cell.com/trends/genetics/abstract/S0168-9525（22）00103-2
Chimpanzee Genome	黑猩猩基因组数据库	2005	https：//www.nature.com/articles/nature04072
CPC	中国人群泛基因组研究	2023	https：//pog.fudan.edu.cn/cpc/#/data
Ensembl	提供广泛物种的基因组信息	2022	https：//www.ensembl.org
Entrez Gene	提供基因特定数据的搜索引擎	2011	http：//www.ncbi.nlm.nih.gov/gene
Genomic Data Viewer	基因组数据搜索网站	2021	https：//www.ncbi.nlm.nih.gov/genome/gdv/
HDB	人类基因组数据库	1998	http：//www.gdb.org
HGDP	人类基因组多样性数据库	2005	https：//www.hagsc.org/hgdp/
HGP	人类基因组计划	2001	https：//www.nature.com/articles/35057062
MGD	小鼠基因组数据库	2019	http：//www.informatics.jax.org
RhesusBase	猕猴基因组数据库	2013	http：//www.rhesusbase.org
T2T	端粒至端粒的完整基因组组装	2021	https：//www.genome.gov/about-genomics/telomere-to-telomere
UCSC	UCSC 基因组浏览器	2004	http：//genome.ucsc.edu/cgi-bin/hgText
ZFIN	斑马鱼基因组数据库	1999	https：//zfin.org/

2. 转录组

转录组数据反映了特定细胞类型或特定生理状态下的基因表达水平。构建多尺度转录组数据库（表7-2-2）可以有效地揭示基因表达的动态变化趋势和模式，这对于深入理解基因调控机制至关重要。ArrayExpress数据库和序列存档资源（Sequence Read Archive，SRA）汇集了广泛的公共转录组测序数据。相比之下，癌症基因组图谱（TCGA）和GTEx转录组数据库则专注于收录来自大规模项目的转录组数据。此外，GSA-Human是由中国管理和维护的人类多组学数据库。

除了人类转录组数据，非人类物种的转录组数据图谱也备受关注。例如，拟南芥转录组数据库（Arabidopsis eFP Browser）收录了植物模式生物拟南芥的转录组表达数据；斑马鱼等鱼类转录组数据库（FishSCT）和果蝇转录组数据库（FlyBase）分别整合了这些重要模式生物的转录组数据，为相关研究提供了数据支持。通过与其他物种数据的比对分析，有助于阐明不同物种间的转录调控差异和进化关系。

另外，跨物种的转录组数据比较也是研究的重点方向。Bgee基因表达演化数据库集成了来自多个物种的基因表达数据，支持对跨物种转录组表达模式的分析。Transcriptome Browser提供了多物种的转录组数据的整合和可视化功能。这些跨物种的转录组数据库为探索基因表达调控的进化轨迹和保守性提供了宝贵资源，为数字生命系统的构建提供了参考蓝本，奠定了关键数据基础。

表7-2-2 转录组的数字化资源

数据图谱名称	描述	发表年份	链接
ArrayExpress	功能基因组学数据库	2019	https：//www.ebi.ac.uk/arrayexpress
Bgee	基因表达演化数据库	2021	https：//bgee.org/
eFP	拟南芥转录组数据库	2007	http：//www.bar.utoronto.ca/
FishSCT	鱼类转录组数据库	2023	http：//bioinfo.ihb.ac.cn/fishsct
FlyBase	果蝇转录组数据库	2008	http：//flybase.org
GSA-Human	组学原始数据存储归档库	2021	https：//ngdc.cncb.ac.cn/gsa-human/
GTEx	人类组织表达数据库	2013	https：//gtexportal.org/home/
SRA	序列存档资源	2022	https：//www.ncbi.nlm.nih.gov/sra/
TCGA	癌症基因信息数据库	2006	https：//www.genome.gov/Funded-Programs-Projects/Cancer-Genome-Atlas
TranscriptomeBrowser	转录组浏览工具	2008	http：//tagc.univ-mrs.fr/tbrowser/

3. 表观遗传组

表观遗传组数据揭示了在特定细胞类型或生理状态下表观遗传修饰和染色质结构的特征。通过构建多尺度表观遗传组数据库，研究者能够更深入地理解表观遗传调控的机制，如人类表观基因组计划（Human Epigenome Project，HEP）、NIH Roadmap Epigenomics、DNA 元件百科全书（ENCODE）等项目提供了广泛的研究数据库。特别是自 2003 年启动的 ENCODE 项目，旨在系统地映射人类基因组的功能元素，包括编码区域、非编码区域、调控序列以及与表观遗传修饰相关的各种元素。该项目已生成大量关于组蛋白修饰、转录因子结合位点、染色质可及性和 RNA 表达的数据，极大地促进了研究者对基因表达调控复杂性的理解。在 DNA 甲基化方面，相关数据库如 DNA 甲基化数据库（MethDB）、癌症甲基化数据库（PubMeth）和人类疾病甲基化数据库（DiseaseMeth）等收集了广泛的甲基化模式，这些资源帮助研究者探索甲基化在健康和疾病中的作用。对于组蛋白修饰的研究，人类组蛋白数据库（HIstome）和人类组蛋白修饰数据库（HHMD）提供了详尽的数据，丰富了对于组蛋白功能的认识，并揭示了它们在基因表达中的调控作用。

表观遗传组数据库在非人类物种中同样丰富，支持了对模式生物和农业重要物种的深入研究。多物质甲基化数据库（MethBank）为拟南芥、小鼠和黑猩猩等模式生物提供了详尽的 DNA 甲基化数据，而植物表观基因组图谱（ELP）数据库则专注于植物表观遗传组，揭示了植物适应环境变化的表观遗传机制。此外，CEpBrowser 数据库通过提供不同物种间表观遗传特征的比较工具，加深了人们对表观遗传标记进化模式和功能保守性的理解。这些跨物种的数据库不仅增强了人们对基因调控复杂性的认识，还揭示了表观遗传调控在生物进化中的重要作用。

4. 蛋白质组

蛋白质是生命活动的关键执行者，各种蛋白质组数据库记录了它们的序列、结构、功能及相互作用信息，为科研提供了重要的基础数据。UniProtKB 蛋白质数据库收集了大量已知蛋白质的详细信息，人类蛋白质互作图谱（BioPlex）则详细描绘了人体主要的蛋白质分布。CATH、SCOP 等专门针对蛋白质结构分类的数据库，也为研究蛋白质的高级结构提供了支持。随着质谱技术的发展，公共蛋白质数据库如 PRIDE、iProX 等，收集和共享了大量蛋白质质谱数据，为研究蛋白质的翻译后修饰等动态过程提供了新的视角。此外，AlphaFold 等人工智能算法，近年来在蛋白质结构预测领域取得了突破性进展，为高通量蛋白质结构建模提供了强大的计算工具。

除了人类蛋白质组数据外，其他物种的蛋白质组数据图谱同样受到关注。小鼠蛋白质组互作数据库和斑马鱼蛋白质组数据图谱分别整合了这两种重要模式生物的蛋白质数据，为相关研究提供支持。通过与人类蛋白质数据的比较分析，有助于阐明不同物种间的蛋白质结构和功能的差异与进化关系。

除了单个物种的蛋白质组数据外，跨物种蛋白质组数据的整合与比较分析也日益受到重视。UniProt 支持对多个物种的蛋白质序列进行注释和比较分析。OrthoInspector 数据库收集了人类、小鼠、大鼠、斑马鱼、果蝇和线虫等重要模式生物的蛋白质组数据，并通过系统进化分析揭示了这些物种间蛋白质的直系同源关系。研究表明，约有 60% 的人类蛋白质在这些模式生物中存在直系同源蛋白，反映了生命进化的保守性。此外，PANTHER 数据库收录了来自 143 个物种的蛋白质家族数据。通过功能注释和进化树构建，研究人员发现了一些在真核生物中高度保守的蛋白质家族，而另一些家族则呈现出物种特异性分布模式。这些发现为探索蛋白质的起源、进化和功能多样性提供了重要线索。通过这些跨物种的蛋白质组数据整合与比较分析，研究人员能够更全面地把握蛋白质的进化轨迹，区分保守的核心蛋白质组和物种特异的蛋白质组，从而深入理解生命分子机制的本质。

5. 代谢组

代谢网络构成了生命活动的物质和能量的基础。KEGG、MetaCyc 等代谢组数据库收集了丰富的代谢途径、酶、化合物等数据，而人类代谢组数据库（HMDB）、通路基因组数据库（PGDB）等则更加专注于特定物种或代谢物类型，共同为代谢网络研究提供了详尽的数据资源。此外，Recon3D、Human Metabolic Atlas 等基因组尺度的代谢网络模型数据库，从系统层面对代谢通路进行了整合，为研究复杂的代谢调控机制提供了新的工具。近年来，代谢组学数据的标准化和知识图谱化也成为一个重要的发展方向，如 MetaboLights 致力于整合跨平台的代谢组学数据，以构建广泛适用的代谢知识图谱，其涵盖了代谢物结构、参考光谱、生物学功能以及来自代谢组实验数据等。

与此同时，其他物种的代谢组数据库也得到了广泛关注和建设。小鼠代谢组数据库（MouseCyc）整合了模式生物小鼠的代谢通路和化合物数据。随着研究的不断深入，跨物种整合与比较代谢组数据的需求与日俱增。MetaNetX 支持多物种代谢网络的注释和比较分析；MetingearDB 则专注于整合和分类来自不同物种的代谢基因和酶数据。这种跨物种的代谢组数据库为研究代谢网络的进化轨迹及保守性提供了宝贵资源，进而有助于探索代谢过程中的调控机制和演化策略。

综上所述，分子层面的数字生命系统数据库和知识图谱资源覆盖了基因、转录、蛋白质和代谢等生命核心分子事件，为深入解析分子机制奠定了坚实的数据基础。这些分子图谱的构建与扩展，将进一步推动对分子生物学的认知，并为疾病诊断、药物开发等临床应用提供有力支撑。同时，测序、质谱、人工智能等新兴技术的不断涌现，也将为分子层面数据库带来新的发展机遇，使其能够更加全面、精细地刻画生命分子过程。跨物种的分子数据整合与比较分析，也将成为一个重要的发展方向，有助于阐明不同物种间分子机制的保守性和差异性，揭示生命进化的本质规律。

（二）细胞层面的数字化

随着单细胞测序技术和空间组学技术的快速发展，数字生命系统在细胞层面获得了前所未有的数据支持，为揭示细胞分子状态的异质性和空间组织特征提供了强大工具。单细胞测序技术能够在单个细胞水平上测量基因表达、DNA 甲基化、染色质状态等多种分子特征，从而揭示细胞的异质性和发育轨迹。其中，单细胞 RNA 测序（scRNA-seq）技术使研究人员能够对复杂组织中的每一个细胞的全转录组进行鉴定，从而重建细胞的分子状态图谱。结合人工智能算法，scRNA-seq 数据可用于细胞类型注释、发育轨迹重建、调控网络推断等多种应用。空间转录组技术则将转录组测量与空间位置信息相结合，能够在组织水平上获取细胞的基因表达图谱。具有代表性的单细胞测序技术包括 10x Genomics Visium、NanoString GeoMx Digital Spatial Profiler 和 Slide-seq 等。

1. 单细胞转录组

单细胞转录组测序作为开启单细胞组学时代的先锋技术，为细胞分子画像提供了基础数据（表 7-2-3）。这一技术的应用使科学家们能够在单个细胞水平上分析基因表达，进而揭示细胞的功能和状态。在这一领域中，高通量基因表达数据库（Gene Expression Omnibus，GEO）、scRNASeqDB 等收集并整合了海量的单细胞转录组数据，为细胞类型的鉴定和细胞发育轨迹的分析提供了宝贵资料。通过这些数据库，研究者可以获取来自各种生物样本中收集的详尽数据，从而进行深入地生物学分析和发现。随着技术的发展，新兴数据库进一步聚焦于特定的生物问题，构建了更加精细化的单细胞转录组知识图谱。这种精细化图谱不仅增强了数据的解释力，还从更全面的角度支持了对细胞特定功能和身份的认识。例如，CancerSEA 专门用于研究单细胞水平上癌症细胞的功能异质性，极大地促进了细胞生物学的研究。此外，诸如人类细胞图谱（HCA）和小鼠细胞图谱（MCA）等大型项目的启动，标志着单细胞组学研究的又一重大进展。这些计划致力于系统地绘制人类及模式生物各个组织和器官中的细胞分子图谱，旨在详尽揭示每种细胞类型的功能及其在不同生理和病理状态下的相互作用。这种系统性的细胞图谱对于基础生物学的研究至关重要，并且为疾病诊断和治疗提供了新的视角和策略。

跨物种整合与比较单细胞转录组学数据，是构建细胞层面数字生命系统的重要发展方向之一。专门的分析平台如 CELLxGENE 等，致力于整合和比较不同物种的单细胞转录组等组学数据，揭示细胞发育和调控机制的保守性和物种特异性。CELLxGENE 是一个开源的交互式数据浏览器，可以用于探索大规模单细胞数据集，支持研究者比较不同物种或不同条件下的单细胞表达数据。此外，Single Cell Expression Atlas、PangolaoDB、Single Cell Portal 等新兴的单细胞数据图谱，开始整合人类和多个模式生物的单细胞数据，并融入进化信息，为跨物种比较分析细胞分子状态提供了新的工具。作为一个广泛的参考数据库，Single Cell Expression Atlas 包含了来自不同物种的详细单细胞表达数据，支持研究者在进化生物学和系统生物学中进行比较研究。这种跨物种的单细胞转录组数据整合与比较分析，必将成为未来的一个重要发展趋势，其有助于识别新的细胞类型标记物和功能，从而揭示不同物种发育过程中关键基因与调控网络的作用。这些发现对于深入理解生物复杂性具有重要意义。

表 7-2-3　单细胞转录组的数字化资源

数据图谱名称	描述	发表年份	链接
CancerSEA	癌症单细胞表达图谱	2019	http：//biocc.hrbmu.edu.cn/CancerSEA/
CELLxGENE	单细胞浏览和分析平台	2023	https：//cellxgene.cziscience.com/
Single Cell Expression Atlas	单细胞表达图谱	2022	https：//www.ebi.ac.uk/gxa
GEO	高通量基因表达数据库	2013	http：//www.ncbi.nlm.nih.gov/geo/
Human Cell Atlas	人类细胞数据图谱	2017	https：//data.humancellatlas.org/
Mouse Cell Atlas	小鼠细胞数据图谱	2018	https：//www.cell.com/cell/fulltext/S0092-8674（18）30116-8
PanglaoDB	广泛物种的单细胞标记基因数据库	2019	https：//panglaodb.se/
scRNASeqDB	基于 RNA-Seq 的人类单细胞基因表达谱数据库	2017	https：//bioinfo.uth.edu/scrnaseqdb/
Single Cell Expression Atlas	单细胞基因组学数据的交互式主页	2023	https：//singlecell.broadinstitute.org/single_cell

2. 单细胞表观遗传组

除了转录组，单细胞表观遗传组学数据也为揭示细胞分子调控机制提供了新视角。单细胞表观遗传组学是一个迅速发展的领域，专注于在单细胞水平上研究表观遗传信息，如 DNA 甲基化、组蛋白修饰和染色质可及性。这些技术有助于理解在复杂生物过程中细胞间的异质性，以及它们如何响应不同的生理和病理条件。单细胞染色质可及性测序（scATAC-seq）技术通过标记开放染色质区域，使研究者能够在单个细胞水平上识别活跃的基因调控区，如增强子和启动子。此外，单细胞 DNA 甲基化测序（scBS-seq/scWGBS）通过精确测定单个细胞的 DNA 甲基化模式，进一步揭示了遗传调控的复杂性。

近年来，10x Genomics 的 Chromium 平台推出的单细胞多组学方法，如单细胞多组学 ATAC+RNA 测序（Single Cell Multiome），使研究者能够在同一细胞中同时测定染色质可及性和基因表达，为单细胞层面上的基因调控研究提供了更全面的视角。在这一领域中，DNA 元件百科全书（ENCODE）收集了大量单细胞水平的基因组功能元件数据，这些数据反映了基因组的可及性状态，并对理解基因调控具有关键意义。通过提供这样的数据，该平台使研究者能够识别在不同细胞类型中活跃的基因调控元件，从而揭示细胞类型特异性的表达模式。这些资源的集成使用，极大地推动了单细胞表观遗传学领域的研究，增强了对细胞状态、发育过程和疾病机制的深入理解。此外，这些进展为构建数字生命系统提供了基础，使通过模拟和预测生物过程来优化治疗策略和医疗干预成为可能。

3. 单细胞蛋白质组

在单细胞蛋白质组学领域，随着技术的进步，逐步构建了多个数据图谱和分析平台，这些工具极大地支持了科研人员在细胞层面更深入地理解蛋白质的作用。SCoPE-MS（Single Cell ProtEomics by Mass Spectrometry）技术通过质谱分析，在单细胞水平上精确量化蛋白质表达，揭示细胞状态和功能的异质性，这对于理解细胞如何响应内外部信号至关重要。单细胞蛋白质数据库（SPDB）提供了一个全面的单细胞蛋白质组数据库，它不仅收录了来自多种生物体的蛋白质组数据，建立了数据统一标准化流程，还支持研究者探索蛋白质的不同生物学功能。人类生物分子图谱计划（HuBMAP）进一步扩展了研究范围，它通过整合来自不同技术平台的单细胞数据（包括蛋白质组、转录组和表观遗传组数据），提供了研究基因表达转录后调控机制的强大工具。单细胞蛋白质组层面的数字生命系统提供了在单个细胞水平上的蛋白质表达和调控的详细信息，使研究者能够精确地解析细胞异质性及其在复杂生物过程中的独特功能。此外，该类数据图谱能够揭示蛋白质在不同单细胞类型中的动态变化，从而深入理解细胞状态转变和疾病发生的分子机制。

4. 空间组

除了单细胞分子组学数据外，空间组学技术则从空间维度对细胞状态进行解析，为解析细胞在组织环境中的分子状态和空间分布提供了一种全新的视角。通过将单细胞分子数据与空间位置信息相结合，不仅能够深入理解细胞类型的异质性，还可以揭示细胞在组织微环境中的动态行为和相互作用。

以 10x Genomics 的 Visium 空间转录组学平台为例，它能够在组织切片上精确映射每个细胞的基因表达谱，从而揭示细胞在组织中的具体位置和空间分布模式。在一项关于乳腺癌的研究中，使用 Visium 平台分析正常与肿瘤乳腺组织的数据显示，癌细胞与肿瘤相关的基质细胞之间存在着密切的空间关联，并且这种关联与肿瘤的侵袭性和预后密切相关。此外，NanoString 的 GeoMx Digital Spatial Profiler 作为另一个先进技术，允许数百个蛋白质和 RNA 目标进行高通量定量，并将结果与空间位置信息相结合。相关研究中，研究人员利用 GeoMx 技术以单细胞分辨率分析了胃恶性肿瘤，并发现浆细胞比例增加是弥漫型肿瘤的一个新特征。除了上述技术平台，一些公共数据库如 SpatialDB，也在不断收集和共享使用空间组学技术生成的数据。SpatialDB 建立了空间转录组数据分析处理流程，实现了空间转录组数据的在线可视化，为研究者提供了宝贵的资源。通过这些数据库，研究者可以轻松访问和比较不同研究中的空间基因表达模式，促进了跨实验室和跨领域的数据整合和知识共享。

由此可见，空间组学技术为构建数字生命系统提供了关键的数据支持，通过整合空间组学数据，研究者能够深入理解细胞之间的相互作用以及它们对周围微环境的响应和适应方式。这对于阐明疾病发生的分子机制、寻找新的疾病生物标志物和治疗靶点都具有重要意义。此外，空间组学数据还可以应用于再生医学和组织工程等领域，极大地促进了人工组织和器官的设计与构建。

综上所述，单细胞测序、空间组学等新兴技术为数字生命系统在细胞层面注入了全新的数据动力，使研究者能够洞察细胞分子机制的复杂性和多样性。未来，随着测序技术和检测手段的不断更新，这些多模态、多尺度的细胞层面数据资源必将得到进一步完善和融合，为揭示细胞功能的本质奠定坚实基础，并为疾病诊断、个体化医疗等临床应用提供新的生物标志物资源。

（三）器官层面的数字化

随着医学成像技术如磁共振成像（MRI）的不断进步，以及单细胞转录组和空间转录组等分子测序技术的广泛应用，研究人员已经逐步构建了包括大脑、心脏、肝脏等多个器官的数字化图谱。这些器官层面的数字化图谱通过整合解剖学、影像学和细胞分子层面的数据，提供了在健康和疾病、年轻和衰老状态下的各器官生理变化视图。器官层面的数字化图谱是连接生物分子、细胞与生物整体生理功能之间的重要桥梁，对构建和完善数字生命系统具有重要意义。

1. 中枢神经系统

大脑图谱是对人脑的数字化表示，用于描述人脑的结构、功能和细胞组成。根据技术的不同，大脑图谱可分为影像图谱和细胞图谱。大脑影像图谱利用各种医学成像技术，提供大脑不同区域及其活动的可视化表示，如结构性 MRI 数据可提供大脑物理结构的详细图像，功能性 MRI 可以测量大脑在活动或静息状态时的血流变化，从而描绘大脑的功能区域。大脑细胞图谱利用分子测序技术，专注于大脑细胞级别的特征表示，包括不同类型的脑细胞分布、功能和基因表达。影像图谱与细胞图谱是大脑数字化的两个层次，影像图谱在宏观尺度上对大脑功能网络和区域进行分区和映射，细胞图谱的尺度更小、分辨率更高，可以提供大脑单细胞水平上的数字化信息。

（1）大脑影像图谱：随着医学成像技术的不断进步，全球已经建立了多个大型脑成像数据库，为大脑数字化提供宝贵的资源。这些数据库不仅涵盖了从青少年到老年人的广泛人群，还包括了健康个体及多种神经退行性疾病的患者，极大地促进了对人类大脑发育、认知功能及其障碍的深入理解。其中，青少年大脑认知发展研究（ABCD）追踪了上万名青少年大脑发育和认知变化；阿尔茨海默病神经影像学倡议（ADNI）收集了阿尔茨海默病患者和健康老年人的影像数据；复旦大学的张江国际脑库（ZIB）提供了丰富的中国人群神经影像数据。基于这些大规模脑成像数据，研究人员构建了新的人类大脑参考图谱，包括皮层分区图谱、结构连接图谱和功能网络图谱，这些图谱从不同角度描绘了大脑的组织结构和功能拓扑，为建立数字化大脑提供了关键信息，如大脑不同区域的空间位置、结构连接模式及功能连接模式。另外，非人类物种的大脑影像图谱构建也取得了显著进展。Allen 脑科学研究所利用神经成像数据，成功构建了小鼠大脑公共坐标框架（CCF），提供了一个标准化的三维空间坐标系统。这一系统允许来自不同研究的小鼠大脑数据整合到一个共同的参考框架中，是迄今为止最精细的小鼠脑图谱。

（2）大脑细胞图谱：大脑细胞图谱的构建揭示了大脑中细胞类型的多样性及其在不同发育阶段和脑区的分布情况，这为研究大脑发育、功能和疾病机制提供了关键的细胞水平信息。分子测序技术的快速发展为绘制详细的大脑细胞图谱奠定了技术基础。

首先，人类大脑早期发育阶段的细胞分化和演化一直是大脑细胞图谱的研究热点。为了深入理解这一过程，研究人员构建了多种人脑早期发育图谱。这些图谱全面描绘了人脑发育的时空轨迹，揭示了细胞类型分化和基因表达的动态变化，为探索人脑发育的分子调控机制提供了关键线索。例如，研究人员构建了胚胎前额叶皮层的单细胞转录图谱和时空分布图谱等，绘制了人脑早期发育的细胞分化和迁移路径。

其次，对于成年人大脑的研究，其细胞类型的多样性及其在不同脑区的分布一直是神经科学研究的核心课题。为了系统解析成年人大脑的细胞组成，研究者运用单细胞测序等先进技术，构建了多种成年人大脑细胞图谱，从转录组、表观遗传、空间分布等多个层面全面绘制了成年人大脑中细胞类型的复杂性和异质性。例如，成年人大脑的单细胞转录组图谱和单细胞染色质可及性图谱，揭示了不同细胞类型的基因表达谱和表观遗传状态。此外，针对特定脑区如初级运动皮层的多模态细胞普查图谱整合多种测序数据，对该脑区的细胞类型及其空间分布进行了精细描绘。同时，基于大规模公共数据构建的整合性人脑图谱如 STAB2 等，从全脑的角度系统刻画了不同发育阶段下的细胞类型及其动态变化。这些多样化的细胞图谱为阐明人类大脑独特的发育模式奠定了基础，对于理解神经发育相关疾病的病理机制也具有重要意义。

在疾病研究方面，研究人员构建了多种神经退行性疾病相关的细胞图谱，从细胞水平上揭示了这些疾病的分子机制。这些图谱对比了正常和病理状态下细胞类型的差异，发现了一些疾病特异的细胞变化，为疾病机制研究提供了新的视角。例如，针对阿尔茨海默病和肌萎缩侧索硬化症等疾病，研究者构建了相应的细胞图谱，揭示了在疾病状态下特定细胞类型的丢失、功能改变等异常情况。这些发现不仅深化了对疾病发生、发展过程的认识，也为寻找新的治疗靶点提供了潜在的方向。

最后，非人类物种的大脑细胞图谱也是重要的研究方向之一。研究人员成功构建了成年小鼠大脑的单细胞转录组和空间转录组图谱，以及顺势调控元件图谱等；还针对小鼠的发育过程和老化过程构建了相应的细胞图谱，详细解析了其中的细胞表达变化和分子调控机制，包括小鼠前额叶皮层和纹状体的老化细胞图谱及不同发育阶段下小鼠全脑的综合发育图谱等。在非人灵长类动物的研究中，研究人员构建了包括恒河猴脑网络图谱、猕猴皮层细胞图谱在内的多个物种的大脑图谱。这些研究不仅提供了关于模式生物大脑结构和功能的详细信息，还为比较不同物种的大脑图谱提供了宝贵资源（表 7-2-4）。

表 7-2-4　部分人类大脑的数字化资源

数字资源类型	数字资源描述	数据类型	发表年份
影像图谱	青少年大脑认知发展（ABCD）：包含 1 万多名儿童的大脑 MRI 数据，从青春期一直跟踪到成年期	磁共振成像	2018
	阿尔茨海默病神经成像计划（ADNI）：包含约 3800 名样本（对照组、不同程度认知障碍和 AD）的不同模式（T1、FLAIR、DTI、ASL 和 fMRI）的脑成像数据	多模态磁共振成像	2005
	张江国际脑生物库（ZIB）：包含来自 6 个队列（精神分裂症、抑郁症、自闭症、中风、神经退行性疾病和健康对照）的约 1.5 万名参与者的 MRI 数据	磁共振成像	2022
	人类大脑皮层分区图谱	多模态磁共振成像	2016
	脑网络组图谱	多模态磁共振成像	2016
	梅森脑发育研究所（MIDB）精细脑图谱	功能磁共振成像	2024
细胞图谱	成年人类大脑转录组的解剖学综合图谱	单细胞转录组	2012
	成年人类大脑的基因调控图谱	单细胞染色质可及性	2023
	人类大脑早期发育图谱（5~14 孕周）	单细胞转录组 空间转录组	2023
	人类大脑早期发育图谱（6~23 孕周）	单细胞转录组 空间转录组	2023
	人类胚胎早中期前额叶皮层的发育图谱	单细胞转录组	2018
	STAB2：人类时空细胞图谱	单细胞转录组	2023
	老年人前额叶皮层的单细胞转录图谱	单细胞转录组	2023
	人类初级运动皮层和背外侧前额叶皮层的单细胞转录图谱	单细胞转录组	2023
	人类初级运动皮层的多模态细胞普查图谱	单细胞转录组 空间转录组 表观遗传学 形态学	2021

上述研究构建了大脑的细胞类型、连接性和功能映射的多种图谱，全面反映了大脑的复杂性和动态性，对于构建准确的数字大脑模型至关重要。不同发育阶段和功能状态下的大脑图谱有助于模拟大脑在各种生理和病理状态下的行为，通过跨物种数据比较，研究人员可以更好地理解大脑结构和功能的进化，有助于构建广泛使用的数字大脑模型。总之，这些研究为构建一个全面、准确且功能性的数字化大脑提供了必要的基础数据，对数字化生命系统的研究和应用有深远影响。

2. 消化系统

近年来，随着单细胞测序和空间转录组学等新技术的发展，研究人员利用这些先进手段，为消化系统的多个器官构建了高分辨率的细胞图谱，全面揭示了这些器官中细胞的异质性、发育动态和功能状态，为相关生理和病理过程的研究提供了关键资源。

在胃肠道研究领域中，研究人员已经构建了人类和小鼠胃肠道的多模态数字图谱，全面描绘了胃肠道的细胞组成、发育状态和疾病状态。如在人类胃的研究中，东京大学的研究团队构建了迄今为止最大的人类胃单细胞转录组和空间转录组数据集，绘制了一本人类胃的"百科全书"，为解析胃的细胞多样性和组织结构提供了关键资源。人类肠道方面的研究也取得了很多进展，目前的研究已构建了多个肠道细胞图谱，包括人类肠道的时空发育图谱、人类肠道的单细胞转录和基因调控图谱等。2023 年，人类肠道细胞图谱（HGCA）的提出，旨在综合多个数据集，构建更加全面的人类胃肠道单细胞图谱。除了人类，小鼠的胃肠道图谱也取得了长足进展，如小鼠小肠上皮细胞的转录图谱、衰老小鼠的大肠上皮和免疫细胞图谱等，不仅有助于对小鼠肠道发育和老化过程的理解，也为未来的相关研究提供了宝贵的数据支持。

在肝脏的研究中，研究人员构建了不同发育阶段和生理状态下的肝脏细胞图谱。如德国的研究团队构建了人类肝脏的单细胞转录图谱，并识别了新的肝脏细胞亚型。在肝脏发育的研究中，人类肝脏细胞发育图谱的构建不仅描绘了不同类型肝细胞的发育轨迹，而且有助于深入理解肝脏发育的复杂过程。研究人员还扩展了对不同物种和生理状态下肝脏的研究，构建的细胞图谱不仅揭示了肝脏在病理状态和老化过程中的变化，还揭示了这些生理过程中不同细胞类型的基因表达变化，以及细胞与微环境之间的相互作用，深化了对肝脏的多维度理解。例如，目前研究已构建了健康和肥胖状态下人类和小鼠肝脏的转录组和空间蛋白质组图谱、小鼠肝纤维过程的单细胞转录图谱和灵长类肝脏老化的单细胞转录图谱等在内的肝脏细胞图谱。

在胰腺的研究中，研究人员也构建了多个细胞图谱，从不同角度描绘胰腺的细胞组成和发育过程。如人类胰腺的单细胞转录图谱和胰腺早期发育的单细胞转录图谱绘制了胰腺中的细胞类型，解析了胰腺细胞的发育轨迹。除人类的研究外，其他物种胰腺图谱的构建，展现了不同物种、不同生理状态下的胰腺细胞类型和分布，为不同物种胰腺的比较提供了参考，如小鼠胰腺上皮和间充质部分的发育图谱，以及健康和急性胰腺炎病理状态下小鼠的胰腺单细胞图谱等。

综上所述，消化系统主要器官的细胞图谱不仅对阐释其生理功能、发育调控过程及相关疾病的病理机制提供了帮助，也为实现消化系统器官数字化提供了重要的数据资源。

3. 生殖系统和泌尿系统

在生殖系统的研究领域，研究人员利用先进的技术手段，针对男性和女性生殖系统的不同组织类型和发育阶段，构建了多模态的细胞图谱。这些图谱全面描绘了不同器官和发育时期的细胞组成和分布，解释了细胞在生殖过程中的分化演变规律，以及在维持生殖功能中的作用机制。

在男性生殖系统方面，相关研究已绘制了人类前列腺和睾丸细胞图谱，重建了精子的发生过程，如年轻成年人的前列腺和前列腺尿道单细胞转录图谱和睾丸单细胞转录图谱等。此外，对睾丸发育过程的研究，已构建了从胚胎期到婴儿期、从婴儿期到成年期的人类睾丸单细胞转录图谱，解析了睾丸细胞在不同发育阶段的分化轨迹。在其他物种的研究中，雄性小鼠生殖器官图谱的构建也取得了进展。已有研究构建了小鼠多个生理过程的细胞图谱，揭示了小鼠精子发生的细胞分子基础和睾丸细胞在老化过程中的变化模式，如小鼠从精原细胞到精子细胞的发育图谱、年轻和衰老小鼠睾丸的单细胞转录比较图谱等。

在女性生殖系统方面，对卵巢、子宫和胎盘研究构建了多个细胞图谱，尤其是妊娠期母胎界面的细胞图谱。在母胎界面方面的研究中，研究人员构建了丰富的母胎界面的细胞图谱，覆盖多个时期，包括早期妊娠期胎盘和子宫内膜的单细胞转录图谱、人类母胎界面单细胞转录组和空间转录组图谱，以及孕早期至中期的人类母胎界面时空图谱等。这些图谱的构建，为研究母胎界面的细胞类型、细胞分化轨迹和分子调控机制提供了重要的数字资源。在非妊娠状态下，女性子宫受激素水平的调节，也发生着周期性的变化，因此研究人员构建了子宫内膜的时空细胞图谱，描绘了子宫内膜在月经周期中的动态变化。作为女性/雌性生殖系统的另一关键组成部分，卵巢的细胞组成和功能状态也受到广泛关注，研究人员构建了卵巢的多模态细胞图谱，如灵长类卵巢时空转录组图谱等。

在泌尿系统的研究领域中，肾脏的细胞组成和功能状态是研究的焦点，多个研究项目通过整合多模态数据，为健康和疾病状态的肾脏构建了全面的细胞图谱。其中，人类生物分子图谱计划（HuBMAP）构建了健康与损伤肾脏的单细胞图谱，全面描绘了肾脏不同区域和病理状态下的细胞类型及其空间分布；肾脏精准医学项目（KPMP）则整合多维度数据，构建了人类肾脏的多模态参考图谱。这些图谱不仅系统刻画了肾脏细胞的组成、空间分布和代谢状态，更揭示了肾脏功能变化过程中细胞水平的分子调控模式，为深入理解肾脏的生理和疾病机制提供了新的视角。除肾脏之外，膀胱作为泌尿系统的另一重要器官，膀胱图谱的构建工作也在持续推进中，并拓展了对膀胱细胞组成类型的认识，如小鼠膀胱尿路上皮细胞图谱的构建，识别出了一种新型的尿路上皮细胞。

综上所述，这些研究通过整合多维度、多模态的数据，为人类和小鼠生殖系统和泌尿系统的主要器官和不同发育阶段构建了多层次的细胞图谱，不仅揭示了正常生理状态下的细胞组成和分子调控特征，还展现了疾病和损伤状态下的细胞动态变化，为器官的生理功能和疾病发生机制提供了新的分子线索。这些图谱的建立，有助于深化对生殖系统和泌尿系统的整体认知，为开发新的诊断和治疗策略提供了潜在的分子靶点，对推动相关疾病的临床转化具有重要意义。同时，这些研究也为构建人体其他系统和器官的数字化细胞图谱提供了有益借鉴，是实现人体系统数字化的重要基础。

4. 循环系统和呼吸系统

在循环系统和呼吸系统的研究领域中，研究人员利用单细胞转录组、空间转录组等技术手段，为人类、小鼠和非人灵长类动物构建了多层次、多模态的细胞图谱，全面展现了系统中主要器官的细胞异质性、发育动态和功能特征。

作为驱动人体血液循环的关键器官，心脏的细胞组成和发育过程一直是生物医学研究的重点领域。目前，研究人员已经构建了覆盖心脏多个区域、涵盖不同发育阶段、跨越不同物种的心脏细胞图谱，全面展现了心脏细胞在时空维度上的分布格局和分化轨迹，展示了发育和衰老过程中心转录谱的差异，揭示了其中的关键转录因子网络和信号通路，不仅有助于阐明调控心脏发育和老化的分子机制，还可以为评估心脏功能状态和疾病风险提供新的生物标志物和干预靶点，是心血管疾病研究的重要数字资源。

在过去几年，对肺部细胞图谱的构建也取得了显著进展，推进了对肺部细胞的功能的深入理解。例如，人类肺细胞图谱（HLCA）提供了细胞类型的全面注释。除了单一物种的研究，跨物种的比较分析也是肺部细胞图谱的研究亮点。研究人员已构建了涵盖多个肺部区域、跨越不同发育阶段的细胞图谱，如人类和小鼠支气管上皮细胞图谱、小鼠肺部发育细胞图谱和小鼠肺部衰老的转录组与蛋白质组图谱等。值得一提的是，2020年的一项研究首次构建了灵长类动物心肺衰老的单细胞转录组图谱，揭示了系统性炎症的增加和病毒防御能力的减弱是心肺老化的特征，为理解老年人对新冠病毒的易感提供了见解。

总而言之，上述研究构建了循环系统和呼吸系统的全景式细胞图谱，不仅深化了对这些系统不同生理过程的认知，也为相应的数字化器官提供了重要的数字资源。

5. 其他器官

在其他器官的研究中，研究人员同样构建了包括口腔、皮肤、骨骼肌肉、免疫造血和视网膜等组织、器官的细胞图谱，全面揭示了这些组织、器官中细胞的异质性、发育动态和功能状态。

对于口腔研究领域，研究人员已绘制了人类口腔黏膜单细胞转录组图谱和人类牙齿（包括牙髓和牙周组织）的单细胞转录组图，揭示了口腔中细胞的分子特征，为口腔疾病的发生机制研究提供了新视角。在皮肤的研究领域，包括人类皮肤蛋白质组图谱、单细胞转录组图谱和人类眼部皮肤衰老的单细胞图谱在内的多个皮肤细胞图谱的构建，全面展示了皮肤细胞的空间分布特征和老化过程中的分子变化。另外，多个骨骼和肌肉系统的细胞图谱也已经得到了构建，如人类椎间盘细胞图谱、人类下肢骨骼肌多模态细胞图谱和小鼠肌卫星细胞图谱等，揭示了肌肉细胞的自我更新和分化及其在衰老过程中的变化。在免疫和造血系统的研究中，多个免疫和造血系统细胞图谱的构建，全面展现了免疫细胞的发育和分化轨迹，扩展了对免疫发育中细胞多样性、分化和功能的认知，有助于深入理解免疫系统的功能和调节机制，如人类胎儿肝脏造血细胞图谱、人类胎儿期免疫系统的全面发育图谱、成人免疫细胞转录组图谱等。在视网膜的研究中，一项整合 17 个物种视网膜单细胞转录图谱的研究；构建了脊椎动物视网膜的单细胞转录图谱，为视网膜生物学和相关疾病的研究奠定了基础。

综上所述，随着成像和细胞测序技术的发展，目前的研究已构建了丰富的器官数据图谱，全面揭示了各个器官中结构和功能分布，细胞的多样性、发育与老化的动态变化，以及健康与病理过程中的状态。这些器官数据图谱是器官宝贵的数字化资源，为理解器官复杂性提供了全面而深入的视角，结合计算模型，这些图谱将成为模拟和预测器官不同生理状态的重要工具。

二、数字生命系统的建模

（一）基于假设的数字生命系统

1. 基于假设驱动的生物分子建模

在分子层面，基于假设的数字生命系统专注于基因、RNA、蛋白质等基本生物分子，通过构建数理模型来模拟这些分子内部的状态和行为、分子如何响应外部环境条件、如何相互作用产生复杂的网络，以及这些网络如何影响细胞功能和行为。根据假设驱动的数理模型所涉及的生物大分子层次，这些模型可划分为单分子和多分子模型。

（1）单分子模型：基于假设的单分子数字生命系统虽然只包含一种类型的分子，但展现出了自复制、进化等生命的基本特征。为了研究单分子系统的动态行为和性质，科学家们发展了多种计算模拟方法，这些方法在时空尺度和精度上各有优势，在实际研究中常需要将它们结合起来，从不同角度研究生物分子体系。

经典分子动力学模拟是最常用的方法。它基于经典力学，通过求解牛顿运动方程来模拟分子的运动轨迹，可以研究分子的构象变化、折叠动力学、聚集行为等重要过程。维也纳大学的研究团队利用经典分子动力学模拟，构建了一个自催化的 RNA 复制系统模型。该模型考虑 RNA 分子的二级结构和三维构象，模拟了 RNA 分子的折叠动力学和复制过程。通过引入适当的反应规则和适应度函数，研究发现 RNA 分子可以通过自我复制和突变产生新的物种，并在复制错误率和降解率的平衡下维持稳定的准种群。这项研究展示了经典分子动力学模拟在研究 RNA 世界进化动力学方面的重要应用。然而，经典力学无法描述化学键的断裂和形成，以及电子状态的改变。

第一性原理计算是基于量子力学的计算方法，通过求解薛定谔方程来计算分子体系的电子结构和能量。与经典力学不同，第一性原理计算可以精确描述化学键的断裂和形成，以及电子状态的改变。这种方法的优点是能够从头算起，不依赖于经验参数，因此具有更高的预测能力。德国明斯特大学的研究团队基于第一性原理计算，构建了一个假设的数字生命系统模型，以探究单分子层面的人工生命。该模型包含一组精心设计的人工分子开关和分子马达，通过量子化学计算优化它们的结构和功能。在此基础上，研究人员构建了一个自下而上的数字生命系统，并深入研究了系统的动态行为。结果表明，在特定环境条件下，这些人工分子器件能够自发组装形成复杂的网络结构，并通过自组织机制不断进化，最终形成一个稳定的人工生命系统。这一研究为理解生命的基本原理和发展新型人工生命形式提供了重要启示。

另外，在许多生物学过程中，还需要比较分子不同状态的相对稳定性。自由能计算方法可以通过构造从初态到末态的路径，并沿路径积分能量变化，计算状态间的自由能差。常用的自由能计算方法包括自由能微扰、热力学积分、伞状采样等。这些方法可以比较分子体系不同构象、不同结合状态的相对稳定性，在研究生物大分子识别、药物设计等领域应用广泛。自由能计算方法在研究 RNA 适配体与配体结合的进化动力学方面得到了广泛应用。哈佛大学的研究团队构建了一个 RNA 适配体进化模型，其中适配体通过复制、突变和选择不断进化，以提高与特定配体结合的亲和力。通过计算不同序列的结合自由能，并构建自由能景观，该研究模拟了适配体进化的动力学过程。结果显示，RNA 适配体能够在较短时间内进化出高亲和力，并在特定条件下维持稳定的准种群。这一研究揭示了自由能计算方法在探索核酸适配体进化中的重要应用价值。

上述方法的局限是计算量大，难以处理大尺度、长时间的过程。为此，研究者开发了粗粒化模拟方法。这是一种介于全原子模拟和连续介质模拟之间的多尺度方法。与全原子模拟相比，粗粒化模拟将若干个原子组合成一个粗粒粒子，并采用简化的相互作用势能来描述粒子间的相互作用。这种简化大大降低了模拟的自由度和计算量，可以处理上百纳米、微秒级别的过程，有助于进行更大尺度、更长时间的生物学过程的研究。粗粒化模拟在研究膜蛋白、染色质、病毒衣壳等大型复杂体系方面具有独特优势。南丹麦大学的研究团队开发了一种脂质体自复制的粗粒化模型，以探究脂质体的自复制机制。该模型将脂分子简化为带有亲水头和疏水尾的粗粒粒子，同时考虑了脂分子的自组装、生长、分裂等过程。通过引入适当的反应规则和能量函数，研究模拟了脂质体的自我复制动力学。结果表明，在特定外部条件下，脂质体能够通过自组装和分裂实现自我复制，并在复制错误率和营养供应的平衡下维持动态稳定。这一研究为揭示细胞膜的起源和早期进化提供了重要线索。

（2）多分子模型：由于真实的生命系统远比单分子系统复杂，所以还应考虑多分子的相互作用网络以解释生命系统的多样性和适应性。在这些网络中，不同功能的分子通过化学反应、物理结合、信号传递等方式相互影响，共同决定了系统的行为和性质。

在多分子生命系统中，最基础的是代谢网络。代谢网络通过一系列的酶促反应，将外界物质转化为生命系统的组分，并提供维持生命活动所需的能量。许多代谢反应是自催化的，即反应的产物又能催化该反应的发生。这种自催化反应网络使代谢系统能够自我维持和复制，是生命的物质基础。同时，生命不仅需要物质和能量，还需要对环境信息做出反应。信号传导网络以代谢网络为基础，通过级联的分子修饰和构象改变放大外界信号，最终引起细胞行为的改变，使生命系统能够适应环境的变化。更复杂的生命功能如生长、发育、分化等，则有赖于基因调控网络的控制。基因调控网络响应来自信号传导网络的刺激，调控功能分子的合成，进而影响代谢、运动等细胞过程。例如，人类基因组测序国际联盟（International Human Genome Sequencing Consortium，IHGSC）在大肠埃希菌中构建了一个由三个转录调节因子组成的人工基因振荡网络，该网络可以产生稳定的周期约为 150 分钟的节律振荡。该研究展示了基因调控网络如何通过负反馈环路来产生时间上的动态行为，为理解生物钟、细胞周期等节律过程提供了重要启示。同时，基因调控网络的活性又受代谢状态和信号分子的反馈调节，这种多层次的反馈调控赋予了生命系统极大的可塑性和适应性。

综上所述，多分子生命系统的复杂性源于不同功能模块（代谢、信号传导、基因调控）的相互交织和耦合。正是这种复杂的分子相互作用网络，使生命系统能够维持内环境稳态，并对外界变化做出适应性响应，最终涌现出生命的奇妙性质。为了探索这种复杂性的起源和规律，研究者提出了多种理论模型（如超循环、自催化集合、化学超循环等），并尝试在实验室构建最小的人工生命系统。

分子层面的假设生命系统研究，展示了生命的复杂性是如何从分子相互作用网络中涌现出来的。通过研究单分子系统的自我复制和催化性质，有助于探索生命的起源；通过构建多分子系统的代谢、信号传导和基因调控网络，有助于模拟生命系统的动态行为和适应性。这些研究不仅加深了对生命本质的认识，也为合成生物学和生物工程提供了理论基础和技术途径。通过理性设计和构建人工分子网络，有望创造出新型的生物材料、器件和系统，服务于医疗、能源、环保等领域。同时，人工生命系统的研究也将反过来验证和完善对自然生命系统的理解，形成理论和实践的良性循环。

2. 基于假设驱动的细胞建模

在细胞层面，基于假设的数字生命系统着重模拟细胞内部的复杂生命过程，包括细胞周期控制、代谢途径、细胞分化等。细胞层面的模型不仅包括分子层面的组成部分，还会考虑细胞间的相互作用，如细胞通信、细胞与细胞之间的黏附（图 7-2-1）。这些模型通常依赖于各种数学和计算方法，如微分方程、基于代理的模型、布尔网络模型和约束性建模等，以描述和预测细胞如何响应外部刺激，并如何在组织中协同工作。

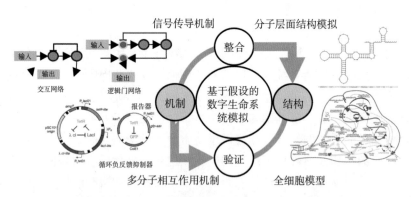

图 7-2-1 基于假设的数字生命系统模拟（分子和细胞层面）

（1）单细胞层面：单细胞生物如细菌和酵母，是研究细胞生命现象的理想模型。它们的结构相对简单，生长周期较短，易于培养和操作，因此常被用于构建单细胞数字生命系统。

一个单细胞数字生命系统通常包括以下几个关键组件：①一个描述细胞内部结构和过程的数学模型，如代谢网络模型、基因调控网络模型等；②一套模拟细胞生长、分裂等行为的计算机算法；③一个与外界环境交互的界面，可以感知和响应温度、pH、营养等因素的变化；④一系列监测和分析细胞状态的工具，如跟踪细胞内物质的浓度变化，计算细胞的生长速率和代谢通量等。利用这些组件，可以在计算机中构建出一个"数字细胞"，它能够模拟真实细胞的生理过程和行为。

目前，这种"数字细胞"已经成为合成生物学的重要工具。在模型构建方面，研究者通常结合不同数学框架的优势，采用混合建模方法。例如，将细胞内分子调控网络用微分方程描述，而将离散的细胞行为如分裂、凋亡等用布尔网络等离散模型表示，这种混合建模方法充分利用了不同数学框架的优势，能够有效捕捉细胞动力学的连续和离散两个方面，提高了模型的表达能力和精确度。具有代表性的是细菌和酵母细胞模型。研究者将大肠埃希菌和酵母菌的基因组序列、转录调控、代谢网络等多个分子层面的调控网络整合到统一的计算框架中，利用数学方程精确描述了细胞内所有已知的生化反应，能够模拟细菌在不同营养条件下的生长、分裂，以及预测真核细胞的细胞周期、代谢及分子水平的动态变化。

在这些模型的基础上，还可以设计和优化一些有用的代谢路径和基因线路，并在真实细胞中进行实验验证。前面提到的 Repressilator 振荡网络就是一个经典的合成生物学成果，它展示了如何通过设计人工基因线路来实现对细胞行为的控制。类似地，研究者还构建了一些其他的人工基因线路，实现了对细胞生长、凋亡、运动等行为的精确调控。这些工作充分展示了单细胞数字生命系统在理解和操纵细胞功能方面的巨大潜力，为未来的合成生物学应用奠定了基础。

（2）多细胞层面：在自然界中，许多生命功能都是由多细胞协同完成的。细胞间通过信号分子相互通讯，形成功能分工和协调一致的多细胞群体，进而表现出组织和器官层面的行为。因此，构建多细胞数字生命系统，对于理解多细胞生物的发育、生理和演化具有重要意义。

多细胞数字生命系统在单细胞系统的基础上，还需要考虑细胞间相互作用和群体行为。一方面，需要构建细胞间通讯和信号转导的数学模型，描述细胞如何感知和响应来自其他细胞的信号分子，如何根据自身的状态和周围环境调整行为；另一方面，还需要开发多尺度、多层次的计算机算法，从而有效地模拟大量细胞的群体动力学，如迁移、黏附、分化等。

近年来，随着测序技术、显微成像技术和计算能力的提升，多细胞数字生命系统的研究取得了长足进展。例如，研究者利用高通量单细胞测序技术，绘制了线虫、斑马鱼等模式生物的细胞图谱，揭示了不同细胞类型的基因表达特征和谱系关系。在此基础上，研究者发展了基于随机微分方程的数学模型，并与实验数据进行了比较和验证，构建了体现基因表达动态变化的多细胞基因调控网络模型，实现了早期胚胎发育过程中的细胞分化和图式形成的模拟。

此外，多细胞数字生命系统的研究还特别关注细胞间的相互作用和通讯。细胞间的信号传递和协同行为在组织发育、稳态维持和疾病发生中具有关键作用。一方面，多细胞数字生命系统可以模拟细胞间的信号传递过程。细胞间通讯主要通过分泌性配体 - 受体结合、细胞间连接及细胞外基质等方式实现。另一方面，多细胞数字生命系统还可以模拟细胞间的力学互作。细胞间的黏附连接、细胞骨架重塑及集体迁移等过程都涉及细胞间的力学信号传递和协同。通过将细胞视为可变形的弹性体，并考虑细胞间的黏弹性连接，数字生命模型可以模拟细胞在外力作用下的变形和运动，以及由此产生的组织形态变化。例如，普渡大学化学系和药物发现研究所的研究人员利用人工合成的胚胎样结构（gastruloids），研究了细胞间的力学信号传递在胚层形成和图式形成中的作用。研究者构建了一个考虑细胞极性、黏附和收缩的三维力学模型，模拟了外力扰动下胚胎结构的变形和演化。研究结果表明，细胞间的力学反馈调控着胚层分离和对称性破缺的过程：局部的细胞形变会通过黏附连接传递到周围细胞，引起整个组织的应力重分布和形态重塑。这种力学信号的传递和放大，使胚胎结构能够对局部的物理扰动做出快速而整体的应答，从而实现了胚层分离和图式形成的自组织过程。这项工作展示了多细胞数字生命系统如何通过力学建模和实验验证，阐明细胞间力学互作在胚胎发育中的关键作用。

多细胞数字生命系统的研究正在从描述性模拟向定量预测和理性设计转变。一方面，随着多组学数据的积累和整合，可以构建更加精细和全面的多细胞模型，用于预测细胞命运决定、组织图式形成等复杂过程。另一方面，这些模型可以指导多细胞体系的构建，如器官芯片、类器官等，用于药物筛选和疾病研究。

3. 基于假设驱动的组织和器官建模

在组织和器官层面，基于假设的数字生命系统的复杂度显著增加。其主要关注两个方面：一是如何构建能够反映组织和器官特性的数学模型；二是如何利用这些模型来模拟和预测组织和器官在正常和病理条件下的行为。

（1）组织层面：研究者主要关注如何模拟多细胞系统的动力学过程，如细胞增殖、分化、迁移、黏附等，以及这些过程如何在组织水平上形成特定的结构和功能。这类研究通常基于特定的生物学假设，构建反映细胞互作、信号转导、基因调控等机制的数学模型，并利用计算机模拟研究组织的涌现属性和行为。一个典型的例子是上皮组织的生长和形态形成。上皮组织是许多器官的重要组成部分，其生长和形态形成过程涉及复杂的细胞行为和调控机制。为了理解这一过程，研究者提出了一个多尺度、多细胞的计算框架，考虑了细胞增殖、迁移、极性建立等多个生物过程，并使用离散元胞自动机方法进行数值模拟。通过调节细胞黏附力、增殖速率等参数，该模型可以模拟出不同类型上皮组织的生长模式和形态特征。类似地，在血管生成、骨骼发育等领域也有一系列的数学模型，用于研究细胞与细胞、细胞与基质相互作用在组织形成中的作用。

除了描述性的模型外，组织层面的数字生命系统研究还致力于理解组织的动力学行为背后的机制和规律。这需要将数学建模与实验研究相结合，通过定量分析和假设验证来揭示组织的涌现属性。例如，研究者利用微流控技术和细胞工程，在体外构建了血管、肝脏、心肌等多种类型的组织，并结合数学建模和计算机模拟，研究了细胞微环境在组织形成过程中的调控作用。哈佛大学 Wyss 研究所的成果展示了如何利用微流控芯片技术在体外构建一个能够模拟肺泡 - 毛细血管界面结构和功能的"肺芯片（lung-on-a-chip）"。这个肺芯片由两个微流控通道组成，中间以一层多孔薄膜隔开。研究者在薄膜的一侧培养肺泡上皮细胞，另一侧培养血管内皮细胞，从而模拟了肺泡-毛细血管界面的结构。通过在芯片中引入气流和血流，并施加周期性的机械应变，研究者还模拟了肺泡在生理条件下的动力学微环境。利用这一平台，他们研究了尼古丁对肺组织的影响，以及肺泡上皮细胞和内皮细胞在炎症和中性粒细胞募集过程中的相互作用。这项工作展示了如何将微流控芯片技术与细胞生物学相结合，在体外构建功能性的器官模型，为药物筛选和疾病研究提供新的平台。

（2）器官层面：在器官层面，数字生命系统研究面临着更大的挑战，需要整合器官的解剖结构、生理功能和病理过程。在此基础上，器官层面的数字生命系统研究还需要考虑器官内部的各种物理过程，如物质输运、力学环境、电生理活动等，构建多尺度、多物理场耦合的计算模型。这类模型通常基于医学影像、组织切片等数据构建器官的三维几何模型，并考虑器官内部的物质输运、力学环境、电生理活动等多个物理过程。

心脏是这一领域的代表性研究对象之一。心脏的数字生命系统模拟需要考虑心肌细胞的电生理特性、心脏的解剖结构及心脏泵血的机制。这些模型通常结合了多尺度模拟，既包括细胞层面的细节，也包括整个器官层面的功能和行为。计算流体动力学（CFD）和有限元分析（FEA）等数学工具被广泛用于这一层面的模拟。通过利用基于影像数据的三维心脏模型，研究者不仅可以精确地模拟心肌细胞的电活动，而且能够再现心室的收缩运动和血液流动，这对于心律失常和心力衰竭的研究至关重要。多尺度左心室生长模型的开发进一步耦合了心肌细胞、组织和器官层面的行为，为心室重构过程提供了预测能力。流固耦合模型的构建深入到血流动力学，展示了血液和血管壁之间的相互作用，为动脉粥样硬化等心血管疾病的研究提供了新的视角。

在神经系统的模拟中，数字孪生脑模型的发展同样迅速。借助先进的成像技术和算力，研究者正在努力构建高分辨率、多尺度的大脑数字模型，旨在还原大脑的微观连接拓扑和宏观认知功能。在微观层面，全脑电镜成像技术的发展为神经元级别的大脑重建奠定了基础。研究者通过全脑电镜成像技术，不仅重建了斑马鱼大脑的高分辨率三维图像，而且详细描绘了神经元及其连接的完整模型，为理解大脑的微观结构提供了关键数据支持。在更宏观的层面上，功能磁共振成像（fMRI）数据则为大脑活动的拓扑映射提供了宝贵资源。一些研究利用多视角的fMRI数据融合方法构建了大脑活动的高分辨率拓扑图，从而揭示了不同认知任务下大脑活动的空间模式。

除了单一尺度的模型，还有跨尺度的数字孪生脑模型，其是将微观和宏观层面的信息进行有机整合。跨尺度整合是数字孪生脑模型的核心特征。在这一领域，以"欧洲人脑计划（Human Brain Project）"为代表，研究者对人类大脑新皮层微环路进行数字重建，耦合了从分子到神经元的多层次细节，为研究大脑的信息加工和认知机制提供了高度生物相关的计算平台。该模型通过整合多模态数据，能够准确再现大脑的神经元连接、突触传递及认知功能的神经基础。这为研究神经疾病机制和开发新型脑机接口奠定了基础。美国"BRAIN计划"同样取得了重要进展，研究团队提出了一种新型的多尺度建模框架，将从分子到神经环路的多层次数据融合到同一模型中，用于模拟小鼠大脑视觉皮层的信息加工过程。

对于呼吸系统的模拟，同样采取了多尺度的方法。研究者构建了描述气体在肺部扩散和交换过程的计算模型，涵盖了肺泡通气和肺泡 - 毛细血管扩散等关键环节，为呼吸功能异常的研究提供了有力的工具。另有一些研究则通过多尺度肺组织力学模型，耦合了肺部的组织结构、细胞行为和呼吸气流，预测了不同病理状态下肺部的变形和通气情况，对慢性阻塞性肺疾病等疾病的研究具有重要意义。数字生命系统还广泛应用于肝脏、肺部、脊椎等人体重要器官的研究。这些模型通常结合分子生物学、细胞生物学和系统生物学等多学科知识，模拟器官的发育、老化、疾病进程及对外界刺激的响应。

除了正常生理功能外，器官层面的数字生命系统研究还致力于模拟各种病理过程，如缺血、梗死、纤维化、肿瘤等。这需要在模型中引入相应的病理参数和边界条件，并考虑病理因素对物理过程的影响；例如，在心肌梗死的模拟中，可以通过修改局部心肌组织的材料属性和收缩能力，模拟梗死区域的力学和电生理特性，并研究其对整个心脏泵功能的影响；在肿瘤生长的模拟中，可以耦合肿瘤细胞增殖、血管生成、药物运输等多个过程，预测肿瘤的生长动力学和药物疗效。

器官层面的数字生命系统研究还有一个重要方向，就是将器官模型与临床数据相结合，实现个性化医疗。通过将患者的影像、生理和基因组数据整合到计算模型中，可以模拟患者器官的特定功能，预测疾病的进展和药物的疗效，并优化治疗方案。这需要发展高效、稳定的数值算法，以及与临床工作流程相兼容的软件平台。如心脏模型可以与患者的 CT、MRI 等影像数据相结合，生成个性化的心脏解剖模型，并模拟心脏电生理和血流动力学，评估心脏病的严重程度和手术风险。脑、肝脏、肾脏等器官也有类似的个性化建模工作，用于指导药物剂量优化和手术规划。如研究者构建了一个基于生物物理机制的大脑皮层 - 基底神经节 - 丘脑环路的计算模型，用于模拟正常和帕金森病状态下的神经元活动和网络动力学，该模型能够重现帕金森病的一些关键特征，包括基底神经节中 β 频段（13~30 Hz）振荡活动的增强、皮层 - 基底神经节环路信息传递的紊乱等。同时，研究者还利用该模型评估了深部脑刺激（DBS）等治疗方法的作用机制和优化策略。此外，数字孪生脑模型还被应用于脑机接口、神经再生等前沿领域，通过模拟不同设计方案在大脑中的作用，为优化神经假体的结构和功能提供理论指导。

在组织和器官层面上构建基于假设的数字生命系统，是计算生物学和系统生物学领域的一个前沿方向。这一领域的研究也正从一般模型向个性化模型发展。这需要整合多层次、多模态的实验数据，发展多尺度、多物理场耦合的建模方法，并与临床应用紧密结合。这些数字生命模型的开发，不仅推动了生物医学和计算生物学的交叉融合，也为疾病机制的研究、药物开发和个体化治疗提供了有力的支持。随着实验技术和计算能力的不断进步，这些模型正在变得越来越精确和实用，预示着未来可能对整个人体系统进行全面模拟的潜力。

4. 基于假设驱动的生物体建模

创建整个生物体的数字孪生模型是一个雄心勃勃的研究方向，旨在模拟生物体作为一个整体的行为和反应。这要求跨越不同的生物层次，从分子到器官，最终对整个生物体的生物过程的机制进行建模和仿真（图 7-2-2）。此类模型可以用于预测疾病的进展、药物治疗的效果及环境变化对生物体的影响，如整体人体模型可以用来研究多个器官是如何相互作用影响健康和疾病的。这种模型通常需要复杂的计算资源，包括高性能计算（HPC）和人工智能（AI）技术，以及大量的生物医学知识，能够用于疾病预测、个性化医疗、药物开发等领域。

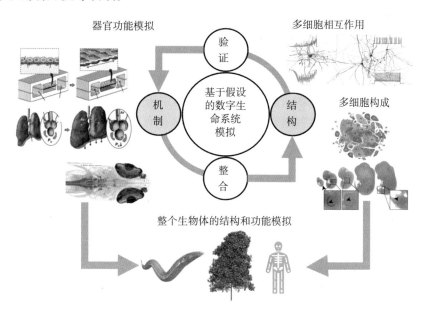

图 7-2-2　基于假设的数字生命系统模拟（器官及整个生物体层面）

在植物数字孪生建模方面，有一个重要的研究方向是功能 - 结构植物模型（FSPMs）。它将植物的结构信息（如器官形态、拓扑结构）与功能过程（如光合作用、养分吸收）相结合，提供了一个整合的、多尺度的植物数字表示。例如，OpenAlea平台提供了一套灵活、模块化的工具和库，支持 FSPMs 的构建和模拟。研究者利用 OpenAlea 开发了一系列作物模型，如玉米、小麦、大豆等，用于分析植物生长与环境因素的关系，优化农业生产管理。除了作物模拟，植物数字生命系统在基础研究和其他应用领域也取得了重要进展。例如，利用拟南芥的基因调控网络模型，研究者可以预测不同基因型在各种环境下的表型变化，加速基因功能的解析和育种进程；森林和生态系统模型可以模拟植被动态、碳氮循环等过程，为生态保护和气候变化研究提供决策支持。

在基于假设的动物数字孪生建模领域，研究者致力于构建能够模拟动物整体生理、行为和发育过程的计算机模型。这些模型整合了多尺度、多层次的生物学数据，力图提供一个全面、系统的动物数字表示。例如，OpenWorm 项目旨在开发秀丽隐杆线虫（*Caenorhabditis elegans*）的全身数字孪生模型。该项目通过整合线虫的解剖结构、神经连接、基因表达等数据，构建了一个包括神经系统、肌肉系统和物理仿真的多尺度线虫模型。这一模型不仅能够模拟线虫对外界刺激的反应，还能预测基因或环境扰动对线虫行为的影响。

除了模式生物，动物数字孪生在医学研究和应用中也有广阔的前景。如 HumMod 项目开发了一个人体生理学的整合计算模型，该模型包括心血管、呼吸、消化等主要生理系统，以及它们之间的相互作用。通过调节模型中的参数，研究者可以模拟各种生理和病理状态下的人体反应，用于药物测试、疾病诊断和治疗优化。HumMod 还可以作为医学教育的工具，帮助学生理解复杂的生理过程和调节机制。虽然 HumMod 还不是一个完全的数字孪生模型，但它展示了整合人体生理学知识的潜力。

模拟整个高等生物体的数字孪生系统是生物学和计算科学的前沿挑战，需要多种先进技术的支撑，包括多尺度和多物理场耦合、个体差异表示、模型验证等。目前的模型的创新尝试为最终实现对复杂生命系统的全面数字化模拟迈出了关键的一步，这些研究展示了从分子到生物体不同层次上的模拟是如何相互补充的，共同推进对生命科学的理解。未来，通过跨学科合作和持续创新，动物数字孪生有望在基础研究、药物开发、精准医疗等领域发挥更大的作用。

（二）数据驱动的数字生命系统

不同于知识驱动的数字生命系统，数据驱动的数字生命系统不执着于通过生物机制和数学理论构建数字生命系统。数据驱动的数字生命系统的构建，立足于数据技术与人工智能技术的双重基础之上。在数据技术方面，得益于高通量测序技术等生物技术的飞速进步，研究者得以利用更为丰富的技术手段，直接揭示生命体系的分子层面机制。与此同时，人工智能技术和高性能计算等软硬件技术也飞速发展，极大地提升了科研人员从庞大数据集中挖掘复杂模式的能力，并为处理这些数据提供了必要的计算支撑。在此背景下，数据驱动的数字生命系统建模旨在通过多尺度的数据描述和先进的计算框架，对生命过程进行深入模拟与分析。

目前，数据驱动的数字生命系统模型集中于两个方面：一是构建大规模的分子、细胞和器官等各层级的数据库和图谱；二是捕捉数据系统中的模式与特征，完成特定生命科学任务。下面将从分子、细胞、器官三个层面介绍数据驱动的数字生命系统。

1. 基于数据驱动的生物分子建模

生物分子是构成和执行生命活动的基本单元，对其结构、功能及相互作用的深入理解对于揭示生命系统的运作机制至关重要。当前，科研工作者正致力于采用数据驱动的方法，对包括蛋白质和核酸在内的生物分子进行系统性分析，以期构建生命系统的数字孪生模型。

（1）蛋白质结构预测：AlphaFold 是 2018 年 CASP13 竞赛中诞生的深度学习驱动的蛋白质结构预测工具，它通过自主学习数据模式，超越了传统依赖预先知识的方法。AlphaFold2 是 DeepMind 团队的进一步创新，它整合了几何、遗传学和所有已知蛋白质的信息，通过多序列比对和成对表征的相互补充，提高了预测准确性，并生成了三维蛋白质模型。在 CASP14 竞赛中，AlphaFold2 以原子级精度预测蛋白质结构，成为实验学家的得力工具，展现了其在蛋白质结构预测领域的领先地位。图 7-2-3 展示了 AlphaFold2 模型结构示意图。输入氨基酸序列，自动预测蛋白质三维结构，这开创了结构生物学的新纪元，这一突破性技术也在 2021 年被 *Science* 杂志评为年度科学突破。华盛顿大学团队开发的 Rosetta 软件套件，尤其是其中的 RoseTTAFold 工具，在蛋白质结构预测方面达到了与 AlphaFold2 相当的高准确度。此外，RoseTTAFold 在计算速度和资源需求方面表现出了更优的性能。研究团队还成功将 AlphaFold2 与 RoseTTAFold 结合使用，用于预测蛋白质 - 蛋白质复合物的结构。Facebook AI 研究院（FAIR）开发的 ESM 系列模型则通过学习蛋白质序列表示，预测蛋白质的生物学功能和稳定性，进一步理解蛋白质在生命系统内的作用。随着宏基因组数据的不断积累，ESMFold 模型应运而生，它将语言模型与结构预测相结合，利用大规模蛋白质序列数据对蛋白质结构进行高精度预测。

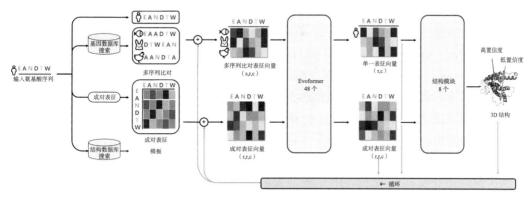

图 7-2-3　AlphaFold2 结构示意图

（2）蛋白质结构设计：随着 AlphaFold2 的问世，蛋白质折叠问题已基本解决，而蛋白质设计领域仍在不断发展。蛋白质从头设计旨在给定一个结构或功能，生成一个能稳定采用特定结构和功能的最佳序列。传统方法依赖于如 α - 螺旋和 β - 折叠等基于物理学的模型和原子表征，并以结构生物学原理和源自天然蛋白质结构的规则为基础。而 ESM-2、ProGene、ProGPT2 等 AI 模型，通过学习大量的序列数据，能够直接生成具有结构和功能的蛋白序列。但由语言模型生成的蛋白质，即使有生物化学的实验数据为其提供实证，也缺乏对其三维结构的直接实验解析，因而不能确定它们是否确实具备计算结果中的"新型结构"。

通过借鉴传统方法即先结构骨架再氨基酸序列的方法，ProteinMPNN 先将三维结构表示为图结构，捕捉结构特征，然后利用深度学习编码生成蛋白质序列，生成具备全新折叠的单体蛋白质结构和大型蛋白复合体。得益于方法的不断积累，华盛顿大学团队将此前他们在蛋白质设计领域开发的多种方法进行融合，使用基于深度学习的"family-wide hallucination"方法从头设计出能特异性催化底物的荧光素酶 LuxSit。这项工作从头创建了具有高活性和特异性的生物酶催化剂，是计算酶设计的一项重要里程碑。扩散模型的出现，进一步推动该团队开发出 RoseTTAFold Diffusion。研究团队通过精细调整 RoseTTAFold 的结构预测网络并将其整合到一个扩散模型中，生成具有实际意义的蛋白质骨架。它能实现多种生成任务，设计单体、寡聚体和有治疗或工业应用前景的复杂结构，如结合位点。研究团队对数百个设计出的对称聚体、金属结合蛋白和结合蛋白的结构和功能进行了冷冻电镜等实验表征，证明了该方法的强大性和通用型。

中国科学技术大学的研究团队在先前开发的 ABACUS 模型基础上，创新性地提出了一种全新的蛋白质从头设计方法，即 SCUBA。这一方法采用了新颖的统计学习策略，结合核密度估计和神经网络拟合技术，从原始结构数据中构建出以神经网络形式表达的解析能量函数。该模型能够以高保真度反映实际蛋白质结构中不同结构变量之间的复杂高维相关性。在不预设具体序列的情况下，SCUBA 能够连续且广泛地探索主链结构的空间，自动生成具有高可设计性的主链结构。

（3）蛋白质功能及相互作用模拟：在蛋白质功能预测领域，计算方法被广泛分类为基于序列、基于结构及基于其他特征等多种策略。例如，基于序列的方法中，ProtConv 通过将序列转换为图像，并运用卷积神经网络（CNN）进行分析；而基于结构的方法，ContactPFP 则通过氨基酸接触图来计算蛋白质间的相似性。此外，基于序列同源比对的方法，如 Wei2GO 利用 DIAMOND 和 HMMScan 工具分别对 UniProtKB 和 Pfam 数据库进行序列比对搜索。还有结合两种方法的 TransFun，采用预训练的 ESM 模型从蛋白质序列中提取特征嵌入，并通过等变图神经网络与 AlphaFold2 预测的蛋白质 3D 结构相结合，以实现更准确的功能预测。这些多样化的计算策略和数据利用，显著提升了蛋白质功能预测的精确度与效率，为数字生命系统的发展和实现提供了强有力的支持。

预测蛋白质之间的相互作用对研究生物体内的各种细胞学机制至关重要。传统生物化学实验通过免疫共沉淀（co-IP）、pull-down 检测、交联、标记转移及 Far-Western 印迹分析等手段对蛋白质间相互作用进行鉴定。计算方法能够有效改善传统生物学方法耗时耗力且预测结果不可靠的问题。表 7-2-5 列举了部分蛋白质相互作用的计算方法。

表 7-2-5　蛋白质相互作用计算方法举例

工具名称	描述
ColabFold	将 MMseqs2 的快速同源搜索与 AlphaFold2 或 RoseTTAFold 相结合的蛋白质结构预测工具，可以加速预测相互作用的蛋白质结构
Equidock	麻省理工学院研究人员创建的机器学习模型，用于预测两种蛋白质结合时形成的复合物
HADDOCK	乌得勒支大学计算结构生物学组创建的蛋白质 – 蛋白质分子对接方法
MAPE-PPI	西湖大学团队提出的基于残基的序列和结构上下文来定义微环境的蛋白质相互作用预测方法
HIGH-PPI	腾讯 AI Lab 提出的双视图层次图学习模型
DeepInter	华中科技大学研究团队设计的模型，采用几何三角模块与语言模型相结合，基于蛋白质序列预测残基间的相互作用

（4）DNA 序列的表示学习：在同时期内，深度学习方法也被应用于核酸结构与功能的研究。在基因组学领域，深度学习方法大多使用卷积神经网络（CNN）或循环神经网络（RNN）等适合核酸序列建模的基础模块。通过这些模块，研究者能够深入理解和表示 DNA 和 RNA 核酸序列模式，并利用提取后的序列特征进一步理解和预测其

中的特异性序列，如 DNA 和 RNA 结合蛋白的结合位点、增强子和顺式调节区等。核酸序列数据的获得也得益于染色质免疫沉淀测序（ChIP-seq）、染色质转座酶可及性测序（ATAC-seq）等生物技术的成熟和 ENCODE 等数据项目的开展。因此，深度学习在应用于上述基因组学问题时率先获得了成功。哈佛大学团队开发的 Basset 模型便是这一问题的典范，他们利用深度卷积神经网络从 DNA 序列直接预测基因组的功能区域，如转录起始位点、增强子等。类似地，DeepBind 模型也使用 CNN 模块预测 DNA 序列中的转录因子结合位点，通过学习大量的 ChIP-seq 数据，其能够识别特定的 DNA 序列模式，并预测哪些区域可能会被转录因子结合。DeepSEA、DanQ 等强大的非编码 DNA 功能预测模型进一步理解了转录因子结合位点、DNA 甲基化位点等。从基因组数据直接预测基因变异是深度学习解决的另一问题。例如，Google Brain 团队开发的 DeepVariant 模型成功从基因测序数据中识别遗传变异。

上述早期基因组人工智能方法受限于计算资源与基础框架的表示能力，均针对特定问题设计特定的方法。随着人工智能技术的发展，自然语言处理中 Transformer、Bert 等新架构的强大特征提取能力重新赋能了基因组学数据的挖掘，以 DNABERT 为先驱的自监督学习方式从大规模基因组数据中学习了 DNA 序列的模式，并在各项任务中取得了较好的效果，其模型结构示意图如图 7-2-4 所示；DeepMind 提出的 Enformer 模型融合了注意力机制，能够整合基因组内的长距离相互作用，从而实现对基因表达更精确的预测；EpiGePT 进一步纳入表观遗传组学，更进一步理解了基因调控中复杂的调控机制。

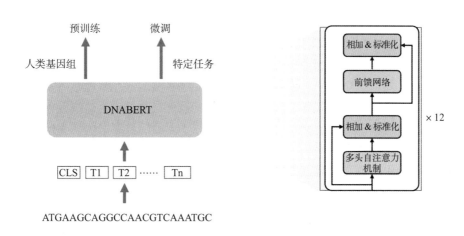

图 7-2-4　DNABERT 结构示意图

（5）RNA 功能结构的建模：作为中心法则的关键成分，RNA 分子在生命系统中对基因表达至关重要。RNA 通过碱基配对折叠成 RNA 二级结构，进一步折叠形成 RNA 三级结构。不同于稳定的 DNA 双螺旋结构，RNA 分子拥有丰富的二级结构。例如，转运 RNA 通常具有带有 L 形三级结构的三叶草二级结构，可以结合核糖体 P 位 和 A 位点进行翻译。而长链非编码 RNA（lncRNA）通过其特定的 RNA 结构调节基因组功能。因此，预测 RNA 分子结构是首要的问题。除了 RNAfold、UNAfold 等基于自由能计算的方法，格里菲斯大学研究团队提出的基于序列二维表征的 SPOT-RNA 模型，庆应大学研究团队结合深度学习模块学习序列、结构、能量三者关系而提出的 MXfold2，均提高了 RNA 二级结构预测的准确性。成为 Science 杂志封面文章的 ARES 算法，深入理解 RNA 上每个原子之间的相对位置及几何排列，精准预测 RNA 三维结构，展现了准确预测 RNA 折叠结构的巨大潜力。此外，还有 G4detector、DeepG4 等模型致力于 G-四链体结构预测。

RNA 分子也可以作为中介，帮助蛋白质相互作用预测，调控元件预测。早在2015 年，维克森林大学研究团队利用核酸数据库（NDB）和蛋白质-RNA 接口数据库（PRIDB）构建分类任务，建立了名为 RPI-Pred 的方法，预测 ncRNA- 蛋白质相互作用。目前，清华大学研究团队的 PrismNet，结合 RNA 结构数据和对应细胞的 RBP 结合数据，准确预测各种细胞条件下的 RBP-RNA 相互作用，加深了自身免疫性或炎症性疾病的理解。MIT 的研究团队也开发了一个预测工程 RNA 开关行为的深度学习工具，优于先前的热力学和动力学模型，并且开发了 VIS4Map 工具可视化 RNA 结构模式，以增强合成生物学中 RNA 元件的设计与功能分析。

除了 RNA 结构，对 RNA 剪切位点和修饰的理解也是重要的科学问题。SpliceBERT 使用自监督学习方法，通过在大量的前体 mRNA 序列上进行预训练，以改善基于序列的 RNA 剪接预测的效果。SpliceBERT 能够捕捉进化保守信息，并更好地预测剪接位点、变异对 RNA 剪接的影响及跨物种剪接位点的预测。m6A 是高等真核生物 mRNA 内部含量最丰富的修饰，目前多种 m6A 检测和测序方法 m6A-SAC-Seq、GLORI 等生物技术正在发展，人们也期待未来 AI 技术在理解表观转录组数据方面的能力能够得到进一步提升。在 RNA 编辑方面，纽约大学的研究团队将深度学习技术与 CRISPR 筛选相结合，开发了 TIGER 平台，可以预测 RNA 靶向的 CRISPR 系统（CRISPR-Cas13d）的上靶和脱靶活性，还能实现对基因表达水平的精确调控。

综上所述，数字生命系统在生物医学领域的应用正迅速拓展，其影响力贯穿分子组学各个层面，催生了众多创新性的模型与算法。这些模型依托深度学习、机器学习等先进技术，对海量生物数据进行深度挖掘与分析，显著提升了对生命过程分子机制的认识深度。进一步，数字生命系统成功实现了生命分子层面的数字孪生，为疾病的精准诊断、药物的高效开发及个性化医疗的实施提供了创新性的思路与工具，展现了其在生物医学领域不可或缺的价值与潜力。

2. 基于数据驱动的细胞建模

单细胞测序技术和空间组学技术的出现，极大地推动了细胞层面数字生命系统研究的发展。单细胞测序技术通过在单细胞水平上测量多种分子特征，揭示了细胞的异质性和发育轨迹。结合人工智能算法，各种方法用于细胞类型注释和调控网络推断等研究，极大地推动了数字生命系统的发展。伴随大型科学项目的实施，如人类细胞图谱（HCA）和大脑细胞普查网络（BICCN），研究人员正在创建涵盖所有人体细胞类型的数据资源，绘制高分辨率的完整器官细胞图谱。

在此基础上，人工智能模型展现出强大的数据整合和模式识别能力，推动细胞层面数字生命系统的构建。在细胞类型鉴定和注释方面，以 scScope 为例的深度学习模型，能够学习每个细胞类型的基因标记和功能注释，准确、快速地识别细胞类型。MAT^2 方法通过对比学习策略在流形空间中对单细胞转录组进行对齐，利用已知的细胞类型注释定义基于细胞三元组的正负锚点，以指导流形空间中的细胞对齐，从而提高了对于有限共有细胞类型数据集的鲁棒性，并且能够更好地帮助注释细胞类型。scVI、SCALE 等表示学习模型旨在从 scRNA-seq 和 scATAC-seq 数据中学习细胞状态的低维向量表示，捕捉细胞的生物学属性和功能特征。在数据模拟和增强方面，scDesign3 用于生成逼真的单细胞和空间组学数据，包括各种细胞状态、实验设计和特征模态；sclGANs 基于生成对抗网络来优化基因的表达，该网络使用网络生成细胞而不是使用原始矩阵中观察到的细胞，以此来平衡主要细胞群和稀有细胞群之间的性能；scGen 旨在学习单细胞基因高维表达数据，准确模拟不同细胞类型、研究和物种的细胞扰动和感染反应。此外，在与空间组学结合方面，DeepST 和 SpaGCN 等将基因表达、组织空间位置和组织学图像相结合，通过图卷积等方法从相邻点的位置聚集每个位点的基因表达，从而识别出具有一致表达和组织学的空间域。

此外，计算大模型正在推动数字生命系统的发展，为解决多种生物问题提供了强大的工具。这些模型通过整合和分析海量的生物数据，能够揭示细胞和基因的深层次生物学特征，为生物学研究和应用开辟了新的道路。以 scGPT 为例，它是一个基于生成式预训练架构的整合单细胞多组学数据的基础模型，其模型结构示意图如图 7-2-5 所示。作为 scGPT 模型的训练数据集，CELLxGENE 数据库收集了超过 3300 万个正常人类细胞的单细胞 RNA 测序数据，全面揭示了人体细胞的异质性。scGPT 包括预训练和微调两个阶段，其在预训练阶段采用自监督学习策略，并通过微调针对特定应用进行优化，实现了多任务统一表征。在此基础上，scGPT 模型优化了细胞和基因的表征，在各种下游任务中实现最先进的性能，包括多批次整合、多组学整合、细胞类型注释、基因扰动预测和基因网络推断。

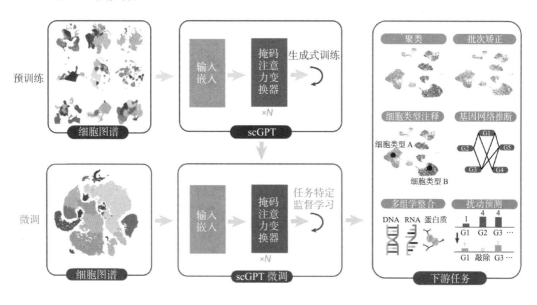

图 7-2-5　scGPT 结构示意图

除 scGPT 外，以 Geneformer、GeneCompass 和 CellPolaris 为代表的计算大模型，旨在建立一个基础模型来解决多种生物问题。这些模型不局限于单一组学，甚至单一物种，进而实现更全面的数字孪生。例如，GeneCompass 研究团队经过统一的预处理流程，建立了目前已知最大规模、包含小鼠和人类超过 1.26 亿个细胞的高质量训练数据集 scCompass-26M。基于此数据集训练的 GeneCompass，可实现多个跨物种的下游任务，并在细胞类型注释、定量基因扰动预测、药物敏感性分析等任务取得更优性能。这标志着生物信息学领域正在向通用人工智能模型的范式转变。未来，随着训练数据的不断丰富和模型架构的优化，这一范式有望在生物医学领域发挥越来越重要的作用，推动人工智能在理解生命奥秘、防治疾病等方面的广泛应用，为构建多层次、多尺度的数字孪生系统奠定了基础。

综上所述，在细胞层面，多维度的高通量数据和先进的人工智能模型正在共同推动数字孪生的发展。数字生命系统不仅为揭示细胞内部的复杂性与异质性提供了新的视角，而且加深了对疾病机制的理解，从而开拓了生命科学探索的新纪元。

3. 基于数据驱动的器官建模

器官是由多种细胞类型和组织构成的复杂系统，执行特定的生理功能。通过整合多模态数据和先进的计算模型，研究人员正在努力构建器官级别的数字生命系统，以深入理解器官的结构、功能和发育过程，为疾病诊断和治疗提供新的见解。

空间转录组技术是器官数字孪生领域的核心技术，为创建精确的器官图谱提供了数据基础。空间转录组技术捕捉细胞的空间位置和基因表达，揭示了细胞在组织中的行为，如 Visium 和 smFISH 技术在组织层面展示分子的空间分布，为研究器官发育和疾病机制提供了新视角。基于这些生物技术，人体器官图谱（Human Organ Atlas）项目、HuBMAP 项目描述了人体器官的结构和组织特性，实现了器官级别的数字生命系统。

同时，相关人工智能技术蓬勃发展，其中 SpaTalk 和 SpaTrio 均展现了在单细胞水平上解析细胞间通讯和多模态异质性的能力。SpaTalk 利用知识图谱和机器学习算法推断细胞间通讯，而 SpaTrio 则通过整合单细胞多组学和空间转录组数据来生成细胞空间图谱。MENDER 算法以其非参数化卷积核解决了大规模空间组学数据的聚类问题，与 SOTIP 相比，后者利用最优传输理论构建微环境之间的网络，两者都提高了对组织微环境的计算分析能力。BANKSY 算法以其高效数据处理能力在大规模空间组学数据分析中独树一帜，能够快速、准确地进行细胞类型鉴定和组织域分割。而 VISTA-2D 模型则专注于细胞分割和形态学分析，为图像分析提供了新的 AI 工具。基于图注意力机制的 STAligner 算法，能够整合和对齐来自不同技术和发育阶段的组织切片空间转录组数据。该算法能够有效地捕获不同切片间的共享组织结构、疾病相关的子结构及胚胎发育过程中的动态变化，为三维重建提供了准确的局部结构引导配准。同样，基于图注意力的 STAGATE 工具专注于识别不同空间转录组技术和生物组织的生物组织空间亚结构（图 7-2-6）。该工具与 STAMarker 一起，被用于系统鉴定再生关键调控因子，并绘制了三维空间转录组图谱，为理解细胞间的空间关系及其对基因表达的影响提供了重要工具。SODB 作为一个空间组学数据库，提供了一个全面探索空间组学数据的平台。它包含来自多种空间组学技术的数据，所有数据均由标准流程处理，提供了数据分析和可视化模块，以及配套的 Python 工具包，极大地提升了数据处理和读取的效率。这些工具共同推动了空间组学技术在疾病机制、药物研发和个性化医疗等领域的应用发展。

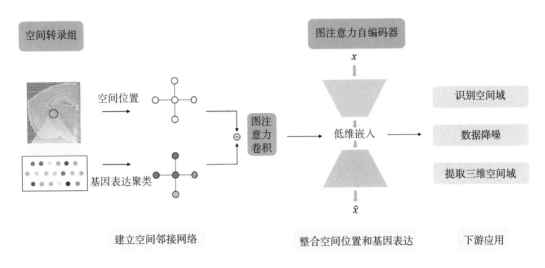

图 7-2-6　STAGATE 结构示意图

　　成像技术同样是器官孪生的重要技术，MedMD&RadMD 提供了一个包含超过 5000 种疾病、2D 和 3D 图像以及文本报告的多模态医疗数据集，覆盖了人体的所有器官。在数据整合和分析方面，人工智能模型展现出强大的能力。例如，以 MedNeXt 为例的基于 U-net 的图像分割模型，可以学习成像数据中特征，分割出不同的器官和组织结构。多模态联合分析则能够融合成像、组学和临床数据，全面刻画表型状态。同时，基于已积累的放射学影像和报告，医疗基础模型如 Med-Flamingo 和 RadFM 旨在代替放射科医生，给出影像报告。

　　器官芯片技术，可以控制细胞和特定组织结构，模拟体内环境，是实现器官数字孪生的另一重要途径，也被形象地称为"片上生命系统"。例如，清华大学团队基于微流控芯片与肿瘤类器官，开发了集成超疏水微孔阵列芯片（InSMAR-chip），它可以快速获得肿瘤类器官药敏预测结果，提高了对肿瘤患者抗癌药物临床疗效预测的效率和时效。类器官是从多能干细胞（PSCs）或成人干细胞（AdSCs）通过模拟人类发育或器官再生的体外过程生成的自组织 3D 培养系统。类器官的形成分析可以提供有关人类发育和器官再生背后机制的宝贵信息，这不仅对基础生物研究有价值，而且对药物测试和分子医学的潜在应用也很重要。自 2009 年小肠类器官首次建立至今，类器官研究已经延伸到多个组织系统。以色列的科学家们曾首次用该技术打印出一颗具有细胞、血管、心室和心房"人造心脏"。虽然这颗心脏里的细胞可以出现收缩，但不能像正常心脏一样搏动泵血。最近，美国明尼苏达大学的研究人员首次打印出人类心脏泵，而且能够正常运转。多能干细胞来源的视网膜类器官（ROs）的发展，为视网膜发育研究带来了显著的机遇。美国威斯康星大学研究人员建立了具有波长特异性光诱发反应的视网膜类器官，其光反应和膜生理学的相关数据甚至可以与完整的体外非人灵长类动物的中央窝功能相媲美。不同于类器官的细胞系统，相关的生物材料模拟也可以助力器官孪生。近日，清华大学的研究团队研制了一种新的生物材料系统，该系统通过机械增强组织形态发生，从人类多能干细胞中高效生成肠球体。研究结果揭示了促进球形形成的几何不敏感机制和控制组织形态发生的机械生物学范式。

数据驱动的数字生命系统建模基于生物技术，发展于信息技术，开辟了生命科学研究的新纪元。通过生物技术，人类能够直接从生物样本中获取丰富的分子和细胞信息。与此同时，信息技术的进步，尤其是人工智能和机器学习算法的应用，使得从这些大数据中提取知识、发现模式和构建复杂生物系统的数字孪生成为可能。这种跨学科的融合，不仅加深了人类对生命系统复杂性的理解，而且为疾病诊断、药物开发和个性化医疗提供了强大的支持和全新的视角。

（三）基于人工智能生成技术的虚拟数字人

虚拟数字人是指基于人工智能生成技术（AIGC），通过计算机和图形学技术创建的、具有数字化表示的虚拟人物。这些人物能够展现出与真人相似的外貌、表情和动作，并能根据环境变化及用户互动做出智能反应。虚拟数字人在虚拟现实、游戏、影视制作和教育等领域扮演着极其重要的角色。它们能作为虚拟客服提供多语言的个性化服务，采用适合个人风格的教学和指导方法，模拟各种场景下的用户体验以对产品进行即时反馈，支持临床决策和远程患者监控等。在构建虚拟数字人时，主要关注的建模技术包括外观生成、动作生成和交互模拟等方面。

1. 外观生成

虚拟数字人的外观生成是指利用图形学和人工智能算法，模拟人类外貌来创建与人类外观高度相似的虚拟人的过程。这些数字人可以以二维或三维形式展现。下面着重讨论三维数字人的生成方法，这一过程主要涉及模型表示、渲染和学习几个关键步骤。具体而言，模型表示分为基于显式和基于隐式两种表示方法。显式表示模型将场景划分为基本单位的集合，提供了对场景内容详细且准确的参数化描述。显式表示的主要方法包括点云、网格和多层表示。不同于显式表示利用离散点来描述目标的方式，隐式表示采用连续的数学函数来构建三维人体模型，并通过深度神经网络等技术表示这些复杂的数学函数。隐式表示涵盖的技术主要有神经辐射场（neural radiance fields）和神经隐式曲面（neural implicit surfaces）。为了进一步增强模型的表示能力，有研究者提出了结合显式表示和隐式表示优势的混合表示方法，如三平面表示和混合表面表示。随着深度学习技术的不断发展，生成式深度学习模型在三维数字人建模领域中的应用愈加广泛。这些模型主要包括生成对抗网络、变分自编码器、自回归模型和扩散模型。这些方法不仅可以直接从隐空间生成三维数字人，还能通过文本或图像提示，以及规则集合来引导生成过程。三维数字人的创建包括人体创建和人脸创建两个核心部分。其中，人体生成旨在解决外观真实性、姿态动作和细节质感的几何问题。生成的方法可分为基于隐空间、基于图像提示和基于文本提示三类，如 EVA3D、TeCH、3DGS-Avatar、ICON 和 DreamAvator 等。对于三维人脸生成任务，三维可变形人脸模型（3DMM）是其中的典型方法。3DMM 方法的核心在于，人脸可以在三维空间内精确匹配，其可通过所选人脸的正交基线性叠加实现。该方法主要利用主成分分析（PCA），从面部数据中提取代表形状和纹理的基，并通过基的线性组合来重现人脸。鉴于基于 PCA 的 3DMM 方法表示能力的局限性，还有研究者提出了基于神经网络和隐式神经表示的非线性 3DMM 方法。此外，研究者还提出了基于生成式模型的人脸生成技术，如 HoloGAN、StyleNeRF和 HeadArtist 等。

2. 动作生成

虚拟数字人的动作生成是指利用计算机技术制作出自然、真实和多样的虚拟人物动作与行为。随着生成式模型技术的进步，众多新方法被提出以解决数字人的动作生成问题。目前，动作生成方法主要分为回归模型方法和生成式方法两类。回归模型方法采用监督学习，通过输入特征来预测虚拟人物的动作。生成式方法则通过对动作的潜在分布进行建模，以生成新的动作。和虚拟数字人外观生成使用的生成模型相似，常见的生成模型同样包括对抗生成网络、变分自编码器、扩散模型和动作图等。动作生成时需要考虑不同的条件，如文本信息（text-guided）、音频信号（audio-guided）和场景布局（scene-guided）。基于文本的动作生成可以是基于简单指令的动作生成，也可以是基于自然语言描述的复杂动作生成。基于指令的方法仅限于预定义的动作标签，而基于自然语言的描述则可以生成更广泛的动作，如 Action2Motion、Text2Action 和 MoFusion 等。基于音频的动作生成主要分为根据音乐生成舞蹈和根据发言生成手势两大应用场景，相关技术有 Transflower、StyleGestures 和 Audio2Gestures 等。基于场景的动作生成关注于场景的不同表现形式（如点云、网格和体素）和生成流程，相关技术包括 HUMANISE和 SceneDiffuser 等。

3. 虚拟人交互

虚拟数字人与用户及环境之间的交互是一个双向沟通和互动的过程。其中，虚拟数字人能够理解用户的输入、捕捉用户的意图、感知环境的变化，并据此做出相应的响应。随着大语言模型如 ChatGPT 等技术的发展，显著推动了虚拟数字人交互功能的提升。例如，Park 等人提出的 generative agents 框架，通过扩展大语言模型以自然语言形式存储经验，帮助智能体模拟人类行为；Zhang 等人的 CoELA 方法，通过利用大语言模型的文本理解、生成和推理能力，创建了一个能规划、沟通和合作完成任务的智能体，显示出该方法相比传统规划方法的优越性；Cai 等人提出了数字生命项目（Digital Life Project），借助大语言模型设计了一个基于可控心理的"数字大脑"，这个"大脑"不仅能生成高级指令，还能规划数字人的行为。随着大语言模型技术的进一步发展，大语言模型在虚拟数字人领域的应用仍然具有广阔的研究前景和潜力。如探索如何将大语言模型用于虚拟数字人的建模中，以增加其交互性和逼真性，是一个十分具有前景的研究方向。

第三节　展望

一、数字生命系统面临的挑战

（一）数字生命系统的构建基石：数据融合与质量优化

构建数字生命系统面临着获取高质量实时数据的巨大挑战。其需要从多源异构数据中实时采集电子健康记录、影像数据、可穿戴设备数据、基因组数据、蛋白质组数据、代谢组数据等动态变化的生理数据，并将这些数据无缝融合到统一模型中。在数据采集过程中，噪声、缺失值、异常值等会影响数据质量，同时，不同系统和设备的数据格式也需要经过标准化处理。确保数据的实时性和连续性对数据采集设备、传输网络和大数据处理能力提出了极高要求，这就需要采用先进的实时数据采集、传输和处理技术。大规模实时数据流的高效存储和管理也是一个挑战，需要分布式存储、并行计算、在线分析等大数据技术支持，以及数据压缩、索引和查询优化等优化措施。由于健康数据来源广泛，存储于不同格式和系统，跨系统数据交换和利用面临数据格式、编码标准、术语和本体的互操作性挑战，因此迫切需要制定可扩展的数据模型、本体和标准，支持多源异构数据的无缝集成，并建立统一的数据交换和共享机制。只有全方位解决这些数据挑战，包括数据质量控制、实时数据采集和处理、大数据存储和管理、数据标准和互操作性等，才能为数字生命系统提供可靠的高质量数据支撑，进而真实模拟生理过程。

（二）数字生命系统的核心技术难题：多尺度建模与计算效率

构建数字生命系统还面临着数据建模和计算方面的重大挑战。生命系统本质上是一个高度复杂的网络系统，包含了大量的非线性、动态和多尺度行为，这些特性使数学建模变得极为困难。在建模过程中，需要精确描述从分子水平到细胞、组织乃至器官的各层次相互作用。这种多尺度建模任务不仅要求模型能够整合多层次的生物过程，而且必须确保模型在计算上的可行性和科学上的准确性。随着可用数据量的显著增加，数据建模在数字生命系统中变得尤为关键，这需要依赖高性能计算技术来处理和分析庞大的数据集。处理这些数据不仅需要大量的计算资源，还需要高效的算法来确保数据处理和模型运算的速度与效率。此外，模型的复杂性往往导致计算成本高昂，这需要研究者开发更为高效的算法或采用更先进的硬件技术，如 GPU 加速或分布式计算平台，以提高模型处理能力和缩短计算时间。进一步的挑战来自于复杂生命系统模型的可解释性和可信度。由于这些模型可能包含大量的参数和复杂的数学关系，所以模型的预测结果和内部机制常常难以被完全理解和解释，导致缺乏透明度，从而限制了模型在临床决策支持和科学研究中的广泛应用。因此，开发新的模型解释工具和方法，以提高模型的透明度和用户的信任度，成为推动数字生命系统发展的关键。例如，可解释的机器学习（XAI）

技术可以帮助研究者和临床医生理解模型的决策过程，从而提高模型的接受度和实际应用价值。因此，开发新的模型解释工具和方法，提高模型的透明度和用户的信任度，利用有限的计算资源高效处理大规模数据集，是推动数字生命系统发展的关键。

（三）数字生命系统的可持续发展：隐私保护与伦理框架

在数字生命系统的发展过程中，数据隐私和数据伦理亦是两个关键而紧迫的挑战。随着个人健康信息的广泛收集和使用，保护个人隐私尤为重要。个人健康数据包含敏感信息，如遗传信息、疾病历史和生活习惯，若这些信息被未授权的第三方获取，则可能严重侵害个人隐私。因此，确保数据的安全存储和传输、防止数据泄露和滥用是必须严格遵守的原则。此外，数据隐私保护还涉及采用先进的加密技术和有效的数据匿名化处理，以平衡数据的可用性和隐私保护。在数据伦理方面，必须考虑数据收集和使用的公平性，确保研究和应用不偏向某些特定人群，同时在收集和使用个人健康数据前，确保个体已充分理解其数据将如何被使用，并已明确同意。此外，考虑到数据来源的多样性和全球化的研究合作，必须遵守不同国家和地区对数据保护的法律法规，这增加了合规的复杂性。再者，数字生命系统模拟本身也可能产生不可预期的风险，模型预测结果的可靠性和安全性需要评估和管控，一些前沿技术应用也可能会引发新的伦理争议。总之，只有通过严格的技术措施和伦理指导，才能确保数字生命系统的安全、公正和可持续发展，同时也要不断适应新技术和全球化带来的挑战和机遇。

二、数字生命系统的展望

数字生命系统作为生命科学与信息科学交叉融合的新兴学科，其应用前景遍及生物医学、农业与食品、新材料新能源、环境生态、虚拟现实、人工智能等诸多领域。在未来，数字生命系统将极大地拓展利用生物计算模拟真实世界的新型计算范式，逐渐实现丰富、稳定的数字孪生世界（图 7-3-1）。

数字生命系统可以构建出高保真度的人体数字孪生模型，通过对人体系统的多尺度精细模拟，结合个体的基因组、生理生化等多维度数据，有望构建出外形、生理、认知等各方面都高度贴近真实人类的虚拟分身。这种虚拟人不仅可用于医疗诊断和治疗方案优化，更可广泛应用于虚拟教学、虚拟试衣、虚拟社交等场景，为人机交互带来全新体验。在教育领域，虚拟教师能够量身定制知识传授的方式和难度，提高教学效率。在服务业，虚拟助理可以担任虚拟导购员、客服人员等角色，为用户提供个性化的智能服务。虚拟人在虚拟社交领域也具有广阔的应用前景。未来，人们可能会与具备情感计算能力的虚拟人建立亲密的社交关系。这种虚拟人不仅能与人类进行高度拟真的语音视频交互，更能根据人类的情绪状态做出智能反馈和情感共情，给人以亲和友好的体验。

在数字孪生人群建模方面，数字生命系统将为每个个体建立独特的"虚拟分身"，模拟其生理、病理状态及与环境的相互作用，为评估人群健康风险、优化医疗决策提供强有力的支持。进一步，数字生命系统还可以构建高度拟真的虚拟社会。与传统计算机不同，这种生物计算模式具有自主学习、自我修复等智能，能更高效地处理不确定性信息和模糊数据，为解决人类社会面临的诸多挑战（如气候变化、能源短缺等）提供新的

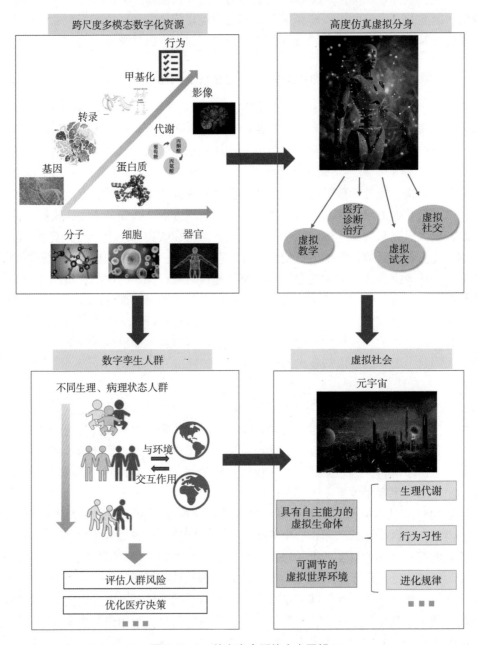

图 7-3-1 数字生命系统未来展望

计算工具。通过对人群行为的数字化建模，模拟不同人群在重大事件（如疫情、灾难等情况）下的群体反应，能更好地预测事态发展，并制定出更为精准的应对措施和防控策略，最大限度地减少人员伤亡和经济损失。此外，数字孪生人群模型还可以模拟人体在特殊环境（如太空、潜水等极端环境）下的生理变化，为航空航天、海洋工程等领域的人员训练和安全保障提供指导。在个体健康医疗方面，数字孪生人群模型能够结合每个人的基因数据、生活方式等，构建出高度个性化的虚拟分身，用于疾病风险评估、治疗方案优化等，大大提高精准医疗的效率和质量。

　　这种虚拟社会的数字矩阵，未来甚至可能演化为一个虚拟世界的"数字孪生"，成为元宇宙的重要组成部分。元宇宙被视为未来虚实融合的新型互联网应用，数字生命系统可以为其提供生动逼真的虚拟生命体，注入更多的生机与活力。基于对真实生物的高保真度模拟，可以在元宇宙中构建出具备自主行为能力的虚拟动物、植物等生命形态，它们不仅外形栩栩如生，更能模拟出真实生物的生理代谢、行为习性、进化规律等，为虚拟世界带来全新的沉浸式体验。在元宇宙中人们不仅可以与这些虚拟生物自然互动，更可亲自体验生物进化的过程。例如，通过调节虚拟环境的条件，观察生物的变异和适应，加深对生命起源和进化的理解。此外，数字生命系统还可以在元宇宙中重现已灭绝的生物种群，让人们亲身体验地球生物的多样性，从而提高环保意识。数字生命系统将为元宇宙带来前所未有的生命维度，拓展虚拟现实的内涵和体验。

　　生物技术为数字生命系统提供了丰富的生物学知识和实验数据支撑，而信息技术则赋予其强大的数据处理和模拟计算能力。两者的深度融合和相互促进，必将加速数字生命系统这一交叉学科的发展，为揭示生命奥秘、促进人类健康、保护生物多样性等方面做出重大贡献。未来，随着生物大数据的不断积累、人工智能算法的不断完善、量子计算机的进一步发展，数字生命系统的精度和复杂度将得到进一步提高。个体化建模、实时模拟等新的应用场景也将逐步开启。可以预见，数字生命系统将为生命科学研究、精准医疗和再生医学等领域带来革命性的变革。它们将帮助人类更深入地理解生命的奥秘，开辟疾病诊断和治疗的新途径，最终造福全人类的健康。这一领域未来的发展值得期待。

参考文献

［1］Lander ES, Linton LM, Birren B, et al. Initial sequencing and analysis of the human genome[J]. Nature, 2001, 409(6822): 860-921.

［2］Athar A, Füllgrabe A, George N, et al. ArrayExpress update - from bulk to single-cell expression data[J]. Nucleic Acids Research, 2019, 47(D1): D711-D715.

［3］Beck S, Olek A, Walter J. From genomics to epigenomics: a loftier view of life[J]. Natature Biotechnology, 1999, 17(12): 1144.

［4］Jumper J, Evans R, Pritzel A, et al. Highly accurate protein structure prediction with AlphaFold[J]. Nature, 2021, 596(7873): 583-589.

［5］Ye F, Wang J, Li J, et al. Mapping Cell Atlases at the Single-Cell Level[J]. Advanced Science, 2024, 11(8): e2305449.

［6］Glasser MF, Coalson TS, Robinson EC, et al. A multi-modal parcellation of human cerebral cortex[J]. Nature, 2016, 536(7615): 171-178.

［7］Yang, YT, Gan Z, Zhang J, et al. STAB2: an updated spatio-temporal cell atlas of the human and mouse brain[J]. Nucleic Acids Research, 2024, 52(D1): D1033-D1041.

［8］Elowitz MB, Leibler S. A synthetic oscillatory network of transcriptional regulators[J]. Nature,

2000, 403(6767): 335-338.

［9］Karr JR, Sanghvi JC, Macklin DN, et al. A whole-cell computational model predicts phenotype from genotype[J]. Cell, 2012, 150(2): 389-401.

［10］Xie Z, Wroblewska L, Prochazka L, et al. Multi-input RNAi-based logic circuit for identification of specific cancer cells[J]. Science, 2011, 333(6047): 1307-1311.

［11］Huh D, Matthews BD, Mammoto A, et al. Reconstituting organ-level lung functions on a chip[J]. Science, 2010, 328(5986): 1662-1668.

［12］Hildebrand DGC, Cicconet M, Torres RM, et al. Whole-brain serial-section electron microscopy in larval zebrafish[J]. Nature, 2017, 545(7654): 345-349.

［13］Markram H, Muller E, Ramaswamy S, et al. Reconstruction and Simulation of Neocortical Microcircuitry[J]. Cell, 2015, 163(2): 456-492.

［14］Ji Y, Zhou Z, Liu H, et al. DNABERT: pre-trained Bidirectional Encoder Representations from Transformers model for DNA-language in genome[J]. Bioinformatics, 2021, 37(15): 2112-2120.

［15］Cui H, Wang C, Maan H, et al. scGPT: toward building a foundation model for single-cell multi-omics using generative AI[J]. Nature Methods, 2024, 21(8): 1470-1480.

［16］Zhu W, Ma X, Ro D, et al. Human Motion Generation: A Survey[J]. IEEE Transactions on Pattern Analysis and Machine Intelligence, 2024, 46(4): 2430-2449.

［17］Katsoulakis E, Wang Q, Wu H, et al. Digital twins for health: a scoping review[J]. npj Digital Medicine, 2024, 7(1): 77.

［18］Park JS, O'Brien JC, Cai CJ, et al. Generative agents: Interactive simulacra of human behavior[OL].(2023-10-29)https://dl.acm.org/doi/abs/10.1145/3586183.3606763.

［19］Zhang H, Du W, Shan J, et al. Building cooperative embodied agents modularly with large language models[OL].(2024-04-20)https://openreview.net/forum?id=EnXJfQqy0K.

［20］Cai Z, Jiang J, Qing Z, et al. Digital Life Project: Autonomous 3D Characters with Social Intelligence[OL].(2023-12-07)https://arxiv.org/abs/2312.04547.

第八章

AI 药物设计

第一节　概述

一、AI 药物设计的概念

1. 药物开发历史

药物开发的历史是人类与疾病斗争的缩影，也是一部记录着科学探索和医学进步的史诗。自古以来，人们就一直在寻找治疗疾病的方法，从古代文明使用草药和天然物质，到现代的药物化学和生物技术，这一过程充满了挑战与发现。每一次重大的科学突破，不仅为人们提供了新的治疗手段，也深化了人们对生命过程的理解。

随着时间的推移，药物开发已经从早期的观察和经验积累，发展成为一个高度专业化和科技驱动的领域。它结合了化学、生物学、药理学及计算机科学等多个学科的知识，目标是设计出更安全、有效、有针对性的药物。尽管药物开发是一个复杂且耗时的过程，涉及药物发现、临床前研究和临床试验等多个阶段，但它对于改善人类健康和延长寿命的贡献是不可估量的。药物开发的过程包括药物发现、临床前开发和临床研究三个主要阶段。回顾药物发现的历史，主要有以下四个里程碑的发展阶段（图 8-1-1）。

图 8-1-1　AI 药物设计历史时间轴

第一阶段在 19 世纪初至 20 世纪初，为基于天然活性物质及简单化学合成物质为主的药物发现，其中多种天然产物的有效单体如吗啡、可卡因等被提取出来，为现代药物发现提供了坚实的基础。19 世纪末，药物设计的思想开始萌发，德国化学家 Emil Fischer 在 1894 年提出"锁钥"模型（Lock-and-Key Model），即酶（锁）对底物（钥匙）的专一性源自其几何形状的互补性。这种"锁钥"模型是现代"分子对接"和"基于结构药物设计"思想的起源。1899 年，阿司匹林的上市，标志着人类开启了用化学方法对天然产物进行结构改造而发现更为理想药物的时代。

第二阶段是以合成药物为主的药物发展时期，时间在 20 世纪初至 20 世纪 50 年代。青霉素的发现，开启了抗生素时代，使之前被认为是"不治之症"的细菌感染类疾病得到了有效治疗，人们的寿命大大提高。同时，伴随着化学工业的发展，从合成化合物及其中间体中寻找新药成为主流，如磺胺类药物。1908 年，德国细菌学家和免疫学家 Paul Ehrlich 在研究细胞染色时，提出了受体（Receptor）的概念。他认为"魔弹"能特异性作用于引起疾病的细菌，但对患者其他器官无害。这个思想是"化学疗法"的起源，也是现代药物设计中"靶向药物"的概念由来。1964 年美国化学家 Corwin Hansch 提出了基于配体的药物设计思想——定量构效关系（Quantitative Structure-Activity Relationship，QSAR），使基于配体的药物设计成为现实。药物设计的思想在这个阶段主要用于对先导化合物进行定向结构修饰，然后进行 QSAR 分析，以便发现活性更好的衍生物。在此阶段，药物化学家的经验对结构优化非常重要，因此也被称为经验药物设计阶段。组合化学和高通量筛选的发展使药物设计从先导化合物的优化阶段进入到先导化合物的发现阶段。

第三阶段是以药理学评价为指导的药物设计时期，时间为 20 世纪中后期。随着生命科学的迅速发展，人们对疾病的认识逐渐深入，提出了"合理药物设计"这一划时代的概念，药物的发现也由"寻找"走向"设计"，如抗溃疡药西咪替丁等。药物化学家采用"锁钥"模型，把药物的化学和生物学特性有机结合起来，合理设计药物，因此这个阶段被称为合理药物设计阶段。

在 20 世纪 90 年代初期，计算机技术的飞速发展带来了 Java、Python 和 R 等编程语言的诞生，同时分子图形学领域的进步，推动了一系列计算化学、分子建模和药代动力学建模软件的问世。这些新兴工具的引入，为计算机辅助药物设计（Computer Aided Drug Design，CADD）的兴起奠定了基础。尽管在当时，药物设计主要应用于先导化合物的优化，但随着结构生物学的突破，药物设计逐渐转向基于生物大分子三维结构的方法，这标志着药物设计领域的一个重要转折点。哈佛大学的 Macromolecular Mechanics（CHARMM）是由 Martin Karplus 在 1991 年开发的，用于分子动力学和力学模拟。它被广泛用于自由能微扰、量子力学方法等。Integrated Scientific Information System（ISIS）/Draw 是一种二维化学结构绘图软件，由 MDL 从 1991 年开始开发并商业分销。

20 世纪 90 年代中期，美国药物化学家 Irwin Kuntz 针对小分子与大分子发生相互作用的方式，率先提出了分子对接的概念，并在 1982 年开发了第一个分子对接软件 DOCK，使基于结构的药物设计成为现实。与此同时，计算机虚拟组合化学库设计及基于分子对接和药效团的数据库虚拟筛选技术使大量数据可以在计算机上进行预筛选，减少了实验合成和筛选的化合物数量，显著提高了药物研发的成功率。在这个阶段，"类药性（Drug-Likeness）"概念、"五原则（Rule-of-Five）"经验规则、ADMET（药物的吸收、分布、代谢、排泄和毒性）性质也逐渐被提出并被广泛应用于药物分子设计的过程中，因此这个阶段被称为合理药物设计阶段。表 8-1-1 中列举了 20 世纪 90 年代出现的重要软件和系统。

表 8-1-1 20世纪90年代出现的重要软件和系统

软件和系统名称	开发者/团队/组织	应用	年份
Linux	操作系统	Linus Torvalds 在芬兰赫尔辛基理工大学；自由软件基金会（FSF）	1990s
Integrated Scientific Information System/Draw（ISIS/Draw）	软件用于2D绘图；用于结构和方程式的科学信息；反应验证特性，能够计算分子式和分子量	Molecular Design Limited（MDL）	1991
Windows NT	处理器独立的多处理和多用户操作系统	Microsoft	1993
JAVA	独立于平台的编程语言	James Gosling, Patrick Naughton, Chris Warth, Ed Frank，和 Mike Sheridan 在 Sun Microsystems	1995
R	用于统计计算和数据分析的编程语言	Robert Gentleman 和 Ross Ihaka	1995
GastroPlus	基于生理药动学模型的商业软件；基于先进的隔室吸收和转运（ACAT）模型	Simulations Plus	1998

（数据来源：Vikas Anand Saharan. Computer Aided Pharmaceutics and Drug Delivery［M］. SpringerNature Singapore Pte Ltd, 2022.）

借助该阶段的新技术，使许多HIV-1蛋白酶抑制剂如沙奎那韦、印地那韦、利托那韦、奈非那韦及安普那韦得以上市。多佐胺是第一个基于结构设计的药物分子，是用于治疗青光眼和眼内压增高的碳酸酐酶抑制剂。扎那米韦和奥司他韦都是用于治疗流行性感冒（简称"流感"）的神经氨酸酶抑制剂，是广泛对接和基于药效团的药物设计、X射线晶体学和结构分析的结果。替罗非班是一种用于冠状动脉的抗血小板药物，属于糖蛋白Ⅱb/Ⅲa受体抑制剂。该药物是使用基于药效团的虚拟筛选程序开发的，并在1998年获得FDA批准。20世纪90年代开发的一些上市药物见表8-1-2。

表 8-1-2 20世纪90年代开发的上市药物

药物的医疗应用	计算机应用	批准年份
多佐胺：碳酸酐酶抑制剂，用于治疗青光眼	基于结构的药物设计（SBDD）的首个药物	1995

续表

药物的医疗应用	计算机应用	批准年份
沙奎那韦：HIV-1 和 HIV-2 蛋白酶抑制剂，用于治疗艾滋病	比较 QSAR（定量结构-活性关系）	1996
印地那韦：HIV-1 蛋白酶抑制剂，用于治疗艾滋病	比较 QSAR	1996
利托那韦：HIV-1 蛋白酶抑制剂，用于治疗艾滋病	比较 QSAR	1996
奈非那韦：HIV-1 蛋白酶抑制剂，用于治疗艾滋病	比较 QSAR	1997
替罗非班：糖蛋白 IIb/ IIIa 受体抑制剂，用于冠状动脉疾病（抗血小板药物）的治疗	基于药效团的虚拟筛选	1998
扎那米韦：神经氨酸酶抑制剂，用于治疗流感	对接、X 射线晶体学结构分析和基于药效团的虚拟筛选（LBDD 和 SBDD 结合）	1999
奥司他韦：神经氨酸酶抑制剂，用于治疗流感	对接、X 射线晶体学结构分析和基于药效团的虚拟筛选（LBDD 和 SBDD 结合）	1999
安普那韦：HIV-1 蛋白酶抑制剂，用于治疗艾滋病	比较 QSAR	1999

（数据来源：Vikas Anand Saharan. Computer Aided Pharmaceutics and Drug Delivery［M］. SpringerNature Singapore Pte Ltd, 2022.）

第四阶段是以疾病生物学机制引导的药物设计时期，时间为 21 世纪初至今。在基因组学、蛋白质组学、高通量筛选等新技术的支持下，针对疾病发生机制的创新药物研究开始发展起来，如抗癌药物伊马替尼等。在此期间，计算机辅助药物设计也进入了全新的阶段，基于蛋白质或配体的 3D 结构的可用性利用了两种不同的技术即基于结构的药物设计和基于配体的药物设计，这两种技术的整合在发现先导分子方面显示出良好的准确性。基于结构的药物设计的基本原理是治疗靶蛋白的三维结构的可及性和结合位点腔的表征。通过公开许多生物分子的三维（3D）结构，药物发现和设计中的结构设计的新时代已经开始。在缺乏关于受体 3D 信息的情况下，可以使用基于配体的药物设计。该技术依赖于与感兴趣的生物靶标结合的分子知识。基于配体的药物设计方法使用已知的抗生素（配体）作为靶标，在其理化性质和抗生素活性之间建立结构 - 活性关系，从而可以改善现有药物或指导开发具有增强活性的新药。

2. 人工智能的概念

大规模的生物医学数据为计算药物发现提供了巨大的机会。如何有效地挖掘并关联和分析这些海量数据成为一个关键的挑战。同时，随着高效数学工具和丰富计算资源的出现，人工智能方法也得到了迅速发展（图 8-1-2）。作为代表性的人工智能方法，机器学习能够使用统计方法从现有数据中学习并进行预测，并进一步分为监督、无监督和强化学习。深度学习是机器学习的一个子领域，专注于使用多层人工神经网络结构来模拟人脑的神经网络，能够学习数据中的复杂模式，使其在处理复杂和高维数据时更加强大和灵活。ANN 涉及各种类型，包括多层感知器网络、递归神经网络和卷积神经网络，其利用监督或无监督训练过程。凭借低成本和快速的优势，机器学习方法正在彻底改变和加强药物发现的多个阶段，如靶标识别、从头药物设计和药物再利用。基于深度学习的开源工具如 DeepDTAF 和 DeepAffinity，已被应用于预测药物-靶标相互作用（DTI）的结合亲和力，使寻找新药更有效。相应地，越来越多的制药公司纷纷与 AI 公司展开合作，共同研发新药，并随之提出了"人工智能药物发现与设计（AI Drug Discovery & Design，AIDD）"的概念。

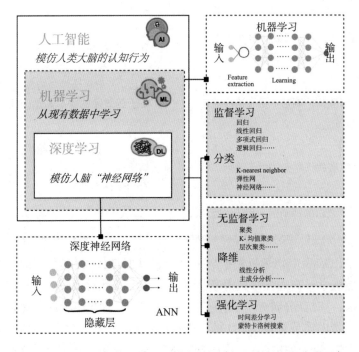

图 8-1-2　人工智能及其子领域介绍图（机器学习和深度学习）

（数据来源：Qi X，Zhao Y，Qi Z，et al. Machine Learning Empowering Drug Discovery：Applications，Opportunities and Challenges［J］. Molecules，2024，29（4）：903.）

自 2010 年以来，系统生物学的快速发展，启发了网络药理学、系统药理学等新概念的诞生，为复杂疾病的精准治疗带来了希望。2020 年初，Exscientia 宣布首个人工智能设计的药物分子进入人体临床试验。2021 年 7 月，DeepMind 的人工智能系统 AlphaFold 预测了 33 万种蛋白质的结构，包括人类基因组中的几乎所有蛋白质。此后，AlphaFold 蛋白质结构数据库已扩展到超过 2 亿种蛋白质，几乎涵盖了科学界已知的所有编码蛋白质，并随之出现了一系列基于 AI 的软件工具（表 8-1-3）。

表 8-1-3　用于药物发现、开发和分析的基于人工智能的软件列表

工具名称	描述	链接
AlphaFold2	基于深度学习的氨基酸序列蛋白质三维结构预测模型	https：//pubchem.ncbi.nlm.nih.gov/
DeepChem	用于药物发现和计算化学的深度学习库	https：//www.ebi.ac.uk/chembl/
DeepBind	一种用于分析蛋白质与 DNA/RNA 结合的计算工具	https：//go.drugbank.com/
DeepBar	一种准确快速预测结合自由能的方法	https：//zinc.docking.org/
Deep-Screening	基于深度学习的 Web 服务器，用于化合物的虚拟筛选	https：//www.bindingdb.org/bind/index.jsp
DeepScreen	高性能药物靶点相互作用	https：//www.fujitsu.com/global/solutions/business-technology/tc/sol/admedatabase/
DeepConv-DTI	一种基于卷积神经网络的药物 – 靶标相互作用预测模型	http：//stitch.embl.de/
DeepPurpose	用于药物 – 靶标相互作用、药物 – 药物相互作用、蛋白质 – 蛋白质相互作用和蛋白质功能预测的深度学习库	https：//github.com/kexinhuang12345/DeepPurpose
DeepTox	一种用于化合物毒性预测的深度学习模型	http：//www.bioinf.jku.at/research/DeepTox/
AtomNet	用于生物活性预测的深度卷积神经网络	github
PathDSP	一种利用癌细胞系预测药物敏感性的深度学习方法	https：//github.com/TangYiChing/PathDSP
Graph level representation	用于药物发现的学习图表示	https：//github.com/ZJULearning/graph_level_drug_discovery
Chemical VAE	一个基于自动编码器的框架来生成新分子	https：//github.com/aspuru-guzik-group/chemical_vae/
DeepGraphMol	利用图神经网络和强化学习生成具有所需性质的分子的计算方法	https：//github.com/dbkgroup/prop_gen
TorchDrug	基于 Pytorch 的药物发现模型的灵活框架	https：//torchdrug.ai/

（数据来源：Rizwan Q, Muhammad I, Taimoor M, et al. AI in drug discovery and its clinical relevance［J］. Heliyon, 2023, 9（7）: e17575. ）

2021 年 2 月，AI 辅助药物研发公司 Insilico Medicine（英矽智能）宣布，在人工智能和新药开发方面取得突破——首次将生物学和化学生成学相结合，发现一种全新机制的用于治疗特发性肺纤维化（IPF）的临床候选新药，并成功通过多次人类细胞和动物模型实验验证。2023 年 2 月，美国食品药品监督管理局（FDA）授予了由英矽智能公司使用人工智能发现和设计的药物 INS018_055 "孤儿药"称号，在 2023 年初开始该药物的全球 II 期试验，标志着全球首款由生成式人工智能完成新颖靶点发现和分子设计的候选药物已推进至临床试验的下一阶段。

Web of Science 数据库核心合集检索的数据显示，2011—2023 年，全球在人工智能（AI）药物分子设计领域共发表了 10909 篇学术论文。在 2011—2016 年的这段时间里，论文发表数量呈现出较为稳定的增长态势。进入 2017 年，可以观察到论文数量显著增长，这一跃升很可能是由 2016 年左右 AI 领域内发生的一系列重大进展所驱动，这些进展显著加速了 AI 技术在药物分子设计中的应用和发展（图 8-1-3）。

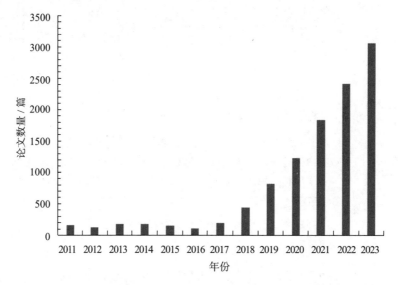

图 8-1-3 2011—2023 年全球 AI 药物分子设计技术论文数量变化趋势

（数据来源：Web of Science 数据库）

3. AI 应用于药物设计的必要性

药物发现与开发是一个漫长、成本高昂且极其复杂的过程，从药物设计到患者使用，涉及多个阶段，包括生物靶标的识别、化合物筛选、先导化合物的优化，以及临床前和临床试验。每年仅有少数候选药物分子能够最终获批成为新药，而开发一种新的治疗方法平均需要约 26 亿美元的投资，并且可能耗费超过 15 年的时间。面对不断上升的研发成本和日益复杂的药物发现流程，制药行业迫切需要新的方法来降低成本和加快新药发现的步伐。

在药物设计领域，AI 技术正开启一场革命。AI 技术在药物设计中的应用不仅可以提高药物发现和开发的效率，还可以降低研发成本。尤其是机器学习和深度学习算法，能够处理和分析大量的生物学和化学数据，在预测新药分子的活性、优化药物分子的结构、模拟药物 - 靶点相互作用、预测药物毒性和药代动力学属性等多个方面发挥作用。几乎可以覆盖从靶标识别与确认、先导化合物发现与优化到临床前药物研究与开发的全过程，使药物发现管道的所有阶段都可以从中受益（图 8-2-4）。如用于设计新合成分子的生成模型、用于优化分子在特定方向上的特性的强化学习、用于预测药物 - 疾病关联的图神经网络、药物再利用和对药物的反应等。自然语言处理（NLP）可用于通过挖掘科学文献来寻找药物，并自动化执行 FDA 审批步骤。

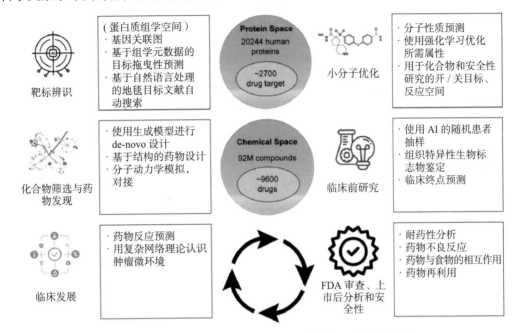

图 8-1-4　基于 AI 的方法在药物发现管道不同阶段的应用

（数据来源：Qureshi R，Irfan M，Gondal TM，et al. AI in drug discovery and its clinical relevance［J］. Heliyon，2023，9（7）：e17575. ）

二、AI 药物设计的应用场景概述

1. 基于 AI 技术在药物靶点识别中的应用

药物发现过程中的靶标识别旨在识别分子（通常是蛋白质），如果其活性受到调节，这些分子可能会改变疾病状态。机器学习算法可以分析各种类型的数据，包括基因表达谱、蛋白质 - 蛋白质相互作用网络以及基因组和蛋白质组学数据，以识别可能与疾病通路有关的潜在靶点。在人类蛋白质组中约 2 万种蛋白质中，只有约 3 千种被确定为潜在的治疗靶点。未来的知识可能会扩大人们对哪些蛋白质可能成为药物靶标的理解。

确定靶点的第一步是建立靶点与疾病之间的因果关系。基因和疾病之间的因果关系可以使用图表、图神经网络或基于树的方法进行识别。在此基础上，提出了一种基于决策树的元分类器，该算法在涉及蛋白质 - 蛋白质、代谢和转录相互作用以及蛋白质的组织表达和亚细胞定位的网络拓扑结构上进行训练，以预测同样可成药的发病率相关基因。多种转录因子的调控、代谢途径的中心性和细胞外位置被确定为决策树中的关键参数。基于机器学习的方法根据蛋白质 - 蛋白质相互作用、基因表达、DNA 拷贝数和突变发生等特征，将蛋白质分类为特定疾病（如肺癌、胰腺癌和卵巢癌）的药物靶点或非靶点。

关于靶点与疾病相关的主要信息来源是文献。文本挖掘和自然语言处理方法也可用于从文献中识别相关的靶点 - 疾病对，并开发用于靶点识别的数据库。BeFree、PKDE4J 和其他基于深度学习的工具可用于挖掘文章，以识别药物 - 疾病、基因 - 疾病和靶点 - 药物关联。也可以根据描述符与参考配体的相似性来推断同一细胞中的药物 - 靶点相互作用，而无须明确解决这些参考配体的靶点身份。软件工具（SPiDER）使用受神经网络启发的方法将输入特征相似性向量离散到所谓的特征图上。

2. 基于 AI 技术在化合物的从头设计、虚拟筛选和优化中的应用

人工智能可用于虚拟筛选和优化化合物，估计其生物活性，并预测蛋白质 - 药物相互作用。人工智能可以帮助进行虚拟筛选的一种方式是通过开发预测模型，该模型可以识别与靶蛋白结合可能性很高的化合物。这些模型可以使用各种类型的数据进行训练，如已知的蛋白质 - 配体复合物、结构信息和分子描述符。药物的理化性质如溶解度、分配系数（logP）、电离度和内在渗透性，可能对药物与靶受体家族的相互作用产生间接影响，在设计新药时必须加以考虑。人工智能还可用于规划化学合成的有效路线，并深入了解药物的反应机制，以识别与其他分子的潜在有害相互作用。

对药物的候选结构进行改进和修饰，可以提高靶点特异性和选择性，以及它们的药效学、药代动力学和毒理学特性。具有结构和配体信息的虚拟化学空间可以提供剖面分析，更快地消除非先导结构，并通过避免昂贵耗时的实验室工作来加快药物发现过程。多目标优化方法可以将分子调整到所需的方向。分子动力学模拟和对接方法可用于模拟化合物的取向、稳定性和动力学。

3. 基于 AI 技术在临床前和临床开发中的应用

预测对药物的可能反应是药物设计流程中的关键步骤。相似性或基于特征的机器学习方法，可用于通过结合亲和力或结合自由能来预测药物对单个细胞的反应，以及药物 - 靶点相互作用的功效。相似性方法假设相似药物作用于相似的靶点，而基于特征的方法则找到药物和靶点的个体特征，并将药物靶点特征向量提供给分类器。基于深度学习的方法如 DeepConv-DTI 和 DeepAffinity，其中药物和靶点的嵌入是使用卷积和注意力机制学习的。

基于人工智能的技术可以通过识别相关的人类疾病生物标志物并预测潜在的毒性或不必要的不良反应，或通过过滤一组高维临床变量来选择一组患者，从而帮助选择潜在的患者进行临床前试验。人工智能还可以帮助在实际试验之前预测临床试验的结果，从而最大限度地减少对患者产生任何有害影响的机会。

4. 基于 AI 技术在 FDA 批准和上市后分析中的应用

自然语言处理可用于挖掘科学文献，以报告药物的不良反应如毒性或耐药性，并为监管批准或专利申请准备自动评估。通过基于机器学习的系统预测产品的可能销售，可以帮助制药公司优化其业务资源。

第二节　研究现状及进展

一、AI 辅助药物靶点识别

靶点识别，即识别可以通过药物调节以实现治疗益处的正确生物分子或细胞途径的过程，是药物开发流程中的关键步骤。它涉及识别和验证可以作为药物作用对象的生物分子，这些生物分子包括蛋白质、酶、受体、离子通道或核酸等。这些生物分子在疾病的发生、发展或治疗中扮演着至关重要的角色。选择正确的靶点不仅能够提高新药开发的成功率，而且有助于开发出更有效、安全的治疗手段，同时减少开发时间和成本。

在药物设计中，一个好的靶点需要满足几个关键标准，即必须有效、安全、满足临床需求，并且是"可成药"的，能够被特定的药物分子所作用，无论是小分子药物还是生物制剂，并在结合时产生可测量的生物反应。良好的靶点识别和验证可以增强对疾病与靶标之间关系的理解，并帮助探索调节靶标是否可能引起基于机制的不良反应。靶点识别的研究主要有两个问题：一是确定一个已知化合物与哪种蛋白质相关联；二是确定一个特定疾病与哪种蛋白质相关。基因 - 疾病关联数据常被用来预测治疗靶点，并通过各种分类器和科学文献挖掘来验证这些靶点。蛋白质 - 蛋白质相互作用的信息也用于预测参与疾病的基因。

1. 靶点识别的三种方法

靶点识别可以分为基于实验方法、基于多组学大数据分析、AI 辅助的靶点发现三种不同的策略（图 8-2-1）。实验方法包括湿实验室实验，以确定基于亲和力，遗传修饰筛选和比较分析的目标；多组学方法，通过分析各种组学数据集（如基因组学、转录组学、蛋白质组学、表观基因组学和代谢组学）来预测基因 - 疾病关联；计算发现方法，通过使用机器学习或基于结构的方法，包括反向对接，药效团筛选和结构相似性分析，有效识别潜在的靶标。

（1）基于实验方法：实验方法包括基于亲和力的生物化学、比较分析和化学 / 遗传筛选，已经证明了它们对目标识别的显著贡献。使用小分子亲和探针，允许在配体 - 蛋白质相互作用时进行无痕蛋白标记，是三种实验方法中最直接的方法。探针的选择高度依赖于起始分子的特性。细胞培养中氨基酸的稳定同位素标记（SILAC）是比较分析的一个例子，是一种流行的定量蛋白质组学工具。它使用稳定同位素标记的氨基酸来准确区分细胞蛋白质组。在多种癌症类型中进行的研究如肝细胞癌（HCC）、多发性骨髓瘤、子宫内膜癌和结直肠癌等，清楚地说明了 SILAC 在识别疾病发病机制中的关键参与者方面的有效性。几十年来，通过 RNA 干扰（RNAi）或 CRISPR-Cas9 基因编辑实现的化学 / 基因筛选一直是生物学家的关注热点。由于其具有高特异性和高效性，CRISPR 极大地扩展了对人类疾病的机制和药理学方面的了解。例如，通过靶向 CRISPR 干扰筛

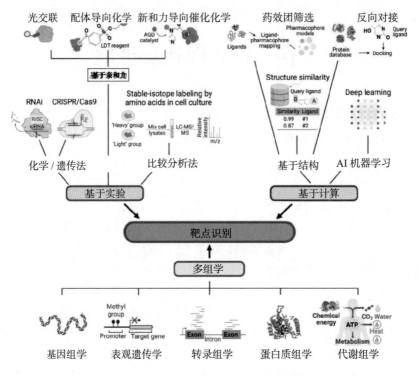

图 8-2-1　靶点识别的三种策略

（数据来源：Frank W. Pun，Ivan V. Ozerov，Alex Zhavoronkov. AI-powered therapeutic target discovery［J］. Trends in Pharmacological Sciences，2023，44（9）：561-572.）

选，BRD2 被确定为宿主对 SARS-CoV-2 感染反应的重要调节因子；利用基于 CRISPR 干扰和 CRISPR 激活的功能基因组学平台，Ramkumar 等人确定了 HDAC7 和 Sec61 复合物在调节多发性骨髓瘤免疫治疗反应中的决定性作用。尽管 CRISPR 技术问世已有 10 年，但其仍在继续发展，以进一步增强其灵活性、简便性和效率，从而为研究领域提供巨大的好处，不仅用于靶点识别，而且可作为基因治疗和诊断工具。

（2）基于多组学大数据分析：多组学数据为研究人员提供了来自不同视角相互关联的分子信息，包括静态基因组数据、时空动态表达和代谢谱。作为第一个建立和最成熟的组学学科，基因组学专注于 DNA 序列中的遗传变异。由二代测序提供支持的大规模全基因组关联研究（GWAS）分析已经产生了遗传变异与复杂疾病或性状之间的数十万种关联，从而促进了突破性疗法的开发，如靶向 CFTR 突变的囊性纤维化调节剂药物、靶向疾病相关基因 IL 23A 治疗炎症性肠病的新型药物等。最近，对已发表的 GWAS 数据的荟萃分析揭示了可归因于不同疾病的新遗传基因座，从而开辟了药物再利用的机会。 虽然基因组证据已成为目标识别中不可或缺的因素之一，但区分导致特定疾病的致病性遗传变异仍然具有挑战性。在这方面，整合多个组学证据可能是有用的。转录组学和蛋白质组学数据可用于鉴定调节基因和蛋白质水平的致病遗传基因座，并促进发现疾病发病机制的基因和途径。同样，表观基因组学和代谢组学数据也可以作为 GWAS

鉴定变体的功能证据，以支持其疾病关联和临床应用。与单一组学方法相比，整合的多组学分析可以提供理解疾病机制更全面的观点，因而越来越多地被用于生物标志物和治疗靶点的发现、治疗反应和患者预后预测。

（3）AI 辅助的靶点发现：实验基础的靶点识别过程往往既耗时又成本高昂，因此，计算方法正逐渐成为进行高效靶点筛选的有力替代。这些方法利用蛋白质结构和目标化合物的化学结构信息，通过药效团筛选、反向对接和结构相似性评估等技术，预测小分子可能作用的新生物靶点。与此同时，生物医学领域正经历着数据量的迅猛增长，覆盖了从基础疾病机制研究到临床患者研究的广泛范围。这一信息洪流虽然为医学研究带来了前所未有的深度和广度，但也对数据分析提出了更高要求。在这一背景下，AI 技术的优势开始显现，它在处理和分析复杂的生物医学数据网络方面具有独特能力。AI 算法能够挖掘数据中的深层模式和关联，这些往往是传统分析方法难以捕捉的。通过这些算法的应用，不仅能够更深入地理解疾病的复杂性，还能发现更有效的治疗途径。AI 在药物靶点发现中的应用，也预示着个性化医疗和精准治疗的新时代，有助于推动医药健康领域的创新和发展。

人工智能通过使用混合模型来优先考虑特定适应证，这些模型利用各种公开的组学和文本数据（工作流程见图 8-2-2）。Omic 数据包括基因组学、转录组学、蛋白质组学、表观基因组学和代谢组学。这些数据提供了关于改变的信号通路、分子相互作用和蛋白质 - 蛋白质相互作用的信息，这些信息可以作为目标优先化的额外输入。基于文本的数据来自资助报告、专利、出版物和临床试验。在目标优先级排序过程中，可以应用多个目标选择标准，如蛋白质家族类别、开发状态、成药性、毒性和新颖性，以细化 AI 驱动的目标列表，与特定的研究目标保持一致。

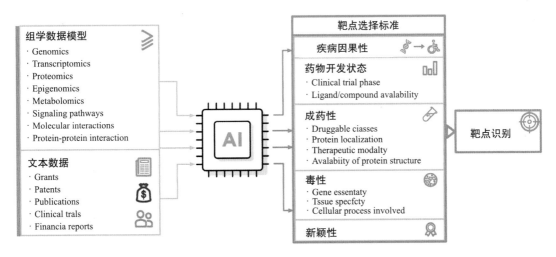

图 8-2-2　AI 驱动的药物靶点发现工作流程

（数据来源：Frank W. Pun, Ivan V. Ozerov, Alex Zhavoronkov. AI-powered therapeutic target discovery［J］. Trends in Pharmacological Sciences,2023，44（9）：561-572.）

此外，大型语言模型也有助于通过快速生物医学文本挖掘发现治疗靶点。基于从数百万出版物中提取的大量文本数据进行预训练，以及基于大型语言模型的聊天功能如

Microsoft 的 BioGPT 和 Insilico Medicine iv 的 ChatPandaGPT, 可以连接疾病、基因和生物过程, 以快速识别疾病发展和进展中涉及的生物机制, 从而识别潜在的药物靶点和生物标志物。大型语言模型理解自然语言和解释复杂科学概念的能力, 使其成为加速疾病假设生成的有效工具。

2. 常用数据库

大数据可以为人工智能药物靶点识别提供丰富的信息资源, 这不仅加速了药物发现的过程, 还极大地提高了研发的精确度和效率, 为医疗健康领域带来了革命性的突破。

大数据可以定义为过于庞大和复杂的数据集, 无法使用传统的数据分析软件、工具和技术进行分析。大数据的三个主要特征是体积、速度和多样性, 其中体积表示生成的大量数据, 速度表示这些数据被复制的速率, 多样性表示数据集中存在的异质性。随着微阵列、RNA-seq 和高通量测序技术的出现, 每天都产生大量的生物医学数据, 因此当代药物发现已经过渡到大数据时代。微阵列和 RNA-seq 技术已经为各种疾病产生了大量的基因表达数据, 常用的数据库见表 8-2-1。

表 8-2-1　常用数据库

数据库名称	描述	链接
NCBI Gene Expression Omnibus（GEO）	包含基因表达数据的大型存储库	https：//www.ncbi.nlm.nih.gov/geo/
Cancer Genome Atlas（TCGA）	包含基因表达数据的大型存储库以及与癌症相关的测序数据的数据库	https：//www.cancer.gov/about-nci/organization/ccg/research/structural-genomics/tcga
Arrayexpress	包含基因表达数据的大型存储库	https：//www.ebi.ac.uk/arrayexpress/
genome-wide association studies（GWAS）	可以确定基因组变异与特定复杂疾病的相互关系	https：//www.gwascentral.org/
Sequence read archive	公共测序数据存储库, 其中包含从下一代测序技术获得的测序数据	https：//www.ncbi.nlm.nih.gov/sra
The National Cancer Institute Genomic Data Commons（NCIGDC）	包含与癌症相关的测序数据的数据库	https：//gdc.cancer.gov/
PubMed	各种已发表生物医学文献的主要存储库, 其数据挖掘可以帮助识别不同疾病的靶点	https：//pubmed.ncbi.nlm.nih.gov/

数据库名称	描述	链接
PubChem	一个免费访问的化学数据库，包含各种化学结构的数据，如其生物、物理、化学和毒性特性	https：//pubchem.ncbi.nlm.nih.gov/
ChEMBL	一个开放访问的大数据库，包含许多表现出药物样性质的生物活性化合物的数据	https：//www.ebi.ac.UK/CHEBL/
DrugBank	一个开放获取的药物数据存储库，其中包含各种药物的数据及其目标和机制	https：//go.drugbank.com/
LINCS L1000	一个开放获取的搜索引擎，包含可以逆转差异表达基因表达的药物数据	https：//lincsproject.org/LINCS/
the protein data bank（PDB）	一个免费访问的在线存储库，包含蛋白质、DNA、RNA 的三维结构数据	https：//www.rcsb.org/

（数据来源：Gupta R, Srivastava D, Sahu M, et al. Artificial intelligence to deep learning: machine intelligence approach for drug discovery[J]. Mol Divers, 2021, 25: 1315–1360. ）

在药物靶点识别方面，研究人员利用各种公开数据库并结合 AI 技术，已解决各种科学问题并满足临床需求，案例如下。

（1）PandaOmics（人工智能生物靶点发现平台）：是英矽智能自研端到端 Pharma. AI 药物研发平台的重要组成部分，以专有人工智能算法、海量文本与组学数据、基因与信号通路分析、靶点预测与优先排序，以及用户友好的操作界面，为药物靶点发现与新颖生物标志物研究提供助力。2024 年 2 月发布的 PandaOmics 4.0 版本更新，不仅完成了功能迭代，还见证了该平台在肿瘤、炎症、免疫等多个治疗领域的能力验证，如针对雄激素脱发、胆囊癌、吸烟诱导的肺癌的潜在生物标志物识别，以及靶向特发性肺纤维化（IPF）、肾纤维化、胶质母细胞瘤、头颈鳞状细胞癌的潜力治疗靶点发现。其成功识别了多个新颖的双效靶点，这些靶点针对衰老及相关疾病，展示了 AI 在药物发现中的潜力。图 8-2-3 为 PandaOmics 功能生态图解。

在肌萎缩侧索硬化症（ALS）治疗靶点的识别上，英矽智能研发团队采取了一种创新的方法，该方法结合了多种生物信息学工具和深度学习模型。这些模型利用与疾病相关的多组学数据和文本信息进行训练，目的是优先排序潜在的可成药基因，进而揭露了 18 个可能的 ALS 治疗靶点。利用其开发的 PandaOmics，对来自公共数据集的中枢神经系统样本的表达谱进行深入分析。这些样本包括 237 个 ALS 病例和 91 个对照组，以及来自 Answer ALS 项目的 135 个直接诱导的多能干细胞（iPSC）衍生的运动神经元（diMN）样本和 31 个对照组。通过这一过程，研究人员确定了 17 个高置信度的治疗靶点和11个新靶点，并将这些发现发布在 ALS.AI 网站上。此项研究展示了人工智能如何加速目标发现过程，并为治疗干预开辟了新的机会。

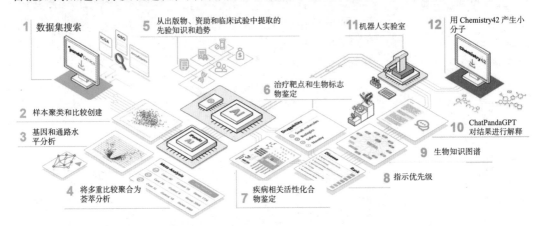

图 8-2-3　为 PandaOmics 功能生态图解

（数据来源：Kamya P，Ozerov IV，Pun FW，et al. PandaOmics：An AI-Driven Platform for therapeutic target and biomarker discovery［J］. Chem Inf Model，2024，27；64（10）：3961-3969.）

（2）AlphaFold 3：Google DeepMind and Isomorphic Labs 团队于 2024 年 5 月 8 日最新推出了 AlphaFold 3 模型。该模型的推出标志着生物分子结构预测技术的一个新时代。这一模型不仅能够联合预测蛋白质、核酸、小分子、离子和修饰残基等复合物的三维结构，而且在准确性上取得了显著进步，超越了以往专门工具的性能。这些进步对于药物设计和开发具有深远的影响。首先，通过二维结构预测，研究人员可以全面理解不同生物分子间的相互作用及其对功能的影响。这为揭示信号传导、基因调控、代谢途径等生物过程的分子机制提供了强有力的工具。在药物设计和优化方面，复合物结构预测起着至关重要的作用。它有助于指导新药的设计和现有药物的改进，通过深入了解药物靶点与药物之间的相互作用，从而提高药物的特异性和减少不良反应。此外，AlphaFold 3 的预测能力还能显著提高药物选择性，通过预测药物与靶点的复合物结构，设计出更具特异性的药物，从而减少非特异性结合和不良反应。同时，它还能帮助研究人员理解药物的作用模式，如竞争性或非竞争性抑制，这对于设计有效的药物至关重要。在药物筛选方面，复合物结构可以用于虚拟筛选，通过计算机模拟快速识别潜在的药物候选物，这大大加快了药物发现的速度并降低了成本。同时，了解药物与靶点的相互作用对于优化药物的药代动力学（ADME）和药效学特性也至关重要。AlphaFold 3 还能够预测药物可能产生的抗性和不良反应，这对于在药物开发早期进行干预和设计更安全的药物至关重要。此外，该模型还能促进多靶点药物设计，通过了解药物如何与多个靶点相互作用，设计出具有协同效应的药物。通过计算机模拟快速生成和评估药物候选物，不仅加速了药物发现过程，而且提高了药物设计的效率和成功率，同时降低了药物开发的风险和成本。这一模型的应用，预示着未来药物设计将更加精准、高效。

（3）ESM-2 & ESM-fold（用语言模型进行原子级蛋白结构预测）：机器学习在蛋白质结构预测领域取得了显著进展，尤其是在利用多序列比对中的共进化信息进行预测方面。AlphaFold2 等模型展示了这一能力，而随着模型参数的增加，如扩展到 150 亿参数，语言模型学习到的表征中开始蕴含丰富的蛋白质共进化信息。这种模型的扩展和应用使蛋白质结构预测的速度显著加快，实现了对大规模元基因组蛋白结构的快速表征。 Google DeepMind 的 AlphaFold 3 模型和 ESM（Evolutionary Scale Modeling）元基因组图谱的构建是这一进展的代表。ESM-2 语言模型能够直接从原始蛋白质序列生成高分辨率的三维结构预测，这一过程不仅保持了高精度，而且大幅提高了预测速度。这种方法消除了对外部进化数据库、MSAs 和模板的依赖，因为它内部化了与结构相关联的进化模式。 ESMfold 是继 ESM-2 之后，能够利用学习得到的特征信息生成蛋白质中的原子 3D 坐标的技术。这一过程通过一个线性映射将语言模型的注意力图和结构预测模型的残基 - 残基接触图联系起来，从而提高了接触图的精度至原子级别。 与传统的基于多序列比对的方法相比，AlphaFold2、ESMfold 在没有足够多序列比对信息的情况下，更适用于蛋白质结构预测，包括从头设计的全新蛋白、元基因组蛋白和孤儿蛋白等。ESMfold 的优势在于其快速的计算速度（快 6~60 倍）和不需要搜索目的序列的 MSA，这进一步节省了大量时间。 此外，ESMfold 的置信度得分能够很好地指示与实验结构的一致性，这对于大规模结构预测中区分预测良好和预测不良的蛋白质至关重要。在 6.17 亿个预测结构中，有超过 1.13 亿个结构达到了非常高的置信阈值。 这些进展不仅加速了对基因测序实验中发现的所有蛋白质结构的了解，而且有助于深入探索蛋白质的自然多样性，尤其是在宏基因组测序中发现的蛋白质。随着结构预测技术的不断发展和规模的扩大，预计会有更多的高分辨率蛋白质结构被预测和验证，从而加速蛋白质结构和功能的发现。这一系列成果展示了深度学习和语言模型在生物信息学领域的强大潜力，预示着个性化医疗和精准医疗时代的来临。

肯特大学计算机学院与利物浦大学老龄化和慢性病研究所联合建立了一种基于深度学习的方法，该方法具有新颖的模块化架构，通过学习从基因或蛋白质特征（如基因本体术语、蛋白质 - 蛋白质相互作用和生物途径）中检索到的模式来识别与多种年龄相关疾病相关的人类基因，并应用了一种新的深度神经网络方法来寻找基因描述符（如基因本体论术语、蛋白质 - 蛋白质相互作用数据和生物途径信息）与年龄相关疾病之间的关联。

（4）benevolentAI 公司：该公司的 AI 平台协助识别了新的潜在药物靶点，与制药公司阿斯利康自 2019 年成功开展了多年的靶标识别合作，优化了目标识别，将 benevolentAI 公司的 BenAI 引擎和端到端药物发现解决方案与阿斯利康的数据和疾病专业知识相结合。该合作于 2022 年 1 月扩展至两个新的疾病领域，即心力衰竭和系统性红斑狼疮（SLE），突显了 AI 在科学创新和药物开发中的作用。

综上所述，靶点识别作为个性化医疗和精准医疗发展的关键环节，其动态和迭代的本质要求多学科的深度融合与科研团队的紧密协作。随着实验技术的进步和人工智能算法的引入，靶点识别方法正经历着革命性的变革。机器学习和深度学习等 AI 技术的应用，使得从海量生物医学数据中快速、准确地识别和验证潜在药物靶点成为可能。这种整合多组学数据与 AI 算法的方法，不仅加速了药物靶点的发现和验证过程，而且为开发新药提供了更为精确的路径。最终，这一跨学科的创新合作模式将推动医疗健康领域向着更高效、更精准的治疗方案迈进，为患者带来更加个性化和有效的治疗选择。

二、AI 辅助新药分子的设计与优化

分子设计是为化学、材料科学或纳米技术中的给定问题创造具有所需特性的新型分子。理想情况下，这将以系统的方式而不是通过试错来完成。在药物发现中，通常是通过合理的药物设计来实现的，合理的药物设计大量使用计算机和算法模型来产生新的分子。

分子设计既可以是一个正向设计过程，也可以被视为一种逆向设计挑战。在正向设计中，通常从现有化合物出发，通过不断修改直至它们满足特定的药物开发标准。例如，辉瑞公司的资深药物化学家 Christopher A. Lipinski 在 1997 年提出的"类药五原则"，就是一套筛选类药分子的基本法则。这些原则包括：①分子量小于 500 Da；②氢键给体数目小于或等于 5 个；③氢键受体数目小于或等于 10 个；④脂水分配系数的对数值（clogP）不超过 5；⑤可旋转键的数量不超过 10 个。符合这些规则的化合物通常具有更好的药代动力学性质，在生物体内代谢过程中有更高的生物利用度，因此更有可能成为有效的口服药物。

而逆向设计则是从所需分子的性质出发，逆推如何设计和合成这些分子。在被批准为安全有效的药物之前，药物分子尤其必须遵循严格的性质特征，包括对靶标的亲和力、对脱靶的选择性、正确的理化性质、正确的 ADME（吸收、分布、代谢、排泄）特征、良好的 PK/PD（药代动力学 / 药效学）、有利的毒理学、化学稳定性。同样非常重要的是可合成性、放大合成路线的潜力和绿色化学的要求。这突出了设计成功药物的复杂性，以及解决这一问题的算法要求。逆设计问题是试图将（可管理的）数量的属性映射回广阔的化学空间。目前已经进行了各种尝试，通过试图找到分子特性的"正确"组合来预测化合物在临床阶段的成功。分子设计应被视为 DMTA（设计、制造、测试、分析）循环的一部分。生成模型可以有助于设计部分，而机器人系统可以有助于制造、测试和分析。分子设计试图创建一个完全自动化的闭环实验系统，目标是以系统和有效的方式进行加速。机器学习可以有助于在化学数据中发现潜在的分子结构和性质之间的关系，可以用于预测分子的物理化学属性，如溶解度、稳定性和毒性等，通过分析化学反应数据，并帮助优化分子的合成路径，提高合成效率，快速筛选大规模化合物库，识别具有特定生物学活性的候选分子。

深度学习利用卷积神经网络，处理分子的复杂二维和三维结构，用于结构 - 活性关系分析，以及生成对抗网络和变分自编码器等深度学习模型，有助于生成具有特定性质的新分子结构。深度学习通过其强大的非线性拟合能力，能够提高分子属性和生物活性的预测精度，具体应用如下。

1. Chemistry42：人工智能驱动的分子设计和优化平台

Chemistry42 是由英矽智能公司搭建的一个将最先进的生成 AI 算法与医学和计算化学专业知识以及最佳工程实践相结合的平台。它于 2020 年推出，已被 20 多家制药公司、15 多个外部项目和 30 多个内部项目使用。该平台的主要目标是加速具有用户定

义特性的新型分子的设计。其一般工作流程如图 8-2-4 所示。使用 Chemistry 42 平台进行从头生成实验分为三步。第一步中，在软件的安全和特定于公司的实例上，用户上传他们的数据，并为生成的结构配置所需的属性。第二步涉及运行平台，其中 40 多个生成模型并行运行以生成新结构，这一步称为生成阶段。在生成阶段，各种过滤器仔细检查生成的分子结构。然后，分子结构经受多组奖励和评分模块，分类为 2D 或 3D 模块，其根据预定义的标准动态评估生成的结构的性质。额外的自定义评分模块（如 ADME 预测器）也可以集成到奖励管道中，以优先考虑生成的结构。这些模块构成了 Chemistry42 基于多智能体强化学习的生成协议的主干。生成的结构的分数被反馈到生成模型，以加强它们并引导生成过程向高分结构发展，这称为学习阶段。第三步是分析，生成的结构根据其预测的属性，包括合成的可访问性、新颖性、多样性等可定制的指标自动排名，该平台还为用户提供了交互式工具来监控生成模型的性能。Chemistry42 具有非常友好的页面，可以直接进行化学生成实验。根据获得的目标信息，可以使用基于配体 / 结构的方式进行实验。基于配体的药物设计方法需要使用 2D/3D 的配体结构信息作为输入，输入的形式包括 SMILES、sdf 文件及使用平台的手绘草图。同时，用户也可以通过手动或自动的方式添加创造一些药效团假设。而在 SBDD（基于结构的药物设计）中，目标蛋白的结构无论是复合物还是单体，都需要用 pdb 文件上传到平台上。人们可以直接选择配体上的结合口袋，或从 Pocket Scanner Module 中选择其中一个口袋作为选项。与基于配体的药物设计的情况一样，这种设计也可以根据需要添加一个药效团假说。为了进行合理的生成实验，用户需要确定一些具体属性的范围。用户可以对奖励模块的权重进行调整，并通过调整阈值来确定相应模块的限制性。在 LBDD 和 SBDD 方法中，用户能够指定和微调奖励模块，以及在实验中使用的生成模型类型。平台的 Anchor points 功能还可以用于 Hit 拓展、Hit 优化及 FBDD（基于片段的药物设计）。通过 Anchor points，用户可以确定 3D 空间中的重要核心基团，而其他部分的分子结构可以通过生成实验产生。Anchor points 同时也支持通过改变原子类型来获得多个子结构，如用户可以指定是想看到芳香环中的氮还是碳。自动配置是根据所提供的输入数据自动调整所有参数的一种快速方法。

Chemistry42 的生成管道采用了生成模型的异步集成。这些算法具有不同的架构以及策略。Chemistry42 平台利用多种机器学习模型和分子表示来最大限度地提高每个模型的贡献及平台的效率，如一些模型专注于化学空间的探索，同时可以改进这些被探索的结构。在目前的平台上，一共有 40 多种生成模型，包括生成式自动编码器、生成式对抗网络、基于流的方法、进化算法、语言模型等。这些模型采用的分子表示也有所不用，主要包括字符、图及 3D 结构。

理解和刺激多种生成模型之间的相互作用是非常必要的。Chemistry42 利用深度学习领域的分析方法来研究每种模型的优缺点，而非把它们当作一个黑盒式的解决方案。同时，它结合了各种先进的机器学习模型，在数小时内能给出多种不同的高质量分子结构，然后平台上的奖励 / 打分模块会对这些分子进行动态评估。

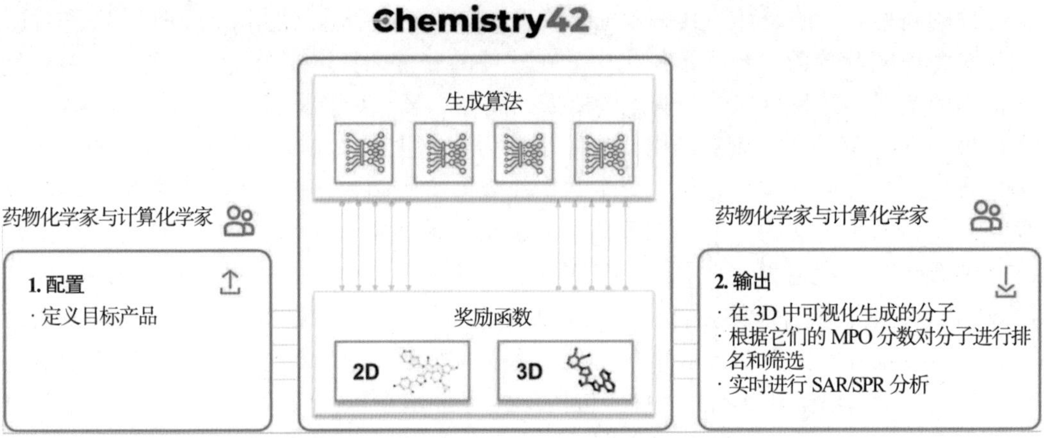

图 8-2-4　Chemistry42 工作流程示意图

（数据来源：Ivanenkov YA, Polykovskiy D, Bezrukov D, et al. Chemistry42: An AI-Driven Platform for Molecular Design and Optimization [J]. J Chem Inf Model, 2023, 63 (3): 695-701. ）

2. AI 驱动的药物设计（AIDD）平台

AI 驱动的药物设计（AIDD™）是由 Simulations Plus 公司发布的一种新的商业从头药物设计程序。作为 ADMET Predictor® 的模块。它将进化算法直接应用于化学结构，通过将分子变换应用于种子结构来进化新的类似物，这是一种与大多数当前生成模型非常不同的策略。然后，AIDD 根据一组结构过滤器和一组基于结构的目标函数来评估所产生的结构的适应性，将最好的类似物作为种子结构带入下一代。内部支持的功能包括但不限于分子大小等分子属性、靶向活性的定量结构 / 活性关系模型、对各种 ADMET 特性的预测及高通量 PBPK 模拟。外部预测模型包括基于 3D 结构或与目标大分子相互作用的模型。恶性疟原虫二氢乳清酸脱氢酶（PfDHODH）的 7- 氨基三唑并嘧啶（TzP）抑制剂的数据集用于说明可以优化的辅助功能种类，以及这些功能如何相互作用并与各种程序设置相互作用。AIDD 的工作流程如图 8-2-5 所示。

3. Reinvent 4：现代 AI 驱动的生成分子设计

Reinvent 4 是由 Simulations Plus 公司开发的一款集现代化和开源特性于一体的人工智能分子设计框架。它融合了多样的算法与架构，用于支持各类分子设计工作。该框架采用循环神经网络和 Transform 架构进行分子生成，并集成了迁移学习、强化学习及课程学习等机器学习优化算法。Reinvent 4 能够支持全新设计、R- 基团替换、库设计、Linker 设计、骨架跃迁及分子优化等多种应用场景（图 8-2-6）。此外，Reinvent 4 还提供了一些在 AI 分子生成领域最常见的算法的参考实现，旨在为 AI 分子设计的未来教育与创新提供框架。该软件以命令行工具的形式发布，支持 TOML 或 JSON 格式的用户配置。

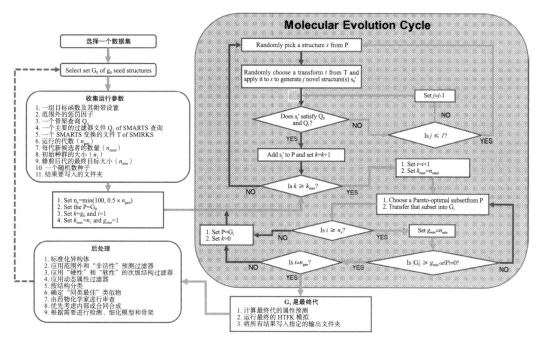

图 8-2-5 AI 驱动的药物设计（AIDD）平台工作流程

（数据来源：Jones J，Clark RD，Lawless MS，et al. The AI-driven Drug Design (AIDD) platform: an interactive multi-parameter optimization system integrating molecular evolution with physiologically based pharmacokinetic simulations［J］. J Comput Aided Mol Des，2024，38（1）：14.）

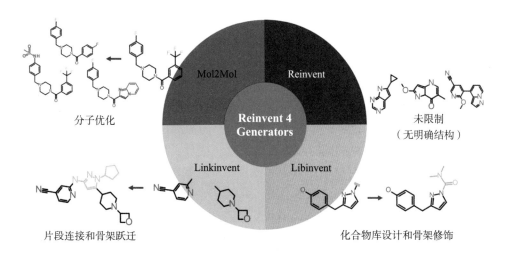

图 8-2-6 Reinvent 4 中的四种分子生成器展示了它们的工作原理

（数据来源：Loeffler HH，He J，Tibo A，et al. Reinvent 4：Modern AI-driven generative molecule design［J］. J Cheminform，2024，16（1）：20.）

    Reinvent 4 的核心功能在于其先进的基于序列的神经网络模型，以两种不同的模式运行来有效捕捉化学结构的复杂性。无条件代理专注于在没有外部输入的情况下生成序列，而有条件代理则由输入序列影响其生成序列。Reinvent 4 引入了两种先进的解码策略来优化分子生成过程。第一种是多项式采样，它通过基于概率分布选择 Token，并通过一个类似温度的参数进行调整，使分子生成既快速又多样化。第二种是波束搜索，它提供了一种确定性的方法来生成独特的化合物，尽管这种方法对计算资源的要求较高。这两种策略都紧密联系着底层生成模型的复杂性，并且展示了 Reinvent 4 在面对不同计算挑战时的灵活性和适应性。

Reinvent 4 巧妙地融合了迁移学习，重用现有知识以加快学习过程。这种方法在药物发现中特别有用，允许使用最少的数据高效调整模型。迁移学习在 Reinvent 4 中的关键作用是重训练先前模型，使用教师强制策略进行高效模型重训练；专注于任务的数据集使用，使代理能够偏向于生成特定分子类似物。

强化学习在 Reinvent 4 中是分子优化的基石，代理因符合期望属性的行为而获得奖励。这种方法在生成根据提供的功能高评分的分子方面起关键作用。

Reinvent 4 的多样化能力不仅限于其核心功能，还提供了各种分子生成器和强大的评分子系统。作为一种多功能且高效的工具，为研究人员和专业人士开辟了新的视野，承诺在追求医学突破的过程中提供更快、更准确、更创新的解决方案。

4. Simulations Plus 制药服务

Simulations Plus 制药服务成立于 1996 年，该公司的支柱产业主要集中在制药安全和有效性的建模和仿真软件及服务领域。其提供的解决方案包括基于生理的药动学、定量系统药理学 / 毒理学，以及群体药动学 / 药效学建模方法。Simulations Plus 公司是 AI 技术和工具的早期开发者之一，通过改进 AI 技术的使用来增强其建模和仿真解决方案的能力。并且，该公司认为 AI 的准确性取决于用于训练的数据集，而公司能否获取准确的公共和私有数据，是其未来真正的竞争力所在。

三、AI 与组合用药

药物组合治疗通过联合使用多种药物，已经成为治疗癌症、糖尿病、细菌感染等复杂疾病的一种有效策略。这种治疗方法相较于单一药物治疗，能够增加治疗功效和降低毒性，从而在提高治疗效果的同时减少不良反应。然而，面对众多的药物选择和庞大的剂量组合可能性，发现具有高临床效果和低毒性的药物组合面临巨大挑战且成本昂贵。并且，传统的药物组合测试方法效率不高，难以应对这一难题。因此，组合药物治疗的计算预测是非常必要的，它可以为患者提供更为可持续的治疗方案，AI 技术应用到联合治疗策略中也就显得尤为重要。通过使用多种药物组合来提高疗效和降低不良反应的风险，已被广泛应用于治疗高血压、癌症和传染病等复杂疾病。广泛的研究计划已经产生了各种关于组合药物治疗的数据库，以加速个性化多靶点药物组合的发现。

癌症等复杂疾病的产生、发展往往伴随复杂的基因通路改变，药物组合可以通过作用于多种通路的多个靶标，发挥更好的治疗效果。然而，药物组合的实验发现十分困难，因为实验测试量巨大，想要针对大量药物测试其在多种癌细胞上的组合效果是目前几乎无法实现的。因此，基于计算机的药物组合发现方法可以辅助这一发现过程，缩短前期筛选时间。当前针对药物组合研究的主要问题有两个，一是发现药物组合的作用靶标及相关生物标记物，从而发现疾病机制；二是针对患者预测有效的药物组合。

药物组合的效果可以通过各种浓度的单一药剂和组合中的大规模剂量反应矩阵实验进行测量，根据观察到的反应与参考模型计算的预期反应之间的差异，该组合可分为协同作用、相加作用或拮抗作用。当两种化合物的联合作用大于其单一药物效力所预测的作用时，则认为它们具有协同作用。如果每种药物的作用既不减少也不增加单个药物作用的总和，则称为加和性，为非相互作用。与协同效应相反，如果总和小于单个药剂的响应，则组合是拮抗的。并且，在对药物联合治疗进行分类时，应综合考虑药物组合的协同作用、疗效和毒性。

现有的计算方法可以分为基于系统生物学的方法、基于网络的方法以及基于 ML 的方法和交互式数据分析。这些方法主要评价药物组合的两个重要性质，即敏感性和协同作用。虽然这两个性质可以粗略地定义为预测正确的患者治疗，但它们具有不同的测量单位。敏感性是基于细胞系或患者来源细胞的临床前研究中的药物组合反应，通常以细胞活力或生长抑制百分比为单位进行测量。相反，协同作用被定义为药物相互作用的程度，其中组合的效果大于其单独效力所预测的效果。协同作用通常通过基于剂量 - 反应曲线性质的选定参考模型来量化，其中剂量 - 反应曲线描述特定药物的药物反应的幅度。目前已经提出了许多方法，如使用化学、生物和分子数据来模拟敏感和协同药物组合，特别是对于癌症治疗。

各种关于组合药物治疗的数据库，可以加速个性化多靶点药物组合的发现。这些进展为大规模机器学习方法在预测药物组合中的应用带来了新的机会。用于研究药物组合的两个最重要和最古老的公共可用数据库是 US FDA 和药物组合数据库（DCDB）。US FDA 包括基于 FDA 的安全性和有效性批准的药物和组合，是在 20 世纪 40 年代批准的，FDA 每年都会更新批准的药物组合数量。该数据集包含 419 种药物组合，其中341 种双重组合、67 种三重组合和 11 种以上三重组合，到 2018 年，367 种组合是来自 328 种独特小分子的结构独特组合。 DCDB 被称为第一个致力于多组分药物研究的数据库，包括来自各种临床研究和 FDA 橙皮书中 904 种独特组分的 1363 种药物组合。大约 20% 的 DCDB 药物组合被批准用于患者。另一个重要的资源是 NCI—ALMANAC（抗肿瘤药物组合的大型矩阵），它是体外药物表征的先驱之一，是由国家癌症研究所（NCI）维护的癌细胞系库。该库提供 FDA 批准的药物组合，用于靶向癌症并杀死来自 9 种癌症类型的 NCI—60 细胞系的肿瘤细胞。该数据包含来自 104 种 FDA 批准的药物和 60 种细胞系的大于 5000 对药物组合。ONEIL 研究提供了一个全面的药物组合数据源，近期被许多研究人员广泛应用。该数据源包括 38 种药物及其成对组合，208种药物组合和 583 种不同的组合，以及针对代表多种癌症类型的 39 种癌细胞系。最新的药物组合数据集之一是阿斯利康的 DREAM-AZ 数据集，包括来自 85 种分子特征癌细胞系的 118 种药物的 910 种成对组合的细胞活力反应测量和协同作用评分。该数据集是 DREAM 挑战的结果，用于评估预测协同药物对和生物标志物的计算策略。DCDB 和 FDA 数据库提供了多种疾病的药物组合，NCI-ALMANAC、DREAM-AZ 和ONEIL 研究专注于肿瘤疾病。另一个疾病特异性储存库是抗真菌协同药物组合数据库（ASDCD），其设计用于协同抗真菌药物组合。ASDCD 包括已发表的协同抗真菌药物组合、化学结构、药物靶点、靶点相关信号通路、药物适应证和其他相关数据。

基于网络的方法已经提供了一个有前途的框架，以确定新的见解，加速药物发现，帮助量化疾病与疾病、药物与疾病的关系。这些方法学上的进步提高了超越"一药一靶"范式的可能性，并探索了通过旨在同时调节同一疾病模块内的多种疾病蛋白质，同时使毒性特征最小化而提高"多药多靶"可能性。在这项研究中，研究人员量化了人类蛋白质 - 蛋白质相互作用组中药物靶点和疾病蛋白质之间的关系，从而形成了一种合理的、基于网络的药物组合设计策略。研究人员需要确定两个药物 - 靶标模块之间的拓扑关系，也反映了生物学和药理学关系。研究发现，人体相互作用组中药物 - 药物对靶点的网络接近度与化学、生物学功能和临床相似性相关，优于靶标 - 重叠方法。为了解这些药物 - 药物 - 疾病配置中哪一种具有最大的临床疗效，研究人员关注高血压和癌症，因为这两种疾病具有大量经 FDA 批准的成对药物组合。研究人员发现 6 种药物 - 药物 - 疾病配置中的 4 种没有显示共同治疗癌症或高血压的统计学显著趋势。换句话说，如果组合中的至少一种药物不能定位于疾病模块的附近，则该组合不具有比单一疗法更佳的治疗效果。研究人员的第一个主要发现是对于具有治疗效果的药物对，两种药物 - 靶标模块必须与疾病模块重叠。这一发现强调了在寻找治疗上有益的组合时，需要检查药物靶标和疾病蛋白质之间的网络关系。第二个发现是重叠暴露，即当药物 - 靶标模块彼此重叠并与疾病模块重叠时，在单一疗法中治疗疾病没有统计学上显著的效果。第三个关键发现是，只有与疾病模块具有互补暴露关系的药物对显示出对药物组合疗法具有统计学显著效力。

浙江大学附属第二医院团队通过卷积生成细胞系嵌入，构建了互注意模块（DCMA、DDMA 和 CCMA）和自注意模块多模态互注网络框架（SynergyX）。SynergyX 是一个多模态相互关注网络，可以提高抗肿瘤药物协同作用的预测。它的架构由 Multi—Omic 集成模块、跨模态融合编码器和预测模块三个主要组件组成（图 8-2-7）。该框架将药物对和细胞系的特征作为输入并输出协同得分，动态捕获跨模态相互作用，允许对复杂的生物网络和药物相互作用进行建模。该框架采用卷积增强的注意力结构有效地整合多组学数据。与其他最先进的模型相比，SynergyX 在一般测试和盲测及跨数据集验证中均表现出上级预测准确性。通过彻底筛选已批准药物的组合，SynergyX 揭示了其识别潜在治疗肺癌有希望的药物组合候选者的能力。另一个显著的优势在于它的多维可解释性。以索拉非尼和伏立诺他为例，SynergyX 是揭示药物 - 基因相互作用和破译细胞选择性机制的有力工具。总而言之，SynergyX 提供了一个启发性和可解释的框架，准备催化药物协同发现的远征，以加深对合理联合治疗的理解。

德克萨斯大学戴尔医学院研究团队开发了一种基于深度学习的新型预测框架 Deep-DTQ（工作流程见图 8-2-8），用于识别潜在的阿尔茨海默病再利用药物疗法。该框架基于多个药物特征和靶标特征，以及 DTP 节点之间的关联，建立了一个 DTP 网络，其中药物 - 靶标对是 DTP 节点，DTP 节点之间的关联表示为 AD 疾病网络中的边。此外，开发团队结合 DTP 网络中的药物 - 靶标特征和药物 - 药物、靶标 - 靶标、药物 - 靶标对内外的药物 - 靶标之间的关系信息，将每个药物组合表示为四元组，以生成相应的综合特征，开发了一个基于 AI 的药物发现网络。

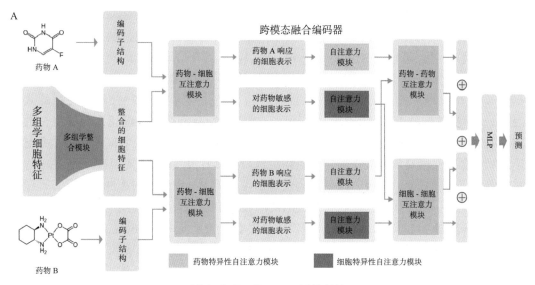

图 8-2-7　SynergyX 的架构

（数据来源：Guo Y，Hu H，Chen W，et al. SynergyX：a multi-modality mutual attention network for interpretable drug synergy prediction［J］. Brief Bioinform，2024，25（2）：bbae015.）

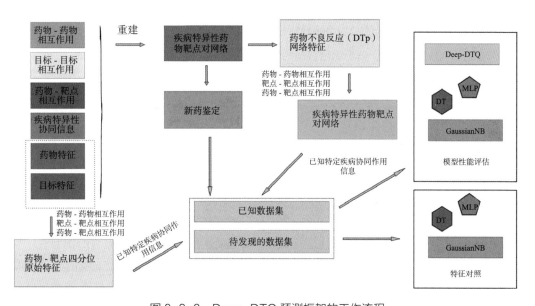

图 8-2-8　Deep-DTQ 预测框架的工作流程

（数据来源：Pan X，Yun J，Coban Akdemir ZH，et al. AI-DrugNet：A network-based deep learning model for drug repurposing and combination therapy in neurological disorders［J］. Comput Struct Biotechnol J，2023，21：1533-1542.）

　　使用机器学习方法预测药物组合主要分为预测药物组合的敏感性、预测药物组合的协同作用、对药物组合的协同作用进行分类预测三类。药物的敏感性是指细胞对药物的响应（drug response），通常以生长抑制百分比来描述。药物的协同性是指两个药物共同使用产生的效果是否大于两者独自使用的效果，通常要用一些参考模型（reference models）来衡量。常用的参考模型包括：① Bliss independence，模型假设每个药物独立产生作用，缺点是两个同样的药物也被认为具有协同作用；②Loewe additivity，模型假设药物不与自身相互作用，而且每个药物具有相同的最大药效，缺点某些药物量效关系曲线不适用；③Highest single agent，模型假设具有协同作用的药物组合药效应大于单个药物最大药效。这些模型的目的是根据实验得到的量效关系（drug dose response relations）来判断药物组合是否具有协同作用。理想的药物组合往往具有更高的效能（efficacy）和更低的毒性（toxicity）。然而，效能往往会和协同性混淆。药物组合的协同性描述了该组合的相互作用强度。而药物效能则取决于患者与患者间的不同，并与单个药物本身的作用效果相关，即一个药物组合可能具有很高的协同性但其效果不能达到临床治疗所需的效能。同时，减少药物剂量也可以减少一定的药物毒性。因此，理想的药物组合发现，应当同时考虑药物组合的协同性、治疗效果及其协同性。

交互式数据分析门户在组合用药领域发挥着至关重要的作用。它们提供了一个集中化平台，用于存储、管理和检索大量的药物组合数据。这些门户通过强大的可视化工具，帮助研究人员和医疗专业人员直观地分析和理解药物间的相互作用、协同效果及可能的不良反应。此外，门户上集成的机器学习和统计模型能够预测药物组合的敏感性和治疗效果，从而辅助个性化治疗方案的制定。门户网站还促进了知识共享和团队协作，加速了新药物组合的发现和开发进程。总而言之，交互式数据分析门户不仅增强了对组合用药效果的科学评估，也优化了临床决策，为患者提供更加精准和安全的治疗方案。常见的用于分析组合数据的公共可用软件、交互式数据门户见表8-2-2。

表8-2-2　用于分析组合数据的公共可用软件、交互式数据门户的列表

工具名称	链接
Combenefit	https：//sourceforge.net/projects/combenefit/
SynergyFinder	https：//synergyfinder.fimm.fi
DeepSynergy	http：//www.bioinf.jku.at/software/DeepSynergy/
DrugComb	https：//drugcomb.fimm.fi
DrugCombDB	http：//drugcombdb.denglab.org/
SynToxProfiler	https：//syntoxprofiler.fimm.fi

（数据来源：Güvenç Paltun B, Kaski S, Mamitsuka H. Machine learning approaches for drug combination therapies [J]. Brief Bioinform, 2021, 22（6）：bbab293.）

Combenefit是第一个用于药物组合可视化和分析的免费开源高级软件包。它包含Loewe、布利斯和最高单药三种参考模型。它的图形界面可在单次和高通量环境中提供基于模型的药物组合定量。另外，它还用于生成阿斯利康—桑格药物组合预测DREAM挑战的常用数据集之一。

Synergy Finder被认为是第一个公开可用的开源网络应用程序，用于评估协同或拮抗的程度。除了Combenefit之外，Synergy Finder还包括一个用于协同评分的参考模型，即零相互作用效能。它使用多个参考模型提供了对药物组合显著性的无偏评价。其交互式图形界面提供了剂量矩阵上的2D或3D协同图。

DrugComb 是一个专为存储、检索、注释分析和可视化药物组合数据集而设计的网络门户。它不仅是第一个提供在线药物组合预测的综合性工具，而且提供了一个强大的平台，用于访问高通量的药物组合和单一疗法筛选数据集。DrugComb 的功能包括：①提供一个免费访问的网络服务器，用于评估和可视化经过标准化和协调处理的药物组合剂量反应数据。②用允许用户上传并分析自己的数据。③具备评估药物组合敏感性的能力。④拥有一个广泛的数据库，整合了 NCI ALMANAC、ONEIL、FORCINA 和 CLOUD 等多个数据集。在 2021 年，DrugComb 进行了一系列重大更新，以进一步增强其功能和应用范围：①通过人工管理和协调，DrugComb 扩展了其数据覆盖范围，现在包括更全面的药物组合和单一疗法筛选数据，不仅限于癌症，还涵盖了疟疾、COVID-19 等其他疾病。②引入了一套增强的算法，用于更精确地评估药物组合的敏感性和协同作用。③提供了新的网络建模工具，使研究人员能够可视化特定癌症样本中药物或药物组合的作用机制。④集成了最先进的机器学习模型，用于预测药物组合在单剂量水平对细胞系的敏感性和协同作用。这些更新使 DrugComb 成为一个更加强大和全面的资源，为药物组合研究提供了前所未有的深度和广度。

DeepSynergy 可以学会区分不同的癌细胞系，并找到对给定细胞系具有最大功效的特定药物组合。它将有关癌细胞系和药物组合的信息隐藏在其隐藏层中，以形成组合表示，最终可以准确预测药物协同作用。

DrugCombDB 是一个开放的面向广大用户的数据门户。该数据库把一系列细胞系的组合用药筛选结果汇总并标准化。同时，该数据门户提供了一系列数据可视化和计算分析工具来分析药物组合结果。所有的数据和信息工具均可免费用于癌症研究。它通过使用 ZIP 参考模型和数据可视化来评估两种药物的协同作用或拮抗作用。DrugCombDB 整合了来自药物组合高通量筛选（HTS）分析、外部数据库和 PubMed 文献的药物组合。

SynToxProfiler 是一个使用户能够同时分析药物组合的协同作用、毒性和疗效，以获得最佳组合优先级的工具，并且可以处理多个药物的组合。

中医，作为中国传统医学的宝库，拥有数千年的历史。它通过独特的理论体系如阴阳五行、脏腑经络等，指导着中药的配伍与应用。在中医实践中，中药很少单独使用，而往往通过精心设计的配方，将多种中药组合起来，旨在调和人体的气血和阴阳平衡，实现多靶点的治疗效果。这种整体调和的治疗策略与现代药物组合治疗的理念不谋而合。

随着现代医学研究的深入，越来越多的证据表明，中草药组合中的活性成分可通过相互作用产生协同效应，增强疗效或减轻不良反应。因此，将中医的药物组合理念与现代药物组合治疗相结合，不仅能够丰富对疾病治疗的认识，而且可能为个性化医疗和精准医疗提供新的视角和方法。近年来，中医药在抗肿瘤治疗中也发挥了至关重要的作用。传统中医学认为肿瘤是由气虚、内邪、气血失衡、脏腑功能失调等多种因素引起的恶性肿瘤。中医治疗肿瘤的原则是辨证施治，即根据患者的个体情况，力求恢复阴阳平衡，扶正祛邪，最终在抑制恶性的同时支持健康。中医药可以潜在地增加敏感性，增强抗肿瘤作用，减轻化疗药物引起的癌因性疲乏和骨髓抑制等不良反应，从而显著改善治疗结局。因此，将化疗药物与中草药天然抗肿瘤成分相结合的策略正逐渐成为癌症治疗的新途径。

上海中医药大学团队利用中西医结合治疗类风湿关节炎，开发了一个组合药物训练集。这一过程涉及对 16 个特征变量的深入分析，结合了来自 DrugCombDB 数据库的小分子中药成分和 FDA 认证的组合药物数据。在探索最佳预测模型的过程中，团队比较了 k- 最近邻、朴素贝叶斯、支持向量机、随机森林和 AdaBoost 五种先进的算法。经过严格的评估，随机森林模型以其卓越的预测和分类能力脱颖而出，被选为中西药物的分类和预测模型。为了构建这一模型，研究团队从传统中药系统药理学数据库中汇集了 41 种小分子中药成分的数据，并与 DrugBank 数据库中的 10 种常用抗 RA 治疗小分子药物数据相结合，进行细致筛选，以寻找中西医结合的抗 RA 治疗方案。在实验阶段，团队采用了 CellTiter-Glo 方法来测定药物组合的协同作用。经过对 15 个最具预测力的药物组合进行的实验验证，研究人员发现了显著的协同效果，特别是杨梅苷、大黄酸、诺必利和非瑟酮与塞来昔布的组合，以及大黄酸与羟氯喹的组合，展现出了高度的协同作用，这为类风湿关节炎的联合用药提供了有力的科学依据。这项工作也为医学界探索中医药在现代医疗中的融合与应用，提供了新的视角和研究方向。

四、AI 与临床研究

随着 AI 技术的飞速发展，其在临床诊疗领域的应用日益广泛，极大地推动了精准医疗和个体化诊疗的前进步伐。AI 技术通过深度学习、机器学习等算法，能够处理和分析海量的医疗数据，包括电子健康记录、医学影像、基因组数据等，从而为每位患者提供更为精确和个性化的治疗方案。同时，AI 技术在药物重定位、老药新用等方面也展现出巨大潜力，为老药开辟新的治疗领域。人工智能技术与临床领域的融合不断深化，呈现出多样化的发展模式：①临床试验设计：如 AI 帮助优化临床试验的设计，包括患者选择、剂量确定和试验方案的制定。②医学图像处理：如基于 ML 和 DL 的病理和细胞图像的自动分割、分类和特征识别。③诊断和预测：如通过 AI 技术提高疾病诊断的准确性，改善患者预后的预测。④临床决策支持：如将 NLP 集成到电子健康记录（EHR）中，以识别治疗方案中的错误和遗漏，为患者提供更有效的治疗，并基于人工神经网络进行患者风险分层，以提高急诊分诊效率。⑤患者监测和管理：如将人工智能技术与移动的医疗设备和物联网相结合，以促进远程患者监测和药物依从性管理。⑥医疗机器人：如通过深度学习和计算机视觉提供手术计划和手术阶段识别。⑦精准医疗：如使用 AI 开发生物标志物，预测患者对治疗的反应，并通过机器学习改善肿瘤遗传变异的检测。具体应用如下。

1. AI 应用于临床试验设计

临床试验是证明治疗或临床方法有效性和安全性的最有力方式，并为指导医疗实践和卫生政策提供重要证据。试验失败率高的两个主要原因是患者队列选择和招募机制不佳，以及试验期间无法有效监测患者。AI 可用于告知临床试验合格性标准，增强参与者的多样性，并减少样本量要求。如 2021 年 4 月，斯坦福大学的研究团队开发了一种

AI 工具 Trial Pathfinder。该工具使用电子健康记录数据模拟临床试验，根据不同的入选标准整合 EHR 数据，并分析总体生存风险比（定义为两组或多组患者之间的生存率差异），利用肿瘤患者的真实世界数据来优化入组标准的包容性。分析结果显示，一些常用的标准，如实验室检查结果，几乎不影响试验的效应量。使用 Trial Pathfinder，研究人员对每项试验使用不同的入选标准限制患者，发现只有 30% 接受治疗的患者符合入选标准，而且限制入选标准并没有降低，反而提高了患者的生存率。这意味着许多不符合原始试验标准的患者也可能从治疗中受益。

利用人工智能还可以用于将患者与合适的临床试验相匹配，并在临床试验中招募到合适的参与者。澳大利亚电子健康研究中心研究团队提出了一种机器学习方法，根据试验合格性标准自动将患者与临床试验匹配，有助于缩小相关临床试验的范围并优先考虑患者似乎有资格参加的较小试验。

2. 人工智能的临床决策支持系统的系统安全性评估（AI+CDSS）

临床决策系统（CDSS）也随着 AI 技术的发展进入了一个新阶段。包括机器学习、自然语言处理和深度学习在内的 AI 技术彻底改变了 CDSS 的功能，使其能够以前所未有的速度和准确性处理和解释大量医疗数据。

随着 CDSS 的不断发展，研发工作应集中在以下几个关键领域，以最大限度地发挥其对医疗保健的潜在影响。

（1）个性化药物：CDSS 可以在日益增长的个性化医疗领域发挥重要作用，旨在根据患者独特的遗传、环境和生活方式因素为患者量身定制治疗。将基因组学、蛋白质组学和其他组学数据整合到 CDSS 中，可以帮助临床医生为每位患者确定最有效的治疗方法，最大限度地减少不良反应，并改善治疗结果。

（2）预测分析：将预测分析纳入 CDSS 可以使医疗保健提供者能够预测潜在的并发症和疾病进展，促进早期干预和预防性护理。在这方面，开发能够根据历史患者数据和其他相关因素准确预测结果的 CDSS 至关重要。

（3）自然语言处理：由于存储在电子健康记录中的大部分临床数据都是非结构化的，NLP 的进步可以帮助从这些来源中获得有价值的见解。通过从自由文本临床笔记中提取和分析相关信息，CDSS 可以为临床医生提供更全面和准确的建议。

（4）实时数据集成：整合来自各种来源的实时患者数据如可穿戴设备和远程监控系统，可以使 CDSS 为临床医生提供及时和可操作的见解。这些数据可以帮助制定治疗决策，并加强患者监测，最终改善患者预后。

（5）多模态数据分析：对多模态数据的分析，包括医学成像、实验室结果和患者报告的结果，可以提供对患者病情的更全面了解。有效整合和分析来自不同来源的数据的 CDSS 将更好地支持临床决策。

帝国理工学院的研究团队开发了一种使用强化学习的计算模型 AI Clinician，能够动态地为重症监护室中的脓毒症成人患者提供最佳治疗建议。强化学习是人工智能工具的一种，其中虚拟代理从试错中学习一组优化的规则即一种策略 - 最大化预期回报。同样，临床医生的目标是做出治疗决策，以最大限度地提高患者获得良好结局的概率。强化学习可以帮助进行医疗决策。使用模型的内在设计可以处理稀疏的奖励信号,克服与患者对医疗干预反应的异质性和治疗效果的延迟指示相关的复杂性。重要的是,这些算法能够从次优训练示例中推断出最优决策。该团队的研究结果表明,AI临床辅助系统在治疗决策上的平均可靠性通常优于人类医生。在一个独立于训练数据的大型验证队列中,临床医生的实际剂量与AI决策相匹配的患者死亡率最低。该团队开发的模型为败血症提供了个性化和临床可解释的治疗决策,可以有效改善患者的预后。

近年来,精准医疗已成为改善和更加个性化的患者护理新范式。其主要目标是通过基于个体患者特征(包括生物标志物)而不是整个患者人群的平均特征的医疗决策,在正确的时间为正确的患者提供正确的治疗。精准医疗有可能广泛影响患者护理和药物开发,通过使用个体患者特征进行早期疾病诊断和预防;在个体患者层面更高效和有效地进行处方实践,包括降低不良反应和不良事件的风险,更好地进行疾病管理;通过在基线处富集可能的应答者来更有效地设计临床试验。

同济大学生命科学与技术学院生物信息学系、同济大学附属第十人民医院、同济大学附属肺科医院、同济大学上海自主智能无人系统科学中心等团队联合开发了计算框架comboSC(图8-2-9)。该计算框架基于单细胞RNA测序进行个性化肿瘤组合治疗方案的优化和推荐,旨在最大限度地发挥已知的体外细胞系药敏数据在单细胞水平的转化潜力,识别协同的药物小分子组合或可与免疫检查点抑制剂配对以增强免疫疗法疗效的小分子组合。comboSC首先通过单细胞RNA测序数据定量评估患者个体的肿瘤微环境并进行精准分型,再基于肿瘤细胞和免疫细胞的转录组特征,采用图组合优化的算法优化免疫治疗和靶向治疗的组合。

该研究将comboSC应用于包括实体瘤和血液瘤在内的15种癌症类型的119个肿瘤样本,证明了其在不同癌症类型中进行组合治疗优化的广泛实用性和性能优越性,从而为肿瘤临床的精准治疗提供了一个具有可借鉴和潜在临床应用价值的创新性计算平台,为如何发挥单细胞组学在精准医学领域的转化价值提供了有益的参考。为了便于推广comboSC在临床和研究领域的应用,研究团队开发了一个一站式的交互式网站(http://www.combosc.top),用户可以通过上传患者肿瘤的单细胞RNA测序数据快速使用comboSC计算平台进行可能的个体化组合用药识别。

另外,comboSC创新性地提出单细胞转录组学驱动的泛癌种的个体化组合治疗方案推荐和治疗反应预测的计算框架。需要特别指出的是,comboSC旨在通过单细胞组学对肿瘤体内的免疫微环境进行整体刻画,并给出基于细胞系(in-vitro)场景下的肿瘤个体化组合用药的优化方案,最大限度地发挥了单细胞组学对肿瘤异质性刻画的能力,有别于领域内常见的in-vitro,基于PDX小鼠模型或仅面向特定细胞类型的治疗方案推荐。并且,comboSC基于单细胞转录组学对肿瘤免疫微环境进行定量评估和精准分型,通过定义一种T cell resilience(Tres)驱动的打分函数对于患者的免疫微环境进行评估,该打分函数基于免疫抑制信号和T细胞增殖信号来对免疫治疗反应进行预测。

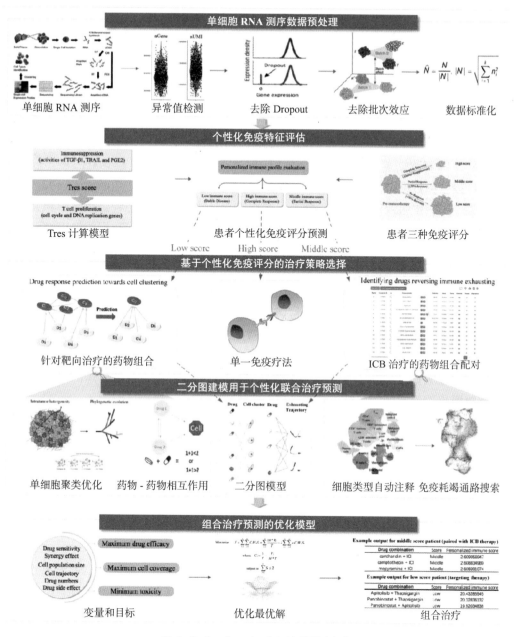

图 8-2-9　ComboSC 精准医疗框架

（数据来源：Tang C，Fu S，Jin X，et al. Personalized tumor combination therapy optimization using the single-cell transcriptome［J］. Genome Med，2023，15（1）：105.）

五、AI 制药相关数据安全体系

在当今的制药业中，大数据和 AI 技术的应用正日益成为推动行业发展的关键力量。数据安全的重要性不容忽视，因为一切根本都是来源于数据。从药物发现、临床试验到生产和市场监管，数据在制药业的每个环节都发挥着至关重要的作用。

首先，大数据技术使得制药企业能够处理和分析海量的医疗数据、生物标志物信息及患者记录，这对于新药的发现和开发至关重要。通过大数据分析，研究人员可以更深入地理解疾病机制，预测药物反应，并优化治疗方案。

其次，AI 技术在制药业中的应用，如机器学习和深度学习，正在加速药物研发流程。AI 可以分析复杂的数据集，识别潜在的药物候选分子，预测临床试验结果，甚至帮助定制个性化医疗方案。这些技术的应用大大提高了研发效率，缩短了药物上市的时间，降低了研发成本。

然而，随着数据量的增加和数据价值的提升，数据安全问题也日益凸显。数据泄露、未经授权的数据访问、数据篡改等安全事件可能会对制药企业造成重大损失，包括经济损失、声誉损害及法律责任。此外，数据安全还直接关系到患者隐私保护和公共健康安全。因此，制药企业必须建立严格的数据安全管理体系，确保数据的保密性、完整性和可用性，包括但不限于实施访问控制、数据加密、网络安全防护、数据备份和恢复计划、员工数据安全培训及合规性审计等措施。

区块链技术是一种分布式账本技术，它通过加密算法保证数据的安全性和不可篡改性。区块链本质上是一个由多个区块按照时间顺序组成的链条，每个区块都包含了一系列交易记录，并通过特定的数学算法（如哈希函数）与前一个区块链接起来，形成一个不可更改和不可伪造的链条。鉴于区块链技术有去中心化、透明性、不可篡改、可追溯性等特点，已被广泛应用于制药业，并且随着 AI 技术的发展，两种技术的整合也逐渐成为解决数据安全问题的可行方法。

区块链技术在制药行业的应用主要体现在防伪、产品分销、跟踪和追溯以及安全性四个领域。瑞士东部应用科技大学研究团队提出了一种使用区块链技术供应处方药的系统。该体系结构提供了一个动态的身份认证机制，并在参与方之间设计了有效的认证协议，从而保护了患者的隐私。此外，该架构可以满足医疗保健系统的安全要求和计算要求，包括身份验证、安全数据共享、可见性、用户隐私和效率。上海交通大学研究团队通过提出一种用于药物供应链管理的新型区块链系统，为保护药物数据做出了贡献。在他们的系统中，Hyperledger Fabric 被用于智能医院，以促进药物供应链记录的安全处理。

总之，大数据和 AI 技术为制药业带来了前所未有的机遇，但同时也带来了数据安全方面的挑战。只有通过有效的数据安全管理，才能确保这些技术在保护知识产权、维护患者隐私和促进公共健康方面发挥最大的潜力。

第三节　展望

一、AI 药物设计的发展趋势

在制药行业，新药开发的主要挑战是成本的不断攀升和研发效率的降低。然而，AI 技术中机器学习和深度学习的最新进展为这一领域带来了转机，它们提供了降低成本、提高效率和节省时间的潜力。AI 算法尤其是深度学习的进步，结合硬件架构的改进和大数据的易访问性，预示着 AI 的"第三次浪潮"。这引起了研究人员的极大兴趣，许多制药公司开始与 AI 公司合作，初创公司数量也在增长。

中国 AI 制药虽然起步较晚，但发展势头强劲，在国家政策利好、AI 技术升级等因素的推动下，有望实现市场规模快速增长。《"十四五"医药工业发展规划》指出，以新一代信息技术赋能医药研发，探索人工智能、云计算、大数据等技术在研发领域的应用，通过对生物学数据挖掘分析、模拟计算，提升新靶点和新药物的发现效率；在实验动物模型构建、药物设计、药理药效研究、临床试验、数据分析等环节加强信息技术应用，缩短研发周期、降低研发成本。

政策的推出有利于推进健康医疗大数据的开发应用和整合共享，探索建立统一的临床大数据平台，为创新药研发及临床研究提供有力的支撑，进一步促进了中国医药工业高端化、智能化和绿色化发展。截至 2023 年年底，中国 AI 制药企业已超过 90 家，这些企业覆盖药物研发的六大环节，包括早期药物开发、数据处理、临床开发、端到端药物开发、临床前开发及药物再利用。从开发药物的适应证来看，主要集中在肿瘤、免疫学及神经病学等领域。这些都标志着中国 AI 制药将迎来高速成长期。

AI 技术也促进了多靶向系统性的调节和干预功能信息化的发展。真正的疾病发生机制不是单靶点的问题，而是微观系统性的问题。如何利用智能化、多学科交叉合作的方式在微观环境下，探究宏观层面的网络化动态调控规律也是当前研究人员需要思考的问题。

药物的开发与设计必离不开临床需求，研究疾病机制与治疗疾病之间的关系也应是互相促进、迭代互补的关系，因此制药行业与临床研究应如何紧密合作也是需要探索的方向。另外，数据共享的问题也是一大挑战，各个制药公司之间不应形成一个个信息孤岛，各自为战，难以形成合力，使数据量有限的局面更加雪上加霜。

二、AI 药物设计的未来挑战

AI 药物设计正面临一系列挑战，包括高质量数据的采集难题、深度学习模型"黑箱"特性导致的可解释性问题、模型结果的可重复性问题、生物数据的复杂表示和策展工作，以及数据隐私、专利权和安全性等法律和伦理问题。尽管如此，未来发展趋势显示出积极的迹象，包括算法的持续进步、迁移学习的应用、强化学习在药物设计中的潜力、AI 与自动化实验室集成的高效性、个性化医疗的定制化药物开发，以及 AI 解决方案在市场中的增长潜力，预示着 AI 技术在药物设计领域的应用将不断扩展，为制药行业带来革命性的变化。

尽管存在挑战，AI 在制药行业的应用前景广阔。AI 有助于快速识别新靶点和新化合物，加速药物发现过程，并有可能彻底改变治疗策略。随着技术的不断发展和改进，预计 AI 将在未来的药物发现和开发中发挥越来越重要的作用。同时，为了实现 AI 在药物设计中的潜力，需要在数据共享、模型解释性、算法透明度和人才培养等方面进行更多的合作和创新。

参考文献

［1］Qi X, Zhao Y, Qi Z, et al. Machine Learning Empowering Drug Discovery: Applications, Opportunities and Challenges[J]. Molecules, 2024 Feb 18;29(4):903.

［2］Qureshi R, Irfan M, Gondal TM, et al. AI in drug discovery and its clinical relevance[J]. Heliyon, 2023, 9(7): e17575.

［3］Pun FW, Ozerov IV, Zhavoronkov A. AI-powered therapeutic target discovery[J]. Trends Pharmacol Sci, 2023 , 44(9): 561-572.

［4］Gupta R., Srivastava D., Sahu M, et al. Artificial intelligence to deep learning: machine intelligence approach for drug discovery[J]. Mol Divers, 2021, 25: 1315–1360.

［5］Petrina Kamya, Ivan V. Ozerov, Frank W. Pun, et al. PandaOmics: An AI-Driven Platform for Therapeutic Target and Biomarker Discovery[J]. Journal of Chemical Information and Modeling, 2024, 64 (10), 3961-3969.

［6］Pun FW, Liu BHM, Long X, et al. Identification of Therapeutic Targets for Amyotrophic Lateral Sclerosis Using PandaOmics - An AI-Enabled Biological Target Discovery Platform[J]. Front Aging Neurosci, 2022, 14: 914017.

［7］Fabio Fabris, Daniel Palmer, Khalid M Salama, et al. Using deep learning to associate human genes with age-related diseases[J]. Bioinformatics, 2020, 36(7): 2202–2208.

［8］Zeming Lin, et al. Evolutionary-scale prediction of atomic-level protein structure with a language model[J].Science, 2023, 379: 1123-1130.

［9］Abramson J., Adler J., Dunger J, et al. Accurate structure prediction of biomolecular interactions with AlphaFold 3[J]. Nature, 2024, 630: 493–500 .

［10］Loeffler HH, He J, Tibo A, et al. Reinvent 4: Modern AI-driven generative molecule design[J]. J Cheminform, 2024, 16(1): 20.

［11］Joshi RP, Kumar N. Artificial Intelligence for Autonomous Molecular Design: A Perspective. Molecules[J] , 2021, 26(22): 6761.

［12］Philippe Moingeon, Mélaine Kuenemann, Mickaël Guedj. Artificial intelligence-enhanced drug design and development: Toward a computational precision medicine[J]. Drug Discovery Today, 2022, 27(1): 215-222.

［13］Ivanenkov YA, Polykovskiy D, Bezrukov D, et al. Chemistry42: An AI-Driven Platform for Molecular Design and Optimization[J]. J Chem Inf Model, 2023, 63(3):695-701.

［14］Jones J., Clark R.D., Lawless M.S. , et al. The AI-driven Drug Design (AIDD) platform: an interactive multi-parameter optimization system integrating molecular evolution with physiologically based pharmacokinetic simulations[J]. J Comput Aided Mol, 2024, 14.

［15］Loeffler HH, He J, Tibo A, et al. Reinvent 4: Modern AI-driven generative molecule design[J]. J Cheminform, 2024, 16(1): 20.

［16］Güvenç Paltun B, Kaski S, Mamitsuka H. Machine learning approaches for drug combination therapies[J]. Brief Bioinform, 2021, 22(6):bbab293.

［17］Cheng F., Kovács I.A., Barabási AL. Network-based prediction of drug combinations[J]. Nat Commun, 2019, 10: 1197.

［18］Yue Guo, Haitao Hu, Wenbo Chen, et al. SynergyX: a multi-modality mutual attention network for interpretable drug synergy prediction[J]. Briefings in Bioinformatics, 2024, 25(2): bbae015.

［19］Pan X, Yun J, Coban Akdemir ZH, et al. AI-DrugNet: A network-based deep learning model for drug repurposing and combination therapy in neurological disorders[J]. Comput Struct Biotechnol J, 2023, 21: 1533-1542.

［20］Tang C., Fu S., Jin X, et al. Personalized tumor combination therapy optimization using the single-cell transcriptome[J]. Genome Med, 2023, 15: 105 .

［21］何婉怡. AI 助力中国制药创新发展［J］. 中国医药报，2024，4.

［22］Elhaddad M, Hamam S. AI-Driven Clinical Decision Support Systems: An Ongoing Pursuit of Potential[J]. Cureus, 2024, 16(4): e57728.

第九章

数字健康

第一节　概述

随着经济与社会的持续发展，健康需求日益成为推动未来经济增长的关键要素。数字技术的突飞猛进不仅深刻地影响着人们的日常生活，更在医疗卫生领域孕育了一场革命。这场变革为建立"以人为中心"、覆盖全生命周期的健康管理新模式奠定了坚实的基础。面对这一趋势，各国政府及地区积极响应，纷纷加大对数字健康（digital health）领域的研发投入与应用推广力度，以期让更多人享受到高水平的健康服务与医疗关怀。

数字健康不仅仅是技术层面的一次革新，更是对传统医疗模式的深刻重塑。这一变革改变了服务提供方式，提升了患者的参与度，优化了医疗资源配置，使整个医疗体系经历了前所未有的转型。这一转型不仅加速了医疗体系的现代化进程，显著提高了公众的健康水平，还促进了医疗资源的公平分配，推动了经济的可持续发展。数字健康技术，包括远程医疗、智能设备、大数据分析和人工智能等，不仅增强了医疗服务的可及性和效率，还通过个性化治疗、精准医疗等手段，让医疗更加高效和精准。因此，数字健康的战略意义超越了技术本身，它正逐步构建一个更加智能、高效且人性化的医疗健康生态，引领全球向更加健康、均衡和繁荣的未来迈进。

一、数字健康的定义

数字健康是指将数字技术、信息通信技术（Information and Communication Technology，ICT）与电子设备融合应用于医疗健康、健康管理、疾病预防及健康促进等广泛领域。这一概念不仅涵盖智能手机、可穿戴设备、传感器等硬件，也包含远程医疗服务、移动医疗应用、电子健康记录系统等软件服务，同时还涉及人工智能（Artificial Intelligence，AI）、大数据分析、机器学习（Machine Learning，ML）等前沿技术，以及手术机器人、3D打印、增强现实（Augmented Reality，AR）/虚拟现实（Virtual Reality，VR）、第五代移动通信技术（5th Generation Mobile Communication Technology，5G）、物联网（Internet of Things，IoT）、区块链等技术的创新应用。通过这些技术的集成，数字健康致力于优化医疗健康服务的效率与质量，增强医疗服务的可及性，减少健康不平等，并促进以患者为中心的个性化医疗体验。

目前，全球范围内对数字健康尚未形成统一的定义。世界卫生组织（World Health Organization，WHO）在发布的《数字健康全球战略（2020—2025）》中，将数字健康界定为"与开发和使用数字技术改善健康有关的知识和实践领域"，这一定义扩展了传统的电子健康（eHealth）框架，纳入了更多信息技术元素，如物联网、高级计算、大数据分析以及包括机器学习在内的AI和机器人技术。美国食品药品监督管理局（Food and Drug Administration，FDA）将数字健康定义为"包括移动医疗（mobile health，mHealth）、健康信息技术、可穿戴设备、远程医疗和个性化医疗等类别"，指出数字健康技术将计算平台、连接、软件和传感器用于医疗健康和相关用途。这些技术的用途广泛，从一般健康应用到医疗设备应用，具体包括用作医疗产品、伴随诊断或作为其他医疗产品（设备、药物和生物制剂）辅助手段的技术，还可用于开发或研究医疗产品。欧盟对于数字健康和护理的理解则是指借助信息和通信技术来改进健康问题的预防、诊断、治疗、追踪监测以及整体管理的过程，同时也涵盖了用于监测和指导改善影响健康的日常生活习惯的相关工具和服务。

尽管上述定义各有侧重，但共同强调了数字健康的核心价值，即数字健康可被理解为利用数字技术、信息通信技术、电子设备及相关软件服务，优化、改善和创新医疗健康、健康管理、疾病预防和健康促进的全过程，旨在通过技术进步增强健康服务的可达性、效率和质量，推动医疗服务模式的转型升级，促进健康公平，应对公共卫生挑战（图 9-1-1）。鉴于此，本章将数字健康界定为"利用数字技术优化、改善和创新医疗健康、健康管理、疾病预防和健康促进的过程与体系"。

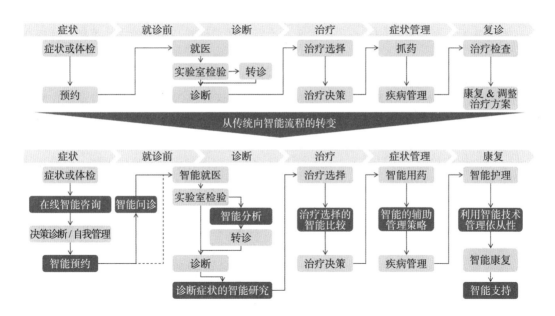

图 9-1-1　医疗健康领域正在向数字化转变

二、数字健康的内涵与特征

1. 数字健康的内涵

数字健康作为当今医疗健康领域的一场深刻变革，其核心在于将数字技术、信息通信技术、电子设备及相关软件服务进行集成，通过智能化管理对医疗健康、健康管理、疾病预防等各个方面进行优化、改善和创新。这一概念强调的是利用现代科技手段，不仅可显著提升医疗服务的质量和效率，还致力于增强公众健康意识，促进医疗资源的公平分配，并推动整个医疗体系向更加智能、高效和人性化的方向发展（图 9-1-2）。

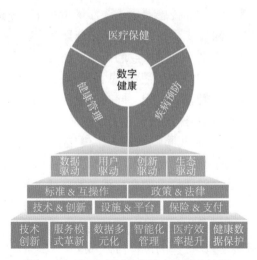

图 9-1-2　数字健康的核心内涵与特征

　　具体来看，数字健康的核心价值和驱动力在于技术创新与服务模式的革新，体现在以下几个核心方面。

　　（1）技术融合与创新：数字健康融合了 AI、机器学习、大数据分析、手术机器人、3D 打印、增强现实 / 虚拟现实、5G 通信、物联网、区块链等前沿技术，推动医疗服务向精准化、个性化迈进，重新定义了医疗健康的边界与可能性。其中，AI 在深化医疗诊断精度、个性化治疗设计及智能化药物研发等方面展现了强大潜力，尤其在辅助精准诊断、早期疾病检测上效果显著。机器学习优化的医疗图像识别与疾病预测，提升了诊疗的准确性和个性化程度。大数据分析为临床决策提供数据支撑，加速疾病预防与公共卫生策略形成。手术机器人引领外科手术精准化革命，实现远程操作，拓宽了高质量医疗服务范围。3D 打印技术依据患者个体差异定制医疗器械与生物组织，极大地提升了治疗精确度与生活质量。AR/VR 技术在手术导航、康复训练上展现了独特价值，增强患者康复体验与效果。5G 技术推动远程医疗服务与实时监控成为现实。物联网则通过智能化管理医疗资源，优化供应链，提升效率。区块链技术确保了健康数据交换的安全与隐私保护，建立了数据共享的信任基础。

　　（2）数据来源多元化与智能化管理：数字健康利用物联网技术实现医疗资源的智能管理，通过传感器和智能设备实时监控医院内部的设备和物资。同时，大数据分析技术在医疗健康数据的收集、分析和应用上发挥着至关重要的作用，促进了医疗健康大数据系统的建立，使医生能够基于患者病史、基因信息和生活习惯等多元化数据，制定更为精准的治疗方案。

　　（3）医疗资源优化与效率提升：利用手术机器人、3D 打印、AR/VR 技术等数字健康技术，不仅提高了医疗资源的利用效率，改善了患者的治疗体验和康复效果，而且通过远程医疗、移动医疗平台等手段，扩大了医疗服务的时空边界，降低了医疗程序的成本和风险，促进了医疗资源的合理配置，尤其是在远程监控、家庭健康管理和远程医疗服务方面，为患者提供了更为便捷、安全的健康管理方式。

　　（4）健康数据的隐私保护与共享：在数字健康领域，区块链等技术的应用为健康数据的隐私保护和数据交换提供了新的解决方案，确保了数据的完整性与安全性，促进了数据共享的信任机制建立，同时通过建立统一的数据标准和互操作性框架，保障了医疗信息的高效流通和应用。

（5）患者参与度与赋权：数字健康技术的发展改变了传统的医患关系，使患者能够通过健康应用程序、在线社区等工具积极参与自身健康管理，实现自我监测、疾病管理和心理健康支持，强调了以患者为中心的服务理念，提升了患者的健康意识和自我管理能力。

因而，数字健康的核心在于其创新驱动力，通过多元化的数据来源和智能技术来改善人们的健康状况，推动服务模式的革新，最终实现健康公平和全民健康的目标。

2. 数字健康的特征

数字健康作为医疗健康与信息技术融合的产物，展现了一系列鲜明的特征，这些特征共同塑造了其在当代医疗体系中的核心价值与影响力，使健康服务贯穿诊前、诊中、诊后，有效降低医疗成本和风险，提高健康资源的利用效率。数字健康还促进了不同地区的交流与合作，为医疗资源的共享和优化配置提供了平台，推动远程医疗和自助医疗的发展，使医疗服务不再受地理限制，最终使个性化及智慧医疗服务得到普及（图 9-1-3）。

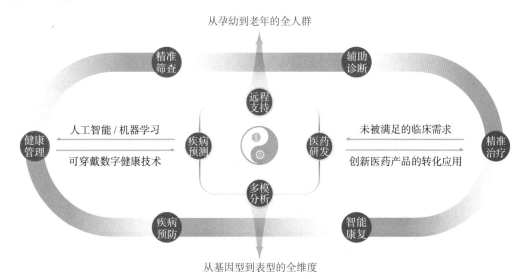

图 9-1-3　前沿技术支撑医疗体系数字化建设

（1）技术创新性：数字健康集成了人工智能、机器学习、大数据分析、物联网、区块链、5G 通信等前沿技术，持续推动医疗技术与服务模式的创新，实现诊断、治疗、监测、预防等环节的智能化与精准化。

（2）疾病预防与控制：利用数字健康设备，有助于实现疾病的早期筛查和辅助诊断。通过深入分析用户的健康状况和生活习惯，数字健康能够评估个体的疾病风险，并在疾病发展的早期阶段进行及时的识别和预警，从而实现早期干预。

（3）个性化健康管理与精准医疗：基于大数据分析与 AI 算法，数字健康能够提供更加个性化的健康管理方案，如通过使用智能穿戴设备监测心率、血压等生理指标，根据数据变化调整健康计划；针对个体的遗传特征、生活习惯等因素制定治疗计划，实现精准医疗。

（4）数据驱动与隐私与安全：通过收集、整合并分析个人健康数据、临床数据、遗传信息等多元化数据源，数字健康为医疗决策提供科学依据，支持个性化医疗方案的制定，同时促进公共卫生政策的精准实施。同时，在数据的收集、存储、传输和分析过程中，数字健康高度重视数据安全与隐私保护，采用加密技术、区块链等手段确保数据的完整性与保密性。

（5）服务可及性与便利性：远程医疗服务、移动医疗应用、可穿戴设备等技术的应用，打破了地理限制，使医疗服务不再受时间和地点约束，提升了医疗服务的可及性和患者体验。

（6）可持续性与健康公平：通过技术手段提高医疗服务效率、降低成本，数字健康有助于实现医疗资源的更公平分配，促进全球健康公平，支持可持续发展目标的实现。数字健康系统还具备自我学习与优化的能力，能够根据新的数据输入和环境变化不断调整，适应医疗健康领域的新需求与挑战。

近年来，随着数字技术和信息通信技术的发展，数字健康企业应运而生，以其高效、便捷、个性化的特点受到了广泛关注。据 CB Insights 公司统计显示，众多数字健康公司正致力于为临床医生、医疗健康机构、支付方及生命科学企业打造一系列创新工具。其中，一部分公司正致力于开发新一代药物研发平台，或重新定义临床试验的筹备、执行与参与模式；另有一些公司专注于革新手术流程及提升患者术前准备体验；同时，还有企业正积极探索数据分析的新途径，尤其是针对监控设备与医学影像资料，运用人工智能加速诊断进程，辅助临床医生为每位患者量身定制最合适的治疗方案（图9-1-4）。这一系列努力共同推动着医疗领域的科技进步与个性化医疗的发展。

图 9-1-4　CB　Insights 公司评选出的 2023 年数字健康 50 强企业

（来源：CB Insights）

三、主要国家（地区）的战略布局

在全球范围内，一些国家和地区针对数字健康领域展开了积极的战略布局，以推动医疗健康体系的现代化和提升民众的健康水平。

1. 美国

美国政府高度重视数字健康领域的发展，采取了一系列战略举措以促进该领域的创新与应用。2017 年，FDA 发布了《数字健康创新行动计划》，旨在为数字健康产品的开发和监管提供指导和支持。随后在 2020 年，在其设备与放射卫生中心内设立了"数字医疗卓越中心"，旨在促进合作伙伴关系，推动知识共享以及创新监管方法。该中心专注于移动医疗设备、医疗软件、可穿戴设备的研究与开发，并于 2021 年启动了数字健康软件的"预认证"计划，进一步加速安全且有效的数字健康产品上市。

与此同时，美国国立卫生研究院（National Institutes of Health，NIH）通过《2021—2025 年拓展战略规划》和"凯撒健康计划"（美国凯撒模式：凭借互联网平台，建立了强大的内部信息资源共享系统，患者可在线预约就诊、付费，获取健康教育信息。医生可实时查询病例、治疗方法指南、电子处方，建立患者电子健康档案，管理和监控医疗质量，避免重复检查，实现了医疗机构、医务人员、企业、员工和政府五方共赢），推动机器学习技术在医学研究中的应用，以及远程医疗、患者监测等服务的创新，构建了覆盖全美的医疗健康数据库，提升了医疗服务的可及性和质量。NIH 的数据科学战略计划则致力于优化生物医学数据环境，确保数据遵循 FAIR 原则，推动数据科学生态系统的建设。

美国卫生与公共服务部（Department of Health and Human Services，HHS）也采取了系列措施，通过卫生资源和服务管理局拨款支持弱势群体的医疗服务，加强虚拟护理、远程监测等服务。此外，美国在 2023 年进一步强调了公共卫生数据的开放共享，通过《公共卫生数据策略》和《2023—2028 数据战略》资助数据人才培养、数据共享、AI 负责任使用等领域，并具体实施了癌症登月计划和实时信息管理生态系统，以期在癌症防治和公共卫生应急响应上取得重大突破。

2. 欧盟

欧盟在数字健康领域的发展始于 2002 年，当时欧盟委员会资助了 231 万欧元用于研发健康早期警报和远程监控系统，特别是针对心脏病的监测。2016 年，为进一步满足复杂慢性病患者的个性化需求，欧盟投资 496 万欧元启动了 CONNECARE 项目，该项目旨在开发一个综合护理系统，以促进自我管理与个性化医疗决策。近年来，欧盟成员国普遍推进国家数字健康战略，尽管内部发展不均衡和数据共享机制尚待完善。

2019 年，欧洲创新与技术研究院健康部（European Institute of Innovation and Technology-Health，EIT-Health）启动了"数据拯救生命"倡议，旨在建立一个健康数据共享平台，同时构建国家健康数据大使网络，以加强数据管理。EIT-Health 还致力于为 2 型糖尿病患者开发自动血糖控制解决方案。同时，欧盟委员会发布《欧盟数字指南针》和《数字健康十年》报告，明确了数字健康三大方向：互联健康、精准医疗和数字孪生,并列出了十大关键应用领域,旨在通过数字化手段改善医疗健康、防控疾病、应对健康挑战(表9-1-1)。此外,欧盟于2022年推出的《欧洲医疗数据空间条例》致力于打破数据壁垒,促进跨境健康数据交换。目前,部分成员国已实现电子处方、健康数据共享等。由此,欧洲在个性化护理、预防保健、综合护理、数字化手术、远程医疗、临床研究创新、精准医疗、细胞和基因疗法、侵入性手术模拟、器械与药品研发等方面取得了显著进展,展现了数字技术在提高医疗效率、扩大健康服务覆盖、优化资源配置等方面的巨大潜力。

表9-1-1 欧洲数字健康的十个关键应用领域

领域	内容	应用举例
个性化护理	远程监控设备有助于收集更可靠的纵向数据,制定个性化干预措施和量身定制的护理计划,并促进医疗健康专业人员的后续工作	在癌症治疗中,一个数字"伴侣"(用工具和信息补充药物的门户网站或应用程序)可以帮助患者和医生根据患者的临床病史、当前状态和诊断报告做出个性化的临床决策
预防保健	预测算法使及时、个性化的干预成为可能,由远程监测设备收集的数据提供支持,可以通过预防慢性疾病和减缓其进展,改善患者生活质量	医疗设备可以捕捉心率、血氧和血糖水平,或呼吸模式的信息,监测疾病趋势,并向患者和护理团队及时报告预防措施
综合护理	当考虑复杂的健康决策时,如在慢性病管理方面,必须优先考虑方便患者的方式,同时整合不同的护理服务	数字平台可以连接传感器和设备,包括应用内视频聊天和其他呼叫或消息功能,方便糖尿病患者与护士和护理团队进行沟通
数字化手术	使用包括机器人和应用程序在内的一系列互联网医疗技术	通过整合数据分析,为手术团队提供更好的见解,帮助患者在术前、术中和术后进行护理,有助于减少医疗干预的侵入性,提供更有针对性的手术培训,并有助于预测和减少患者结果的可变性
远程会诊、监测和护理	远程护理超越了纯粹的"数字化"护理。它允许从业者优先为那些有风险的人进行面对面咨询,同时仍然为所有患者提供有效的护理。它还有助于解决日益严重的保健不平等现象和"医疗荒漠"(medical deserts),即那些获得医疗服务的人较少的地区	在一家法国公司提供的远程咨询中,有30%是在医疗不发达地区进行的,已证明远程护理和远程保健的普及对心血管和肺部疾病患者有益。2021年,超过60%的欧洲医疗健康提供者投资了远程医疗服务,并计划在2022年对该领域增加投资

续表

领域	内容	应用举例
临床试验和研究的创新	欧洲的临床试验在传统上受到每个国家人口规模的限制，严重阻碍了患者的规模和代表性，并推迟了挽救生命的治疗和药物的开发。数据科学和数字技术可以帮助创新临床试验，通过使用可穿戴设备或远程医疗等手段，增加医疗参与度，同时增加数据的多样性，包括来自老年人和生活在偏远地区的人群数据	早期迹象表明，分散的临床试验将数据质量提高了41%，参与者招募率提高了43%，保留率提高了32%，节省了39%的时间
精准医疗（基因组学）	分析基因组数据是一个广阔的领域，可以更好地了解患者的状况和遗传背景，并有很大的潜力来预防疾病，但同时也依赖于大量的基因组测序	将基因组数据与其他健康信息相结合，通过如"欧洲健康数据空间"之类的平台，将构筑一个更为深广的数据资源库，以助推探索及开发个性化医疗方案，同时在促进高端诊断技术方面同样至关重要。持续积累和分析基因组数据将是开启精准医疗新时代的关键所在
细胞和基因疗法	近年来，细胞和基因疗法的数量稳步增加，但是这些疗法依赖于支持性的数字政策，以及适当的数据基础设施和治理措施，以实现真实世界的数据和证据	在儿童中，嵌合抗原受体T细胞免疫疗法（CAR-T）输注3个月后，81%的患者病情缓解，而接受替代化疗药物治疗的患者只有20%病情缓解。在成人中，患者在治疗后存活两年的可能性是接受常规治疗方案的患者的2.5倍
量身定制的侵入性手术模拟	器官和其他生物系统的数字模型可以帮助定制治疗或计划手术	欧洲的公司已经开发出一种人类心脏的"数字孪生"，以便为个别患者量身定制心脏病治疗方案，包括在数字心脏中模拟侵入性临床程序（如植入支架）
加速器械和药品研发	数字模型和数字孪生是优化治疗、提高安全性以及缩短救命药物上市时间的工具	使用人体肺部的数字孪生（针对具有不同颗粒大小、吸入速率和初始位置的不同患者模型）模拟药物输送，结果显示准确率提高到90%，远远高于传统气溶胶方法常见的20%

3. 英国

英国AI医疗行业迅速发展，英国政府于2018年投资5000万英镑与艾伦·图灵研究所携手吸引顶尖AI人才，深化医疗领域应用。通过互联网强化医患转诊管理，构建以全科医生为核心的分级诊疗体系，提升数据开放性。2019年，英国政府斥资2.5亿英镑设立AI实验室，旨在利用AI技术加速癌症等疾病早期诊断和个性化治疗，同时推动数字心理疗法的普及。2020 年，英国国家医疗服务体系（National Health Service，NHS）与英国国家卫生与临床优化研究所（National Institute for Health and Care Excellence，NICE）合作评估数字健康干预对行为改变的影响。

2021 年发布的"卓越标准"（What Good Looks Like）构建了数字医疗转型的综合策略，包括确立数字专业知识体系、组建多学科团队、强化数据安全、促进服务数字化，并鼓励开发人群导向的护理模式。2023 年，NHS 指出，医疗数字化面临数据、设备监管、数据共享和基础设施等挑战，并提议支持"软件作为医疗器械（Software as a Medical Device，SaMD）"计划，旨在优化数据治理，确保数据访问，并建立评估体系。同年，英国下议院报告强调，需解决遗留 IT 问题、培养数字专业人才、消除数字排斥，确保所有人群都能公平享有医疗资源，无论其数字技术熟练度或语言背景。

4. 中国

我国现阶段面临医疗资源地域分配不均、人口老龄化加剧及慢性病频发等挑战，健康服务需求与供给矛盾突出，亟须创新解决方案。在此背景下，数字健康应运而生，成为破解难题、推动健康事业发展的新引擎。自 2015 年起，中国政府相继出台多项政策，如《促进大数据发展行动纲要》和《"健康中国 2030"规划纲要》等，旨在通过大数据、AI、3D 打印、医用机器人等技术，构建智能医疗体系，推动个性化健康管理，提升医疗服务效率与质量。

特别是在"十四五"期间，政策导向进一步明确，强调加速数字健康服务发展，促进医疗数据共享，建设智慧医院，强化"互联网＋医疗健康"服务，同时重视数据安全与隐私保护，建立相应的管理体系。此外，国家发展和改革委员会的《"十四五"生物经济发展规划》更是聚焦基因检测等先进技术，推动疾病预防和个性化医疗的突破。

科技部也积极响应政策号召，推出一系列研发计划，包括 2017 年推出的"智能机器人"和"主动健康和老龄化的技术响应"，旨在推动医疗机器人的基础研究和系统设计；2018 年推出的"数字诊疗装备研发"计划，进一步推动医疗设备的技术进步；2021 年推出的"生物与信息融合（BT 与 IT 融合）"，涵盖不同类型医疗机器人的基础研究或系统设计。

放眼全球，各国在数字健康领域的发展各具特色。例如，德国通过《数字医疗法案》（Digital Healthcare Act），推动了个人健康数据管理与远程医疗服务的便捷化。日本构建了综合医疗服务模式，实现了医疗信息的跨机构共享，有效控制成本。新加坡的健康云服务和"老年人监测系统"展示了其在电子健康记录和智慧健康云领域的进展。爱沙尼亚作为数字政府先驱，凭借创新的数字身份系统和区块链技术，实现了医疗记录的高度数字化。

综上，在全球范围内，美国在智能医疗设备领域保持领先地位，医疗机构广泛采用远程医疗服务。欧盟数字医疗市场活跃，德国作为第二大医疗设备生产和出口国，贡献显著。英国在 AI 医疗应用方面快速发展。中国则强调"健康中国"战略下智慧医疗装备的重要性，加速相关产业成长。这些布局与举措不仅推动了各国数字健康产业的蓬勃发展，也为全球医疗健康数字化转型树立了典范。

第二节 研究现状及进展

一、数字化预防与管理

数字化预防与管理是一种创新的健康管理模式，其充分运用了现代信息技术，包括但不限于移动健康、电子健康记录、大数据分析、人工智能、云计算、物联网等，对个体及群体的健康状况进行实时监测、预警、干预和管理。这一模式在健康管理领域展现出了巨大的潜力，通过以下几方面实现对疾病的有效预防和健康管理的优化。

1. 疾病风险预测和识别模型的研发及应用

医疗健康领域正经历着由 AI 引领的革命性变革，其技术进步在临床研究、机器人助手、大数据分析、基因组学和精准医疗等方面展现出广泛应用。AI 的核心技术，如机器学习、深度学习、知识图谱、自然语言处理、人机交互、计算机视觉等，正逐步渗透到医疗的各个层面。在临床实践中，AI 和机器学习的应用已取得了显著成果，特别是在医学成像、心脏病学和紧急护理领域。近年来，美国 FDA 批准的 AI/ML 算法数量急剧增长。

AI 算法通过智能应用和可穿戴设备收集数据，结合大数据分析，为用户提供即时的的疾病风险预测，这不仅有效指导患者和医生调整医疗和生活方式，同时助力政策制定者制定区域健康策略。例如，在一项旨在通过预测餐后血糖反应来预防糖尿病的研究中，通过监测 800 人每周 46898 顿饭的血糖反应，研究人员使用整合血糖参数、饮食习惯、人体测量学、身体活动、肠道微生物群和其他因素的算法，成功预测了血糖反应的变化，并通过个性化饮食降低了糖尿病风险。

AI 平台为改善面向患者的服务提供了机遇。通过汇集数据源和服务集中化，AI 平台能够提供更加丰富和精准的医疗服务。远程医疗的兴起是 AI 平台改善患者服务的例证之一，通过整合电话、文本、视频咨询等多源信息，利用机器学习分析，完善患者记录，优化医疗服务。

数字健康技术推动了远程监测的普及，这些技术在疾病监测中发挥重要作用，显著改善了患者的结局。例如，可穿戴数字健康技术在心血管疾病监测上表现突出，包括智能手表监测心房颤动，尽管不同设备的信号质量和准确性各异，但已有多项研究表明其在心律失常检测上的潜力。然而，临床医生应该意识到，不同类型的腕戴式设备在信号质量上存在差异。一项研究对比了市售的三种单导联设备中检测心房颤动的专有算法的诊断准确性，发现其灵敏度范围为 78%~88%，特异性范围为 80%~86%。当排除未分类的心电图及心脏电生理学解释结果时，这些数字有所改善，但噪声或伪影也会使临床医生的解读变得困难。据称，有 2%~15% 的心电图在制造商中无法解释。尽管目前尚不清楚是否存在标准化的性能指标或监管批准的阈值，但美国 FDA 已经发布了指南，以在 2019 年 COVID-19 大流行期间扩大非处方心电图产品用于远程患者监测。此外，FDA 在 2023 年无限期延长了该指南，以支持使用面向患者的心电图和其他无创远程患者监测设备。这些设备可以帮助减少不必要的患者接触，减轻医疗提供者的负担，并通过增加数字健康技术（Digital Health Technology，DHT）的机会来促进健康公平。

尽管可穿戴 DHT 的采用率在不断提高，但其临床潜力仍未充分释放。在实际应用中，需要通过计算、分析、整合多源生理数据，并可能涉及护理模式创新、团队合作流程重组。以心力衰竭远程监测为例，该技术已从简单的居家监测发展到连续传感器和智能可穿戴设备的使用，但仍面临设备选择、预测分析实施、数据库扩建和可持续工作流程构建等挑战。

尽管面临诸多障碍，AI 和可穿戴技术的持续发展无疑正逐步重塑医疗健康的未来，向着更高效、个性化和普及化的方向迈进。

2. 疾病的数字化评估及进展模型的研发及应用

近年来，生物医学研究进入数据密集时代。得益于高通量组学技术和质谱技术的飞速发展，从基因组到环境组等多个组学层面上的数据积累速度达到了前所未有的水平。面对这一科研新范式，传统计算生物学需与云计算、区块链、AI 等前沿信息技术融合，结合生物技术以高效解析生物医学大数据，促进跨学科数据汇聚研究。构建适宜的数据密集型科研支撑系统，不仅能够帮助科研人员和临床医生从系统层面深入挖掘大数据价值，而且促进了生物医学大数据与医疗过程数据的有机结合，成为疾病评估研究的热点。例如，浙江省义乌市卫生健康局通过 AI 和大数据技术，依托区域信息平台，结合医疗记录与居民健康档案，成功构建了针对糖尿病、高血压等五种慢性病的精细化风险评估模型。该模型能预测居民未来十年的慢性病风险，助力居民提前干预，调整生活方式，实施健康管理，同时依据血压、血糖等关键指标计算"健康指数"，形成个性化的健康管理方案。该模型应用后，已完成超 90 万人的健康评估，预警了 20 余万居民的疾病风险，并为近 40 万高风险个体制定了个性化管理策略，显著提升了健康管理的效率和针对性。

数据驱动的疾病进展模型作为一种新兴工具，结合了人类先验知识与大规模数据分析，能够在有限数据的基础上预测长期疾病的发展轨迹。这些模型可分为现象学模型与病理生理学模型，前者专注于疾病分期、预后预测等，技术更为成熟；后者则致力于疾病机制探索，尚处技术早期。随着研究深入，两者开始融合，通过跨尺度数据整合，模型的预测能力和个性化程度得以提升，如在阿尔茨海默病研究中，对淀粉样蛋白假说的修正与多变体概率模型的提出，为理解疾病复杂性、修订临床分类及治疗策略开发提供了新视角。

目前的大多数模型都依赖于一组预先指定的输入特征，这限制了可以推断疾病时间线的丰富性，未来的工作可以通过仔细考虑使用纵向数据或干预研究、利用和学习因果效应来放宽假设，以模拟治疗反应。此外，组学信息的整合可以增加现象学和病理生理学模型提供的生物学洞察力。迄今为止，疾病进展模型和遗传学之间的关联主要是事后确定的。未来，疾病模型的发展趋势将聚焦于跨尺度整合多组学数据的模型，利用纵向数据和干预研究探索因果关系，以增强生物学洞察。遗传学与疾病进展模型的结合，将从后验分析转向前瞻性设计，通过多组学数据整合，揭示遗传风险因子如何影响疾病进程。针对老年人常见的多病症情况，模型还需考虑多病共存效应和广泛的病理生理机制，如代谢、血管及炎症因素，以实现更全面、精准的疾病理解和管理。

总之，数据驱动的方法正深刻改变着人们对疾病的理解和应对策略，为精准医疗和个体化健康管理开辟新路径。

3. 疾病及健康管理系统的研发及应用

可穿戴技术在医疗健康中扮演着日益重要的角色，它可以持续监测身体活动、行为及生理生化指标，广泛应用于从心血管疾病到神经认知障碍等各类健康问题。这些设备设计灵活，可利用先进技术监测多样化的生理和心理指标，如心率、血压、体温、血氧饱和度等，适用于身体多个部位，如手腕、头部、眼部及直接贴合皮肤，为医疗健康监测提供便利，对于多种疾病的诊断和健康评估具有重要意义。特别是基于皮肤的可穿戴技术，因为皮肤是非侵入性监测的理想界面，既能监测生理活动，又能进行心理健康监控，对心血管疾病和神经肌肉疾病管理也尤为关键。依据皮肤接触方式可以分为两类，一类是嵌入衣物的纺织品基设备，另一类是直接粘贴皮肤如同文身的电子皮肤（e-skin）。这些技术的创新不仅拓宽了监测手段，还实现了通过对汗液等分泌物的分析提高诊断能力，推动了个性化医疗和健康管理的进步。

在慢性病管理领域，可穿戴数字健康设备（Health Wearable Devices，HWD）展现出巨大潜力。慢性病如心血管疾病、糖尿病和神经系统疾病，对全球健康构成严峻挑战，占全球死亡原因的 3/4，并造成重大经济损失。HWD 通过集成目标受体与传感器，能持续监测患者状况，对疾病管理至关重要。鉴于全球超过 10 亿人患有高血压，其中2/3 居住在缺乏足够医疗资源的发展中国家，因此，日常血压监测尤为关键。高血压作为"无声杀手"，其未被充分监控导致了大量早逝案例，已威胁到世界卫生组织降低高血压目标的实现。为此，科研人员已开发出一种创新血压监测贴片，采用无袖带设计，结合柔性压电传感器和表皮心电图（ECG）传感器，以文身般的佩戴方式实现连续、舒适地血压监测。该技术对皮肤微弱生理信号高度敏感，展现了对传统监测手段的显著改进。此外，除上述基于文身或纺织品的设备，市场上还出现了各式各样的可穿戴监测工具，如智能手表、可穿戴背心和皮肤贴片，甚至植入式设备，它们利用不同生物标志物监测呼吸频率等关键参数，对管理心血管和呼吸道疾病具有重要意义。这些技术的进步，不仅体现了医疗监测手段的多元化，也为患者提供了更加个性化和便捷的健康管理方案，进一步推动了数字健康领域的发展。

HWD 在心力衰竭（简称心衰）管理上同样扮演着关键角色。该疾病影响着全球约2600 万人，加重了医疗经济负担。HWD 的进展不仅限于诊断和监测心衰，还能提前几天预测病情，如通过心率、胸阻抗、心电图和血氧饱和度等参数预警，这些数据通过电子电路实现无创测量。一旦检测值超出预设安全范围，HWD 即刻通过云服务发送警报至患者和医疗人员，促发及时干预。

HWD 在神经系统疾病的管理上同样成效显著。例如，通过脑电图、眼电图和运动监测辅助诊断癫痫、帕金森病和阿尔茨海默病；利用眼动（EOG）的可穿戴设备可间接检测神经系统问题；在帕金森病患者中，通过监测跌倒风险，揭示了患者跌倒概率较健康人群高一倍。Lonini 等人开发的智能系统利用机器学习从可穿戴传感器数据中识别帕金森病症状，如运动迟缓和震颤。痴呆尤其是最常见的阿尔茨海默病，影响着全球5000 万人，每年新增病例达 1000 万。针对痴呆患者的护理，Kwan 等人倡导的智能辅助技术（Intelligent Assistive Technology，IAT）通过 AI 与环境技术融合，为患者定制可穿戴设备，监测心率、皮肤电活动等，以适应性辅助管理，提升生活质量。这些技术的进步，不仅在预警和管理复杂疾病上展现出巨大潜力，也通过个性化监测促进了对患者更全面的照顾。

此外，可穿戴技术正逐渐成为消费者健康管理的关键工具，不仅可以帮助用户监控体重、运动量，还在疾病预防、患者管理和临床决策中扮演重要角色。通过持续的数据收集，可穿戴设备不仅提升了护理质量，而且降低了医疗成本，尤其是在家庭康复等场景中。伴随技术的进步，这些设备生成的海量数据为 AI 研究带来新机遇。同时，新型软、硬件技术的发展使设备更加灵活轻便、适应性强，适合医疗健康应用。在材料科学的推动下，新型柔性电子设备如雨后春笋般涌现，如使用聚对苯二甲酸乙二醇酯（Polyethylene terephthalate，PET）、聚二甲基硅氧烷（Polydimethylsiloxane，PDMS）、Ecoflex（一种柔软的有机硅橡胶材料）等柔性材料，以及有机硅和聚合物薄膜，这些材料的柔韧性高，可延伸性极佳，Ecoflex 的延展性甚至可达 900%，接近人体皮肤特性，而且成本效益和能效俱佳。集成的传感器和电路设计让设备能够持续监测，而蓝牙、近场通信（Near Field Communication，NFC）、Wi-Fi 和无线局域网（Wireless Local Area Network，WLAN）等无线技术让数据传输实时无缝。这些 HWD 通过测量心电图、肌电图、脑电图乃至眼电图等多种生理参数，实现对心脏、肌肉、大脑及眼部功能的非侵入性监测，在即时监测和预警系统中尤为重要，尤其适用于现场快速诊断（Point-of-Care Testing，POC）。POC 可穿戴设备通过减轻医院的负担并提供更可靠、更及时的信息，彻底改变了医疗健康系统。

当前，可穿戴设备在评估身体活动强度和热量消耗方面也已颇为流行，尤其受到追求健康生活的消费者青睐，他们倾向于利用这类设备监控体重管理进度。尽管有证据显示可穿戴设备能激励用户增加活动量，但关于其在减肥方面的科学依据尚显不足。韩国一项涉及 1000 名 5~6 年级学生的随机临床试验，探讨了可穿戴设备与智能手机结合在应对儿童肥胖方面的效果，通过观察行为改变和身体指标变化，为该技术在体重控制上的有效性提供了科学依据。

同时，数字健康技术对老年群体也十分重要，不仅有助于实时监控老年群体的健康状态，还为医疗专业人员提供了个性化照护建议。对于易走失的老年痴呆患者，数字健康通过联动紧急服务和导航定位服务，以确保安全。老年人可自主获取卫生服务和社会关怀，对其日常生活模式的监测有助于早期识别认知衰退迹象，如老年痴呆等。此外，数字健康技术可辅助老年人管理运动和饮食，有效控制 2 型糖尿病等慢性病，促进健康生活方式的选择，如规律锻炼、均衡饮食和戒烟戒酒。主动搜集健康信息更是防病于未然的关键措施。总之，数字健康技术为老年人编织了一张全方位的健康防护网，提升了他们的生活质量和自主管理能力。

二、数字化筛查与诊断

"病从浅中医"，及早识别与干预重大疾病，对于改善治疗效果、提升生活质量至关重要。例如，通过简单的生活调整即可有效预防卒中，而癌症等若能在早期发现，治愈率可显著提高，五年生存率可超九成。院前筛查作为成本效益高的预防措施，能在基层医疗机构实施，其针对高风险群体进行，实现疾病早预警、早治疗，尤其在人口老龄化与健康意识提升背景下，需求日益增长。数字健康技术通过应用程序和可穿戴设备等，使患者能自我管理健康，如连续监测压力并智能调节，或集成多源健康数据，利用机器学习辅助诊断，为临床决策提供支持，并预警潜在风险。在协助临床决策的同时，可以预测患者可能面临的风险，提前通过云计算器和大数据给出建议。开放的移动医疗框架正逐步形成，降低了参与门槛，促进了医患互动，提升了医疗服务效率与可及性，同时强化了医生间协作，减少了医疗错误，为患者提供了更为经济便捷的治疗选择。

1. 健康筛查工具的研发及应用

AI 在医学领域的运用广泛，涉及疾病筛查、诊断、治疗策略规划，以及 AI 辅助影像、手术机器人、患者追踪管理等。它可以依据患者症状和大数据优化诊疗方案，利用智能影像技术助力癌症等疾病诊断，通过临床决策支持系统（Clinical Decision Support System，CDSS）、智能影像分析、三维重建等技术提高诊断精度和疾病风险管理。同时，AI 强化了社区医疗能力，缓解资源分配不均，在慢性病管理、门诊流程优化、患者引导等方面展现强大潜力。随着大数据、物联网、5G 技术融合，AI 医疗应用前景广阔，如远程医疗、自动化筛查和机器人手术等，正逐步在某些领域展现出超越人类的表现。如 2018 年，中国研发的 AI 在神经影像诊断比赛中战胜了顶尖人类专家团队，预示着 AI 在医疗领域的革新步伐。

美国是 AI 医疗应用的先行者，早期聚焦于预测分析、聊天机器人和健康追踪器，以预防性措施维护患者健康，实时监控并预警紧急状况，同时通过 AI 处理医生咨询，促进专家对接。如英伟达自 2016 年起与顶级医院合作，利用其 DGX-1 深度学习系统处理庞大医学影像数据，并计划拓展至电子病历和基因组研究。微软携手克利夫兰诊所，运用其研发的全球首款人工智能助理 Cortana 对重症监护病房患者进行风险预测。约翰·霍普金斯医院引入预测算法优化运营，通过与通用电气公司合作，其患者接纳能力显著提升，救护车调度、急诊床位分配效率及早出院比例均有明显增长。此外，梅奥诊所在 2017 年与 Tempus 公司合作，通过机器学习平台对千名患者进行分子层面的个性化癌症治疗研究，进一步彰显了 AI 在医疗领域的广泛影响与潜力。

2022 年，上海市瑞金康复医院引入"肺结节智能筛查 AI 系统"，该系统能快速处理肺部 CT 影像，仅需几秒钟即可完成原本需 10~30 分钟的阅片诊断。AI 系统的优势在于能瞬间识别 1~3 毫米的小病灶，显著优于人眼，同时提供结节的详尽信息，包括大小、位置、密度及良恶性初判，并自动生成报告来辅助医生决策。AI 技术还能通过 12 导联心电图结合深度学习，有效识别出隐蔽的心脏疾病，如主动脉瓣问题、心脏功能障碍及肥厚型心肌病等。超声心动图领域的人工智能增强（AI-ENHANCED）研究表明，AI 能精准识别出传统方法可能遗漏的主动脉瓣狭窄高风险患者，为临床医生提供重要参考，促进了个性化治疗和精确随访。

此外，AI 结合远程超声技术，有助于基层医院依托上级医疗机构资源进行高效筛查。房颤作为一种隐匿性卒中风险因素，传统筛查常遭遇漏诊。在可穿戴设备领域，一项大规模房颤人群筛查研究——mAFA- Ⅱ，在 2018—2021 年间对 2852217 名受试者进行基于光电容积脉搏波（Photoplethysmography，PPG）mHealth 技术的智能手环房颤筛查，结果显示出有效的筛查房颤、降低卒中风险的能力，凸显了可穿戴技术在疾病早期发现中的价值。

机器学习和大数据分析在大规模人群筛查中展现出广泛应用潜力。它们通过整合遗传、影像及临床数据，助力早期疾病识别，如利用 AI 和影像组学提高癌症诊断准确性，并开发出针对肺癌高风险人群的管理策略。有研究利用语音识别技术，对来自 7 个国家的大规模人群参与者的语音录音进行分析，开发了可以准确区分帕金森病的人群和健康对照组的筛查模型。美国西奈山伊坎医学院利用机器学习技术和大型全国性代表数据集——美国国家健康和营养检查调查（National Health and Nutrition Examination Survey，NHANES）开发和验证了青年糖尿病风险筛查工具的有效性。在流行病学应用中，通过分析大规模健康数据，能识别疾病风险和高危群体，如始建于 1948 年的美国弗雷明汉心脏研究（Framingham Heart Study，FHS），现在已经利用 AI 优化研究流程以提高研究质量，并采用可穿戴设备结合网络问卷等手段采集信息，利用机器学习算法进行全面、快速的数据分析，进行心血管疾病的流行病学研究。中国研究团队构建的马尔可夫模型，证明了远程眼病筛查的经济效益，为新型数字眼科筛查技术的准入、落地及定价等战略性考量决策提供有力的数据支撑。该模型还可以开展流行病学筛查的成本效果分析，以便更好地为公共卫生决策提供科学证据。在个性化医疗方面，机器学习可解析基因组数据指导个性化治疗，同时结合可穿戴设备监测数据，预测个体的健康风险，有助于慢性病的管理。这些进展不仅提升了筛查效率和准确性，还为公共卫生决策提供了科学依据，推动了医疗健康管理的个性化和精准化进程。新基因组技术加速了罕见病的诊断，提高了准确度，并激发了将其应用于大众筛查以识别疾病遗传风险的兴趣。英国于 2023 年启动了两项基因组学项目：一是"基因组英格兰新生儿基因组计划"，拟对超 10 万新生儿进行全基因组测序，探讨 200 多种疾病；二是"我们的未来健康"项目，计划通过 NHS 招募 500 万成人研究遗传变异，并反馈个人疾病风险信息，彰显了基因组学在公共健康中的潜力。

然而，当前医疗 AI 仍处于弱 AI 阶段，主要用于影像识别等无须深度医患交流的领域。未来，AI 技术的进步有望深刻改变医疗模式、促进医学发展，并重塑行业格局，但同时也面临诸多挑战，如高昂的初期投入、职业岗位潜在冲击、部署难度、医者接纳度低、监管不明晰、数据缺失、隐私安全顾虑，以及 AI 系统间的兼容性问题等。

2. 体外诊断工具的研发及应用

随着临床研究、化学和生物传感技术、嵌入式电子，以及云分布式软件和服务的重大进步，医疗健康正迈向一个全新的时代。在这些创新中，AI 驱动的体外诊断（In Vitro Diagnostic，IVD）领域或许是最为成熟的，将显著优化医疗决策，借助图像识别、自然语言处理等工具，为医生提供强力辅助，改变过往依赖经验和个体分析、耗时且易错的诊断模式。尤其是定点照护（Point of Care，POC）诊断技术，如微流控和芯片实验室，能够在几分钟内产出结果，加速决策过程。

智能诊断技术利用 AI 大幅提升了体外诊断的效率和成本效益。通过整合多种检测手段、高灵敏的生物传感器、先进的分析软件、AI 推理支持以及与电子健康记录系统的紧密配合，这项技术实现了诊断水平的全面提升。其亮点在于能够随时间追踪个体的健康模式，利用 AI 精准识别个体疾病的早期迹象。这超越了传统群体基准值应用的局限，有效地应对了个体间生物变异的挑战。例如，在一项用于预测卵巢癌 CA-125（一种血液中的糖蛋白，通常用作卵巢癌的肿瘤标志物）纵向测量的研究中，生物标志物个性化阈值的应用将在同一时间或比人口阈值更早地捕获除一例之外的所有卵巢癌病例，相对于人群阈值，个性化阈值将平均早一年检测到卵巢癌。这种精确诊断方法对体外诊断领域具有重要意义，并将在未来的智能诊断中发挥重要作用。

当前，AI 正逐步对临床医生产生深远影响。对于临床医生而言，AI 的应用使医学影像的解读更加快速和准确；对健康系统来说，AI 有助于改善工作流程和减少错误；对患者来说，AI 技术的发展让他们能够更好地掌握和管理自己的健康数据，从而在健康管理上变得更加自主。截至 2020 年，FDA 已经批准了 64 个基于 AI 的设备和算法，其中 85.9% 获得了 FDA 51（k）批准，12.5% 获得了从头批准，1.6% 获得了预市场批准（Premarket Approval，PMA）。然而，尽管 AI 在医学中具有巨大潜力，但这些工具的转化受到了一些挑战的限制，包括透明度问题、算法训练和验证中的偏见，以及隐私和安全问题。在未来 5~10 年内，智能诊断将不仅仅涉及一些广义 AI（如 IBM 公司开发的认知计算平台 Waston），而是由精心策划的数据集训练的狭窄算法，专门针对其使用适应证。这种普遍和基于 AI 的体外诊断有可能在未来几年以指数方式改善卫生保健。

3. 影像诊断工具的研发及应用

随着 AI、手术机器人、混合现实（Mixed Reality，MR）等前沿技术的融入，医疗服务正经历着智能化转型，提升了疾病的诊断与治疗效率。AI 在临床决策支持系统中的应用，已在肝炎、肺癌、皮肤癌等疾病上显现成效，甚至在皮肤癌诊断上，AI 的准确性已开始超越人类医生，如有研究利用深度神经网络对皮肤癌进行了媲美皮肤科医生级别的分类。机器学习系统在病理学和医学成像上的表现，往往优于经验丰富的医生，IBM 公司的 Watson 正是这类智能系统的杰出代表，它通过综合分析临床数据和文献，对糖尿病和癌症的诊断提供了有力支持。临床决策支持系统的应用，不仅提升了诊断的准确性和时效性，还减少了医疗错误，确保患者获得更精准的治疗。

在影像诊断中，利用深度学习解析计算机断层扫描（Computed Tomography，CT）、磁共振成像（Magnetic Resonance Imaging，MRI）图像，有助于加速病变检测，减少误诊。荧光信号的图像分析可转化为数字化疾病指标，以分数形式直观传达给患者及医生，该 AI 诊断系统经临床验证，有助于多种疾病早期识别及严重度评估，如心血管疾病、口腔癌等。智能诊断平台潜力巨大，通过跨生物标志物分析，可应用于多种肿瘤的早期检测，包括口腔至宫颈等多个部位，增强了治疗的个性化与疾病管理的效率，标志着医疗领域的一次革新性跨越。

智能诊断技术的精进，提高了患者状况评估的精确性，促进了个性化治疗方案的制定，这在肿瘤放疗、手术操作等环节尤为明显。智能放射组学帮助实时监测肿瘤放疗效果，而手术机器人提升了手术的精确度和安全性。麻省理工学院研发的 AI 模型，仅通过分析睡眠时的呼吸模式就能诊断帕金森病，并评估其严重程度，为患者监测和管理疾病提供了新途径。

尽管智能诊断技术具有巨大的潜力，其全面实施仍面临挑战，如现有系统多专注于单一疾病领域，缺乏广泛的诊断覆盖；高质量训练数据的获取受限于医疗数据的孤立性。未来，随着这些问题的逐步解决，智能诊断系统将覆盖更广泛的疾病，实现数据共享，从而在医疗实践中发挥更大的作用，让智能医疗真正走入寻常百姓生活，为全球医疗健康事业带来革命性变化。

4. 远程诊断平台的研发及应用

医学影像技术的进步与 5G 智慧医疗的结合，使影像数据分析更为迅速和准确，影像存储和传输系统（Picture Archiving and Communication System，PACS）与 AI 技术的整合优化了医疗决策流程，提升了诊断质量和效率。远程超声技术的演进，特别是 5G 技术的引入，解决了 4G 时代的低速率、高延迟问题，使远程超声检查得以广泛应用，特别是在心内科、产科、急诊科等领域。加拿大的远程超声会诊网络就是一个成功的案例。

5G 与 AI 结合的影像诊断技术，依托 PACS 系统影像数据，运用大数据和 AI 模型分析医学影像，辅助医生精准判断病情与病灶，有效应对高水平医生稀缺、医疗资源分配不均及影像误诊问题。5G 的高速、低延时特性确保高清影像实时传输，实现远程即时阅片，既减轻患者负担，又助力基层医技提升。相比有线远程会诊的局限，5G 不仅降低了成本、增加了灵活性，而且通过支持 4K/8K 分辨率的远程会诊和快速数据共享，提高了诊断精确度与时效性，推动优质医疗资源更广泛覆盖。尽管远程诊断已取得显著进展，但仍面临低速网络下信号质量欠佳的挑战，这直接影响了诊疗效果与准确性，凸显了持续优化技术、提升网络性能的重要性。随着 5G 技术的发展与应用，远程诊断将得益于其高速率、1 毫秒级别的低延时传输优势，使医生基于在线实时视频完整报告资料的远程会诊中，大大提高远程诊断的效率与准确度。此外，5G 网络拥有 10 倍于 4G 的峰值速率及毫秒级的时延，基于 5G 网络技术的远程超声会诊，可满足在移动环境下实现高分辨率超声影像数据与高清音视频会诊画面的实时同步传输，为患者完成病历分析、超声影像诊断、视频远程会诊等流程，进一步确定具体治疗方案。远程超声技术可应用于产科及心内科、院前急救、多学科远程会诊、偏远地区和农村患者的远程诊断等场景。例如，郑州大学第一附属医院与华为、中国移动进行三方合作，成功地完成了B 超等多项 5G 远程诊断实验。借助 5G 技术，可实现将本地端无线 B 超探头作为操作柄，灵活操控异地端机械臂的功能，实现跨地域的远程诊断操作，从而使医疗资源得到了充分利用；浙江大学第二附属医院联合浙江移动、华大基因和华为，成功通过 5G 网络进行远程 B 超触感回传，将图像快速传递至后方医院进行快速诊断，极大地提高了诊断效率。

数字诊疗还体现在使用远程超声（remote ultrasound）技术进行筛查和诊断，所支撑的技术包括远程通信、信息学及超声医学。远程超声有同步和异步两种实现模式，所使用的技术也从开始的单一电视监控或电话远程会诊逐渐发展为基于移动通信设备、有线或无线网络等对数字、图像、语音等综合传输。目前，远程超声已经应用于心内科、产科、急诊科等科室，并成功完成了远程心脏超声和胎儿远程超声检查和诊断。传统的远程超声技术是指设置会诊端和远程端，将偏远地区疑难病例的图像通过网络传输到会诊端，会诊专家基于上传的图像提供诊断及决策分析，但 4G 技术有较严重的低速率、高延迟等问题，不能满足远程超声的技术要求。5G 技术具有高速率、低延迟、大连接等特点，通过基层医师或急救车内医务人员将患者的信息、医疗设备所采集的数据及影像学图像实时上传至会诊端，实现院外急救和院内治疗的对接。目前，发达国家的数据网络支持远程超声检查，能获得质量较高的诊断画面，也建立了三级远程超声会诊中心。加拿大是率先开展远程超声会诊的国家之一，其建设了比较完整的远程超声会诊中心，并与农村地区建立了医疗联系。

增强现实（AR）和虚拟现实（VR）在远程医疗中的作用也逐渐凸显，在医学成像、外科手术、临床治疗、远程医疗、医学 / 健康教育等方面具有巨大的应用前景和价值。AR 是将计算机处理后的虚拟模型图像叠加到现实场景中，对现实场景进行增强的一种技术。AR 技术的基础学科是计算机视觉（computer vision），其在医疗行业的应用在不断增长，如医生可以通过 AR 进行高精度、复杂的手术，同时也可以使远程手术的实施更加方便，而患者可以通过 AR 了解疾病。AR、VR 结合的混合现实技术的应用使手术计划的制定和实施更加容易，通过对目标进行建模并将其投影到现实世界进行精确匹配，可以在虚拟世界、现实世界和用户之间建立交互式信息循环。这些技术的出现，将给医学教育、科研、传播、临床治疗带来颠覆性的变化（图 9-2-1）。例如，武汉协和医院将这些技术应用于治疗中，2017 年 6 月，该团队为一名 15 岁的左股骨颈骨折患者实施了世界上第一个混合现实引导的髋关节手术；2018 年 1 月，再次成功实施了混合现实技术三地远程联合会诊手术；2019 年 7 月，完成了全球首例 5G 环境下混合现实云平台远程会诊手术。

医学成像
◆ 立体成像
◆ 三维重建引导超声扫查

远程医疗
◆ 远程会诊
◆ 远程手术
◆ 慢病管理

医学成像
◆ 术中规划
◆ 术中导航
◆ 手术直播

疾病治疗
◆ 焦虑症、孤独症
◆ 成瘾
◆ 创伤后应激障碍

医学教育
◆ 解剖学、外科
◆ 情志模拟
◆ 患者健康教育

其他
◆ 无接触场景模拟
◆ 卒中后功能康复
◆ 认知功能改善
◆ 居家症状控制

图 9-2-1　增强现实 / 虚拟现实（AR/VR）辅助提升医疗水平

目前，众多企业正将 AR/VR 技术融入医疗领域，如医疗领域的 ImmersiveTouch 公司，其创新的 VR/AR 平台专注于手术规划与导航，通过创建患者的 3D 模型，外科医生能事先研拟手术策略，利用被称为 "Oculus Rift" 的头戴式显示器进行模拟操作，大大提升了手术准备的精确性和安全性。约翰·霍普金斯大学等医疗机构已采纳此平台。近期，ImmersiveTouch 公司与梅奥医学中心的战略合作进一步推进了其虚拟现实手术规划技术的商业化和应用范围。微软的 HoloLens 眼镜亦展现出巨大潜力，尤其在英国帝国理工学院圣玛丽医院的血管重建手术中，它实现了手术视野的实时"透视"，通过覆盖 CT 扫描图像于患者肢体上，极大提高了手术效率与准确性，减少了手术时间和风险。HoloLens 2 更支持远程协作，使医生能共享患者数据，实时查看 3D 医学影像。飞利浦和 IIusion 公司分别利用 AR 技术监测患者生命体征和提供 3D 增强现实辅助装备，变革了诊疗方式。此外，Intuitive Surgical 公司的达芬奇机器人手术系统，作为外科手术的革命性工具，凭借先进的机器人技术和 3D 视觉系统，帮助医生执行更为精细复杂的手术，同时保持与手术区域的安全距离，充分体现了人机协作在现代医疗中的价值与优势。这些技术不仅增强了医疗健康的精确度和效率，还促进了全球医疗资源的均衡与优化。

美国 FDA 已批准了部分 AR/VR 技术应用于医疗。Novarad 公司开发的 OpenSight 是 FDA 批准的第一个医疗增强现实解决方案，它是一个可提高手术准确性的手术导航系统。OpenSight 将来自任何模态的 2D、3D 和 4D 数字图像渲染为高度详细的全息图，使用具有集成瞄准系统的专利虚拟工具技术，全息图可以直接、准确地叠加到患者的身体上，覆盖切口的虚拟注释，定义病理和解剖结构，并创建虚拟针头或器械插入。此外，2021 年 4 月，美国 FDA 批准 Pixee 医疗的 AR 智能眼镜用于指导膝关节置换手术；同年 11 月，又批准了应用材料公司的 EaseVRx，这是一种用于减轻慢性疼痛的处方用沉浸式虚拟现实（VR）系统。

与此同时，图像引导疗法在医疗领域正不断取得创新。AR 技术的应用为临床治疗提供了巨大的机会，通过 AR 将能够更好地解决临床医生在介入套件中报告的另一个常见挑战，即需要提高在手术过程中在患者周围移动的灵活性，同时仍然能直接查看所有相关的患者信息。这在主动脉瘤血管内修复之类的手术中尤其重要，如临床医生将导管从桌子的两侧进入体内的同时必须注意桌子一侧监视器上的 X 射线图像。而在 3D 全息图中，可将相同的信息放在眼前，而不必转动头部，这也是 AR 的优势技术。微创手术因其仅需小切口及使用特殊导管直达患处（如心脏、血管等关键器官）而优于传统开放手术。操作时，医生依赖超声、低剂量 X 射线等高端成像技术导航。飞利浦与微软合作，于 2019 年突破性地将 AR 技术应用于其 Azurion 图像引导平台，结合 HoloLens 2，实现了 3D 全息影像互动。这一创新不仅将治疗数据与实时影像整合至医生的自然视野，还允许通过眼动、语音及手势控制，定制个性化"操作界面"，让医生能更聚焦于患者，同时掌握丰富的治疗信息。此外，飞利浦已成功开发了飞利浦 HealthSuite 平台，这是一个通用的数字框架，可在基于云的设备、应用程序和工具互联健康生态系统中连接消费者、患者和医疗健康提供商。

三、数字化精准治疗

1. 个性化药物的研发及应用

计算机技术遵循摩尔定律快速发展，集成电路上的组件数量每两年近乎翻番，但药物研发却遭遇倒摩尔定律，即每 9 年，每 10 亿美元研发投入对应的药物批准数量减半。如今，一款新药上市需耗资超 10 亿美元，历经 10 年，其中一半时间和成本花在日益复杂庞大的临床试验上，而进入临床一期的药物仅有约 1/7 能最终获批。

新药研发过程涉及大量数据，包括文献资料、化合物数据、靶点数据、专利数据、临床试验数据、真实世界数据、药品审评审批数据、市场销售数据等。面对海量、多源、异质性的数据，AI 技术应用已逐渐跳出以靶点和分子筛选为核心的传统新药研发模式，形成以数据为核心的研发模式，为医药领域带来了深刻变革，不仅在药物发现初期帮助锁定疾病靶点与分子设计，还渗透到临床试验管理，涵盖方案制定、患者招募及数据分析等。例如，IBM 公司开发的 Watson 系统，通过阅读 2500 万篇文献摘要、100 万篇完整论文和 400 万篇专利文献，预测 RNA 结合蛋白与肌萎缩侧索硬化的相关性。英国生物科技公司 Benevolent Bio 从全球范围内海量的学术论文、专利、临床试验结果、患者记录等数据中，提取对新药研发有用的信息；Atomwise 公司利用其核心技术平台 AtomNet 识别重要的化学基团，如氢键、芳香度和单键碳，分析化合物的构效关系，从而用于新药发现和评估新药风险。

利用 AI 改进医药将带来不可估量的进展。目前，AI 已经被用于药物发现的早期阶段，帮助寻找合适的疾病靶点和新的分子设计，如日本东北大学的研究人员正在利用 AI 改善包括胰岛素疗法和血液透析在内的治疗方法。此外，研发人员开始使用 AI 来管理临床试验，包括编写方案、招募患者和分析数据等任务。其中，临床试验流程的第一步是试验设计。Jimeng Sun 等开发了分层交互网络（hierarchical interaction network，HINT）的算法，可以根据药物分子、目标疾病和患者符合条件来预测试验是否成功。他们随后开发了一个名为临床试验结果的顺序预测模型（sequential predictive modelling of clinical trial outcome，SPOT）的系统，该系统还考虑了其训练数据中试验进行的时间。根据预测的结果，制药公司可以决定修改试验设计或完全尝试不同的药物。美国智能医疗物体公司开发了一种促使 OpenAI 的大型语言模型 GPT-4 从临床试验摘要中提取安全性和疗效信息的方法——SEETrials，其使试验设计者能够快速了解其他研究人员如何设计试验及结果如何。此外，Michael Snyder 团队开发了一种名为 CliniDigest 的工具，能够同时总结美国主要的医学试验注册处 ClinicalTrials.gov 的数十条记录，并对统一摘要添加引用。

大数据的出现和患者电子健康记录的广泛使用，使人们能够寻求解决以前认为不可能的人口健康问题的解决方案。现在可以使用大规模临床数据来提供真实世界的图片，而不是从少量样本中获得的数据来推断。分析来自大量人群的真实数据是经典生物统计学的根本变化，经典生物统计学的重点是减少由于研究设计而导致各种偏差的影响。尽管随机对照试验仍然是确定特定药物有效性的金标准，但在人群水平上观察药物的有效性，包括药物依从性等真实世界因素，可以更好地模拟药物的真实有效性。

2. 数字疗法的研发及应用

数字疗法（digital therapeutics，DTx）是近年兴起的医疗科技新概念，并在 COVID-19 疫情期间迅速发展。数字疗法的核心是通过高度智能化的医疗软件来驱动对特定疾病的预防、治疗和管理。国际数字疗法联盟（Digital Therapeutics Alliance，DTA）对数字疗法的定义是"有循证基础的、经临床验证过的用于治疗、管理和预防疾病的软件"。从产品形态上来说，数字疗法的核心是计算机软件，它可以搭配硬件使用，但核心功能是由软件来驱动的。因此，其本质上依然是计算机技术与医疗技术的结合，但与数字健康和数字医疗相比，数字疗法还具有两个重要特征：它是针对某一具体疾病的干预措施；它的疗效有循证医学证据（图 9-2-2）。

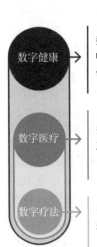

定义	典型产品示例
数字健康产品：包括为生活方式、健康相关目的吸引消费者的技术、平台和系统；获取、存储或传输健康数据；支持生命科学研究和临床操作	面向用户的技术：运动、营养、生活习惯 App 健康系统技术（HIT）：电子病历系统、电子处方等 消费者健康信息资源：在线库、个人健康档案等
数字医疗产品：包括基于证据的软件和 / 或硬件产品，用于衡量和 / 或干预人类健康服务	数字诊断：软件驱动的关联技术，用于检测或确定某种症状，或用于确定疾病的亚型 数字生物标志物：可客观测量或评估的指征 电子化的临床结果评估技术：患者感觉、功能、生存相关的数字化评估
数字疗法产品：有循证医学基础的、经临床验证过的用于治疗、管理和预防疾病的软件	成熟可靠的临床疗效和法规监督，是证明数字疗法疗效可靠并获得批准、成为医疗服务提供机构和医疗保险支付方公认的医疗方案的必要条件

图 9-2-2　数字健康、数字医疗和数字疗法的定义及典型产品示例

（来源：艾昆纬研究所等）

数字疗法在数字疫苗、健康管理、疾病治疗领域应用广泛。其中，在疾病治疗领域如神经系统、呼吸系统、内分泌系统、心血管系统、眼科、皮肤、消化系统等疾病领域都有应用，此外，在慢性疾病和精神类疾病的干预、治疗和管理等方面，也是数字疗法最主要的应用领域。

预防类产品，主要针对未发生但属于高危人群的使用者，通过提供检测功能和预防手段有效防止疾病的发生。例如，2016 年 1 月，NeuroTrack 公司推出了一款名为 Neurotrack Imprint™ 的产品，利用眼动追踪技术识别人脑中海马体的损伤程度，可以更早地发现患者是否存在认知能力下降的风险，一旦发现风险，该产品会提出如饮食、运动、睡眠、压力管理和认知训练等治疗方案，有助于促进阿尔茨海默病等认知障碍疾病的预防和治疗。而针对慢性肺病患者吸入药物剂量管理问题，美国 Propeller Health 公司开发了一款呼吸系统健康管理应用产品，利用算法进行大数据挖掘，再将个性化诊疗建议精准推送给用户。

健康管理类的数字疗法产品，主要用于诊断明确的患者，通过指导患者对影响病情进展的条件和因素进行自我管理，提高患者依从性，从而提升治疗效果、控制病情、降低并发症等。例如，美国 FDA 授权的 Oleena 软件用于管理肿瘤学相关症状和远程监控患者，通过对癌症患者症状的分析和判断，向患者提供肿瘤治疗过程中不良反应的自我管理和及时就医的指导意见。

疾病治疗领域的数字疗法产品，本身是治疗方案的一部分，患者使用后可产生明确的治疗效果。此类产品通常是由加载了数字疗法的软件或硬件产品通过算法与患者进行智能化交互，改善患者的认知与行为，从而达到治疗效果。例如，美国 FDA 于 2017 年批准的首个数字疗法产品，是 Pear Therapeutics 公司研发的一款用于治疗药物成瘾的软件 ReSET，可以作为成瘾治疗的辅助手段，上市前进行了为期 12 周、有 399 例患者入组的多中心临床研究。2020 年 6 月，美国 FDA 批准上市了一款用于治疗 8~12 岁儿童注意力缺陷多动症的电子游戏——EndeavorRx。该产品曾在多项临床研究中被证明可以显著提高患儿注意力评分和学习成绩，并且无严重不良反应。EndeavorRx 也由此成为第一款有临床随机对照试验数据支持，并正式获批用于医疗处方的电子游戏。2021 年，FDA 批准了数字疗法公司 Theranica 研发的首款由智能手机控制的处方可穿戴设备 Nerivio，它能够实现成人和青少年偏头痛的急性治疗与预防。2024 年 4 月，FDA 批准了重度抑郁症的第一个处方数字化疗法 Rejoyn。该疗法由日本大冢制药（Otsuka Pharmaceutical）和 Click Therapeutics 公司合作开发，旨在通过结合临床验证的大脑认知情绪训练练习和简短的治疗课程来帮助增强对情绪的认知控制能力。

在多重因素的综合推动下，数字疗法产品发展较快，目前国内外相关产品已陆续获批上市，其中美国和德国是审批数字疗法最为积极的国家。2020 年 4 月，FDA 发布了用于治疗心理疾病的数字疗法的紧急审批指南，大大加快了数字疗法产品的审批和上市速度。与美国的监管不同，德国将医疗 APP 独立于医疗器械进行审批，这是一项创新性的举措。因为对数字疗法有专门的快速审批通道，审批更具有针对性。德国快速审批申请流程所需的资料明确，为了证明申请的软件应用对医疗有益，开发者必须出具对照实验的结果来证明使用所申请软件应用会比不使用该应用产生更好的效果，真实世界研究数据是允许的。一旦通过审批，基于其前期准备支持工作的完善程度，数字疗法可以快速进入市场，由认证医生为适应证患者开具处方，并由医保支付。

我国在数字疗法领域也有显著突破。国家药品监督管理局（National Medical Products Administration，NMPA）于2020年开启了数字疗法审批通道。2020年11月，国家药品监督管理局批准了首款数字疗法产品——成都尚医信息科技有限公司研发的"术康APP"，用作心血管疾病的一级预防，心血管疾病、呼吸系统疾病、肿瘤康复等，可作为处方由医生为患者直接开具，揭开了中国数字疗法的序幕。2022年4月28日，零氪宣布旗下子公司众曦医疗科技的数字疗法产品TH-002获批医疗器械二类注册证，成为国内肿瘤领域的首个获证数字疗法，并在多个省市开启物价准入申请流程。TH-002主要面向早期术后肺癌患者，为他们提供个性化院外康复治疗方案。

目前，我国在数字疗法的定义、适用范围，分类界定及技术审评问题上尚待完善。评估数字疗法不仅需要严格的临床验证，还需在真实世界环境中根据广泛数据不断优化和细化其应用。长期临床观察和随访提供了客观全面的视角，用以评价数字疗法的长远效果及潜在的不良反应，超越了单纯短期疗效评估的范畴。未来，为了确保数字疗法的持续进步与产业升级，监管框架和审批流程需要与时俱进，应加强对数字疗法的审批机制，融入真实世界证据作为加速审批和优化流程的关键要素。利用大数据延伸监管范围，确保数字疗法的有效性与安全性。同时，建立和完善相关数据管理规范至关重要，以引导数字疗法向规范化、标准化和专业化的道路迈进，这也是对行业发展模式的一种创新探索，旨在促进数字疗法科学合理地融入现代医疗体系。

3. 数字化手术导航系统的研发及应用

许多患者由于缺少专家、经验、先进的治疗设备而导致治疗不及时，结合5G技术的远程治疗正是解决这些问题的有效方案之一。借助5G的毫秒级延迟更可以实现远程治疗，同时远程手术也将变成现实。例如，华为联合中国移动公司帮助中国人民解放军总医院，成功实现中国首例基于5G的远程人体手术——帕金森病"脑起搏器"植入手术。此外，华中科技大学和奥本大学、南加州大学共同开发的基于5G技术的认知系统（5G Cognitive System），不仅能用于远程手术，还实现了借助5G技术进行远程情感安抚、远程诊断患者情绪心理疾病的系统。南京医科大学第一附属医院于2019年5月13日在中国移动5G网络支持下，跨越长江完成了国内第一台5G与MR结合远程肺部手术，即左上肺联合亚段切除手术。该手术借助MR技术实现肺部腔镜的真实场景与患者的三维病历解剖模型相融合的影像，通过远程会诊和移动5G网络传输。2小时的手术借助5G网络和MR技术进行远程指导，犹如零距离面对面手术。此次手术的5G专用网络下载稳定在900兆比特每秒（Mbit/s，M/s），保证医生对手术视野完整掌控。由此可见，5G将推动AR、VR、MR技术的发展，并进一步扩展其在医疗领域的应用，将现代医疗带入新的阶段。

VR技术在辅助治疗精神疾病方面也有很大优势。VR的虚拟环境能改善心理治疗环节中的不确定性。借助VR眼镜，患者能方便地进入医生设定的虚拟场景，在沉浸感中努力克服自身心理障碍。在国外，VR被用于治疗退伍老兵的创伤后应激障碍、残障人士的幻肢痛,以及儿童多动症、自闭症、认知功能障碍等,对改善恐高症、幽闭恐惧症、飞机恐惧症亦有效。在我国,社交恐惧症、孤独症的 VR 系统已在临床试用,经认证的内置真人实景拍摄短片的 "VR 戒毒系统" 已在浙江省戒毒所积累了数万人次毒品成瘾者的使用记录,正在推广至全国。VR 作为一种补救措施,也为视力已经无法恢复的人们带来帮助。通过专为有眼睛和视力问题的人设计的头显,患有黄斑变性、青光眼或视网膜色素变性的人可以戴上头显观看电视节目。

智能机器人在医疗领域的应用可以回溯到 20 世纪 80 年代。随着机器人和计算机等技术的进步,提高手术灵活性,增强触觉、视觉反馈的器械和系统不断研发和演进,通过机器人辅助的微创手术得以实现。1985 年,美国加州放射医学中心成功研制出能协助外科医生自主定位完成脑组织活检的手术机器人。同年,美国 TRC 公司研制出世界首个服务机器人 "护士助手"。1987 年,英国研制推出用于康复治疗的机器人。1992 年,美国 IBM 公司和加利福尼亚大学联合推出可以协助完成人工关节置换术的机器人。1994 年,首台商业化外科手术机器人在美国推出,并于 3 年后完成世界首例腹腔镜下的胆囊切除手术。1999 年,美国 Intuitive Surgical 公司成功开发出达芬奇外科手术机器人,随后被广泛应用于外科的各大分支领域,成为目前国际上应用最广泛、技术最成熟和完备的外科手术机器人。2010 年,天津大学、南开大学及天津医科大学总医院联合成功研制出我国首台外科手术机器人。2013 年,上海交通大学也成功研制出第一台智能轮椅机器人。2017 年以后,医疗领域开始涌现出一大批智能机器人。由于医疗领域需求的独特性,智能机器人正从康复治疗到手术辅助,不断将技能与智能替代的技术深入运用。

目前,医疗机器人应用于包括手术、自动化诊疗、患者护理、康复训练、医院自动化等方面,这些机器人能够在不同的临床环境中协助或与医务人员合作,并表现出良好的适应性和互动性。近年来,机器人技术的联合技术,包括 AI、微电子、软和智能材料及微加工技术,激发了新一代敏捷和智能医疗机器人的开发。医疗机器人根据应用可以分为手术机器人、康复和辅助机器人、医院自动化机器人三类。其中,在市场上各类医疗机器人中,以手术机器人体量最大,占比高达 60% 以上,已被广泛应用到多个手术病症中,其临床应用主要为神经外科、骨科、心胸外科、在泌尿外科、妇科等领域。著名的机器人系统有达芬奇系统、Sensei X 机器人导管系统和 Flex® Robotic System。与传统的内窥镜手术相比,医疗机器人帮助患者拥有更好的效果和更快的恢复时间,为外科医生提供更大灵活性和兼容性的设备。据商业咨询公司弗若斯特沙利文的资料显示,截至 2020 年,腔镜手术机器人为手术机器人最大的细分市场,占比达到整体市场规模的 63.1%;其次为骨科手术机器人,占比 16.7%。以当今世界应用最广、全球市占率超过 60% 的达芬奇手术机器人为例,2012—2019 年达芬奇手术机器人在全球完成的手术量逐年增加,年度复合增长率超过 15%,2019 年完成手术超过 120 万例,同比增长 18.51%。截至 2019 年底,达芬奇手术机器人全球累计完成的手术量已经超过 720 万例。

在过去的 30 年里,手术机器人技术已经从一个高度专业化的研究领域成长为一个不断扩大的国际创新和发展领域,并引领着精准医学的发展。获得越来越精细的操作、远程解剖结构、原位、在体细胞和分子信息的表征及以更高的精度进行靶向治疗是未来手术机器人的主要驱动力。手术机器人的中心目标是围绕新兴的第五代手术机器人，利用分子、器官和系统级别的信息推动精准手术进步，解决微小病变早发现与精准干预需求之间的脱节问题。此外，医疗机器人平台的小型化使其在精密医疗方面发挥越来越重要的作用，随着医疗微型机器人（medical microrobots）和纳米机器人（nanorobots）技术的发展，微纳机器人在治疗、手术、诊断和医学成像等精密医学中的不同领域具有多种多样的应用，包括药物、生物制剂、基因和活细胞的传递；用于活检、组织穿透、细胞内递送或生物膜降解的外科工具；诊断工具，包括物理和化学生物传感器或隔离工具，光学、超声、磁性和放射性核素成像工具等。例如，能动的微型 / 纳米机器人可以直接游入目标区域，并传递精确剂量的治疗有效载荷，在降低不良反应的同时保持其治疗功效，这是使用具有低定位功效的被动给药方法时的常见问题。另一方面，使用微型 / 纳米机器人进行手术可能会到达无法通过导管或侵入性手术到达的身体区域，从而可以对组织进行采样或将治疗有效载荷深入患病组织。小型机器人外科医生的使用，可以减少侵入性手术，从而减少患者不适和术后恢复时间。

四、数字化康复管理

1. 康复管理系统的研发及应用

随着 AI 的发展和康复需求的增加，类脑智能技术、智能穿戴设备等为脑卒中康复提供了更多选择，融合 AI 的康复技术较传统康复手段更为有效和安全。例如，机器人技术为脑卒中患者早期和足量训练提供可能，其安全性与有效性已得到验证，同时还可以节省人力。虚拟现实技术将"任务导向""丰富训练环境""视听等多感觉反馈""动作实时观察"等融入康复训练，更加注重以患者为中心，并且增加了患者参与康复训练的积极性与主动性。其在改善患者肢体功能、认知水平、心理状态方面都较传统康复有一定的优势，但在长期疗效方面尚存在争议，故未来仍需要大量的高质量试验证明虚拟现实技术长期使用的有效性及安全性。有研究人员开发了一种协助脑卒中患者手部功能康复的手套，与传统的手部康复机器相比，穿戴式手套提高了患者穿戴的舒适度且更加轻便与耐用，还可帮助改善患者的抓握能力。

同时，移动通信技术和互联网技术的发展为慢病的远程监护提供了新的机遇。例如，针对心血管疾病，有研究人员研发出了一种基于手机和云计算的院前 12 导联心电远程监护系统，提出了基于智能手机和云计算的心电监护系统。还有研究人员研制了一种创可贴式心电采集器，实时采集患者心电生理信号，通过开发智能手机 APP 软件，用于接收、显示、保存和分析心电数据，同时把心电数据传输到云端服务器。云端服务器软件包括网络应用程序编程接口（Web Application Programming Interface，Web API）、数据存储和推送服务，以及基于浏览器的心电图诊断平台。心电图诊断平台可以让医生使用浏览器观察心电图并给出诊断结果，云端服务器把诊断结果推送到患者的智能手机 APP 中，患者可查看医生诊断结果，从而达到心电远程监护的目的，便于心脏病患者进行长期心电监护。

这些技术未来还可以发展到智能家居领域，为老年人和残疾人提供家庭援助。因为当老年人被安置在护理机构中，特别是当违背个人意愿时，会发生很多负面情绪，如抑郁、社会孤立，以及在完成自我护理任务时更大的依赖性。因此，当老年人需要专业护理时，他们宁愿待在家里，而不是进入医疗机构。护理负担和成本在患者和医疗健康系统中均不断上升，而利用智能家居可以解决这些问题。智能家居是特殊的房屋或公寓，其传感器和执行器集成到住宅基础设施中，用于监控居民的身体标志和环境。另外，智能家居还执行改善生活体验的操作。智能家居在医疗健康中的作用主要分为家庭自动化和健康监测两方面。这些技术可以在收集健康数据的同时提供一些简单的服务，帮助需要护理的人减少对医疗健康提供者的依赖，提高他们在家的生活质量。同时，利用可穿戴设备和 5G 低时延和精准定位的能力，持续监测患者的健康信息，进行生理信息的采集、处理和计算，并传输到远端监控中心，远端的医护人员可实时根据患者的当前状态，做出及时的病情判断和处理。

与此同时，物联网技术的发展，给社区医疗的变革与发展带来了新的契机。基于物联网的社区智慧医疗系统，利用物联网技术，在家居环境部署医疗传感器网络，感知和监测人体的体征相关数据；每户传感器网络采集的人体健康监测数据汇聚传输到社区医疗数据库，医护人员、家属可以通过因特网、手机等多种方式访问被监测对象的健康监护信息；当数据发生异常时，立即向家属、医生、急救中心发送报警信号，为实施抢救赢得宝贵时间；医生也可依据健康监控数据，为用户的健康情况提出建议和咨询服务。基于物联网的社区智慧医疗系统，可以为人们提供日常的健康监护，提高医疗资源的合理配置效率，对及早发现病情、老年和慢性病患者监控、急救报警等方面具有重要意义。

通过在用户的身上安装可穿戴的各种医疗传感器节点，还可以感知人体的多种体征数据，如脉搏、血压、血氧、步数、加速度、全球定位系统（Global Positioning System，GPS）位置数据等。人体穿戴的各种医疗传感器节点之间，通过低速率、低功耗、近距离的协议自组织构成医疗传感器网络。医疗传感器节点组网后，可以将采集的数据发送给家庭网关。被监护人的人体体征数据通过 5G 网传输后最终到达社区智慧医疗数据服务器中心。该数据中心存储社区智慧医疗系统中，所有被监护的社区居民的人体体征数据，既包括实时的数据，也包括历史数据。如果数据中心服务器发现被监护人的体征数据产生危险或异常情况，如血压骤降、加速度传感器捕捉到较大加速度值人体发生跌倒等紧急情况时，将立即向急救中心、社区医护中心、家属同时发出报警，为抢救病人赢得宝贵时间。

未来，在 AI 辅助下，患者将能够上传相关数据至云端，而医生也能够根据云端的健康报告为其制定个性化康复策略。在健康管理方面，AI 将能起到更多作用，如 AI 数据采集自动上传，患者接收康复报告，实现智能沟通；接收智能化分析报告，制定个性化检查、用药方案等；电子健康记录及数据管理，智能分析，拟定康复方案。综合而言，未来 AI 将能够从不同方面实现术后智能化康复管理。

2. 康复辅具的研发及应用

近些年，随着计算机技术、AI 技术、网络通信技术、图像处理技术等的迅速发展，VR 开始应用在多个领域。针对康复领域，国外已经研发的 VR 系统主要有斯坦福大学研发的系列上肢康复机器人系统、罗格斯大学开发的 Rutgers Arm Ⅱ康复训练系统、新泽西理工大学针对手指功能训练设计的基于虚拟现实的三维康复训练系统、美国芝加哥康复中心设计的一种与虚拟现实相结合的气动数据手套（PneuGlove）、美国 Virtuix 公司研发的 Omini VR 商业化康复训练系统、加拿大渥太华大学研发的具有触觉反馈数据手套的康复训练系统、以色列迈拓医疗生产研发的全身运动反馈训练系统、BioTrak VR 系统等。

国内康复技术研究聚焦于脑卒中、脑损伤、脊髓与骨折康复以及老年人活动复健等领域，应用 VR 技术的康复系统主要致力于促进肢体功能恢复。2016 年，中国启动首个"虚拟现实医院计划"，标志 VR 技术在医疗领域的革新应用，通过整合虚拟现实、全息投影等技术，推动医、教、研、产一体化，多家医疗机构已加入这一创新行列。

康复机器人作为医疗机器人的重要分支，对有身体或认知障碍的患者具有重要意义，它结合康复医学与机器人技术，通过机器人辅助治疗或自动化训练促进康复。与传统方法相比，康复机器人能确保治疗高效一致，并客观评估康复效果。尤其在老龄化社会中，针对脑卒中、帕金森病、老年痴呆等疾病的需求日益增长，康复与辅助机器人在提升患者独立性、自信心和社会融入方面展现出巨大潜力。

目前的康复机器人主要以运动功能恢复为主，根据系统结构主要分为末端执行器型和可穿戴的外骨骼康复机器人两类。其中，末端执行器型康复机器人通过机械式约束人体肢体的末端（如手指、手腕和脚腕等）来指导患者运动。该类系统通常结构简单、易搭建，控制算法复杂度及成本较低，但因为没有考虑人体其他关节的姿态和位置信息，容易产生人体无法实现的运动模式或促使患者出现代偿运动行为。针对上肢的末端执行器型康复机器人在早期以平面型为主，其中最具代表性的是麻省理工学院开发的 Manus 机器人，通过平面连杆机构带动手臂完成水平面的运动，帮助患者恢复上肢运动功能。进一步考虑到上肢运动的复杂程度，空间型末端执行器型机器人通过机械臂或吊线等机构实现患者手臂的空间三维运动。针对下肢康复的末端执行器型机器人可分为平台式和踏板式，主要帮助患者完成步态等下肢运动的训练。

而辅助机器人，包括用于功能增强的机器人，如外骨骼（exoskeletons）或功能补偿、假体（prostheses）和智能轮椅（intelligent wheelchairs），旨在帮助身体功能受损的人更好地管理日常生活活动，支持独立性并减少对护理和其他支持人员的需求。另有一类医疗机器人涉及医院自动化，包括用于自动诊断和测试、药房工作和医院物流的机器人以及用于疗养院和康复中心的机器人。外骨骼康复机器人通过相应的机械臂关节与人体的解剖学结构对齐，可实现每个肢体关节的单独控制，避免了患者出现运动代偿等行为。外骨骼机器人通常机械结构设计及控制算法设计相对复杂。早期出现的外骨骼机器人以固定式为主，通常配有庞大的基座来提供整体的支撑力，较为具有代表性的有针对上肢康复的 Armin-Ⅲ 和 CADEN 机器人，以及面向下肢康复的 Lokomat 系统。随着技术发展，可穿戴式的外骨骼机器人通过轻量化的设计，其便携性可以辅助患者日常生活活动。康复外骨骼公司 Cyberdyne 开发的 HAL 于 2013 年成为全球首个获得安全认证的外骨骼机器人产品；以色列研制的 Re-Walk 则是最早进入欧洲市场的外骨骼机器人产品。为保证患者可在现实环境中进行步态训练，通常搭配使用拐杖等器具予以辅助，并且由于可穿戴设备的轻量化需求，大多数机器人系统会牺牲相应的运动自由度。随着新型材料和驱动方式的发展，柔性外骨骼具有更高的柔顺性、舒适性和安全性，在近年来得到广泛关注。常见的柔性外骨骼有绳驱和气动两种方式，典型的应用如哈佛大学团队设计的气动康复手套和绳驱的柔性外骨骼。

自然人机交互是康复与辅助机器人技术的关键，通过肌电、脑电、眼动等生物信号解码患者意图，可提升康复的主动性和效率。肌电信号常用于控制康复机器人执行动作，脑电图（EEG）则适用于运动想象控制，尤其是对严重肢体功能障碍者的应用，而基于视觉诱发电位的脑机接口简化了训练过程。眼动追踪则能捕捉患者视线动态，指导机器人做出响应。同时，脑机接口技术通过精密的传感器，监测中枢神经系统释放的电信号、血流动力学信号及磁信号，致力于辅助神经疾病患者重获运动与沟通能力。这些传感器捕获神经活动数据，随后，脑机接口解码器运用先进算法分析这些信息，将其转化成指令信号，传递至效应器执行，从而实现用户意图。解码过程涉及将特定的神经活动模式与用户的实际意图行为相匹配。然后，脑机接口效应器如电脑光标操控、机器人辅助肢、外骨骼装备、智能轮椅、互动式虚拟现实场景、合成语音生成、闪光文字拼写系统，乃至直接激活瘫痪肢体等，依据解码后的信号执行具体功能，满足用户需求。此外，脑机接口具备促进神经可塑性的潜力，即通过特定刺激策略，帮助受损神经网络重构与恢复，从而在神经损伤后重获原有功能。

在治疗肢体运动障碍的过程中，脑机接口技术展现出辅助性脑机接口与康复性脑机接口两种主要应用途径。辅助性脑机接口充当初衷与行动间的桥梁，捕捉患者的运动意愿，并借此操控如假肢和外骨骼之类的辅助装置，实现从意念到行动的直接转换。另一方面，康复性脑机接口则深入干预神经活动，利用重复性的神经反馈机制强化大脑内部的神经连接，为脑卒中幸存者和瘫痪患者带来运动功能的显著恢复。脑机接口技术不仅与外置装置实现了紧密融合，还具备高度的灵活性与易用性。例如，Brain Robotics 公司推出的智能假肢通过与残肢直接对接，创建了集神经、肌肉、骨骼于一体的高级假体系统。该系统拥有十处灵活关节，并与主流移动操作系统兼容，极大地提升了穿戴者日常操作的便捷性。浙江大学医学院为一位高龄患者成功植入脑机接口装置，并通过与外部机械臂的协作，使患者在三维空间内成功执行抓取、握持及移动等复杂动作，开创了我国在该领域应用的新纪元。

未来，随着医疗机器人、脑机接口、可穿戴设备等的发展，围绕功能代偿、生活护理、康复训练等需求，重点突破柔性控制、多信息融合、运动信息解码、外部环境感知等新技术，从而开发系列智能假肢、智能矫形器、外固定矫正系统、新型电子喉、智能护理机器人、外骨骼助行机器人、智能喂食系统、多模态康复轮椅、智能康复机器人、虚拟现实康复系统、肢体协调动作系统、智能体外精准反搏等康复辅具，将进一步推进"智慧康复"的发展。

第三节 展望

一、数字健康的机遇与挑战

数字健康领域正处于蓬勃发展的阶段，蕴藏着巨大的机遇和挑战。把握住技术革新与市场需求的机遇，同时有效应对数据安全、标准化、公平性、监管及商业模式等方面的挑战，是推动数字健康行业持续健康发展，实现全民健康福祉的关键。

1. 数字健康的机遇

（1）技术创新引领医疗进步：随着 AI、大数据、云计算、物联网、区块链、5G 通讯等技术的飞速发展与融合，医疗健康领域迎来了技术创新的春天。AI 技术在疾病预测、辅助诊断、个性化治疗方案设计等方面展现出了巨大潜力，通过分析庞大的医疗数据，AI 技术能够提供更为精准的诊断和治疗建议。大数据技术的应用使医疗数据的收集、分析和应用变得更加高效，为疾病防控、流行病学研究提供了坚实的数据基础。云计算和 5G 技术则为远程医疗、移动医疗提供了技术支撑，使医疗资源的时空限制被极大打破，偏远地区也能享受到高质量的医疗服务。

（2）政策支持推动行业前行：全球多国政府对数字健康的重视程度不断提升，纷纷出台了一系列扶持政策，鼓励医疗健康与信息技术的融合发展。"互联网＋医疗健康"成为政策热点，从政策导向、资金支持、税收优惠到市场准入等多个方面为数字健康领域提供了有力的支撑。政策的利好不仅激发了市场活力，还促进了医疗资源的优化配置，推动了医疗体系的数字化转型。

（3）市场需求催生新兴业态：人口老龄化、慢性病负担加重及 COVID-19 疫情后公众健康意识的觉醒，共同催生了对健康管理服务的旺盛需求。智能穿戴设备、远程监测系统、在线问诊平台等新兴业态应运而生，为用户提供了从日常健康监测到疾病管理的全方位服务。这些服务不仅提高了健康管理的便利性和效率，还促进了健康数据的积累，为个性化医疗方案的制定提供了数据支持。

（4）跨界合作加速了产业升级：医疗健康行业与科技、保险、电信等行业之间的跨界合作日益深化，形成了多方共赢的局面。科技企业的技术优势、保险业的经济杠杆、电信运营商的网络基础设施，共同推动了数字健康产业链的完善与发展。通过合作，不仅加速了技术的创新应用，还拓宽了服务边界，为用户提供更加多元化、个性化的健康管理方案。

2. 数字健康的挑战

在享受数字化带来的便利的同时，数据安全与隐私保护成为首要挑战。医疗数据的敏感性和价值性使其成为黑客攻击的重点目标。如何在确保数据流动性和利用效率的同时，保障个人隐私不被侵犯，是当前亟待解决的问题。这要求在技术层面加强数据加密、访问控制，在法律层面完善数据保护法规，同时提升公众的数据安全意识。此外，数字鸿沟与公平性也是一大挑战。虽然数字健康服务在一定程度上缓解了医疗资源不均的问题，但同时也加剧了数字鸿沟。技术普及程度不一、互联网接入限制等因素，使得部分人群，尤其是老年人、低收入群体和偏远地区居民难以享受到数字健康服务。如何确保数字健康服务的普及性与公平性，避免健康不平等现象的扩大，同样是一个亟待解决的社会问题。

标准化与互操作性也面临着重大挑战。医疗数据的标准化与系统间的互操作性不足，限制了数据的共享与利用。不同医疗机构、设备厂商之间标准不一，导致数据孤岛现象严重，影响了医疗服务的整体效率和质量。建立统一的数据标准和接口协议，促进医疗信息的互联互通，是提升医疗服务连续性和协同性的关键。

监管与法律滞后也面临挑战。随着数字健康服务模式的多样化，原有的法律法规体系往往滞后于技术发展，监管空白和模糊地带频现。如何在鼓励技术创新与维护患者安全、隐私保护之间找到平衡，制定适应数字健康时代特征的监管政策，是政府和行业共同面临的挑战。

另外，商业模式与可持续性也面临着一系列挑战。数字健康项目高投入与回报周期长的特点，对企业的融资能力和商业模式提出了更高要求。如何在保证服务质量的同时，探索可行的盈利模式，确保项目的可持续发展，是众多数字健康企业面临的重要课题。同时，市场竞争的加剧，要求企业不断创新，提升服务质量和用户体验，以在激烈的市场环境中保持竞争力（图 9-3-1）。

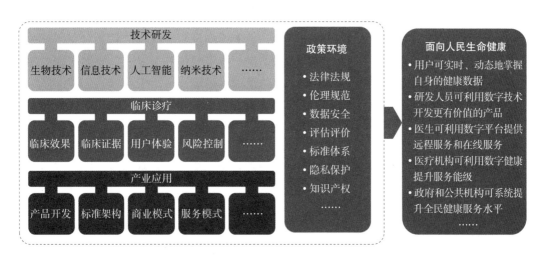

图 9-3-1　从研发到应用的数字健康领域示意图

二、数字健康的发展趋势与建议

未来，数字健康的发展还可能迎来多元化、深层次的变革，其不仅限于技术层面的突破和应用拓展，还包括商业模式的重塑、监管机制的适应性改革以及社会公众对数字健康解决方案接受度和信任感的持续增强。

1. 技术创新推动医疗服务与质量提升

随着 AI、大数据、云计算、物联网、区块链等前沿技术的融合，数字健康正朝着智能化、精准化、便捷化方向发展。高级算法支持疾病预防、诊断和治疗决策，大数据挖掘助力流行病学分析和个体化健康管理，云计算实现远程诊疗和电子病历共享，提升医疗服务效率和质量。AI、机器学习等技术将提供更精准的个性化诊疗建议和健康管理方案。

为推动医疗服务向智能化、精准化、便捷化转型，需深化智能化与个性化服务。利用 AI、机器学习等技术提升疾病预防、诊断和治疗的精准度，为患者提供量身定制的健康管理方案。借助物联网、5G、区块链技术实现医疗资源高效互联与数据透明流转，深化数据分析应用，提升医疗服务效率，促进预测性医疗和预防性健康管理发展。

拓展数字技术应用场景，如 VR/AR 技术提供沉浸式体验，增强治疗效果，优化医护人员技能训练，推动医疗教育与实践创新；普及可穿戴设备与远程监控系统，结合移动通信技术，使居家健康管理和远程医疗服务更普及，缓解医疗资源分布不均，提升公众健康管理水平；鼓励医疗机构与科技企业合作，利用 AI 技术在疾病预测、辅助诊断等方面的应用，确保算法透明度和可解释性。

总之，技术创新与跨界合作将推动数字健康技术在医疗服务各环节深度融合与应用，提升医疗服务质量与效率，开启智慧医疗新时代。

2. 平台化增加健康数据的使用效率和安全性

在数字健康领域有效采集和整合健康数据至关重要，需处理来自不同来源的复杂数据，如基因组学、成像、临床和环境数据。这要求使用专业数据库技术，支持灵活查询，高效集成和共享数据。同时，强化安全防护，投资数据安全技术，研发高级加密和去标识化技术，确保数据全生命周期安全，防范泄露风险。

为此，需建立协同机制，制定信息质量标准，统一数据标准、格式和描述方式，及时跟踪反馈数据输入，使数据利用率最大化。实现数据录入智能化，解决系统兼容和存储问题，提高医疗服务效率。鼓励检查结果互认，实现院内及院间互联互通，加快电子健康档案建档和规范管理。整合信息系统和平台，提高信息利用率，打破医院信息孤岛。

建立区域或单病种的综合数据平台，发挥医疗数据价值，推动数据成长为大数据。推进健康医疗数据汇聚整合和互联互通，实现实时监测、信息调阅与共享。建设符合国际规范的医疗大数据智能平台，提供新药临床试验全程信息数据支持，助力高效、高质量临床研究。

在强化隐私保护和安全保障的同时，探索数据开放共享机制。健全智慧医疗网络安全制度，推进卫生健康数据交换与共享。针对不同目的的健康数据应用，建立差异化的数据隐私保护政策，推动数据合法应用。明确医疗数据应用红线，建立行业规范，营造智慧医疗良性发展环境。

为了提升健康数据的使用效率和安全性，可以采取以下综合技术策略：利用大数据平台进行高效存储与处理，尤其适用于大规模基因组学、临床和影像学数据的分布式管理，加速数据洞察的提炼；借助云计算服务平台提供的强大基础设施，实现数据的云端存储与分析，减少本地资源依赖，促进精准医疗研究与实践；建立数据库系统平台，利用其高度可扩展性、灵活性来管理复杂的基因组和临床数据集，通过图形数据模型揭示数据间的深层关联，增强查询与分析能力；实施数据集成和互操作性平台，整合多样化医疗数据源（医院记录、患者病历、体检结果等），确保数据的一致性与可用性，为临床决策与科学研究提供无缝、统一的数据访问途径。通过这些技术措施共同促进健康数据的有效利用，同时保障数据处理的安全性与合规性。

数据管理的另一个重要方面是数据的标准化，这是数据概念和关系的标准化表示形式，可实现数据互操作性，并促进不同领域和应用程序之间的数据共享和重用。例如，临床数据交换标准联盟（Clinical Data Interchange Standards Consortium，CDISC）为临床试验数据提供标准格式，人类表型本体（Human Phenotype Ontology，HPO）为描述人类表型提供了标准化词汇表（于2008年推出，旨在为描述和计算分析人类疾病中发现的表型异常提供全面的逻辑标准，现在是表型交换的全球标准）。CDISC作为一个非营利组织，致力于制定和推广临床研究数据的全球标准，其标准为描述和共享临床数据提供了一种通用语言，实现了跨多个研究和领域的数据集成和分析。数据治理对于精准医疗也至关重要，因为精准医疗涉及使用敏感的患者数据，所以要确保以安全和合乎道德的方式收集、存储和使用数据，这涉及制定数据访问、安全、隐私和道德使用的政策和程序。

3. 监管框架完善应对新技术和新应用场景

构建适应性强的监管框架是数字健康领域持续发展和应对新兴挑战的关键。这框架需确保健康数据的妥善治理、标准化，并促进国际合作，同时保护个人隐私并激励创新。鉴于我国数字健康产业的迅速发展及新技术涌现，构建全面高效的监管体系迫在眉睫。

首先，参考国际实践，制定适合我国实际情况的数据治理体系。这一体系需平衡数据保护与合法利用，确保隐私与公共健康利益的和谐，如设立跨境数据交换的准则，既促进国际合作又维护安全隐私。

其次，建立健全国家标准和行业规范，强化数据标准化与互操作性，明确法律框架以保护数据安全与隐私，特别关注跨境数据流动的灵活监管。推广统一的健康信息编码，利用AI技术提高数据处理的安全高效。构建多层数据治理架构，明晰数据权责，推动标准化体系建设，包括数据格式、交换协议等，增强数据互操作性。加强跨部门协作，成立包含各界的数字健康指导委员会，以科学制定政策。

最后，政策引导与财政投入加速健康信息基础设施建设与升级，如国家健康医疗大数据中心的建设，提升数据汇聚分析能力，支撑科研与服务。推动各级卫生信息平台的互联互通，实现健康档案电子化共享，为精准医疗等新型服务模式提供强大支撑。

4. 商业模式变革促进全新的行业协同发展

数字健康正重塑医疗服务模式与盈利途径，涵盖线上与线下融合、订阅制健康管理、智能穿戴设备增值服务等，标志着医疗向全周期健康管理的转变，推动产业链向健康产业生态拓展。其中，数字疗法纳入保险支付体系是关键一步，多国正探索其在公私医保中的应用，旨在拓宽市场，丰富患者治疗选项，加速数字健康产业发展。实现这一目标需政府、医疗机构、保险公司及开发商紧密合作，通过政策引导、临床验证、资金支持与产品优化，在地方试点项目中探索应用场景，积累经验，优化政策，形成示范效应，逐步推广至全国。建立健全支付体系与监管机制，确保数字疗法的有效性与公众信任，为患者提供更优服务。

与此同时，服务与支付模式的创新，如订阅制、效果付费模式，正重塑数字健康领域。同时，还促进保险、养老、健身等行业协同，共同构建一个全面、便捷、高效的健康服务体系，深刻影响人们的健康生活方式。

5. 提高数字健康产品接纳度以满足健康管理需求

随着公众对健康日益增长的关注和对生活质量要求的提高，数字健康产品和服务的社会接纳度显著提升，反映了人们对健康管理的重视和对科技创新的认可。消费者逐渐习惯使用智能设备进行自我健康管理，这不仅提升了个人健康意识，还激发了对数字健康产品的需求。消费者通过智能手环、智能手表等设备实时监测健康数据，如心率、睡眠质量等，同时利用健康管理应用程序记录饮食、运动和药物使用情况，更加全面地了解自己的健康状况，有针对性地进行健康管理和预防。

进一步提升数字健康产品的接纳度是实现健康管理需求的关键，这需要综合考虑多个因素并采取相应措施。首先，教育和宣传在其中起到重要作用。通过开展广泛的健康教育活动，向公众传达数字健康产品的好处和价值，帮助他们更好地了解如何利用这些产品管理自己的健康。此外，医疗机构和保险公司也可以参与到教育宣传中来，为患者提供专业指导和支持，增强他们对数字健康产品的信心。其次，提供多样化的产品选择是关键。数字健康市场上存在着各种各样的产品，包括健康监测设备、健康管理应用程序、远程医疗服务等。为了提升接纳度，需要根据不同群体的需求和偏好，提供多样化的产品选择，满足不同人群的健康管理需求。

同时，保护用户隐私和数据安全也是增加接纳度的重要因素。用户对于个人健康数据的隐私和安全十分关注，因此数字健康产品必须严格遵守相关的隐私法规，并采取有效的数据安全措施，保护用户的个人健康信息不被泄露或滥用。

降低数字健康产品的成本也是提升接纳度的主要途径。尽管数字健康产品通常具有较高的技术成本，但通过技术进步和规模效应，可以逐渐降低产品的成本，使更多的人能够承担得起这些产品，并加速其普及和应用。

最后，建立健康数据互通共享的平台也是提升数字健康产品接纳度的关键。这将有助于打破数字健康产品之间的壁垒，实现健康数据的流通和共享，提高产品的整体效能和用户体验，从而促进数字健康产品的广泛应用。

综上所述，数字健康的发展是在一个全方位、多层次的背景下展开的，其最终目标是构建一个更为普惠、高效、安全的医疗健康服务体系，并在全球范围内推动卫生健康事业的现代化进程。随着数字化技术的发展和公众健康意识的不断提升，数字健康产品和服务在社会中的地位不断上升，成为人们健康管理的重要工具和医疗服务的主要支柱。未来，相信数字健康将会为人类健康事业带来更加广阔的发展空间和更美好的健康前景。

参考文献

［1］Mumtaz H, Riaz MH, Wajid H, et al. Current challenges and potential solutions to the use of digital health technologies in evidence generation: a narrative review [J]. Frontiers in Digital Health, 2023, 5:1203945.

［2］Kasoju N, Remya NS, Sasi R, et al. Digital health: trends, opportunities and challenges in medical devices, pharma and bio-technology [J]. CSI Transactions on ICT, 2023, 11: 11–30.

［3］Farahani B, Firouzi F, Chang V, et al. Towards fogdriven IoT eHealth: promises and challenges of loT in medicine and healthcare [J]. Future Generation Computer Systems，2018, 78: 659-676.

［4］CB Insights. The Digital Health 50: The most promising digital health companies of 2023 [EB/OL]. (2023-12-05)[2024-05-06]. https://www.cbinsights.com/research/report/digital-health-startups-redefining-healthcare-2023/.

［5］D Zeevi, T Korem, N Zmora, et al. Personalized nutrition by prediction of glycemic responses [J]. Cell, 2015, 163 (5) : 1079-1094.

［6］Abu-Alrub S, Strik M, Ramirez FD, et al. Smartwatch electrocardiograms for automated and manual diagnosis of atrial fibrillation: a comparative analysis of three models[J]. Front Cardiovasc Med, 2022, 9:836375-836375.

［7］Frisoni GB, Altomare D, Thal DR, et al. The probabilistic model of Alzheimer disease: the amyloid hypothesis revised [J]. Nat Rev Neurosci, 2022, 23(1): 53-66.

［8］Scelsi MA, Khan RR, Lorenzi M, et al. Genetic study of multimodal imaging Alzheimer's disease progression score implicates novel loci [J]. Brain, 2018, 141: 2167-2180.

［9］Luo NQ, Dai WX, Li CL, et al. Flexible piezoresistive sensor patch enabling ultralow power cuffless blood pressure measurement[J]. Advanced Functional Materials, 2015, 26: 1178-1187.

［10］Lonini L, Dai A, Shawen N, et al. Wearable sensors for Parkinson's disease: which data are worth collecting for training symptom detection models[J]. npj Digit. Med, 2018, 1: 64.

［11］Kwan CL, Mahdid Y, Ochoa RM, et al. Wearable technology for detecting significant moments in individuals with dementia[J]. Biomed Res. Int, 2019, 6515813.

［12］Dooley EE, Golaszewski NM, Bartholomew JB. Estimating Accuracy at Exercise Intensities: A Comparative Study of Self-Monitoring Heart Rate and Physical Activity Wearable Devices[J]. JMIR Mhealth Uhealth, 2017, 5(3): e34.

［13］Yin HX, Jha NK. A health decision support system for disease diagnosis based on wearable medical sensors and machine learning ensembles[J]. IEEE Trans Multi-Scale Comput Syst, 2017, 3 (4) : 228-241.

［14］Guo YT, Zhang H, Lip G,et al. Consumer-Led Screening for Atrial Fibrillation: A Report From the mAFA- Ⅱ Trial Long-Term Extension Cohort [J]. JACC: Asia, 2022, 2:737-746.

［15］Arora S, Baghai-Ravary L, Tsanas A. Developing a large scale population screening tool for the assessment of Parkinson's disease using telephone-quality voice [J]. J Acoust Soc Am, 2019, 145(5): 2871.

［16］Vangeepuram N, Liu B, Chiu PH, et al. Predicting youth diabetes risk using NHANES data and machine learning[J]. Sci Rep, 2021, 11: 11212.

［17］Andersson C, Johnson AD, Benjamin EJ, et al. 70-year legacy of the Framingham Heart Study [J]. Nat Rev Cardiol, 2019, 16: 687-698.

［18］Li RY, Yang ZW, Zhang Y, et al. Cost-effectiveness and cost-utility of traditional and telemedicine combined population-based age-related macular degeneration and diabetic retinopathy screening in rural and urban China [J]. The Lancet Regional Health - Western Pacific, 2022, 23: 100435.

［19］Benjamens S, Dhunnoo P, Meskó B. The state of artificial intelligence-based FDA-approved medical devices and algorithms: An online database [J]. NPJ Digit. Med. 2020, 3:118.

［20］Scannell JW, Blanckley A, Boldon H, et al. Diagnosing the decline in pharmaceutial R & D efficiency[J]. Nature Rev. Drug. Discov, 2012, 11(3): 191-200.

［21］Innovation in Diabetes Care Technology: Key issues impacting access and optimal use [EB/OL].（2022-05-06）[2024-05-06]. https://www.iqvia.com/insights/the-iqvia-institute/reports-and-publications/reports/innovation-in-diabetes-care-technology-key-issues-impacting-access-and-optimal-use.

［22］Guo Y, Chen WD, Zhao J, et al. Medical Robotics: Opportunities in China[J]. Annual Reviews Control Robot Syst, 2020, 5: 361-383.

［23］Yao E, Blake VC, Cooper L, et al. GrainGenes: a data-rich repository for small grains genetics and genomics[J]. Database (Oxford), 2022, 2022: baac034.

［24］Köhler S, Gargano M, Matentzoglu N, et al. The Human Phenotype Ontology in 2021 [J]. Nucleic Acids Res, 2021, 49: D1207-D1217.

［25］Facile R, Muhlbradt EE, Gong M, et al. Use of Clinical Data Interchange Standards Consortium (CDISC) Standards for Real-world Data: Expert Perspectives From a Qualitative Delphi Survey [J]. JMIR Med Inform, 2022 , 10(1): e30363.

致谢

2024 年初，中国生物技术发展中心组织国内生物与信息技术领域专家成立了《2024 数字生物技术研究发展报告》（以下简称《报告》）编写组，进行全书章节设计、文献检索、信息收集和写作校对等工作。在《报告》编写过程中，编写组召开了多次线上、线下会议，通过启动会、研讨会、推进会和专家咨询会等形式，邀请高校、科研院所等一线科研工作者及相关领域专家对《报告》框架、编写方法和内容等进行细致研讨。

《报告》编写得到了多家高校、科研院所的大力支持，凝结了各位编写专家及团队成员的心血与智慧。感谢编写团队的辛勤付出，以及给予的大力支持！

中国生物技术发展中心
2024 年 6 月